GÉOLOGIE

ET

RÉVÉLATION

OU

HISTOIRE ANCIENNE DE LA TERRE

CONSIDÉRÉE À LA LUMIÈRE DES FAITS GÉOLOGIQUES ET DE LA RELIGION RÉVÉLÉE

AVEC 43 GRAVURES

PAR

LE Rév. GERALD MOLLOY, Dʀ EN Théologie

PROFESSEUR DE THÉOLOGIE AU COLLÈGE ROYAL DE SAINT-PATRICE, A MAYNOOTH

Ouvrage traduit de l'anglais sur la seconde édition

PAR

L'Abbé HAMARD

PRÊTRE DE L'ORATOIRE DE RENNES, MEMBRE DE LA SOCIÉTÉ GÉOLOGIQUE DE FRANCE

AVEC DES NOTES DU TRADUCTEUR

Nouvelle édition, augmentée

PARIS

RENÉ HATON, ÉDITEUR, 33, RUE BONAPARTE

PRÈS SAINT-GERMAIN-DES-PRÉS

GÉOLOGIE

ET

RÉVÉLATION

Sicut Augustinus docet, in hujusmodi quæstionibus duo sunt observanda.
Primo quidem ut veritas Scripturæ inconcusse teneatur. Secundo, cum Scriptura Divina multipliciter exponi possit, quod nulli expositioni aliquis ita præcise inhæreat, ut si certa ratione constiterit hoc esse falsum quod aliquis sensum
Scripturæ esse credebat, id nihilominus asserere præsumat ; ne Scriptura ex hoc
ab infidelibus derideatur, et ne eis via credendi præcludatur.

S. Thomas, De Opere secundæ diei; Summa, pars I, quæst. 68, art. I.

Comme l'enseigne Augustin : dans des questions de ce genre, il y a deux
choses à observer. Premièrement, la vérité de l'Écriture doit être inviolablement
maintenue. Secondement, lorsque les divines Écritures admettent diverses interprétations, nous ne devons nous attacher à aucune avec une telle opiniâtreté
que, sa fausseté venant à être démontrée, nous persistions néanmoins à la
considérer comme le sens véritable de l'écriture, de peur d'exposer par là le
texte sacré à la dérision des infidèles et de les écarter de la voie du salut.

Saint Thomas, Sur l'Œuvre du second jour.

Typographie Firmin-Didot. — Mesnil (Eure).

GÉOLOGIE

ET

RÉVÉLATION

OU

HISTOIRE ANCIENNE DE LA TERRE

CONSIDÉRÉE A LA LUMIÈRE DES FAITS GÉOLOGIQUES ET DE LA RELIGION RÉVÉLÉE

AVEC 43 GRAVURES

PAR

LE Rév. GERALD MOLLOY, Dʀ EN Théologie

PROFESSEUR DE THÉOLOGIE AU COLLÈGE ROYAL DE SAINT-PATRICE, A MAYNOOTH

Ouvrage traduit de l'anglais sur la seconde édition

PAR

L'Abbé HAMARD

PRÊTRE DE L'ORATOIRE DE RENNES, MEMBRE DE LA SOCIÉTÉ GÉOLOGIQUE DE FRANCE

AVEC DES NOTES DU TRADUCTEUR

Deuxième édition, augmentée

PARIS

RENÉ HATON, ÉDITEUR, 33, RUE BONAPARTE

PRÈS SAINT-GERMAIN-DES-PRÉS

1877

APPROBATION.

C'est avec plaisir que nous approuvons le livre intitulé : *Géologie et Révélation*, traduit de l'anglais, du Rév. Dr Molloy, par M. l'abbé Hamard, prêtre de la maison Saint-Philippe de Néri. Nous sommes convaincu, d'après le rapport qui nous en a été fait, que cet ouvrage, qui réduit à leur juste valeur les objections géologiques contre le récit de la Genèse, sera parfaitement accueilli tant des hommes du monde, dont il dissipera les préjugés, que des ecclésiastiques qui y trouveront, sous une forme attrayante, une science à laquelle le bien des âmes ne leur permet plus de rester étrangers.

† G., *Cardinal-Archevêque de Rennes.*

AVIS DU TRADUCTEUR.

L'ouvrage dont nous offrons la traduction au public français a été accueilli avec faveur en Angleterre, où il a eu deux éditions dans l'espace de deux ans. Ce rapide écoulement dit assez l'intérêt qu'il présente. Mais nous n'avons pas à en faire l'éloge; contentons-nous d'en donner une idée générale.

L'ouvrage du docteur Molloy s'adresse à tout le monde : il n'exclut aucune classe de lecteurs. Aux uns, à ceux qui ne voient dans la Géologie qu'un ensemble d'hypothèses arbitraires, de théories imaginaires et sans fondement, il prouve qu'elle est une science réelle, reposant sur un grand nombre de données certaines et sur des faits incontestables, et il le prouve de la façon la plus simple et la plus claire, à l'aide d'arguments et de comparaisons à la portée de tous, même de ceux qui n'auraient pas les notions scientifiques les plus élémentaires. Aux autres, à ceux qui, acceptant les conclusions de la Géologie, ne croiraient pas qu'elles puissent se concilier avec l'orthodoxie chrétienne, il démontre leur accord frappant avec la Bible, en ce qui concerne la création et l'apparition successive des êtres sur la terre. De là, deux parties bien distinctes : la première, simple exposé scientifique, a surtout pour but de venger la Géologie des attaques dont elle a été l'objet, et de montrer qu'elle est digne de notre étude et de nos préoccupations ; la seconde présente les rapports qui existent entre cette science et la Révélation, et à ce titre, elle offre un intérêt particulier : la question des jours génésiaques y est traitée fort au long.

Il ne sera pas inutile de prévenir ici le lecteur que nous avons, avec la permission de l'auteur, accompagné notre traduction de quelques notes dont le but est de combler des lacunes et au besoin de mettre en garde contre des opinions qui nous paraissent peu admissibles. Nous avons renvoyé et réuni à la fin du volume celles qui exigeaient un certain développement. Quant aux notes d'une moindre étendue, nous les avons placées au bas des pages dans le corps de l'ouvrage. Sans doute, des questions aussi graves que celles qui y sont traitées auraient besoin d'un plus long développement ; mais on comprendra que ce n'est pas dans des notes qu'il est possible d'être complet.

Octobre 1874.

Nos espérances se sont réalisées. L'ouvrage du docteur Molloy a retrouvé en France l'accueil qu'il avait reçu en Angleterre. La première édition s'est écoulée avec la même rapidité et a été l'objet, de la part de la presse, des mêmes recommandations élogieuses. L'épiscopat français a montré également qu'il n'était pas indifférent aux efforts que fait la science religieuse pour lutter contre la science impie et il nous l'a prouvé par de nombreuses lettres dont les appréciations flatteuses ont été pour nous la plus précieuse des récompenses. Nous devons remercier tout spécialement, après Son Éminence le cardinal-archevêque de Rennes, NN. SS. les évêques d'Orléans, de Châlons, d'Autun, de Saint-Brieuc, de Quimper, etc., des félicitations et des sympathiques encouragements qu'ils ont bien voulu nous adresser.

Afin de nous rendre digne, s'il est possible, de ces éloges, et aussi pour répondre à de bienveillantes critiques, nous avons cru devoir ajouter quelques notes à celles qui se trouvaient déjà dans la première édition de cet ouvrage. Nous avons insisté davantage sur la cause de la période glaciaire, sur l'hypothèse *antigénésiaque* du docteur Buckland, sur les travaux relatifs aux montagnes de notre grand géologue français Élie de Beaumont; enfin nous avons résumé les connaissances géologiques de notre temps dans un tableau détaillé des terrains de sédiment qui entrent dans la composition de l'écorce terrestre. Ce tableau suppléera, nous l'espérons, au silence presque complet de l'auteur sur la description des terrains; il donnera au lecteur une idée des nombreux étages dont l'étude constitue la Géologie proprement dite, et surtout il lui facilitera l'intelligence des travaux spéciaux sur cette matière.

L'Abbé H.

1er mai 1876.

PRÉFACE DE LA PREMIÈRE ÉDITION.

Le progrès de la science moderne a donné lieu à un grand nombre d'objections contre les vérités révélées. Mais, de toutes les objections dont s'est ému l'esprit public en Angleterre, et en général dans toute l'Europe, celles qui l'ont frappé le plus vivement se déduisent des intéressantes découvertes de la Géologie. Aussi, lorsque je fus amené, il y a quelques années, à entreprendre la défense de la religion révélée, je me rencontrai face à face avec les phénomènes et avec les spéculations géologiques.

Ignorant les bases sur lesquelles s'appuyait l'argument auquel j'avais affaire, il m'était impossible de l'apprécier d'une façon complète et sérieuse. Je résolus donc d'acquérir la connaissance des principes et des faits qui servent de fondement à la Géologie, et c'est ainsi que je fus amené insensiblement à l'étude de cette science, à laquelle j'ai consacré, pendant plusieurs années, la plus grande partie de mes heures de loisir.

Convaincu qu'aucun fait ne peut être en opposition réelle avec la vérité révélée, je voulais, en premier lieu, reconnaître ceux qu'ont mis en lumière les recherches des géologues. J'étais dès lors pleinement préparé à admettre les principes généraux qui peuvent découler de ces faits convenablement classés. J'espérais enfin rechercher et découvrir l'harmonie qui, j'en étais persuadé, doit exister entre des conclusions ainsi établies et la parole inspirée de Dieu.

Pendant que je travaillais à la solution de ce problème pour moi-même, il me vint à la pensée que d'autres, qui n'ont ni le temps ni l'occasion de poursuivre le même genre de recherches, seraient peut-être heureux de partager le fruit de mes études. Cédant à cette suggestion, je consentis, non sans quelque crainte, à écrire une série d'articles sur la Géologie dans ses rapports avec la Religion révélée, articles qui ont paru de temps à autre dans les *Annales ecclésiastiques d'Irlande*. Il devint bientôt évident, par l'attention que ces articles excitèrent, tout incomplets qu'ils fussent, que la question n'était pas sans intérêt pour une grande classe de lecteurs. Je pensai qu'un Traité plus complet sur le même sujet, mais qui fût en même temps populaire, serait bien accueilli dans la littérature ecclésiastique et répondrait à un besoin qui se fait depuis longtemps sentir. C'est ce Traité que je me suis proposé d'écrire dans le présent volume.

En Géologie, je désire désavouer dès le principe toute prétention à des recherches originales que mes occupations ne m'ont pas permises et que l'objet de mon travail ne réclamait pas. Je n'ai pas eu pour but d'étendre les limites des connaissances géologiques, mais plutôt de constater ces connaissances et de les exposer à mes lecteurs en termes simples et clairs. Dans ce dessein, j'ai eu recours aux grands maîtres de la science; j'ai essayé de réunir sous une forme systématique les phénomènes sur lesquels ils s'accordent, d'esquisser la théorie générale sur laquelle il n'y a pas pratiquement de discussion, et de tracer le genre de raisonnement à l'aide duquel, me semble-t-il, cette théorie peut le mieux se démontrer.

Je donne des renvois exacts aux auteurs originaux sur toutes les questions importantes et même sur quelques points de détail, d'abord pour ne pas paraître m'approprier ce qui appartient à d'autres, ensuite pour l'utilité de ceux qui voudraient poursuivre les recherches que je n'ai guère fait qu'aborder (1); et ici il peut être bon d'observer par rapport aux deux ouvrages classiques de sir Charles Lyell, ses *Éléments* et ses *Principes,* qui ont été reproduits tant de fois et sous tant de formes, que je renvoie toujours à la dernière édition de chacun d'eux (2).

G. M.

Collége de Saint-Patrice, à Maynooth, 1ᵉʳ décembre 1869.

(1) Nous avons supprimé comme inutiles plusieurs renvois à des auteurs anglais peu connus en France. (*Note du trad.*)

(2) Les œuvres de Lyell ayant été récemment traduites en français par M. Ginestou, c'est à cette traduction que nous renvoyons constamment nos lecteurs. (*Note du trad.*)

PRÉFACE DE LA SECONDE ÉDITION.

La présente édition sera considérée, j'espère, comme un perfectionnement de la première. Tout en conservant à l'ouvrage son caractère général, j'ai réparé quelques omissions et corrigé quelques inexactitudes sur lesquelles de bienveillants critiques avaient attiré mon attention. En même temps, de nouvelles gravures et un grand nombre de faits nouveaux, dus aux observations et aux recherches récentes des géologues, sont venus enrichir ce livre.

G. M.

29 septembre 1872.

GÉOLOGIE ET RÉVÉLATION.

INTRODUCTION.

BUT DE L'OUVRAGE. — LA GÉOLOGIE CONSIDÉRÉE AVEC DÉFIANCE PAR LES CHRÉTIENS. — ACCLAMÉE PAR LES INCRÉDULES. — PAS DE CONTRADICTION POSSIBLE ENTRE LES ŒUVRES DE LA NATURE ET LA PAROLE DE DIEU. — L'AUTEUR NE REDOUTE PAS LES DÉCOUVERTES GÉOLOGIQUES. — POINTS DE CONTACT ENTRE LA GÉOLOGIE ET LA RÉVÉLATION. — EXPOSÉ DE LA QUESTION. — LA RÉPONSE. — DIVISION DE L'OUVRAGE.

Parmi les divers objets des investigations de l'esprit humain, il en est peu d'aussi attrayants que la géologie ; il n'en est aucun d'aussi important que la révélation. Chacune de ces études présente en elle-même un intérêt particulier. L'une concerne principalement le monde dans lequel nous vivons ; l'autre, le monde vers lequel nous aspirons. La géologie nous fait descendre dans les profondeurs de la terre, et là, déployant à nos yeux une longue série de merveilleuses annales gravées par la main de la nature sur d'impérissables monuments, elle nous retrace l'histoire de notre globe pendant les milliers de siècles passés. La révélation, de son côté, nous vient d'en haut ; exposant les annales, beaucoup plus merveilleuses encore, des relations de Dieu avec l'homme, elle nous apporte l'espérance d'un monde éternel qui demeurera, alors que la terre, avec tout ce qu'elle renferme, sera consumée par le feu (1).

Mais, peut-on se demander, comment deux sujets si divers peuvent-ils se trouver associés dans une discussion ? Répondre à cette question, c'est exposer le but et le plan du présent ouvrage. Nous n'écrivons point un manuel de géologie ; nous ne composons pas non plus un traité sur la révélation. Ces deux sujets, pris séparément, ont été traités avec beaucoup d'habileté et de talent : l'un par les adeptes de la science, l'autre par les amis de la théologie. Notre but est de les considérer, moins en eux-mêmes que dans leurs relations mutuelles ; de comparer les conclusions de la géologie avec les vérités de la révélation, et de rechercher s'il est possible d'accepter les unes sans rejeter les autres.

Longtemps les amis de la vraie religion ont craint que les découvertes de la géologie ne fussent en désaccord réel avec les faits rapportés dans le livre de la Genèse, ce dont beaucoup d'incrédules se montraient parfaitement convaincus. Or, comme le récit historique de la Genèse est le véritable fondement de toute religion révélée, il en est résulté, parmi les fidèles peu éclairés, une sorte de défiance contre la géologie. Au contraire, elle était acclamée, comme un nouvel et puissant auxiliaire, par ce parti infidèle qui a pris, dans ces derniers temps, une position si hardie et si arrogante. On affirme maintenant, avec beaucoup d'assurance, que nous ne pouvons admettre l'ensei-

(1) II Saint Pierre, III, 10.

gnement de la révélation sans fermer les yeux à l'évidence de la géologie, et que nous ne pouvons poursuivre l'étude de la géologie si nous ne sommes préparés à renoncer à notre foi dans les doctrines révélées.

Certes, cela ne peut pas être. La vérité ne peut être opposée à la vérité. Si Dieu a inscrit l'histoire de notre globe, comme le prétendent les géologues, sur d'impérissables monuments dans l'intérieur de l'écorce terrestre, nous pouvons être parfaitement certains qu'il n'est pas allé contre cette histoire dans sa parole écrite dans les livres saints. Il peut, il est vrai, y avoir conflit, pendant quelque temps, entre celui qui étudie la nature et celui qui étudie la révélation. Chacun est sujet à errer lorsqu'il entreprend d'interpréter le récit qu'il a entre les mains. Mainte théorie brillante, fort acclamée au commencement, a été renversée par de nouvelles découvertes, même du vivant de son auteur. D'un autre côté, on ne peut nier que les théologiens n'aient quelquefois faire dire à la Bible ce que la Bible n'enseigne point. Des hommes savants et pieux, protestants et catholiques, croyaient autrefois que le livre de Josué représente la succession du jour et de la nuit comme produite par la révolution du soleil autour de la terre, tandis que maintenant on trouve parfaitement clair que le livre de Josué, bien compris, n'enseigne rien de semblable, mais que l'écrivain inspiré, décrivant un phénomène de la nature, emploie simplement le langage humain en usage de son temps. Il ne faut donc pas s'étonner qu'un conflit d'opinion s'élève de temps à autre entre le géologue et le théologien; mais un tel conflit ne peut avoir lieu entre l'histoire que Dieu a inscrite sur ses œuvres et celle qu'il a rapportée dans sa parole écrite.

Aussi, bien que nous soyons au premier rang de ceux qui ont

le devoir et l'honneur de défendre la révélation, nous ne pouvons qu'applaudir à la merveilleuse ardeur, et il faut ajouter au merveilleux succès avec lesquels les recherches géologiques ont été poursuivies dans ces derniers temps. Nous sommes assez sûrs de la vérité de notre cause pour ne pas craindre qu'elle ait à souffrir du progrès des sciences naturelles. Au contraire, notre conviction est que mieux les œuvres de la nature sont comprises, mieux on les voit s'harmoniser avec les vérités révélées. Nous ne craignons donc nullement de nous aventurer dans les domaines de la géologie ni d'aborder en face ses découvertes. Trop longtemps peut-être, cette science intéressante et populaire a été négligée par ceux qui sont rangés sous la bannière de la religion. Il faut montrer que l'étude des œuvres de Dieu n'est point incompatible avec la foi en la parole de Dieu, et qu'il est parfaitement possible de rechercher l'histoire ancienne du monde que nous habitons, sans perdre ses droits à un meilleur.

Les points de contact entre la géologie et la révélation sont principalement les deux suivants : — Premièrement, l'ancienneté de la terre ; secondement, l'ancienneté de la race humaine. Dans le présent volume, nous nous bornerons à l'étude de l'ancienneté de la terre. Le sujet qui s'offre à la discussion peut s'exposer en peu de mots. Les géologues soutiennent que l'écorce de la terre a été construite lentement, au moyen d'une longue série d'opérations qui ont demandé pour s'effectuer des centaines de milliers, peut-être de millions d'années ; la Bible, au contraire, prétend-on, rapporte que six ou huit mille ans seulement se sont écoulés de la création du monde au temps présent. Le récit géologique semble dès lors contredire le récit mosaïque ; c'est cette contradiction apparente qu'il s'agit d'expliquer.

Quelques-uns se sont hasardés à résoudre ce problème, soit en rejetant le récit historique de la Bible, soit en ne tenant pas compte des faits les plus incontestables de la géologie. Mais il est une troisième classe d'écrivains, parmi lesquels nous rencontrons des noms de la plus haute autorité, qui prétendent que nous pouvons admettre l'extrême ancienneté de notre globe, ancienneté que la géologie réclame si impérieusement, sans compromettre dans le moindre degré l'exactitude de l'histoire mosaïque. Ils disent que la chronologie de la Bible s'arrête à Adam et ne remonte pas jusqu'au commencement du monde. Au moyen des dates que fournit la Bible, nous pouvons calculer au moins approximativement le laps de temps écoulé depuis Adam jusqu'à la naissance du Christ. Mais du commencement de toutes choses, lorsque Dieu créa le ciel et la terre, à la fin du sixième jour, lorsque Adam fut introduit sur la scène, il y a un intervalle que le récit biblique a laissé complétement incertain et indéterminé. Telle est la pensée que nous espérons développer et démontrer dans les pages qui vont suivre.

Notre tâche se divise naturellement en deux parties. D'abord nous devrons considérer la théorie géologique reçue et examiner en détail quelques-uns des intéressants et merveilleux phénomènes sur lesquels elle s'appuie. Cette étude, complétement indispensable pour l'intelligente appréciation de notre sujet, ne peut manquer en même temps de donner une idée nouvelle et frappante de la puissance, de la bonté et de la providence de Dieu. « Car ce qu'il y a d'invisible en Dieu est devenu visible, depuis la création du monde, par la connaissance que ses créatures nous en donnent, même sa puissance éternelle et sa divinité (1). »

Dans la seconde partie, nous considérerons l'ancienneté de la terre dans ses rapports avec l'histoire de la Genèse. Notre dessein est de montrer que, en ce qui concerne le récit biblique, un intervalle de siècles innombrables a pu s'écouler entre la première création du ciel et de la terre et le commencement des six jours mosaïques (2). Nous montrerons en outre que l'on peut, sans aucun préjudice pour l'histoire sacrée, supposer que ces jours ont été non des jours dans le sens ordinaire du mot, mais de longues périodes d'un temps indéterminé. Si nous parvenons à établir ces deux points, il faudra en conclure que si la Bible nous permet de déterminer au moins par approximation l'âge de la race humaine, elle ne fixe aucune limite pour l'histoire de la terre.

(1) Rom., I, 20.

(2) Nous ne partageons pas sur ce point l'opinion de l'auteur. Nous donnerons ailleurs (fin du volume) les raisons qui nous font nous écarter de ce sentiment pour nous attacher exclusivement à la seconde hypothèse, celle qui considère comme des périodes indéterminées les jours mosaïques. (N. du trad.)

PREMIÈRE PARTIE.

THÉORIE GÉOLOGIQUE ET FONDEMENT SUR LEQUEL ELLE S'APPUIE.

CHAPITRE I.

THÉORIE DES GÉOLOGUES.

DÉFINITION DE LA GÉOLOGIE. — FAITS ET THÉORIES. — PROGRÈS RÉCENT DE LA GÉOLOGIE. — STRATIFICATION DES ROCHES. — ROCHES AQUEUSES : D'ORIGINE MÉCANIQUE, — D'ORIGINE CHIMIQUE, — D'ORIGINE ORGANIQUE. — ROCHES IGNÉES : PLUTONIQUES ET VOLCANIQUES. — ROCHES MÉTAMORPHIQUES. — EXPOSÉ SOMMAIRE DES ROCHES OU TERRAINS QUI COMPOSENT L'ÉCORCE TERRESTRE. — ORDRE RELATIF DE POSITION. — CONDITION INTERNE DU GLOBE. — MOUVEMENTS DE L'ÉCORCE TERRESTRE. — FORCE SOUTERRAINE. — SOULÈVEMENT ET PLISSEMENT DES COUCHES. — DÉNUDATION ET SES CAUSES. — FOSSILES. — LEUR VALEUR DANS LA THÉORIE GÉOLOGIQUE.

L'objet de la géologie est d'examiner et de décrire les apparences présentées par l'écorce terrestre, et, à l'aide de ces apparences, de retracer les longues séries d'événements par lesquelles elle a passé avant d'arriver à son état actuel. La géologie se compose donc, comme toutes les autres sciences naturelles, à la fois de faits et de théories. Il appartient d'abord au géologue de rechercher les phénomènes que la croûte terrestre offre à ses yeux. Dans ce but, il descend dans la mine et dans la carrière ; il visite la crevasse de la falaise, le ravin profond sur le flanc de la montagne, la tranchée du chemin de fer ; en un mot, tout endroit où une section de l'écorce terrestre est exposée à sa vue, soit par l'action de la nature, soit par la main de l'homme. Il se retire alors dans le silence de son cabinet, avec ses notes et ses échantillons, et là, après avoir disposé et classé les divers phénomènes qu'il a observés de ses propres yeux dans le monde extérieur, il tire ses déductions et construit sa théorie. Il cherche à s'expliquer comment des matériaux si divers dans leur composition se sont trouvés entassés dans un ordre si admirable et avec une si prodigieuse variété, et comment les roches solides ont pu devenir comme le magasin d'arbres, de plantes, d'os et de coquilles pétrifiés qui semblent, pour ainsi dire, sortir de leurs tombes pour raconter la merveilleuse histoire d'un monde passé.

Dans les premiers temps de la géologie, ceux qui se dévouèrent, avec une patiente industrie, à collectionner et à classer les faits furent comparativement peu nombreux. La plupart voulaient, avec une connaissance insuffisante des faits, bâtir des systèmes. De cette manière, il parut une multitude de théories différentes et contradictoires, qui attirèrent pendant quelque temps l'attention publique, chacune étant vivement défendue par ses partisans et aussi vivement attaquée par ses adversaires. Ces théories, qui ne reposaient sur aucun fondement solide, ne purent tenir contre le flot des nouvelles découvertes. Elles eurent la vogue pendant quelque temps et puis cédèrent la place à d'autres à peine mieux établies et destinées à leur tour à être rejetées et oubliées. Il arriva que la géologie, par suite de l'instabilité manifeste de ses principes, tomba pendant longtemps sous le discrédit et que les hommes pratiques firent peu de cas de ses découvertes si vantées et de ses révélations à effet.

Mais il serait injuste et peu philosophique de condamner la théorie moderne des géologues à cause de leurs erreurs passées. Nous devons juger cette science, non d'après ce qu'elle fut autrefois dans la faiblesse de son enfance, mais d'après ce qu'elle est actuellement, dans la force croissante de sa maturité. Il semble être dans la nature des choses que des spéculations sans fondements et des conjectures extravagantes précèdent la science proprement dite. Les rêveries illusoires de l'alchimiste ouvrirent la voie à la science de la chimie, et les vaines imaginations de l'astrologue cédèrent la place aux merveilleuses découvertes de l'astronomie. De même, au milieu de la masse confuse des arguments et des opinions contradictoires dont les phénomènes géologiques furent longtemps comme enveloppés, germaient lentement les semences d'une science nouvelle. De nouveaux faits furent avidement recherchés pour défendre ou attaquer la théorie du temps. La théorie passa, mais les faits restèrent. Avec le temps, l'accumulation de ces faits devint assez profonde et assez solide pour fournir une forte base au raisonnement : et c'est ainsi que tout récemment la géologie a pris, on peut le dire, le rang et la dignité de science.

Elle a été étudiée pendant le dernier quart de siècle avec plus d'ardeur peut-être qu'aucune autre science, en Angleterre, en France, en Allemagne et en Amérique. Elle a été étudiée aussi sur de meilleurs principes qu'auparavant. On a apporté moins d'attention aux théories ; quant aux phénomènes naturels, on n'a épargné ni peine ni labeurs pour leur investigation soigneuse. Il y a encore, sans doute, différentes écoles de géologues qui sont divisées en ce qui concerne d'importants détails de la théorie ; mais il est des conclusions générales sur lesquelles tous les géologues sont d'accord et qui, nous assurent-ils, sont établies par

des arguments absolument irrésistibles. C'est sur ces conclusions que nous désirons appeler l'attention de nos lecteurs,
car elles touchent de près à la question de l'ancienneté de la
terre.

Les géologues nous disent donc que les matériaux dont se
compose l'écorce terrestre ne sont point entassés en masse confuse, mais qu'ils sont disposés avec des marques évidentes d'un
arrangement systématique. C'est là une vérité dont de nombreux
exemples nous sont familiers, bien que nous n'ayons peut-être
pas pensé à leur signification. Ainsi, dans une carrière nous
voyons communément d'abord un lit de calcaire, au-dessus un
lit de sable et plus haut encore un lit d'argile, et le calcaire lui-
même n'est pas ordinairement une masse compacte, mais il est
disposé en lits successifs, assez semblables aux assises successives de maçonnerie dans les constructions. Or, il paraît qu'une
grande partie de la croûte terrestre est divisée de cette manière
en lits successifs ou *strates*, comme les appellent les géologues.
Ces strates se composent de diverses substances, telles que
l'argile, la craie, le calcaire et la houille, et elles présentent
partout les mêmes apparences générales. Elles sont connues
sous le nom générique de *roches aqueuses* (1), parce que l'on

(1) Il peut être utile d'observer une fois pour toutes que le mot *roche* est
employé par les géologues dans un sens technique. Il s'applique à toute grande
masse de matière minérale qui contribue à former la croûte de la terre, qu'elle
soit dure et solide ou molle et plastique. C'est ainsi, par exemple, que le sable
et l'argile, la houille et l'ardoise sont appelés *roches*, aussi bien que la pierre
à chaux et le granite. « Nos plus anciens écrivains se sont efforcés d'éviter une
expression qui offrait une telle infraction à notre langue ; ils ont dit, en parlant des matières qui composent la terre, qu'elles consistent en roches et en
sols. Mais il y a souvent une transition si insensible de l'état mou et incohé-

croit qu'elles ont été formées originairement sous l'eau, et en cela les professeurs de géologie vont contre les notions populaires qui prévalaient autrefois.

Ils enseignent que les roches stratifiées ne reçurent pas la disposition que nous leur voyons maintenant, au moment où la terre sortit des mains du Créateur, mais qu'elles ont été formées, pendant le cours de siècles innombrables, par l'action de la nature. Bien plus, ils ont réparti ces roches en diverses classes, et ils prétendent montrer la voie progressive que chaque variété a suivie. En premier lieu, en ordre et en importance, viennent les roches qui doivent leur existence à la force *mécanique* de l'eau courante. Les éléments dont elles se composent existèrent d'abord sous la forme de minces particules qui furent transportées par l'action de l'eau d'un lieu dans un autre et se trouvèrent ainsi répandues sur une surface donnée, exactement comme nous voyons maintenant des lits de sable, de limon ou de gravier se déposer à l'embouchure des rivières, dans les estuaires de la mer ou sur la terre elle-même, pendant des inondations temporaires. Enfin, après un long intervalle, s'effectua, d'une façon lente mais sûre, l'œuvre de la consolidation. Le sable fin se trouva cimenté et se transforma en grès. Les gros graviers devinrent, par un progrès analogue, une masse solide connue sous le nom de conglomérat ou de poudingue. De son côté, le limon fut converti, par suite de la pression, en

rent à l'état pierreux, que les géologues de tous les pays ont jugé indispensable de consacrer un mot pour désigner l'un et l'autre de ces deux états. On a en français le mot *roche*, en italien *rocca*, et en allemand *felsart*. Le commençant devra donc constamment se souvenir que le mot roche n'implique pas nécessairement une masse minérale présentant la condition de matière dure ou pierreuse. » Lyell, *Éléments de Géologie*, trad. franç., t. I, p 3.

une sorte d'argile ardoisière appelée schiste. C'est ainsi que d'âge en âge la nature édifia de nouvelles strates ou consolida les anciennes.

Viennent ensuite les roches aqueuses qui doivent leur origine à l'action des lois *chimiques*. A cette classe appartiennent plusieurs de nos formations calcaires. De grandes quantités de carbonate de chaux sont tenues en dissolution dans l'eau chargée d'acide carbonique. Lorsque, dans le cours du temps, l'acide carbonique vient à disparaître, le carbonate de chaux ne peut plus rester en dissolution et, en conséquence, il se précipite au fond des eaux sous une forme solide. De cette manière se forma cette espèce particulière de calcaire appelée *travertin*, qui abonde en Italie et que les voyageurs qui vont à Rome peuvent reconnaître dans la pierre dont est bâti le Colisée. On en trouve un exemple plus familier encore, sur une petite échelle, dans les stalactites et les stalagmites. L'eau saturée d'acide carbonique ruissèle le long des parois ou dégoutte du sommet d'une caverne calcaire. Dans son cours, elle dissout du carbonate de chaux qu'elle retient à l'état de solution. Atteignant ensuite le sol de la caverne, elle s'évapore lentement et laisse après elle une mince couche de calcaire qu'on appelle stalagmite, tandis qu'on appelle stalactites les concrétions pierreuses qui restent attachées en forme de glaçons à la voûte des cavernes.

Il est une troisième classe de roches aqueuses que l'on suppose formées presque exclusivement de débris de plantes et d'animaux et que, pour cela, on appelle *organiques*. Les récifs bien connus de corail, si redoutés des navigateurs dans les mers tropicales, ne sont pas autre chose, paraît-il, qu'une masse de squelettes pierreux appartenant à de petits animalcules marins, connus des zoologistes sous le nom de polypes ou de zoophytes.

Ces petites créatures, réunies en multitudes innombrables, retirent le carbonate de chaux des eaux de l'Océan dans lequel ils habitent, et le convertissent, par l'action de leurs organes vivants, en un squelette solide que l'on appelle corail. Le même travail s'étant effectué de génération en génération, pendant la longue succession des âges géologiques, il en est résulté que des masses énormes de corail, longues de plusieurs centaines de milles, se sont ainsi trouvées construites depuis les profondeurs impénétrables de l'Océan jusqu'à quelques pieds de sa surface. D'un autre côté, nos vastes formations houillères sont un exemple tout trouvé de roches composées principalement de végétaux fossiles.

Des roches aqueuses ou stratifiées, passons à un autre groupe très-différent, dont l'origine est attribuée au feu et que l'on désigne en conséquence sous le nom de *roches ignées*. Dans leur aspect général, elles se distinguent des premières, surtout par l'absence de stratification régulière. Elles sont néanmoins entre-coupées par de nombreux plans de division ou des joints, comme on les appelle, et elles se trouvent ainsi séparées en blocs de forme et de volume divers. Les géologues pensent que ces roches furent autrefois réduites à l'état de fusion sous l'action d'une chaleur intense, et qu'un refroidissement très-lent les fit se solidifier et cristalliser. On les divise en deux classes : les roches *plutoniques* et les roches *volcaniques*. Les roches plutoniques sont principalement les granites, à quelque espèce qu'ils appartiennent, et, bien qu'elles apparaissent maintenant fort souvent à la surface, on les suppose produites originairement à une profondeur considérable dans la croûte terrestre, « ou quelquefois, peut-être, sous d'énormes masses d'eau qui les surmontaient (1). » Les

____

(1) Lyell, *Éléments de Géologie*, t. I, p. 12.

roches volcaniques ont été formées à la surface de la terre et, comme leur nom le laisse entendre, elles sont ordinairement vomies à l'état de fusion, par les fissures d'un volcan en activité, quoique, assez fréquemment, elles prennent la forme plus imposante de colonnes basaltiques, comme à la Chaussée-des-Géants, en Irlande, ou dans l'île de Staffa, près la côte d'Argyleshire, en Écosse. L'Australie offre un phénomène semblable que représente la figure ci-dessous.

FIG. 1.

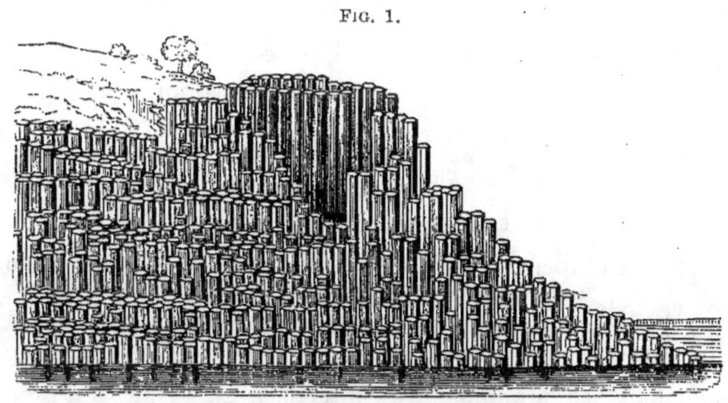

Colonnes basaltiques, Nouvelle-Galles du Sud.

Il nous reste à parler d'un dernier groupe de roches. On les a appelées de différents noms, selon les temps; mais elles sont généralement désignées maintenant par le mot *métamorphique*. Sous quelques rapports, elles ressemblent aux roches aqueuses; sous d'autres, elles se rapprochent davantage des roches ignées. Comme les premières, elles sont stratifiées dans leur disposition extérieure; comme les dernières, elles sont plus ou moins cristallines dans leur structure interne. Quant à leur origine, on dit qu'elles furent d'abord déposées au fond des eaux comme les roches aqueuses; mais que, dans la suite, leur structure interne fut altérée sous l'action de la chaleur souterraine. De là dérive l'adjectif *métamorphique* qui, employé pour la première fois par sir Charles Lyell, donne l'idée que ces roches ont subi un *changement de forme*. À ce groupe appartiennent les diverses variétés d'ardoises et aussi le fameux marbre statuaire d'Italie.

Nos lecteurs comprendront par ce rapide aperçu que, si l'on adopte la théorie des géologues, les roches qui composent l'écorce terrestre peuvent se diviser convenablement, quant à leur origine, en trois groupes principaux : roches aqueuses, roches ignées et roches métamorphiques. Les roches aqueuses sont formées sous l'eau, soit par la force mécanique de l'eau elle-même dans son mouvement, soit par l'action des lois chimiques, soit par l'intervention de la vie organique. Elles se divisent donc naturellement en trois classes : roches mécaniques, roches chimiques et roches organiques. Les roches ignées sont produites par la chaleur, étant d'abord fondues, puis soumises au refroidissement. Lorsque ce travail s'effectue sous une grande pression, dans les profondeurs de la terre, il en résulte du granite, et les roches granitiques s'appellent, en géologie, plutoniques. Si ce travail s'effectue à la surface du sol, sous l'action d'un volcan, les roches ainsi formées sont appelées volcaniques. Enfin, les roches métamorphiques ne sont pas autre chose que des roches aqueuses dont la texture a été modifiée par l'action d'une chaleur intense.

Quant à l'ordre de position relative occupée par ces diverses classes de roches, la place inférieure semble appartenir uniformément au groupe granitique ou plutonique. Il est vrai que le granite apparaît souvent à la surface du sol; mais partout où il y a une série de roches se surmontant les unes les autres, le granite se trouve au-dessous. Cette assertion est basée sur deux principaux faits : d'abord, toutes les fois que l'on pénètre au-dessous des autres roches, on trouve qu'elles reposent sur le granite; en second lieu, aucune autre roche n'a jamais été trouvée au-dessous du granite (1). D'après cette circonstance, le granite est considéré comme le fondement solide de la croûte terrestre et est souvent appelé, pour cela, *granite fondamental.* Au-dessus du granite, les roches aqueuses ont été déposées lentement et lit par lit, pendant le long espace des temps géologiques, tantôt dans une partie du monde, tantôt dans l'autre, selon que chacune était à son tour exposée à l'action de l'eau. Les roches volcaniques ne présentent point d'ordre fixe de succession. Elles sont distribuées irrégulièrement sur presque toute la surface du globe, s'offrant quelquefois sous la forme de montagnes coniques, d'autres fois sous la forme de colonnes gigantesques, d'autres fois, enfin, sous la forme de murailles massives appelées *dykes,* qui s'ouvrent un passage à travers les couches plus molles des roches aqueuses déposées à la surface de la terre avant leur éruption. Quant aux roches métamorphiques, qui sont supposées devoir leur caractère particulier au contact de la matière minérale en fusion, on ne les trouve que dans le voisinage immédiat des roches ignées.

L'état de la terre, au-dessous de la mince écorce qui la recouvre, n'a jamais été l'objet de l'observation directe, car les géologues n'ont jamais pu pénétrer au-dessous des roches granitiques. Néanmoins, ce sujet a été souvent discuté et a offert un vaste champ aux spéculations philosophiques. Tous s'accordent sur ce point, qu'il règne très-généralement une chaleur intense à l'intérieur de l'écorce terrestre, une chaleur si intense

(1) A moins qu'il n'y ait eu éboulement ou qu'il ne s'agisse de granite *éruptif,* c'est-à-dire *vomi par éruption* à l'une des époques de l'histoire du globe. (*Trad.*)

qu'elle serait parfaitement suffisante, agissant dans les conditions ordinaires, pour réduire à l'état de fusion toutes les roches connues. Aussi, c'était une opinion générale parmi les premiers géologues que la condition de notre globe est celle d'un vaste noyau central composé de minéraux fondus et recouvert d'une enveloppe extérieure de roche solide comparativement mince. Cependant, les géologues les plus éminents de notre temps hésitent à accepter cette opinion. Ils observent : 1° que nous n'avons pas encore appris quelle est la matière dont se compose l'intérieur du globe et que, par conséquent, nous ne pouvons dire avec certitude quel est le degré de chaleur suffisant pour réduire cette matière à l'état liquide ; 2° que nous ne savons pas jusqu'à quel point l'immense pression exercée à de grandes profondeurs peut contribuer à maintenir la matière à l'état solide, même lorsque la température est portée à un haut degré (1); 3° qu'il y a dans cette théorie des difficultés astronomiques et physiques qui n'ont pas encore reçu de solution pleinement satisfaisante. Aussi les géologues modernes, procédant avec plus de précaution que leurs devanciers, tout en regardant cette opinion comme probable, refusent de l'accepter comme démontrée d'une façon décisive. Mais, qu'il règne dans l'intérieur du globe une très-haute température, c'est, disent-ils, une conclusion établie par des preuves abondantes et qui peut être regardée comme moralement certaine.

On peut se demander comment les diverses couches de roches aqueuses, qui constituent la portion principale de l'écorce terrestre, ont pu être soulevées au-dessus du niveau de la mer; car, d'après notre théorie, elles furent toutes déposées primi-

(1) Voir note A, fin du volume.

tivement au fond des eaux. A cette question, qui doit inévita-
blement se présenter à l'esprit de tout lecteur, les géologues
ont une réponse tout prête. Ils disent que, depuis les premiers
âges, la croûte terrestre a été sujette à des bouleversements et
à des dislocations. En différents temps et en différents lieux,
elle a été soulevée, et ce qui était auparavant le lit de l'Océan
est devenu terre ferme. En d'autres endroits, au contraire, elle
est descendue au-dessous de son premier niveau, et ce qui
auparavant était terre ferme est devenu le lit de l'Océan. Ainsi,
dans le premier cas, la dernière couche qui s'était déposée au
sein de la mer, avec tous ses restes variés d'un âge antérieur,
s'est transformée, pour un temps, en la surface de la terre et
est devenue le théâtre de la vie animale et végétale, pendant
que, dans le dernier cas, l'ancienne surface de la terre, avec
ses tribus sans nombre d'animaux et de plantes, sa *faune* et sa
flore, comme on les appelle, fut ensevelie sous les eaux, pour
y recevoir à son tour les fragments brisés d'un monde antérieur,
déposés sous forme de sable, de limon, de cailloux ou de petites
particules de chaux. Et ce n'est pas tout; ce n'est là qu'un seul
anneau dans la chaîne de la chronologie géologique. Dans mainte
partie du globe, nous affirme-t-on, un mouvement semblable de
soulèvement et d'affaissement a alterné pendant des âges innombrables; de sorte que le même endroit qui était d'abord le lit
de l'Océan devenait terre ferme, puis le fond d'un estuaire ou
d'un lac dans l'intérieur des terres, pour redevenir successivement mer et terre ferme. On nous assure, en outre, que chacun
de ces états a pu durer des milliers et des milliers d'années.

Mais quelle est la source de cette force puissante qui peut
ainsi soulever la terre et chasser l'Océan de son lit ? On nous
répond que cette force gigantesque réside dans l'intérieur de la

terre elle-même et qu'elle n'est pas autre chose que la chaleur souterraine dont nous avons déjà parlé. Ce vaste feu interne agit avec une force inégale sur les différentes parties de l'enveloppe ou de la croûte de la terre, la soulevant dans un endroit et la laissant s'affaisser dans un autre. Tantôt il est violent et convulsif, brisant les roches les plus dures et ébranlant les fondements des collines; tantôt il est doux et inoffensif, imprimant à de vastes continents une ondulation à peine perceptible, semblable au gonflement lent et silencieux de l'Océan. Tel il a été dès le commencement et tel il est maintenant dans ce dernier âge du calendrier géologique. Car, même depuis les temps historiques, des montagnes se sont soulevées soudainement au milieu de plaines unies, et plusieurs parties de la croûte terrestre ont été sujettes à un mouvement lent comme celui de la vague, s'élevant ici et s'affaissant là, dans la mesure de quelques pieds peut-être par siècle. Quelquefois aussi le liquide ardent a brisé ses barrières et a versé ses torrents destructeurs de roche fondue dans la tranquille et riante vallée.

Cette théorie d'une force interne de perturbation, qui de temps à autre produit des élévations et des dépressions de l'écorce terrestre, sert à expliquer un autre phénomène qui n'a pu manquer de frapper l'œil même le moins observateur. On dit que les roches aqueuses de formation mécanique sont composées de minces fragments, qui étaient d'abord tenus en suspension dans l'eau et qui sont ensuite tombés au fond. S'il en est ainsi, il en résulte que ces roches, dans la première période de leur existence, durent être disposées en lits parallèles ou à peu près parallèles à l'horizon. Mais nous les voyons maintenant, comme chacun le sait, dans des positions très-variées. Quelquefois elles sont parallèles à l'horizon, quelquefois elles sont inclinées; tantôt elles forment avec lui un angle droit, tantôt elles constituent entre elles divers plans qui se coupent; ailleurs elles sont recourbées et plissées d'une façon très-fantastique. Or, toutes ces apparences sont les résultats naturels d'une force agissant irrégulièrement de bas en haut sur l'écorce solide du globe. Lorsque le feu souterrain agit en même temps, avec une égale intensité, sur une vaste surface, les couches supérieures sont réellement soulevées et conservent leur position horizontale. Mais si toute la force agit avec une intensité locale sur un espace très-restreint, dans cet endroit particulier les roches seront inclinées et leur position entièrement changée; quelquefois elles seront courbées et resserrées entre elles, quelquefois disloquées et renversées; d'autres fois peut-être, une montagne sera formée et les roches, auparavant parallèles à l'horizon, resteront désormais parallèles aux pentes de la montagne.

Les gravures de la page voisine, que nous empruntons, en les modifiant légèrement, à l'Introduction à la Géologie du professeur Philips, aideront le lecteur à se faire une idée exacte de ces phénomènes; il y verra d'un même coup d'œil les roches ignées, aqueuses et métamorphiques sous leurs diverses formes, à peu près telles qu'elles se présentent dans les sections naturelles de l'écorce terrestre. La ligne ponctuée de la figure 2 marque la direction supposée des couches au-dessous de l'espace accessible à l'observation. A gauche de la figure 3, F indique une dislocation des strates, en langage technique une *faille*, et, presque au centre, on peut voir, en *v*, des veines de roche ignée qui pénètrent dans les roches métamorphiques. La figure 4 montre que, à la suite des convulsions qui relevèrent les formations *b*, *d*, un nouveau dépôt de strates, marqué par la lettre *c*, s'effectua horizontalement au sommet et sur les flancs des roches contournées. Cette disposition est désignée par les géologues sous le nom de *stratification discordante*.

Les strates contournées et plissées que représente la lettre *c*,

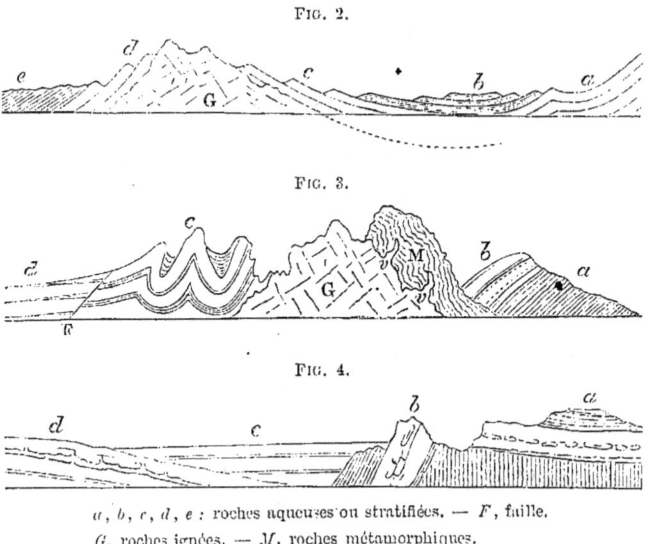

FIG. 2.

FIG. 3.

FIG. 4.

a, *b*, *c*, *d*, *e* : roches aqueuses ou stratifiées. — *F*, faille.
G, roches ignées. — *M*, roches métamorphiques.
v, *v*, roche ignée pénétrant dans la roche métamorphique.

dans la figure 3, sont très-communes dans les pays où les roches ignées apparaissent à la surface du sol. On peut les observer sur une échelle vraiment grandiose dans les diverses parties de la Suisse, spécialement dans la belle et sauvage vallée qui conduit de la ville d'Interlachen aux chutes du Staubach, et, plus près de nous, sur les côtes de Corck, de Kersy et de Clare, où elles sont les objets familiers de l'admiration. L'esquisse que nous donnons ici, et qui a été dessinée par M. du Noyer au cap Old, près de Kinsale (Irlande), en offre un exemple intéressant.

Il est un autre genre d'action, connu sous le nom de *dénudation*, que nous ne pouvons passer sous silence, parce qu'il occupe une place très-importante dans l'histoire naturelle de notre globe. La dénudation a toujours existé à la surface de la terre et elle a laissé la marque de son existence sur tous les groupes de

FIG. 5.

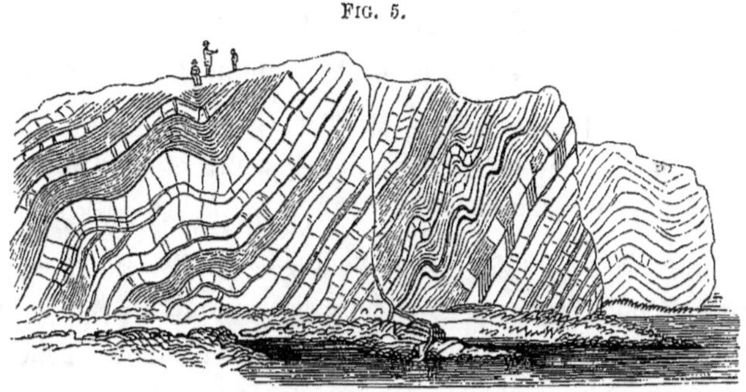

Strates plissées et contournées au cap Old (Irlande).

roches, depuis les couches inférieures jusqu'aux supérieures. Elle renferme tous les genres d'opérations par lesquelles les roches préexistantes sont ou réduites en fragments, ou moulues en poussière, ou usées par le frottement, ou dissoutes par l'action chimique, et alors enlevées de leur première situation pour devenir les éléments de nouvelles couches. De là le nom de *dénudation*, puisque par ces opérations les couches surperficielles sont enlevées et qu'une surface auparavant couverte est *mise à nu*. La somme de destruction effectuée par ce travail en chaque âge successif est toujours égale à la masse des roches aqueuses formées dans le même temps. Cela sera bien compris si nous rappelons que les roches aqueuses sont produites, pour la plupart, par des dépôts de sédiment, et que le sédiment n'est pas autre chose que les fragments, plus ou moins petits, de roches préexistantes. Ce qui est déposé sur le lit de l'Océan a été emprunté à la surface de la terre, et les nouvelles strates sont construites

avec les ruines des anciennes. Lorsque nous voyons un grand
édifice en pierres s'élever vers le ciel, nous sommes sûrs que quelque part sur la terre une carrière a été ouverte et que les dimensions de la carrière sont à peu près exactement représentées par le
volume de la maçonnerie dans l'édifice. De même, la masse
des roches aqueuses est à la fois le monument et la mesure de la
dénudation qui a précédé leur formation.

La dénudation est l'œuvre de plusieurs et de diverses causes
naturelles. La chaleur et le froid, la pluie, la grêle et la neige,
les affinités chimiques, l'atmosphère elle-même, tout y contribue ;
mais la plus large part revient à l'action mécanique de l'eau en
mouvement. Chaque petit ruisseau qui coule des flancs de la
montagne est chargé d'un sédiment finement pulvérisé qu'il a
dérobé à la surface de son propre lit. Chaque grand fleuve, outre
l'immense quantité de limon et de sable qu'il transporte dans son
cours turbulent les jours d'orage, a son canal jonché de cailloux
sur lesquels il agit incessamment, rongeant leurs angles et po-
lissant leur surface ; et ces cailloux, que sont-ils autre chose que
les fragments de roches anciennes et les éléments de nouvelles,
le blocage de la construction de la nature sur sa route de la
carrière à l'édifice ? Il y a de puissantes rivières, telles que
l'Amazone, l'Orénoque, le Mississipi, le Nil, le Gange qui, chaque
jour, déchargent dans la mer des millions de pieds cubes et des
milliers de tonnes de matière minérale. Souvent cet énorme
volume de limon et de sable est transporté au loin dans la mer
par l'action des courants ; mais quelquefois il est déposé auprès
du rivage et forme ce qu'on appelle un delta, offrant ainsi un
admirable exemple de roches stratifiées dans la première période
de leur existence. Enfin nous devons signaler l'immense pouvoir
du grand Océan lui-même, agissant avec une infatigable éner-

gie sur les côtes des continents et des îles dans le monde entier, minant profondément les falaises, roulant çà et là d'énormes blocs de roches et disséminant ses fragments dans un nouvel ordre au fond de la mer.

Pour se faire une idée nette de la grandeur des effets que nous pouvons attribuer à cette dernière force, il faut nous rappeler que, d'après la théorie géologique, presque chaque portion de l'écorce terrestre a été plus d'une fois relevée au-dessus de la surface de l'Océan et ensuite abaissée au-dessous. On croit que ce soulèvement et cet affaissement alternatifs furent très-souvent, peut-être le plus communément, l'effet, non de commotions soudaines, mais plutôt de mouvements lents et graduels. Or, pendant que la terre émergeait ainsi du sein des eaux ou s'y enfonçait successivement, de nouvelles surfaces s'offraient, en chaque siècle, à la force des courants océaniques ou à l'action érosive des brisants. Il n'est donc pas difficile de concevoir comment, au bout d'un temps fort long, des agents destructeurs si puissants, si infatigables, si universels, ont pu fournir, dans une très-large proportion, les matériaux des roches aqueuses actuellement existantes.

Jusqu'ici nous avons considéré la croûte de la terre comme un grand édifice lentement construit par les mains de la nature. Nous avons parlé des roches qui la composent, de leur origine et de leur histoire, de l'ordre dans lequel elles sont disposées, et des divers agents qui ont concouru à leur donner leur forme actuelle. Il nous reste à contempler cet édifice sous un nouvel aspect. Les géologues nous disent, en effet, qu'il n'est qu'un vaste sépulcre, dans lequel gisent enfouis les restes d'existences antérieures, depuis longtemps disparues. Chaque série de strates n'est qu'une nouvelle rangée de tombeaux, et chaque tombeau a son histoire propre. Ici, s'offre à la vue un monstre gigantesque, auprès duquel les plus grands animaux de nos forêts ne sont rien quant à la taille ni quant à la force. Là, dans un étroit espace, se trouvent resserrés des millions d'animalcules si petits qu'un puissant microscope peut seul nous en révéler l'existence. Dans un endroit, nous trouvons des squelettes presque entiers, enfouis dans la roche solide; dans un autre, c'est une incroyable profusion d'os et de coquilles; dans un autre encore, ce ne sont plus des squelettes, ni même des os dispersés, c'est simplement l'empreinte de pas imprimés autrefois sur le rivage sablonneux, empreinte qui s'est perpétuée dans le sable fin devenu, par l'effet d'une immense pression, une roche compacte. Ces restes ne manquent pas dans ce merveilleux charnier de la nature. Pendant un demi-siècle, on a pillé sans relâche; les tombeaux ont dû céder leurs morts; chaque ville du monde civilisé en a rempli ses musées, et les cabinets des collectionneurs particuliers en surabondent; néanmoins, les dépouilles jusqu'ici amassées sont peu de chose auprès de ce qui reste encore.

Ces débris d'animaux et de plantes enfouis dans l'écorce terrestre sont appelés *fossiles*, et les géologues affirment que les fossiles conservés dans chaque groupe de strates représentent les animaux et les plantes qui vécurent à la surface du globe ou dans les eaux de l'Océan, pendant que ce groupe de strates était en voie de formation. Là ils vécurent, là ils moururent, et là ils furent enterrés dans le sable, le gravier ou l'argile que déposaient les eaux supérieures. Puis de nouvelles formes de vie parurent à la voix toute-puissante du Créateur et formèrent comme un anneau intermédiaire entre le nouvel âge du monde qui commençait et l'ancien qui venait de finir. Mais elles moururent à leur tour et trouvèrent leur tombeau au fond des eaux, car la nature, avec une inépuisable énergie, était encore occupée à rassembler les matériaux des roches anciennes pour en faire de nouvelles. Puis cet âge passa comme le premier et un autre vint, et chaque âge fut représenté par son groupe de strates, et chaque groupe de strates fut à son tour recouvert d'un nouveau dépôt; et les tombeaux furent tous scellés avec leurs innombrables légions de morts, leurs massifs monuments de pierre et leurs étranges inscriptions hiéroglyphiques. Avec le temps vint la dernière période de l'histoire du monde et l'homme parut sur la scène, et c'est à l'homme qu'appartient le privilége de descendre dans ce merveilleux sépulcre, d'errer parmi ses monuments et d'essayer d'en lire les inscriptions. De nos jours surtout, la science a ses adeptes zélés et enthousiastes qui s'en vont parcourir la face entière du globe pour dérober à chaque pays des restes fossiles de mondes éteints. A l'aide de l'histoire naturelle, ils cherchent à assigner à chacun la place qui lui convient dans les rangs de la création, à retracer l'apparition, le progrès et l'extinction de chaque espèce, et même à décrire la nature et le caractère de toutes les formes qu'a revêtues la vie sur le globe depuis le commencement.

Telle est la théorie géologique exposée aujourd'hui par les plus savants et les plus populaires de ses défenseurs. Pour ne pas fatiguer le lecteur, nous avons passé sur une multitude de détails, et nous nous sommes écarté des points controversés pour ne pas nous mêler à des discussions purement scientifiques. Notre but a été seulement de réunir, sous une forme systématique, les conclusions générales regardées maintenant comme certaines par tous ceux qui ont consacré leur vie à l'étude de la géologie, bien que ces conclusions puissent encore paraître exagérées aux gens du monde ou même à ceux qui cultivent d'autres branches de la science. Il nous reste maintenant à rechercher les faits sur lesquels reposent ces conclusions et à considérer les arguments qui ont amené tant d'hommes remarquables et sérieux à les accepter. Dans ce vaste champ de recherche, nous dirigerons principalement notre attention sur les points qui concernent l'ancienneté de la terre, et pour mieux faire saisir à nos lecteurs la nature et la force du raisonnement géologique, nous nous attacherons aux démonstrations simples et claires.

CHAPITRE II.

THÉORIE DE LA DÉNUDATION DÉMONTRÉE
PAR LES FAITS.

PRINCIPE DE RAISONNEMENT COMMUN A TOUTES LES SCIENCES PHYSIQUES. — APPLICATION DE CE PRINCIPE A LA GÉOLOGIE. — L'ACIDE CARBONIQUE CONSIDÉRÉ COMME AGENT DE DÉNUDATION. — ÉNORME QUANTITÉ DE LIMON DISSOUTE PAR LES EAUX DU RHIN ET TRANSPORTÉE DANS L'OCÉAN GERMANIQUE. — DÉSAGRÉGATION DES ROCHES PAR LA GELÉE. — LE PROFESSEUR TYNDALL SUR LE MATTERHORN. — L'EAU COURANTE. — SON ACTION ÉROSIVE. — AGENT ACTIF ET INCESSANT DE DÉNUDATION. — SÉDIMENT MINÉRAL TRANSPORTÉ A LA MER PAR LE GANGE ET D'AUTRES GRANDES RIVIÈRES. — DÉSAGRÉGATION ET TRANSPORT DES ROCHES SOLIDES. — CHUTE DE LA CLYDE A LANARK. — LE SIMÉTO EN SICILE. — CHUTES DU NIAGARA. — TRANSPORT PAR LES EAUX COURANTES. — INONDATION EN ÉCOSSE. — INONDATION DANS LA VALLÉE DE BAGNES, EN SUISSE.

Il est, dans les sciences physiques, un principe général de raisonnement, relativement aux phénomènes que nous avons sous les yeux dans la nature et qui sont l'effet de causes naturelles que nous savons exister. Ce principe semble être presque un instinct de notre nature, instinct qui guide les esprits même les moins philosophiques au milieu des affaires journalières de la vie. Lorsque nous rencontrons les ruines d'un vieux château, nous sommes parfaitement certains que nous avons devant nous non-seulement un monument de l'action destructive du temps, mais aussi un monument de l'industrie et du travail de l'homme dans les jours passés. Nous ne doutons nullement qu'à une époque antérieure, le bruit du marteau du maçon ne se soit fait entendre sur ces murs, maintenant couronnés de lierre; que ces pierres couvertes de mousse n'aient été autrefois taillées dans la carrière et puis déposées les unes sur les autres par la main de l'homme, et qu'un artiste n'en ait conçu le plan et ne se soit proposé d'en faire une habitation humaine. De même, si nous voyons une empreinte de pas dans le sable, nous concluons aussitôt qu'il y a eu là un pied vivant et, par la nature des traces qu'il y a laissées, nous jugeons quelle était l'espèce d'être à laquelle il appartenait, si c'était un homme, un oiseau ou un quadrupède. Il est vrai que Dieu est tout-puissant. Il aurait pu, si tel avait été son bon plaisir, construire ce château dès la création du monde et puis le laisser lentement tomber en ruine. Il eût pu encore faire paraître subitement une ruine où il n'y avait pas eu de château auparavant; il eût pu y poser les pierres avec leur mousse et les murs avec leur lierre. Il eût pu également faire l'empreinte gravée dans le sable avec la même facilité que le pied qui l'y a laissée. Tout cela est vrai, et pourtant si quelqu'un argumentait de cette façon contre nous, il ne pourrait arriver à ébranler nos convictions; nous continuerions de croire, sans nulle hésitation, que la main de l'homme a bâti le château et qu'un pied vivant a foulé le rivage.

Or, ce principe de raisonnement est le fondement sur lequel nos géologues modernes les plus éminents prétendent appuyer leur science. La main infatigable de la nature travaille toujours autour de nous : ils nous invitent à venir voir ses œuvres et à juger de ce qu'elle a fait dans les âges passés par ce qu'elle fait actuellement sous nos yeux. Elle continue, disent-ils, d'élever sur le globe entier ses strates de calcaire, de grès et d'argile ; elle continue de soulever, sur un point, le lit de l'Océan et, sur l'autre, de submerger la terre ferme; elle continue de briser violemment la croûte terrestre, sous l'action du feu interne, et d'incliner les couches auparavant horizontales; elle continue de soulever ses montagnes et de creuser ses vallées. Toutes ces opérations sont accessibles à notre examen; nous pouvons les étudier par nous-mêmes ; nous pouvons examiner les ouvrages accomplis et découvrir les causes qui les ont produits. Et s'il paraît exister une analogie véritable entre les œuvres actuelles et celles que nous constatons dans l'écorce terrestre, il n'est certes pas déraisonnable de rapporter la dernière classe de phénomènes à l'action des mêmes causes naturelles que nous savons avoir produit les premiers.

On ne peut nier que cet argument ne mérite une attention sérieuse. Voyons donc s'il est bien fondé et jusqu'à quel point il est applicable à la théorie géologique. Nous commencerons par l'origine et l'histoire des roches stratifiées, car c'est là ce qui constitue en quelque sorte la charpente sur laquelle repose tout le système géologique. Les éléments dont se composent les roches stratifiées ne sont, avons-nous dit, que des fragments brisés ou de minces atômes de roches préexistantes, transportés par les agents de dénudation et répandus au loin en couches régulières, couches qui, dans la suite des temps, se consolidèrent lentement et devinrent des roches de qualité et de structure diverses. Dans le but d'éprouver cette théorie à la lumière du principe que nous venons d'exposer, nous nous proposons, en premier lieu, de donner quelques exemples des différentes formes sous lesquelles le travail de la dénudation se poursuit actuellement sur l'ensemble du globe que nous habitons, et, en second lieu, de montrer que toutes les roches stratifiées que nous avons décrites, — roches mécaniques, roches chimiques, roches organiques, — se construisent régulièrement en divers lieux avec les matériaux ainsi obtenus, et que ces roches correspondent, en ce qu'il y a d'essentiel, aux roches stratifiées de la croûte terrestre.

Parmi les agents chimiques de dénudation, il n'en est aucun qui soit plus répandu que le gaz acide carbonique. Toute matière animale et végétale en voie de putréfaction en dégage; dans tout pays il y a des sources qui en émettent en grandes quantités, et tous les terrains volcaniques en sont une source abondante, aussi bien lorsque les volcans sont éteints que lorsqu'ils sont en activité. Or, l'expérience a prouvé que l'acide carbonique a la propriété de décomposer plusieurs des roches les plus dures, spécialement celles dans lesquelles entre le feldspath (1). Ce phénomène se manifeste sur une large échelle dans l'ancien district volcanique de l'Auvergne, dans la France centrale. L'acide carbonique, abondamment dégagé du sol, pénètre dans les crevasses et les pores du granite, qui, incapable de résister à son action dissolvante, est bientôt réduit en poussière. Cette mystérieuse décomposition de la roche a été heureusement appelée par Dolomieu « la maladie du granite » (2).

En outre, toute l'eau qui coule à la surface de la terre est chargée à un haut degré d'acide carbonique. La pluie s'en imprègne en passant à travers l'atmosphère, et les rivières en reçoivent encore dans leur parcours à travers les terres. Or, nous découvrons dans cette combinaison un puissant agent de

(1) Le feldspath est un des trois éléments du granite, qui se compose, on le sait, de feldspath, de quartz et de mica. (*N. du trad.*)

(2) Voir Lyell, *Principes de Géologie*, t. I, p. 543.

dénudation, car l'eau imprégnée d'acide carbonique dissout le calcaire. Il en résulte que toutes les rivières et tous les courants du monde, lorsqu'ils passent sur un lit de calcaire, dissolvent incessamment la roche solide et emportent au loin les matériaux dont elle est composée. Un seul exemple suffira pour montrer la grandeur des résultats ainsi obtenus. Un célèbre chimiste allemand, Bischoff, a calculé que le carbonate de chaux porté à la mer chaque année par les eaux du Rhin suffirait à la formation de 32 milliards de coquilles d'huîtres, ou encore, pour en donner une autre idée, elle suffirait à produire une couche de calcaire d'une hauteur d'un pied (1) et d'une étendue de 10 kilomètres carrés. Si telle est la production annuelle d'une seule rivière, quelle doit être celle de toutes les rivières du monde depuis que notre planète est sortie des mains du Créateur ?

Passant des agents chimiques de dénudation aux agents mécaniques, nous devons d'abord mentionner la gelée comme cause puissante de destruction, spécialement dans les pays sujets à de grandes vicissitudes de chaleur et de froid. Pendant un dégel, l'eau pénètre dans les fentes et les joints dont toutes les roches sont traversées, et, lorsqu'elle s'est ensuite convertie en glace, elle se dilate avec une force mécanique presque irrésistible. Les roches les plus dures sont brisées ; de gros blocs s'en détachent sur les flancs de la montagne et roulent de rochers en rochers, de précipices en précipices, jusqu'à ce qu'ils arrivent morcelés au fond de la vallée, où ils attendent la

---

(1) Il est à peine besoin de dire que le pied anglais vaut trente centimètres environ et que le pouce est la douzième partie du pied. (*N. du trad.*)

venue des torrents de l'hiver pour être emportés plus loin dans leur long voyage vers la mer.

Les terribles dégâts qu'opère cette action alternative du soleil et de la gelée contribuent beaucoup à donner aux pics montagneux de la Suisse leurs formes fantastiques et pittoresques. D'énormes masses de roches ont été taillées de telle sorte qu'il n'en est rien resté que ces obélisques déchirés et ces pinacles effilés que l'œil rencontre si fréquemment parmi les sublimes scènes des Alpes. Certes, un des plus grands dangers que courent ces esprits aventureux, que l'ambition pousse à rivaliser d'audace et à gravir des montagnes réputées jusque-là inaccessibles, vient précisément de ces énormes fragments de rocs qui, incessamment fournis par des rochers surplombants, sont précipités dans les abîmes inférieurs. L'incident suivant, rapporté par le professeur Tyndall, en est la preuve : « Nous avions réuni nos bagages et nous commencions notre ascension, lorsque tout-à-coup une explosion se fit entendre au-dessus de nos têtes. Nous levâmes les yeux et nous aperçûmes un énorme projectile qui, lancé du Matterhorn, décrivait dans les airs sa parabole. Il vola en éclats dès qu'il eut touché les rochers inférieurs, et ses fragments retombèrent comme une grêle à une certaine distance, assez près de nous pourtant pour attirer notre attention. Deux ou trois explosions semblables se firent entendre ; mais nous rampâmes le long des flancs de la montagne, du sommet de laquelle les blocs qui tombaient étaient rejetés à droite et à gauche. »

Cela arriva en 1862, lors d'une tentative inutile que fit le professeur Tyndall pour atteindre le plus haut pic du Matterhorn (mont Cervin). Six ans plus tard, lorsqu'il réalisa enfin le projet qu'il avait tant à cœur, il se retrouva en présence de la même œuvre de destruction. « Nous étions, dit-il dans son récit, près du ravin coupé à son centre par une profonde fissure et déchiré par la descente des pierres. Chacun se prépara de son mieux à franchir le ravin aussi promptement que possible. Le passage s'était effectué heureusement, quelques légers cailloux étant seulement tombés sur nous. Mais le danger se déclara là où nous ne l'attendions pas. Joseph Maquignas ouvrait la marche vers les rochers : je venais ensuite, Pierre Maquignas après moi et enfin les porteurs. Tout-à-coup le guide s'écria : « Cachez-vous ! » Je me tapis instinctivement derrière un rocher qui ne m'abritait que fort imparfaitement, et là j'entendis le bruissement d'un bloc qui passa dans l'air au-dessus de ma tête, atteignit les rochers au-dessous de moi et vola en éclats avec un bruit sinistre sur le glacier inférieur (1). »

Une aventure semblable, arrivée sur la même montagne, en 1865, est racontée de la manière suivante par M. Édouard Whymper : « Tandis que les guides préparaient le déjeuner, je m'avançai sur un petit promontoire pour examiner de plus près le chemin que nous devions suivre. J'admirai notre magnifique couloir, qui pénétrait en droite ligne jusqu'au cœur de la montagne, sur une hauteur de plus de 300 mètres. Il faisait ensuite un coude vers le nord pour s'élever jusqu'à la crête de l'arête du sud-est. Ce coude piquait ma curiosité. Qu'y avait-il derrière ? Je le fixais attentivement tout en contemplant les courbes gracieuses formées par la neige dans le couloir et aboutissant à un large sillon central, quand j'aperçus quelques petites pierres qui dégringolaient doucement. Je ne m'en inquiétai guère, me disant que nous les éviterions facilement en suivant de très-

____

(1) Professor Tyndall, *Odds and Ends of Alpine Life.*

près l'un des côtés. Mais une autre pierre les suivit, beaucoup plus grosse, descendant avec une vitesse de 80 kilomètres à l'heure et bientôt suivie à son tour par une autre, puis par une autre encore. Je n'avertis pas les guides, ne voulant pas les inquiéter inutilement. Ils n'avaient rien entendu. Almer, assis sur un quartier de roc, taillait de larges tranches dans un superbe gigot; les autres babillaient ensemble. Un craquement soudain les avertit du danger; un bruit épouvantable retentit dans les rochers; levant les yeux, ils aperçurent d'énormes masses de blocs et de pierres de toute dimension s'élancer du fameux coude situé à plus de 250 mètres au-dessus de nous, se précipiter avec furie contre les rochers opposés, rebondir contre les parois rocheuses qui dominaient notre campement, puis descendre en formant une effroyable avalanche : quelques blocs heurtant tour à tour les deux côtés du couloir; d'autres rebondissant sur la neige en faisant des sauts de plus de 30 mètres; le reste tombant comme une trombe en masses confuses, mélange de neige, de glace, de pierres, et creusant des sillons profonds dans ces gracieuses ondulations qui avaient excité mon admiration quelques instants auparavant.

« Épouvantés, les guides jetèrent un regard d'angoisse autour d'eux, et, lâchant ce qu'ils tenaient, ils s'élancèrent dans toutes les directions à la recherche d'un abri. Le précieux gigot roula d'un côté, l'outre de l'autre, et son contenu s'échappa du goulot débouché, tandis que mes quatre compagnons se blottissaient sous les rochers, en tâchant de se faire aussi petits que possible (1). »

Ces témoignages, que vient confirmer l'expérience de tous ceux

____

(1) *Escalades dans les Alpes*, traduction de M. Ad. Joanne, p. 322.

qui ont voyagé dans, les Alpes, montrent suffisamment qu'il n'est pas un pic montagneux, si solide et si massif qu'il puisse être, qui ne soit décomposé de jour en jour par l'action du soleil et de la gelée, et dont les fragments ne soient sans cesse précipités dans les vallées inférieures. Mais il sera intéressant d'accompagner M. Whymper un peu plus loin dans ses périlleuses escalades et d'apprendre ce qu'il vit lorsqu'il atteignit les hauts pics eux-mêmes. « Les arêtes qui partent au nord et au sud du sommet du Grand-Cornier offraient un exemple frappant des effets extraordinaires que peuvent produire de brusques alternatives de chaleur et de froid. L'arête méridionale, toute fendue et crevassée, présentait l'aspect le plus sauvage ; l'arête septentrionale n'était pas moins désagrégée et impraticable ; on y remarquait les singulières formes des rochers que représente le dessin ci-joint. Quelques petits blocs vacillèrent et tombèrent en notre présence ; en descendant, ils en entraînèrent d'autres qui formèrent une véritable avalanche que nous entendîmes se précipiter avec un bruit terrible sur les glaciers situés au-dessous.

« Il est tout naturel que les grandes arêtes offrent les formes les plus étranges, non pas à cause de leurs dimensions, mais en raison de leurs positions. Exposées à la chaleur torride du soleil, elles sont rarement à l'ombre tant qu'il reste au-dessus de l'horizon. Aucun abri ne les protège et elles subissent tour à tour les attaques des vents les plus furieux et des froids les plus intenses. La roche la plus dure ne saurait résister à de tels assauts. Ces grandes montagnes, image apparente de la solidité et de l'éternité, qui semblent immuables, indestructibles, sont cependant soumises à une altération incessante et tombent peu à peu en poussière. Leurs arêtes en ruine sont la preuve évidente de leur lutte avec les éléments. Je le répète, toutes les principales crêtes des grands pics alpestres que j'ai vues ont subi une semblable décomposition ; tous les sommets rocheux que j'ai escaladés ne sont que des amas de ruines.

Fig. 6.

Partie de l'arête méridionale du Grand-Cornier, Suisse (Whymper).

« La dégradation des montagnes ne s'arrête pas même l'hiver, car les grandes arêtes ne sont jamais complétement recouvertes par la neige, et le soleil conserve de la force pendant les jours les plus froids de la mauvaise saison. L'œuvre de destruction, qui ne cesse pas un moment, devient plus considérable d'année en année. En effet, plus vertes sont les surfaces exposées à l'action incessante du soleil et de la gelée, plus grands sont les dégâts qu'elles subissent.

« Les chutes de rochers, qui ont constamment lieu sur toutes les montagnes rocheuses, sont dues à ces causes; personne n'en doute : mais, pour bien s'en convaincre, il faut voir par ses propres yeux les carrières d'où ces matériaux ont été extraits, et assister, pour ainsi dire, à la formation de ces avalanches de pierres.

« La chaleur du soleil détache de petites pierres ou de petits fragments de rochers qui s'étaient arrêtés sur une pente ou une corniche où ils avaient été soudés ensemble par la neige ou par la glace. Combien j'en ai vu ainsi délivrés de leurs liens quand le soleil avait atteint son point le plus élevé ! D'abord ils tombaient très-doucement, puis leur vitesse augmentait avec leur volume ; l'avalanche se formait peu à peu et descendait comme une trombe, laissant en arrière une traînée blanchâtre, semblable au nuage de poussière qui suit un train express. En outre, l'eau qui filtre pendant le jour dans les crevasses et dans les moindres fissures, s'y congèle pendant la nuit; aussi est-ce surtout pendant la nuit ou durant les plus grands froids qu'ont lieu les avalanches de pierres les plus considérables. Pendant chacune des sept nuits que je passai sur l'arête du sud-ouest du Cervin, entre 3,600 et 4,000 mètres d'altitude, les pierres ne cessèrent de tomber sous forme d'averses ou d'avalanches (1). »

L'eau à l'état liquide n'est pas un agent de dénudation moins puissant qu'à l'état de glace. Les éboulements, si fréquents même dans notre pays, en sont la preuve. Il y en a de plusieurs sortes ; mais les plus communs et les plus désastreux sont ceux qui ont lieu lorsque des roches solides, d'origine aqueuse, situées sur le flanc d'une montagne, reposent sur des lits de

(1) Escalades dans les Alpes, p. 294-296.

gravier ou d'argile. A la suite de pluies continues, l'eau qui a pénétré par les crevasses et les fissures des roches superficielles vient saturer les couches sous-jacentes. Le gravier et l'argile, ainsi ramollis et délayés, n'offrent plus un appui suffisant aux roches compactes supérieures. Il en résulte que ces roches glissent dans la vallée, souvent avec un craquement terrible et des effets désastreux pour la vie et les biens des habitants.

Au mois de décembre 1839, un éboulement eut lieu sur la côte du Dorsetshire, entre Axmouth et Lyme Regis. Les falaises, dans cette localité, sont composées de craie qui repose sur du grès au-dessous duquel se trouvent plus de 30 mètres de sable non agglutiné. La saison avait été excessivement pluvieuse ; les eaux, filtrant librement à travers le sable, avaient peu à peu sapé les fondements sur lesquels reposait la roche solide. Il en résulta que toute la surface de la montagne, obéissant à la loi de la pesanteur, se précipita vers la mer, laissant derrière elle une cavité longue de 1,200 mètres environ, sur 72 mètres de large et 45 de profondeur (1).

Un éboulement est quelquefois causé par un fleuve qui mine ses rives. Tout récemment, un célèbre naturaliste, M. Bates, a été témoin d'un phénomène semblable, sur la rivière de l'Amazone : « Un matin, dit-il, je fus réveillé avant le lever du soleil par un bruit inaccoutumé, semblable au fracas de l'artillerie ; ce bruit venait de très-loin et se répétait à courts intervalles. Je crus à un tremblement de terre ; car, quoique la nuit fût calme et suffocante, la rivière était excessivement agitée et imprimait au vaisseau un affreux roulis. Bientôt après se fit entendre une

(1) Lyell, *Principes de Géologie*, t. I, p. 701.

forte explosion ; elle fut suivie de plusieurs autres qui se succédèrent pendant une heure, et ce n'est qu'à la naissance du jour que nous aperçûmes l'œuvre de destruction qui se continuait à 4,800 mètres environ de distance sur l'autre côté de la rivière. Les arbres d'une vaste forêt qui, pour la plupart, avaient des dimensions colossales et probablement une hauteur de 60 mètres, étaient ballotés dans tous les sens et finissaient par tomber les uns après les autres dans l'eau, la tête la première. Après chaque avalanche, il se produisait de grandes vagues qui se reportaient avec une force terrible sur la rive dégradée, affouillaient d'autres masses et en entraînaient la chute. La ligne de côtes sur laquelle s'étendait l'œuvre de destruction était d'une longueur de 1,600 à 3,200 mètres, et la fin nous en était cachée par la présence d'une île intermédiaire. C'était un grand spectacle qui se déroulait au milieu d'un nuage d'écume que soulevait la chute de chaque avalanche ; la secousse produite sur un point par l'éboulement d'une masse entraînait l'éboulement d'autres masses éloignées, et les craquements qui se faisaient entendre de tous les côtés étaient loin d'annoncer la fin du cataclysme. Lorsque, deux heures après le lever du soleil, nous perdîmes ces côtes de vue, la destruction allait toujours poursuivant son œuvre » (1).

La florissante ville de Goldau, à la base orientale du Righi, montagne bien connue des touristes, fut le théâtre d'un éboulement désastreux dans l'automne de l'année 1806. Elle est dominée au nord par le Rossberg qui, comme le Rhigi, consiste en un conglomérat composé de cailloux que relie entre eux un ciment calcaire. Cette roche, en elle-même extrêmement com-

(1) Lyell, *Principes de Géologie*, traduction de M. Ginestou, t. I, p. 616.

pacte, est disposée en couches qui alternent avec des lits de sable non agglutiné. Il était tombé pendant l'été de 1806 une grande quantité de pluie qui, peu à peu, s'était frayé un chemin par les crevasses du conglomérat superficiel et avait atteint le sable inférieur. Le sable fut donc délayé et en partie entraîné par l'action de l'eau, et, le 2 septembre, à cinq heures du soir environ, une énorme masse de roches superficielles, mesurant 300 mètres de long sur 30 mètres d'épaisseur, se précipita dans la vallée, d'une hauteur de 900 mètres. En un instant, ce charmant paysage fut transformé en une scène de désolation ; Goldau et les villages voisins furent ensevelis à plusieurs mètres de profondeur, sous un énorme entassement de ruines, et les habitants, au nombre de 500 au moins, périrent écrasés. Actuellement encore, la vallée n'est guère qu'un désert rocheux et sauvage ; le temps en a pourtant adouci les traits ; une maigre végétation commence à reparaître ; un nouveau village s'est élevé sur les ruines de l'ancien, et sur le mur extérieur de l'église paroissiale, bâtie en 1849, le voyageur peut lire sur des tablettes de marbre noir une simple inscription destinée à perpétuer le souvenir de la terrible catastrophe (1).

Mais l'*eau en mouvement* constitue l'agent de dénudation le plus puissant et en même temps le plus universel. C'est donc principalement sur ces effets que nous devons diriger notre attention. Chacun sait que les eaux de l'Océan passent constamment, par suite de l'évaporation, dans les hautes régions de l'atmosphère et que là elles sont condensées en nuages. Ces nuages descendent ensuite sur toutes les parties de la terre, mais spécialement sur les districts élevés et montagneux. Là se

____

(1) Carl Vogt, *Lehrbuch der Geologie*, t. II, p. 189.

forment de petits ruisseaux qui descendent doucement les pentes légères des collines ou bien s'enfoncent précipitamment dans les crevasses des rochers. Puis ces ruisseaux s'unissant forment des torrents, et les torrents, recevant de nouveaux affluents à mesure qu'ils avancent, deviennent des rivières qui se dirigent vers la mer, où elles déchargent continuellement leurs énormes volumes d'eau. C'est ainsi que toute l'eau du monde est constamment en mouvement, parcourant en quelque sorte un cercle sans fin. C'est l'enseignement de l'expérience journalière et de l'observation. Nous pouvons ajouter que c'est aussi l'enseignement de l'Écriture sainte. Il y a longtemps, en effet, que le Sage a dit : « Tous les fleuves entrent dans la mer et la mer n'en regorge point : les fleuves retournent au même lieu d'où ils étaient sortis, pour couler de nouveau (1). »

Or, l'action de cette eau sans cesse en mouvement est une cause puissante et universelle de changements dans les conditions physiques du globe. Car, partout où l'eau se meut à la surface de la terre, qu'il s'agisse d'une petite rivière, d'un torrent impétueux ou d'un vaste fleuve, elle emporte certainement avec elle quelque chose de son lit et retient en suspension dans son cours soit des particules d'argile, soit du sable, soit du gravier. Ce sujet a été traité avec une grande force et une grande simplicité par M. Page : « Tout le monde, dit-il, a dû remarquer combien les fleuves deviennent boueux et troublés par les pluies d'orages et comment leurs eaux gonflées dévorent en quelque sorte leurs rives, creusent leurs lits et en balaient au loin le sable et le gravier. Et si, pendant cet état de trouble, on a la curiosité de prendre un litre de cette eau et de

(1) Ecclésiaste, I. 7.

la laisser reposer, on sera étonné de la quantité de sédiment ou de matière solide qui tombera au fond du vase. Or, qu'on multiplie ce litre par le nombre de litres transportés chaque jour par le fleuve, et ce jour par les années et par les siècles, et on arrivera à se faire une idée de la quantité de matière ainsi enlevée au continent par les fleuves et transportée par eux dans l'Océan. Et toute rivière, tout ruisseau, tout cours d'eau agit comme le fleuve. La pluie entraîne les matières désagrégées par la gelée et dispersées par les vents; le petit ruisseau s'en empare et les conduit à la rivière ; la rivière les reçoit et les dépose dans le fleuve, et le fleuve les porte à l'Océan (1). »

Lorsque le courant est faible, la plus grande partie de ces matières terreuses se dépose le long de son cours et forme une couche de terrains d'alluvion dans le lit de la rivière, de même que sur les terres basses du voisinage, à l'époque des inondations temporaires. Mais, quand plusieurs rivières unissent leurs eaux, la force du courant se trouve considérablement augmentée ; d'énormes pierres sont roulées, lancées l'une contre l'autre et réduites en fragments, et ces fragments sont polis par le frottement et deviennent galets, et les galets deviennent gravier, et le gravier se transforme en limon, et le limon est transporté à l'embouchure du fleuve où, se déposant, il forme une langue de terre qu'on appelle *delta*, à moins encore qu'il ne rencontre dans l'Océan quelque courant puissant qui lui fasse entreprendre un nouveau voyage et le laisse enfin se déposer au loin dans les profonds et tranquilles abîmes de la mer. Ce n'est pas pourtant la matière minérale seule qui est ainsi transportée par l'action des fleuves. Des arbres qui croissaient sur ses rives,

____

(1) Page, *Advanced Text Book of Geology*, p. 55.

des os d'animaux, des restes de l'homme lui-même, des produits
de son travail sont ainsi entraînés par les courants et ensevelis
dans le sable et le limon du delta, à l'embouchure du fleuve.

Ce sont là de ces réalités actuelles dont peuvent être témoins
tous ceux qui voudront étudier par eux-mêmes l'histoire de ce
merveilleux élément, depuis le moment où il s'élève en vapeur
vers le ciel jusqu'à ce qu'il retourne, chargé des dépouilles de
la terre, vers l'Océan, où il a pris naissance. Nous lisons dans
l'admirable _Manuel de Géologie_ de Charles Vogt qu'un nageur
qui plonge dans les eaux du Rhin entend distinctement le bruit
que produisent les cailloux roulés au fond de son lit et précipités
les uns contre les autres. S'il s'agit de torrents plus puissants,
ce bruit, assez semblable à un grondement lointain, est perçu
quelquefois même à la surface du cours d'eau. En outre, chacun
a pu remarquer que les fragments de roches qui se rencontrent
dans le lit d'un torrent montagneux sont rudes et anguleux à
sa source et, au contraire, polis et arrondis lorsqu'ils approchent
du grand fleuve de la plaine ; et si nous les suivons plus loin
encore dans leur cours, nous verrons qu'ils deviennent de plus
en plus petits à mesure qu'ils poursuivent leur voyage vers la
mer. C'est ainsi, par exemple, qu'il n'est pas rare de rencontrer
dans le cours supérieur du Rhin des cailloux qui égalent en
grosseur la tête d'un homme, tandis que, à Cologne, on n'en
trouve guère qui aient la dimension d'un verre à boire, et que,
dans les plaines de la Hollande, il ne reste plus qu'un sable
très-fin et qu'un limon impalpable (1).

Quelques-uns de nos lecteurs trouveront peut-être insignifiants des résultats de cette nature, comparés aux énormes

(1) Vogt, _Lehrbuch der Geologie_, t. II, p. 106.

masses de roches stratifiées. Mais qu'ils se rappellent que la force dont nous parlons est incessante dans son action sur toute la surface de la terre, et, quand même l'œuvre de chaque année successive serait peu de chose, les effets accumulés produits pendant une longue période de temps doivent être immensément grands. En outre, ce serait une erreur très-sérieuse de former nos idées à ce sujet, comme beaucoup semblent le faire, d'après les exemples que nous rencontrons dans les limites étroites de notre île. Nous devrions plutôt aller chercher nos exemples parmi ces puissants fleuves qui sillonnent les vastes continents du monde et montrent sur une large échelle le pouvoir érosif et la force de transport de l'eau courante.

Il se trouve, heureusement pour le but que nous nous proposons, que des savants ont entrepris de supputer la quantité de matière déchargée dans la mer par quelques fleuves particuliers dans un temps donné. Pour cela, il est nécessaire de calculer, en premier lieu, le volume d'eau qui passe dans le fleuve pendant ce temps, et ensuite, par des expériences répétées, d'établir la proportion moyenne de matière terreuse tenue en suspension dans l'eau. C'est ce qui a été fait avec le plus grand soin, pour le Gange, par le Rév. M. Everest. Or, il paraît que pendant la saison des pluies, qui dure quatre mois chaque année, de juin à septembre, environ six milliards de pieds cubes (172 millions de mètres cubes) de limon sont transportés par le courant près la ville de Ghazepoor, où se firent les observations. C'est une masse de matière minérale suffisante pour former une couche d'un pied d'épaisseur et d'une surface de 560 kilomètres carrés environ. Ou encore, pour adopter le calcul de sir Charles Lyell, la quantité qui passe chaque jour est égale à ce qui pourrait être transporté par 2,000 vaisseaux de la Compagnie des Indes, chacun se chargeant d'une cargaison de limon correspondant au poids de 1,400 tonneaux de mer. Et il est important de rappeler que ce chiffre ne représente qu'une portion du sédiment qui entre dans la mer par le lit du Gange; car les observations de M. Everest furent faites en un point situé à 800 kilomètres de la mer et avant que le fleuve ait reçu ses affluents les plus considérables.

Nous pouvons donc, avec une certaine chance de ne pas commettre d'erreur, apprécier la somme de dénudation effectuée chaque année par le Gange. Et, bien que les mêmes calculs n'aient pas été appliqués avec le même soin aux autres grandes rivières, il n'y a aucune raison de supposer que le Gange constitue une exception. On a de bonnes raisons de croire que le Brahmapoutre, qui unit ses eaux à celles du Gange dans la baie de Bengale, charrie une égale quantité de sédiment terreux. On dit que le Hoang-Ho, en Chine, en décharge une quantité encore plus considérable dans la mer Jaune (1). En Amérique, d'après une étude récente du delta du Mississipi entreprise par MM. Humphreys et Abbot, il paraît que ce vaste *père des fleuves* verse chaque année dans le golfe du Mexique les matériaux d'une couche de roche solide qui aurait 0^{m}30 d'épaisseur sur une superficie de 740 kilomètres carrés environ (2). C'est ainsi que chaque année une portion du sol se trouve charriée par les eaux et déposée au fond du vaste Océan pour y fournir peut-être les matériaux de futurs continents.

Les effets de l'eau courante, quant à l'usure et au transport d'énormes masses de roches solides, ne méritent pas moins notre

(1) Voir sur ce sujet : Lyell, *Principes de Géologie*, t. I, p. 630-635 ; Jukes, *Manual of Geology*.

(2) Dana, *Manuel de Géologie*.

attention. Quiconque a suivi le cours d'un grand fleuve a dû remarquer sur quelques rives de larges blocs de rochers qui, minés en dessous par l'action de l'eau, semblent prêts à se précipiter dans le courant. D'autres blocs déjà tombés gisent au-dessous. D'autres ont déjà été transportés à une distance considérable par les torrents des hivers. Lors même que les roches ne sont pas déplacées, elles sont usées graduellement, en partie par l'action de l'eau, mais surtout par l'action corrosive du gravier qu'elle tient en suspension. Non-seulement la surface des roches se trouve ainsi arrondie et polie, mais de vastes cavités circulaires, que nous nommons *pot-holes* (*marmites de géants*), sont encore formées par des tournants d'eau qui impriment à quelques grains de sable un mouvement rotatoire.

On peut observer ces divers phénomènes avec beaucoup d'avantage aux chutes de la Clyde, près de Lanark, en Écosse. On les retrouve encore en plusieurs régions volcaniques. Quelques-uns des principaux cours d'eau de l'Auvergne se sont jadis ouvert un chemin à travers la lave solide, se creusant à eux-mêmes des lits larges et profonds. La Sicile nous en offre un exemple non moins remarquable dans le Simeto, qui coule à la base du mont Etna et se jette dans la mer un peu au sud de Catane. Le cours de cette rivière fut complétement arrêté, l'an 1603, par un courant de lave que vomit le volcan et qui forma un rempart dans la vallée inférieure. Depuis ce temps, cette rivière, qui cependant n'est pas un cours d'eau bien puissant, s'est ouvert un chemin à travers la lave compacte et durcie, et maintenant elle coule vers la mer pas un passage rocailleux de quarante pieds de profondeur et de cinquante à cent de largeur. Notre gravure représente une coupe verticale de la vallée telle qu'elle existe actuellement : *a* représente le courant de lave de 1603 ; *b*, le cône du mont Etna; *c*, le fond de la vallée, dans lequel se trouvait l'ancien lit du Simeto, avant l'éruption de la lave, et *d*, le passage rocailleux de 40 pieds de profondeur que la rivière s'est ouvert dans l'espace de 160 ans (1).

Mais il n'est aucune partie du monde exploré où ces effets se manifestent sur une aussi vaste échelle qu'aux fameuses chutes du Niagara. La roche calcaire d'où les eaux se précipitent disparaît d'une façon lente, mais certaine. Un énorme volume d'eau, large de plus d'un tiers de mille, plonge d'un seul bond dans un vaste précipice de cent soixante-cinq pieds. Les roches schisteuses plus tendres, sur lesquelles repose le calcaire, sont

Fig. 7.

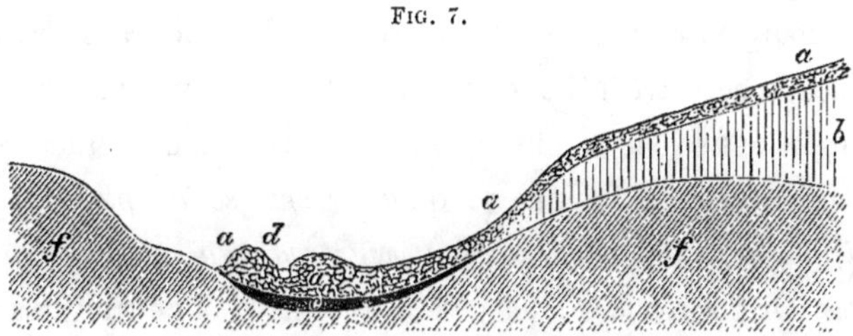

Coupe transversale de la vallée du Simeto (Vogt).
a, courant de lave; *b*, cône de l'Etna; *c*, fond de la vallée avant l'éruption;
d, lit du Simeto; *f*, roches sous-jacentes.

bientôt rongées par suite du rejaillissement qui se produit dans le bassin inférieur. En conséquence, les rochers supérieurs, restés sans appui, tombent et sont emportés par le courant. La position des chutes n'est donc pas stationnaire, mais elle recule, d'une façon fort sensible, dans la direction du lac Érié, situé en amont du fleuve. Parlant de ce phénomène, sir Charles Lyell

(1) Carl Vogt, *Lehrbuch der Geologie*, t. II, p. 194; Lyell, *Principes de Géologie*, t. I, p. 471-473.

fait avec beaucoup de raison les remarques suivantes : « L'idée d'une dénudation continuelle et progressive est constamment présente à l'esprit de l'observateur, et comme la partie de l'abîme qui a été l'œuvre des cent cinquante dernières années ressemble précisément en profondeur et en largeur au. reste de la gorge qui s'étend plus bas à une distance de sept milles, il est tout naturel de conclure que le ravin tout entier a été creusé de la même manière, par le mouvement de recul de la cataracte. Il faut au moins reconnaître que le fleuve peut à lui seul exécuter l'œuvre tout entière, pourvu qu'on lui accorde pour cela le temps suffisant (1). »

Pour permettre à nos lecteurs de mieux concevoir encore la force prodigieuse exercée par les rivières dans le transport des roches, il peut être utile d'attirer l'attention sur un ou deux principes des sciences physiques. D'abord, nous connaissons cette célèbre loi d'Archimède qu'*un corps solide plongé dans un liquide perd une partie de son poids égale au poids du liquide déplacé.* Or, la roche solide pèse rarement plus de trois fois, et bien souvent pas plus de deux fois le même volume d'eau. En conséquence, d'après cette loi, presque toutes les roches perdront un tiers, et beaucoup la moitié de leur poids, quand elles seront plongées dans l'eau. En outre, il a été établi que *le pouvoir qu'a l'eau de mouvoir les corps qui y sont plongés, augmente comme la sixième puissance de la rapidité du courant.* Dès lors, si la rapidité d'un courant est *doublée*, sa force de transport augmentera de *soixante-quatre fois;* si elle est *triplée*, la même force deviendra *sept cent vingt fois* plus grande, et ainsi de suite.

(1) *Principes de Géologie*, t. I, p. 473-478. Voir aussi Carl Vogt, *Lehrbuch der Geologie*, t. II, p. 196-198.

Il suit de ces principes, premièrement, qu'il faut beaucoup moins de force pour mouvoir un corps dans l'eau que sur terre; secondement, qu'une très-faible augmentation de la vitesse d'un courant produit un accroissement considérable de sa force motrice. Il ne faut donc pas s'étonner d'apprendre que des masses énormes de rochers, d'arbres ou de maçonnerie ont été charriées par de petites rivières à l'époque d'une inondation.

Citons ici quelques exemples. En août 1829, un bloc de grès de quatre mètres de long sur un de large et trente centimètres d'épaisseur, fut porté par le Nairn, en Écosse, à une distance de près de deux cents mètres. Dans la même circonstance, la Dee emporta un pont de cinq arches, construit en granite, qui avait résisté pendant vingt ans aux injures du temps; toute la maçonnerie s'écroula dans le lit du fleuve et on ne l'a plus revue. D'après M. Farquharson, le Don poussa, sur un plan incliné fort roide, une masse de pierres du poids de quatre ou cinq cents tonneaux, qu'il laissa au sommet en un monceau rectangulaire. Une petite rivière du Northumberland, le Collége, lors d'une crue subite, en août 1827, « arracha d'une écluse de moulin un gros bloc de grunstein porphyrique pesant près de deux tonnes, et le transporta à la distance d'un quart de mille (1). » Mais il n'est pas besoin de multiplier les exemples de phénomènes qui se reproduisent tous les jours autour de nous et dont beaucoup de nos lecteurs ont été probablement les témoins oculaires.

La force de transport des fleuves ne doit pas toujours se mesurer d'après le volume des eaux et la vitesse du courant; car elle est souvent augmentée par quelque obstacle accidentel qui

____

(1) Voir, pour ces faits, Lyell, *Principes de Géologie*, t. I, p. 458-460.

vient barrer pour un temps le lit de la rivière. Nous en avons un exemple instructif dans le Dranse qui coule le long de la vallée de Bagnes, en Suisse, et se jette dans le Rhône, au-dessus du lac de Genève. En l'année 1818, les avalanches de neige et de glace qui tombèrent du flanc de la montagne, formèrent une barrière au milieu de la vallée et arrêtèrent ainsi la rivière dans son cours. La partie supérieure de la vallée fut, en conséquence, transformée en un lac qui augmenta en étendue à mesure que la saison avança. Mais avec l'été vint la fonte des neiges; la barrière de glace fut tout à coup emportée avec un craquement terrible, et le lac se vida en une demi-heure. La masse d'eau, subitement dégagée, se précipita dans la partie inférieure de la vallée avec une violence extraordinaire, entraînant tout sur son passage, rochers, forêts, maisons, ponts et terres labourées. Des milliers d'arbres furent déracinés; des blocs de granite gros comme des maisons furent roulés, et tout le torrent présenta l'aspect d'une masse mouvante de ruines.

CHAPITRE III.

THÉORIE DE LA DÉNUDATION. — NOUVELLES PREUVES.

LES BRISANTS DE L'OCÉAN. — CAVERNES ET PONTS DE FÉES DE KILKEE. — L'ITALIE ET LA SICILE. — LES ILES SHETLAND. — LA COTE SUD ET EST DE LA GRANDE-BRETAGNE. — TERRAINS ENVAHIS PAR LA MER. — L'ILE DE HÉLIGOLAND. — NORDSTRAND. — IRRUPTION DE LA MER SUR LA COTE DE HOLLANDE. — FORMATION DU ZUYDERZÉE. — MARÉES ET COURANTS. — COURANT DU SUD DE L'ATLANTIQUE — COURANT ÉQUATORIAL. — LE GULF-STREAM. — DESCRIPTION DE SON COURS. — SA PUISSANCE COMME AGENT DE TRANSPORT.

Pendant que la pluie, les rivières et les fleuves dénudent ainsi les montagnes et les plaines de l'intérieur des terres, les vagues de la mer exercent un pouvoir non moins destructeur sur les côtes des îles et des continents. Les flots, en se précipitant contre le pied des hautes falaises, dissolvent, décomposent et entraînent les couches inférieures, et les roches supérieures, ainsi minées en dessous, finissent par tomber, emportées par leur propre poids. Au prochain retour de la vague, ces roches sont elles-mêmes lancées contre la falaise; et c'est ainsi, comme on l'a heureusement fait observer, que la terre joue contre elle et pour sa propre destruction le rôle d'une puissante artillerie. Les effets des brisants sont souvent fort inégaux, bien qu'ils se produisent sur une même ligne de falaises. Certaines parties de la roche cèdent plus facilement que d'autres, soit qu'elles soient plus exposées à l'action des vagues, soit qu'elles aient plus de fentes et de joints et, par conséquent, offrent plus de prise à

l'élément destructeur. Ces parties sont les premières désagrégées, lorsque les autres, plus dures et moins exposées, restent
debout : de là les formes capricieuses et fantastiques des falaises.

Nulle part on n'en trouve d'exemples plus frappants que dans
le voisinage de Kilkee et le long du promontoire de Loop, dans
le comté de Clare. Quelquefois le sol est miné en forme de cavernes dans lesquelles les flots de l'Atlantique se précipitent,
lorsque la mer est haute, avec une force irrésistible, ajoutant
chaque jour aux ruines accumulées des âges antérieurs. D'autres fois, ce sont des pinacles élevés, restés debout au milieu
des eaux comme de gigantesques sentinelles postées là par la
nature pour garder la côte. Dans un ou deux cas, ces rochers
isolés sont rattachés au continent par des arches naturelles que
le peuple appelle *ponts de fées;* mais le plus souvent ils apparaissent comme des îlots rocheux et répondent exactement à la
description du poëte : « Les marées mugissantes ont brisé le
passage qui rattachait la terre à la terre, et là où s'étendait le
continent s'élancent maintenant les flots de la mer (1). »

Il est intéressant d'observer en passant que dans le texte original de l'Énéïde, dont ces lignes sont la traduction, Virgile a
rapporté une croyance qui existait de son temps, et qui actuellement, appuyée sur des bases scientifiques, est considérée
comme très-probable par les géologues : c'est que l'île de Sicile
a été autrefois réunie à l'Italie et qu'elle en a été séparée par
l'action des vagues :

> Hæc loca, vi quondam et vasta convulsa ruina,
> Tantum ævi longinqua valet mutare vetustas !
> Dissiluisse ferunt, quum protenus utraque tellus
> Una foret ; venit medio vi pontus et undis

(1) Dryden, *Énéïde.*

Hesperium Siculo latus abscidit, arvaque et urbes
Litore deductas angusto interluit æstu.

Énéide, III, 414 415 (1).

Mais, quoi qu'on puisse penser de cette opinion qu'a immortalisée le génie du poète, nous ne nous arrêterons pas à en discuter la valeur. Nous n'avons pas maintenant à nous occuper de traditions vagues et incertaines, ni même de spéculations philosophiques, mais bien des faits qui se produisent actuellement dans la nature et que chacun de nos lecteurs peut examine r par lui-meme. Ayant donc cet objet en vue, nous prendrons quelques exemples dans les côtes orientale et méridionale de la Grande-Bretagne, qui ont été soigneusement explorées dans le but d'arriver à connaître la somme de destruction opérée par les vagues dans des temps récents.

Les îles Shetland, exposées à toute la fureur de l'Océan, présentent plusieurs phénomènes semblables à ceux de Kilkee et du cap Loop, mais sur une échelle beaucoup plus grande. Des îles entières ont été désagrégées par la force irrésistible des eaux. D'autres ne sont plus représentées que par quelques piliers massifs de roche compacte que l'on a représentés heureu-

(1) A côté de ce passage vraiment remarquable du poëte latin, il faut citer les beaux vers de Delille qui en sont la traduction :

> Ces continents, dit-on, séparés par les ondes,
> Réunis autrefois, ne formaient qu'un pays ;
> Mais, par les flots vainqueurs tout à coup envahis,
> A l'onde usurpatrice ils ont livré la terre,
> Dont le double rivage à l'envi se resserre :
> Ainsi, sans se toucher, se regardent de près
> Et les bords d'Hespérie et l'île de Cérès.
> Entre eux la mer mugit et ses ondes captives
> Tour à tour en grondant vont battre les deux rives :
> Sublime phénomène, étranges changements,
> De l'histoire du monde éternels monuments !

sement « comme les ruines de Palmyre dans le désert de l'O-
céan. » Si nous passons sur la terre ferme, nous nous rappellerons que, dans l'année 1795, un village du comté de Kincar-
dine fut emporté dans une seule nuit et que la mer s'avança de
cent quarante mètres à l'intérieur, et depuis lors elle n'a pas
cédé sa conquête. En Angleterre, presque toute la côte du comté
d'York est soumise à une dilapidation continuelle. Sur le côté
méridional du cap Flamborough, la falaise recule chaque année
de 2 mètres environ en moyenne sur une étendue de 58 kilomètres le long de la côte. Ainsi, c'est plus d'un kilomètre de

FIG. 8.

Roches granitiques au sud d'Hillswick New, Shetland (Lyell).

perdu depuis la conquête normande et plus de 3 kilomètres depuis l'occupation d'York par les Romains. Il ne faut donc pas
être surpris d'apprendre que des lieux marqués sur les cartes
anciennes du pays comme occupés par des villes ou des villages,
sont maintenant des bancs de sable marin. Des places dont
le nom est consigné dans l'histoire n'ont pas été épargnées.
La ville de Ravenspur, d'où Édouard Baliol mit à la voile,
en 1332, pour envahir l'Écosse, et où débarqua Henri IV

en 1399, pour réclamer le trône d'Angleterre, a depuis long-temps été absorbée par l'élément dévorant.

On avait calculé, au commencement du siècle, que la perte moyenne de terrain était, sur la côte de Norfolk, de moins d'un mètre par an. Se fondant sur ces calculs, on bâtit en 1805, à Sherringham, un hôtel que l'on supposait pouvoir exister soixante-dix ans. Malheureusement, les progrès de la mer ont dépassé toute attente. Sir Charles Lyell, qui visita ce lieu en 1829, rapporte que pendant les cinq années précédentes, la falaise avait perdu 15 m. 50 et qu'il ne restait plus qu'un petit jardin entre la maison et la mer. Le célèbre écrivain ajoute qu'il y avait à cette époque assez d'eau dans le port de cette ville pour faire flotter une frégate, là où quarante-huit ans plus tôt se trouvait une falaise de 50 pieds de haut, avec des maisons au-dessus. Il observe à ce sujet que « si, il y a un demi-siècle, une somme égale de changement s'était produite subitement par l'action d'un tremblement de terre, l'histoire serait remplie des souvenirs de cette merveilleuse révolution de l'écorce terrestre ; mais si ce changement d'une haute falaise en une mer profonde s'effectue graduellement, il n'excite qu'une attention locale. »

Dans le voisinage de Dunwich, autrefois le port de mer le plus considérable de la côte de Suffolk, les falaises ont été sans cesse désagrégées depuis une période historique fort ancienne. « Deux langues de terre, qui avaient été imposées du temps du roi Édouard le Confesseur, sont mentionnées dans la relation faite peu d'années après par le conquérant, comme ayant été dévorées par la mer. » La mémoire des autres pertes que fit la ville elle-même, — pertes qui comprennent un monastère, plu-sieurs églises, l'hôtel-de-ville, la prison et plusieurs centaines de maisons, — est fidèlement conservée par l'histoire, ainsi que les dates de ces événements. En 1740, la mer atteignit le cimetière de Saint-Nicolas et de Saint-François, en sorte que les tombes, les cercueils et les squelettes furent exposés à la vue sur la face de la falaise. Depuis lors, les cercueils, les pierres tombales et le cimetière lui-même ont disparu sous les eaux. Il ne reste de cette cité, autrefois florissante et populeuse, que le nom, qui est resté attaché à un petit village d'une vingtaine de maisons. L'endroit sur lequel se tient l'église de Reculver, près de l'embouchure de la Tamise, était situé à 1,600 mètres de la mer, sous le règne de Henri VIII; en l'an 1834, il formait la falaise, et il y a longtemps qu'il serait démoli sans une digue artificielle que l'on a élevée dans le but d'amortir la force des lames. On estime que la côte nord-est de Kent recule chaque année d'environ 2 pieds. Le promontoire du cap Beachy, en Sussex, s'écroule aussi rapidement. Dans l'année 1813, une énorme masse de craie, de 300 pieds de long sur 80 de large, tomba avec un craquement terrible ; et il y a eu d'autres éboulements semblables, soit avant, soit après.

A ces exemples pris dans la Grande-Bretagne, nous pouvons en ajouter un ou deux tirés de l'océan Germanique (mer du Nord). Sept îles ont complétement disparu dans un espace fort restreint, depuis dix-huit cents ans. Pline comptait, en effet, vingt-trois îles entre Texel et l'embouchure de l'Eider, et maintenant il n'y en a plus que seize. L'île de Heligoland, à l'embouchure de l'Elbe, subit depuis longtemps une perte incessante de territoire. Elle a perdu, dans les cinq cents dernières années, les trois quarts de son étendue, et depuis 1770, le fragment qui reste a été divisé en deux parties par un canal qui est actuellement navigable pour les grands vaisseaux. On trouve dans l'île de Nordstrand, sur la côte du Sleswig, un exemple plus remar-

quable encore de destruction opérée par les vagues de la mer.
Cette île était, avant le XIII° siècle, rattachée au continent européen et formait un district populeux et bien cultivé de 16 kilomètres de long environ sur 10 ou 12 de large. En l'année 1240,
elle fut séparée de la côte du Sleswig par une irruption de la
mer, et elle continua de perdre du terrain jusqu'au XVI° siècle,
époque où sa circonférence totale était de 25 kilomètres environ.
Ses industrieux habitants, au nombre d'environ neuf mille,
essayèrent alors de sauver ce qui restait de leur territoire par
l'érection de digues élevées; mais le 11 octobre 1634, l'île
entière fut envahie par la mer : 6,000 hommes et 50,000 têtes
de bétail périrent. Trois petits îlots sont maintenant tout ce qui
reste de cette terre jadis si fertile.

La côte de Hollande est, en grande partie, protégée contre de
tels ravages par une chaîne de collines sablonneuses que la bienfaisante nature a placées entre la terre cultivée et la mer. Dans
les endroits où cette défense naturelle vient à manquer, des
digues puissantes ont été construites par la main de l'homme pour
contenir les eaux. Ces digues sont placées sous la surveillance
du gouvernement et nécessitent une dépense annuelle qui s'é-
lève à 12 millions de francs environ. Mais ni les digues, ni les
collines de sables ne peuvent toujours suffire contre un ennemi
aussi puissant et aussi vigilant. Nous savons que, même depuis
Jules César, ces barrières naturelles ou artificielles ont été souvent rompues et ont livré passage aux eaux qui, se précipitant
avec une fureur destructive, ont recouvert le pays tout entier avec
ses charmants villages et les riches produits de son sol fertile.

Le Zuyderzée, par exemple, fut, dans les temps anciens, un
lac situé à l'intérieur des terres, au milieu d'une plaine fertile.
Vers la fin du XIII° siècle, l'océan Germanique, s'ouvrant un

passage à travers un étroit rempart, prit possession de cette plaine, engloutit plusieurs villes avec leurs habitants et répandit ses eaux sur une vaste étendue de terre cultivée. Depuis ce temps, plaine et lac ont disparu de la carte d'Europe, et le Zuyderzée en occupe maintenant la place. Le Lauwerzée, entre la Frise et Groningue, et le golfe de Dollart, à l'embouchure de l'Ems, furent formés par des irruptions semblables à l'époque des tempêtes. L'an 1421, la mer rompit une digue au sud-est de Dort et transforma en un estuaire une vaste étendue de campagne, engloutissant à la fois 72 villages et cent mille habitants.

Les brisants de l'Océan sont aidés, dans leur œuvre de destruction, par l'action des marées et des courants, qui contribuent avec les vents à maintenir la mer dans un perpétuel mouvement. Les vents peuvent sommeiller quelque temps, mais les marées et les courants sont toujours à l'œuvre, et jamais ils ne cessent un moment de désagréger les terres. Ce sont, du reste, des auxiliaires plus puissants encore comme agents de transport. Sans eux, les ruines qui tombent aujourd'hui des rochers formeraient demain une barrière contre les vagues, et l'œuvre de destruction cesserait. Mais la nature en a ordonné autrement. Lorsque la marée monte, elle roule vers la terre les fragments brisés, et lorsqu'elle descend, elle les remmène avec elle. Par ce frottement incessant, ces fragments sont réduits à l'état de galets. Plus faciles alors à transporter, ils sont charriés au loin par la mer et déposés dans le lit de l'Océan, ou encore ils sont jetés sur la pente du rivage pour former ce que nous connaissons tous sous le nom de plages de galets.

Il n'est pas besoin de s'étendre davantage sur ce sujet. Tout le monde sait que les marées ont le pouvoir de transporter des matières solides, bien que peut-être on ne se fasse pas généralement une idée exacte des immenses résultats du travail qu'elles effectuent avec une infatigable énergie sur les côtes des îles et des continents du monde entier. Mais on ignore plus communément que l'Océan est traversé dans toutes les directions par de puissants courants qui, pour leur régularité, leur permanence et leur étendue, ont été appelés avec raison les rivières de l'Océan. Nous ne voulons point ici rechercher les causes de ces courants, bien que les progrès des sciences physiques aient jeté sur ce point un jour considérable. Nous n'espérons point non plus décrire même les principaux courants qui existent sous la vaste étendue des eaux dont sont couverts les trois quarts de la surface du globe. Nous nous contenterons de tracer le cours d'un grand système, ce qui pourra servir à donner quelque idée de leur caractère général et de leur énorme puissance.

Ce système semble avoir son origine dans un courant qui de l'Océan indien coule vers le sud-ouest, et doublant le cap de Bonne-Espérance, remonte vers le nord, le long de la côte d'Afrique. C'est alors le courant du sud de l'Atlantique. Arrivé sur les côtes de la Guinée, il détourne brusquement à l'ouest, se déploie à travers l'Atlantique, traversant quarante degrés de longitude, jusqu'à ce qu'il atteigne la pointe la plus avancée du Brésil, dans l'Amérique du Sud. Dans cette partie de son cours, il est connu sous le nom de Courant Équatorial, parce qu'il suit à peu près la ligne de l'équateur. Il varie en largeur de 300 à 800 kilomètres et marche avec une vitesse moyenne de 48 kilomètres par jour ; mais quelquefois cette vitesse est plus que doublée. De là, sous le nom de Courant de la Guyane, il prend une direction nord-ouest et longe la côte jusqu'à l'île de la Trinité, où il devient diffus et semble presque se perdre dans la mer des Antilles. Il sort néanmoins avec une nouvelle énergie du golfe du Mexique, et, se précipitant par l'étroit canal de la Floride avec une vitesse moyenne de 6 à 8 kilomètres à l'heure, il reprend sa route au milieu des eaux de l'Atlantique. Il porte, à partir de là, le nom de *Gulf-Stream*, et il est bien connu de tous ceux qui s'occupent de navigation transatlantique, car il accélère sensiblement la vitesse des vaisseaux qui passent d'Amérique en Europe et retarde au contraire ceux qui viennent d'Europe en Amérique.

Cependant, le Gulf-Stream ne semble pas entreprendre son voyage transatlantique aussitôt qu'il a passé le canal de la Floride.Il prend d'abord sa course vers le nord-est, suivant la côte du continent américain, passant près de New-York et de la Nouvelle-Écosse, et rasant l'extrémité méridionale du grand banc de Terre-Neuve. Abandonnant alors la terre, il coupe droit en travers de l'Océan. Au bout de quelque temps, il semble se diviser en deux branches, l'une inclinant vers le sud et se perdant parmi les Açores, l'autre se portant vers le nord, baignant les rivages d'Irlande, d'Écosse et de Norwège, et atteignant même les régions glacées du Spitzberg. La largeur du Gulf-Stream à sa sortie du canal de la Floride n'est que de 80 kilomètres, mais plus loin elle atteint 500 kilomètres. Sa couleur d'un bleu indigo contraste étrangement avec la couleur verte des eaux de l'Atlantique et forme une ligne de jonction parfaitement visible pendant quelques centaines de milles. Après cela, lorsque cette limite n'est plus sensible à l'œil, elle est aisément reconnaissable au thermomètre, car la température du Gulf-Stream est toujours de huit à dix degrés supérieure à celle de l'Océan qui l'environne (1).

(1) Voir Maury, *Géographie physique de la Mer*, chap. II et III ; Lyell, *Principes de Géologie*, chap. XX.

Il ne faut pas croire que les eaux du Gulf-Stream soient transportées dans l'océan Atlantique en vertu de la force avec laquelle elles sortent du canal de la Floride. Cette force s'affaiblit graduellement par la résistance du frottement, et il est probable qu'elle est complétement épuisée avant que le courant ait atteint le milieu de l'Océan. Mais une nouvelle force, dont les récentes explorations du docteur Carpenter nous ont révélé l'existence, vient unir son action à celle de la précédente. Ce savant illustre a établi et mis hors de doute que les eaux glaciales des régions arctiques s'écoulent sans cesse vers le sud, dans les couches inférieures de l'Océan, tandis que les eaux supérieures et échauffées de l'Atlantique forment un courant superficiel qui se dirige vers le nord, afin de prendre la place des premières. Et cette action réciproque n'est point produite par le Gulf-Stream proprement dit; elle est due à une loi générale que le docteur Carpenter a démontrée devant l'*Institution royale*, au moyen d'une expérience fort simple. Un auget long et étroit, à parois de verre, est rempli d'eau. À l'une de ses extrémités, on fixe un bloc de glace, de manière qu'il soit en contact avec l'eau; à l'autre extrémité, la surface de l'eau est chauffée au moyen d'une lame de métal dont une partie se projette en dehors de l'auget et est placée sur la flamme d'une lampe à alcool. On introduit alors, à l'extrémité froide, un liquide coloré qui, tout en se mêlant à l'eau, a une cohésion suffisante pour ne pas s'y disperser. On voit ce liquide tomber bientôt au fond et se porter lentement, sans s'écarter du fond de l'auget, vers l'extrémité opposée. Il s'élève alors à la surface et revient, par un courant supérieur, à l'extrémité d'où il était parti. Arrivé là, il retombe au fond et recommence le même circuit jusqu'à ce que la glace soit fondue. Or, si le lecteur jette un coup d'œil sur la carte du monde, il pourra y tracer un immense auget analogue au précédent, s'étendant du nord-est au sud-ouest, et ayant à une extrémité les glaces du pôle et à l'autre les eaux échauffées du vaste bassin de l'Atlantique. Nous avons donc un courant sous-marin d'eau froide qui se dirige sans cesse vers l'Atlantique, et en même temps, un courant superficiel d'eau chaude qui se porte vers les régions arctiques. C'est ce courant qui réunit en quelque sorte les eaux dispersées du Gulf-Stream et les transporte sur les côtes de la Norwège et du Spitzberg (1).

. Nous laissons à nos lecteurs le soin de déduire de cette courte description quelle doit être la force de transport qui appartient à de pareils courants. Longeant les rivages des continents, ils charrient les cailloux accumulés qui avaient été d'abord arrachés des falaises par les vagues de la mer et ensuite portés à une petite distance par les marées. Passant ensuite à l'embouchure des fleuves, ils y reçoivent les dépouilles de contrées fertiles et populeuses et les produits de la désagrégation de chaînes de montagnes inaccessibles, et ils vont déposer le tout dans les profonds abîmes de l'Océan. Il est une circonstance cependant que nous ne pouvons passer sous silence, car elle est d'une importance spéciale pour le géologue et elle pourrait aisément échapper à la connaissance du lecteur. C'est un fait bien avéré que des plantes, des fruits et d'autres objets sont tous les ans apportés des Antilles par le Gulf-Stream sur les côtes nord-ouest de l'Europe. Le mât d'un vaisseau de guerre brûlé à la Jamaïque vint échouer, après quelques mois, sur une des îles occidentales

(1) Voir *The Gibraltar Current, the Gulf-Stream and the General Oceanic Circulation*, par William Carpenter; *Proceedings of the Royal Geographical Society*, 3 janvier 1871, et aussi la *Revue d'Edimbourg*, avril 1872, article *Circulation océanique.*

de l'Écosse (1), et le général Sabine raconte que lorsqu'il était en Norwège, en 1823, des barils d'huile de palme appartenant à un vaisseau qui avait fait naufrage l'année précédente au cap Lopez, sur la côte d'Afrique, furent recueillis sur le rivage voisin du cap Nord. Il paraît très-probable que ces barils d'huile ont dû d'abord traverser l'océan Atlantique de l'est à l'ouest dans le Courant Équatorial, qu'ils ont ensuite décrit le circuit des Antilles, et finalement ont de nouveau traversé l'Atlantique, effectuant ainsi un voyage de près de trois mille lieues. Et ce n'est pas là un fait isolé. Nous lisons dans l'intéressant ouvrage du lieutenant Maury sur la *Géographie physique de la Mer*, que deux bouteilles ayant été jetées à l'eau sur la côte occidentale d'Afrique, au sud de l'équateur, l'une d'elles fut retrouvée à Guernesey, dans le canal anglais, et l'autre, sur le rivage de la Trinité, à l'entrée de la mer des Antilles. Une autre bouteille, nous dit-il, qui avait été jetée à la mer au cap Horn, par un capitaine de navire américain, en 1837, vint échouer sur la côte d'Irlande.

Il résulte clairement de ces faits que, par l'action des courants marins, les productions d'un pays peuvent être transportées dans un autre qui en est fort éloigné. Les géologues ne manquent point de faire usage de cette importante conclusion lorsqu'ils trouvent des restes d'animaux et de végétaux de différents climats associés dans les mêmes strates de la terre.

(1) *Mantell's Wonders of Geology*, p. 70.

CHAPITRE IV.

THÉORIE DE LA DÉNUDATION. — CONCLUSION.

GLACIERS. — LEUR NATURE ET LEUR COMPOSITION. — LEUR MOUVEMENT INCESSANT. — LEUR PUISSANCE COMME AGENTS DE DÉNUDATION. — BANCS DE GLACE. — LEUR NOMBRE ET LEUR VOLUME. — BLOCS ERRATIQUES ET GRAVIERS DISSÉMINÉS SUR LES MONTAGNES, DANS LES PLAINES, DANS LES VALLÉES, AU FOND DES MERS. — MARQUES CARACTÉRISTIQUES DU MOUVEMENT DES GLACES. — PREUVE DE L'ANCIENNE ACTION DES GLACES. — LES ALPES. — LES MONTAGNES DU JURA. — APPLICATION DE LA THÉORIE AU NORD DE L'EUROPE. — L'ÉCOSSE, LE PAYS DE GALLES, L'IRLANDE. — LE FAIT DE LA DÉNUDATION ÉTABLI. — APPLICATION DE L'ARGUMENT SUGGÉRÉ PAR CE FAIT. — LE CREUSEMENT DES VALLÉES TÉMOIGNE DE L'ANCIENNE DÉNUDATION. — PREMIER PAS DANS LA THÉORIE GÉOLOGIQUE.

Le premier agent de dénudation sur lequel nous avons maintenant à appeler l'attention de nos lecteurs est un de ceux dont notre pays ne fournit aucun exemple, mais que l'on peut voir en pleine opération au milieu des scènes sauvages et grandioses de la Suisse. Nous ne croyons mieux pouvoir aborder ce sujet qu'en reproduisant les paroles enthousiastes d'un grand poëte, dans lequel un ardent amour de la nature s'unissait à un profond sentiment religieux. Comme il se tenait au milieu des montagnes neigeuses qui entourent la vallée de Chamounix, son esprit, « dilaté par le génie du lieu, » s'éleva des scènes exposées à ses yeux au grand et invisible Auteur de tout ce qui est beau et sublime dans la nature. Il en résulta cet hymne bien connu de louange et d'amour, dans lequel il apostrophe comme il suit les massifs glacés du Mont-Blanc :

« Rivières de glaces qui, du sommet de la montagne, glissez le long d'énormes ravins, courants que la voix du Tout-Puissant arrêta sans doute dans votre chute vers de vastes abîmes ! torrents immobiles ! cataractes silencieuses ! qui donc vous fit beaux comme les portes du ciel sous l'ardent éclat de la pleine lune ? Qui commanda au soleil de vous faire reproduire les teintes variées de l'arc-en-ciel ? Qui répandit à vos pieds des guirlandes de fleurs du plus bel azur ? Dieu ! — Glaciers, répondez, et vous, échos, répétez : Dieu ! Que les ruisseaux des prairies chantent gaiement, que les pins du bosquet dans leur langage vibrant et animé, que les monceaux de neige dans leurs formidables avalanches, que tous ceux qui ont une voix redisent de concert : Dieu ! (1) »

Un *glacier* est une énorme masse de glace remplissant une vallée et s'étendant depuis les neiges éternelles qui couronnent les sommets des montagnes jusqu'aux riantes campagnes et aux riches pâturages des plaines. Il est constamment alimenté par les neiges accumulées de l'hiver, qui, glissant et roulant sur les flancs des montagnes, s'arrêtent dans les vallées inférieures et là sont converties en glace. Car l'on doit se rappeler que le glacier proprement dit ne s'étend pas ordinairement à plus de 3,000 mètres au-dessus du niveau de la mer. Au delà de cette élévation, la glace compacte et massive se transforme graduellement en neige gelée que l'on appelle en France *névé* et en Allemagne *Firn*. Le changement qui s'opère dans la condition de la neige, à mesure qu'elle descend dans la vallée, tient surtout

(1) *A hymn before sunrise in the vale of Chamouni*, par Samuel Taylor Coleridge.

à deux circonstances : premièrement, à la pression exercée par la masse des neiges supérieures sur les neiges inférieures, qui acquièrent ainsi de la compacité ; secondement, à la fusion produite à la surface par la chaleur du soleil pendant les jours d'été, et au *regel* qui y succède pendant la nuit. Tout écolier reproduit sur une petite échelle ce phénomène naturel. Lorsqu'il fait une boule de neige, il convertit pratiquement une masse de neige en glace, et cela par une série d'opérations parfaitement ressemblantes à celles qu'emploie la nature dans la confection d'un glacier.

En Suisse, les glaciers ont souvent une largeur de 3 ou 4 kilomètres, sur 30 à 40 kilomètres de long et 150 ou 200 mètres de profondeur. Malgré cet énorme volume, ils ne sont pas fixes et immobiles, comme on pourrait se l'imaginer. Ils se meuvent au contraire d'une façon incessante, mais lente, vers le bas de la vallée qu'ils occupent, dans la mesure de quelques pouces, — quelquefois d'un ou deux pieds et même plus, — par jour. Au Groënland, un glacier exploré par le docteur Hayes, dans son expédition au pôle nord, se mouvait, nous assure le savant voyageur, avec une vitesse moyenne de cent pieds par jour. On pensera peut-être que ce fait demande une nouvelle confirmation ; quoi qu'il en soit, il est bien sûr que le langage du poète, lorsqu'il appelle les glaciers des « torrents immobiles », n'est pas rigoureusement exact dans le sens scientifique, bien qu'il donne une idée juste et belle de l'aspect qu'ils présentent à l'œil. C'est même parce que les glaciers ne sont pas immobiles qu'ils constituent de puissants agents de dénudation.

Sir Charles Lyell donne un court aperçu de leur action sous ce rapport. « Elle consiste, dit-il, en partie dans le pouvoir qu'ils ont de transporter du sable, du gravier et d'énormes pierres à de grandes distances, et en partie dans celui qu'ils possèdent d'aplanir, de polir et de strier leur canal rocheux, ainsi que les flancs des vallées qu'ils parcourent. Au pied de chaque escarpement ou précipice, dans les hautes régions des Alpes, se voit un talus composé de fragments de roches détachés par l'action alternative de la gelée et du dégel. Si, au lieu de s'accumuler sur un point stationnaire, ces débris viennent à tomber sur un glacier, ils se mettront en mouvement avec lui et, dans la suite des années, au lieu de former un seul monceau, ils se développeront en une longue traînée de blocs. Pour un glacier de vingt milles (32 kilom.) de long et dont la progression annuelle serait d'environ cinq cents pieds (150 mètres), il faudra près de deux siècles pour qu'un bloc ainsi logé dans la surface glacée et partant des hautes régions atteigne la pointe inférieure ou l'extrémité du glacier. Ce point final ne change pas ordinairement d'une année à l'autre, quoique toutes les parties du glacier soient en mouvement, parce que la liquéfaction causée par la chaleur est exactement suffisante pour contre-balancer l'effet de la progression de la masse, — effet comparable à celui qu'offrirait une file interminable de soldats qui, se dirigeant vers une brèche, y tomberaient morts aussitôt leur arrivée.

« En Suisse, on a donné le nom de *moraines* à ces accumulations de pierres que transportent les glaciers. On voit toujours une ligne de blocs sur chacun des côtés du courant glacé, et souvent même il en existe plusieurs rangées au milieu, où ils couronnent une série de monticules de neige et de glace dont la hauteur atteint parfois plusieurs mètres. La saillie persistante de ces monticules au-dessus du niveau général doit être attribuée à la non-liquéfaction de la glace dans les parties de la surface du glacier qui sont protégées contre les rayons du soleil,

ou contre l'action du vent, par une couverture de terre, de
sable et de pierres. Agassiz expliqua le premier la formation
des *moraines médianes* en les rapportant à la confluence de
glaciers tributaires. Lorsque deux courants de glace se réunissent, la moraine latérale de droite, que fournit l'un des
courants, vient en contact avec la moraine latérale de gauche,
apportée par l'autre glacier, et puis ces deux moraines se
meuvent ensemble au centre de la masse, si les glaciers
confluents sont d'égales dimensions, ou sur la surface la plus
proche d'un de ses côtés, si ces glaciers ont des proportions inégales.

« Le sable et les fragments de pierre tendre qui tombent
dans les fissures et atteignent le fond des glaciers où ils s'interposent entre la glace mouvante et la roche fondamentale, frottent
sur celle-ci de manière à être broyés et réduits en limon, tandis
que les fragments les plus gros et les plus durs n'ont simplement que leurs angles émoussés. On remarque aussi que des
blocs poussés entre la glace et les roches encaissantes du glacier
deviennent, comme le canal rocheux qui constitue le fond des
vallées, lisses, polis, rayés de sillons parallèles ou de rainures
et de stries produites par des minéraux durs, tels que des cristaux de quartz, qui agissent comme des diamants sur le verre.
Cet effet est complétement différent de celui qui résulte de
l'action de l'eau ou d'un torrent limoneux entraînant de lourdes
pierres, car celles-ci n'étant pas tenues fixes comme les fragments de roches encroûtés dans la glace, et n'étant pas poussés
sous une forte pression, ne peuvent creuser de longs sillons
rectilignes ou des stries parallèles entre elles. La découverte de
pareilles marques à diverses hauteurs, bien au-dessus de la
surface des glaciers existants, et à plusieurs kilomètres de leurs

bornes actuelles, fournit la preuve géologique qu'en Suisse et dans plusieurs autres contrées la glace s'est étendue bien au delà de ses présentes limites » (1).

Il arrive cependant, surtout dans les contrées situées sous de hautes latitudes septentrionales ou méridionales, que des glaciers descendent jusqu'à la mer. Dans ces cas, d'énormes fragments de glace se mettent à flotter et sont emportés vers l'é-

FIG. 9.

Banc de glace au milieu de l'Océan.

quateur par les courants, avec leur lourde charge de gravier, de limon et de roches. Un nombre considérable de ces îles flottantes de glace, connues sous le nom de *montagnes* ou de *champs de glace*, sont aperçues des marins dans les mers boréales et australes. En 1822, Scoresby compta, sous les 69° et 70° degrés de latitude nord, cinq cents de ces monta-

(1) *Principes de Géologie* de Lyell, t. I, p. 193-195.

gnes flottantes, dont plusieurs mesuraient 1,600 mètres de circonférence et s'élevaient à deux cents pieds au-dessus de la surface de la mer. Le dessin ci-joint, emprunté, avec la permission
de l'auteur, aux *Principes de Géologie* de sir Charles Lyell, donne
une bonne idée de l'aspect que présentent à l'œil ces champs de
glace. Celui qui est représenté sur le premier plan atteignait, croit-
on, une hauteur de près de trois cents pieds. Il fut aperçu, au milieu
de beaucoup d'autres, dans les mers du sud, à une distance de
1,400 milles de toute terre connue. On voyait à sa surface une
masse angulaire de roche. La partie visible avait douze pieds de
haut, sur cinq à six de large ; mais la teinte rembrunie de la glace
environnante indiquait qu'une bien plus grande portion de la
pierre était dérobée à la vue.

Pour se faire une idée de la prodigieuse grandeur de ces lourdes masses, il faut savoir que le volume de la glace située au-
dessous du niveau d'eau est environ huit fois supérieur à celui
qui dépasse ce niveau. Aussi, le capitaine sir John Ross rapporte
qu'il a vu plusieurs de ces montagnes de glace échouer dans la
baie de Baffin, à un endroit où l'eau a une profondeur de quinze
cents pieds. On a calculé que les charges de terre et de pierres
qu'ils transportent ne peuvent peser moins de 50,000 à 100,000
tonnes. Sir Charles Lyell, exposant en 1865 les résultats des dernières investigations sur ce sujet, s'exprime ainsi : « Certaines personnes ont supposé que les proportions colossales attribuées à
ces bancs de glace par des navigateurs ignorants étaient exagérées ; l'opinion générale semblerait donner aujourd'hui dans un
excès contraire, en estimant ces dimensions plutôt en deçà qu'au
delà de la vérité. La plupart de ces bancs, mesurés avec soin par
les officiers de l'expédition scientifique de l'*Astrolabe,* avaient de
30 à 70 mètres de hauteur au-dessus de l'eau, et de 3 à 8 kilo-

mètres d'étendue. Le capitaine d'Urville affirme avoir vu dans l'Océan méridional une de ces îles flottantes qui avait 21 kilomètres de long et 30 mètres de hauteur, avec des parois parfaitement perpendiculaires (1). »

Beaucoup de ces bancs de glace sont poussés de la baie de Baffin vers les Açores et du pôle sud vers le cap de Bonne-Espérance. A l'approche du climat plus doux des zones tempérées, la glace fond graduellement, et les moraines des glaciers arctiques et antarctiques sont déposées au fond de la mer. C'est ainsi que les montagnes, les vallées et les plateaux sous-marins sont jonchés de gravier, de limon et de blocs erratiques arrachés à des pays lointains et transportés à des centaines de kilomètres à travers les abîmes insondables de l'Océan.

Bien que nous nous occupions principalement des glaciers et des bancs de glace considérés comme agents de dénudation, nous ne pouvons quitter ce sujet sans parler de la théorie géologique d'une ancienne *période glaciaire*. Nous espérons que nos lecteurs nous pardonneront cette petite digression. Cette théorie est en elle-même intéressante et ingénieuse, et elle offre un admirable exemple de la manière de raisonner des géologues dans leurs savantes spéculations.

On sait que la glace qui se meut laisse une empreinte spéciale et caractéristique à la surface des roches sur lesquelles elle passe et dans l'aspect général du pays qu'elle parcourt. Ce n'est pas là un mystère de la science; c'est un fait manifeste que chacun peut observer par lui-même, s'il le veut. Tout glacier transporte, dans son cours, une grande quantité de gravier, de

____

(1) *Éléments de Géologie* de Lyell, t. I, p. 235.

sable dur et de pierres anguleuses. Beaucoup de ces matériaux pénètrent avec le temps dans les crevasses de la glace et vont se fixer à la surface inférieure du glacier. Alors ils sont emportés, sous une énorme pression, avec la masse qui descend lentement la vallée, et la surface des roches inférieures se trouve sillonnée, striée et polie d'une manière remarquable et inimitable. Les sillons et les stries sont rectilignes et parallèles et d'une façon si marquée que d'autres agents naturels n'en ont jamais produit de comparables. Toujours aussi ils coïncident plus ou moins avec la direction générale de la vallée. Une action réciproque a lieu : les blocs situés à la partie inférieure du glacier sont eux-mêmes striés et polis par suite du frottement contre le sol et contre les parois de la vallée.

Des effets semblables sont produits par les bancs de glace, non pas évidemment lorsqu'ils errent à la dérive dans une mer profonde, mais lorsqu'ils sont poussés sur une côte en pente douce et qu'ils raclent le fond. Ces montagnes de glaces sont souvent emportées, avec leur charge de débris terreux, avec une rapidité de trois ou quatre kilomètres à l'heure. Or, avant que cette énorme vitesse acquise puisse être entièrement détruite, une surface considérable a dû être sillonnée, striée et polie, exactement de la même manière que par l'action d'un glacier. Les moyens de broyer la roche inférieure ne font point défaut. Par suite de sa fusion incessante, le banc de glace tourne constamment sur lui-même, à mesure que son centre de gravité se déplace. Il en résulte qu'une nouvelle partie de sa surface, avec ses blocs à angles vifs et ses masses nouvelles de sable et de gravier, se trouve continuellement mise en contact avec le lit de l'Océan. Et ce n'est point là une théorie sans fondement. Tous ces phénomènes s'observent chaque jour sur les rivages de la baie de Baffin et de la baie d'Hudson, aussi bien que le long de la côte du Labrador.

FIG. 10.

Bloc de calcaire poli, strié et sillonné par le glacier du Rosenlaui, Suisse. (Lyell.)
a, *a*, Raies blanches ou stries. — *b*, *b*, sillons.

Ajoutons que les matériaux transportés par les glaces sont eux-mêmes la preuve de l'action glaciaire. Beaucoup de *blocs erratiques*, après avoir été transportés à d'immenses distances, n'ont pas leurs angles plus émoussés que s'ils étaient tombés du rocher supérieur sur le flanc de la montagne où ils se trouvent. Cette circonstance les distingue des blocs transportés par l'eau courante, car ceux-ci ont leurs bords complétement entamés par le frottement. Quelquefois aussi les blocs erratiques sont déposés non-seulement fort loin de toute roche semblable, mais encore dans des régions où il n'en existe aucune de même espèce. Et cela se conçoit, puisque les bancs de glace les transportent souvent à plusieurs centaines de milles avant de les laisser tomber dans les profondeurs de l'Océan ou de les porter, dans le cours de leur voyage, sur les sommets élevés de chaînes de montagnes sous-marines.

Il arrive souvent aussi qu'un glacier se retire vers la partie supérieure de la vallée et quelquefois même disparaît complétement. Lorsque la fonte de la glace à l'extrémité inférieure contrebalance exactement sa marche continue, il en résulte que le glacier semble stationnaire et occupe d'une année à l'autre la même position. Mais, lorsque plusieurs saisons chaudes se succèdent sans interruption, la glace fond plus rapidement que le glacier n'avance; en conséquence, il devient graduellement moins long et semble reculer vers les parties supérieures de la vallée. Dans ce cas, les longues lignes de moraines qui reposaient auparavant sur la glace sont rejetées sur la plaine ou déposées sur les flancs de la montagne. Il arrive, de cette manière, que d'immenses blocs de pierre sont souvent abandonnés sur les cimes de pics coniques et dans des positions qu'aucun autre agent naturel n'eût pu leur faire occuper. Ces *blocs perchés*, comme on les appelle, ainsi que ces longues traînées régulières de terre et de pierres, abondent dans quelques-unes des vallées de la Suisse et constituent un des traits les plus frappants des paysages des Alpes.

Il paraît que tous ces divers caractères de l'action des glaces se retrouvent dans des pays où il n'y a certainement pas eu de glacier depuis la période des temps historiques. Tel est le fait sur lequel est fondée la théorie géologique d'une ancienne période glaciaire. Nous savons, à n'en pouvoir douter, qu'une grande partie de l'Europe septentrionale, y compris nos propres îles, sans parler de l'Amérique et d'autres pays, tant dans l'hémisphère sud (1) que dans l'hémisphère nord, fut, à une époque fort éloignée de nous, le théâtre de phénomènes semblables à ceux que nous observons aujourd'hui au milieu de la solennelle magnificence des Alpes et dans les déserts glacés des régions arctiques. A cette époque, d'énormes glaciers descendaient lentement des hauteurs couvertes de neige par d'innombrables vallées riches maintenant des fruits de la terre; de lourds bancs de glace flottaient sur les vastes espaces de l'Océan, là où nous voyons maintenant apparaître la terre ferme, et des monceaux de décombres entassés pêle-mêle, ainsi que d'énormes blocs à angles vifs, étaient déposés sur les flancs et sur les sommets de montagnes sous-marines qui s'élèvent actuellement à des centaines de pieds au-dessus du niveau de la mer (2).

Nous commencerons l'examen de cette théorie par un pays où les traces des anciennes opérations glaciaires peuvent être étudiées tout à côté de phénomènes semblables de l'époque actuelle. Il n'est pas besoin d'une grande habileté pour reconnaître en Suisse les marques d'anciens glaciers là où il n'en existe plus actuellement. Le voyageur intelligent qui descend, par exemple, la vallée du Hasli ou celle du Rhône, observera facilement comme les roches sont striées et sillonnées tout alentour, absolument de la même manière que les roches situées dans la partie supérieure des mêmes vallées sont actuellement striées et sillonnées par les glaciers de l'Aar et du Rhône. Par intervalles aussi, on peut voir de longs dépôts de gravier et de limon, ainsi que de gros fragments de roches, ressemblant en tout point aux moraines terminales qui vont s'accumulant au-

(1) L'existence d'une période glaciaire dans l'hémisphère méridional est loin d'être démontrée. (*Trad.*)

(2) Voir note B, fin du volume.

jourd'hui aux extrémités des glaciers actuellement existants. Lorsqu'on s'est bien pénétré de ces faits, il est impossible de ne pas en tirer la conclusion que les glaciers des Alpes s'étendirent autrefois bien au delà de leurs limites actuelles, dans la partie inférieure des vallées suisses.

Si de là nous passons aux montagnes du Jura, aujourd'hui tout à fait dépourvues de glaciers, nous y retrouverons les mêmes phénomènes glaciaires que nous avons observés dans les Alpes, et, instinctivement, nous nous sentirons poussés à en tirer la même conséquence. Nous savons, en effet, par une expérience plus que suffisante, que la glace en mouvement est capable de produire de tels effets; nous savons aussi que des effets de cette sorte n'ont jamais été produits par une autre cause; nous savons encore qu'aucun autre agent naturel connu n'est capable de produire de tels effets; il est donc raisonnable d'en conclure que la glace a été la cause de ces effets, et que, dans des temps antérieurs, de grandes masses de glaces descendirent lentement les vallées du Jura comme elles descendent maintenant les vallées des Alpes.

Mais il est une autre circonstance, vraiment digne de quelque attention, qu'il faut noter ici. Les Alpes sont composées de granite, de gneiss et d'autres roches cristallines; le Jura, de calcaire et de diverses autres formations tout à fait différentes de celles des Alpes. Or, nous trouvons aujourd'hui, disséminés sur les vallées du Jura et sur ses crêtes élevées, d'immenses blocs anguleux, gros quelquefois comme des chaumières, appartenant aux roches des Alpes. On se demande naturellement comment ils ont pu être transportés là où ils sont. Ce n'a certes pas été par l'action de l'eau. Dans ce cas, les angles saillants seraient émoussés et les bords tranchants de la pierre auraient disparu.

Mais ce transport a pu s'effectuer aisément par des glaciers et n'a pu s'effectuer par aucune autre action naturelle connue. Nous sommes donc amenés à conclure que les glaciers des Alpes ont dû autrefois s'étendre vers le nord, à travers la grande vallée de la Suisse, large de cinquante milles, et déposer leurs pesants fardeaux de graviers, de sables et de blocs erratiques sur les montagnes du Jura.

Ce serait trop nous écarter de notre sujet que d'exposer cette théorie dans tous ses détails. Nous ne pouvons pourtant nous empêcher de toucher à quelques-unes des importantes conclusions auxquelles elle a conduit. Le géologue qui, par des observations patientes et variées dans les régions des glaciers actuellement existants, a appliqué son œil et son jugement à l'examen des phénomènes qui en marquent l'action, découvre bientôt que ces mêmes phénomènes ne sont pas rares dans les autres pays. Il n'en trouve point, il est vrai, sous le soleil brûlant de l'Afrique, ni sur les bords de la mer Méditerranée. Mais à mesure qu'il s'avance vers le nord, ils commencent à apparaître par degrés, et lorsqu'il atteint les rivages de la Baltique, ils sont répandus sous ses yeux avec la même profusion qu'au sein des Alpes. Tout cela a longtemps embarrassé les géologues; mais enfin le mystère a été pénétré. Ce qui s'effectue aujourd'hui en Suisse, au Groënland et sur les rivages du Labrador a dû s'accomplir autrefois en Allemagne, au Danemark et sur les rivages de la Baltique. Nous pouvons, en effet, remonter de l'effet à la cause. Il y a là des moraines, des blocs erratiques, des blocs perchés et des roches striées et sillonnées par la glace à leur surface : donc il y a eu là, dans le temps passé, des glaciers et des bancs de glace flottants.

Poursuivant ce mode d'argumentation et l'appliquant à des

pays plus voisins du nôtre, les géologues en sont venus à conclure que les monts Grampian, en Écosse, ceux du comté de Kerry, en Irlande, les hauteurs du Snowdon, dans le pays de Galles, et plusieurs autres massifs montagneux de ces îles, furent

Fig. 11.

Blocs perchés (comté de Kerry, Irlande), 707 mètres d'altitude.
(Extrait du *Journal de la Société géologique de Dublin*.)

autrefois soumis à l'action des glaciers. On prétend même, et cela avec beaucoup d'apparence de raison, que ces îles furent, pendant un temps considérable, submergées en grande partie par la mer et traversées par des bancs de glace flottants. Lorsque l'on trouve des blocs erratiques dans le voisinage immédiat de la formation d'où ils proviennent, il est facile d'expliquer leur origine et de décrire leur cours. Mais il arrive souvent que la roche de même composition minérale la plus voisine, et par conséquent la roche d'où ils ont dû provenir, est séparée du lieu qu'ils occupent par une haute chaîne de montagnes. Comment alors expliquer leur transport? L'eau courante n'y est pour rien, puisque leurs bords aigus et leurs angles saillants existent encore. Les glaciers sont également insuffisants, car un glacier ne peut escalader une chaîne de montagnes. Il semble donc que, dans la distribution géographique actuelle de la terre et de l'eau, il n'y ait aucune cause naturelle qui puisse transporter ces blocs de la roche mère à la position qu'ils occupent. Mais si nous supposons qu'à une époque du monde fort reculée, la Grande-Bretagne et l'Irlande aient été submergées par la mer et que des bancs de glace aient flotté au-dessus des eaux, le problème est résolu. Des fragments de roches éloignées, emprisonnés dans la glace flottante, ont pu être transportés au-dessus des sommets de nos plus hautes montagnes actuelles, et la glace venant à fondre, rien n'empêche qu'ils n'aient été déposés le long de leurs flancs et même sur leurs crêtes les plus élevées.

La présence de coquilles marines, appartenant principalement à des espèces qui maintenant ne vivent plus que dans les mers arctiques, vient confirmer cette hypothèse. On les trouve, en effet, intimement associées aux blocs erratiques, non-seulement dans les vallées, où l'on pourrait supposer que la mer a eu accès dans des temps d'inondations extraordinaires, mais sur de hautes montagnes, à une altitude de cinq cents, six cents et même treize cents pieds au-dessus du niveau de la mer. Il n'y a aucune difficulté à expliquer ce phénomène, si nous supposons que la contrée a été submergée pendant quelque temps, et que le drift (1) glaciaire, dans lequel les coquilles sont trouvées enfouies, a été déposé par les bancs de glace sur le lit de

____

(1) On appelle *drift*, en Angleterre, des terrains de transport ou dépôts de la période quaternaire qui semblent résulter de l'action des courants diluviens (*N. du trad.*).

l'Océan. Si nous refusons de faire cette supposition, la difficulté est simplement insurmontable (1).

Mais c'est un peu nous écarter du but que nous nous proposons que d'errer si longtemps dans la région des théories et des spéculations. Notre objet principal, dans ces chapitres, a été d'établir que la dénudation s'exerce toujours sur une très-vaste échelle, dans l'âge actuel du monde. Dans ce but, nous avons énuméré les principaux agents de ce travail et nous avons essayé de montrer, par les recherches authentiques des voyageurs et des savants, qu'ils ont été à l'œuvre dans des temps historiques et qu'ils sont encore à l'œuvre actuellement autour de nous. Notre résumé est un peu sommaire, il est vrai; mais il suffit pour démontrer que, même dans la période actuelle, toute la surface du globe a été soumise à de perpétuels changements, que des pics montagneux ont été désagrégés, que des vallées ont été creusées, que des rochers élevés ont disparu, que des promontoires ont été coupés en deux, enfin, que des roches et des terres ont été, jour par jour, brisées, dissoutes et décomposées par l'action incessante de causes naturelles.

Le lecteur n'aura pas de peine à déduire de ces faits l'explication de beaucoup de phénomènes remarquables dans la géographie physique du globe. De même que les énormes blocs à angles vifs, qui ont été transportés à des distances considérables, nous retracent l'histoire des anciens glaciers et bancs de glace, de même les cailloux polis et arrondis de nos carrières de sable marquent l'action de l'eau courante dans les âges antérieurs.

(1) Agassiz, *Études sur les Glaciers*; Tyndall, *Glaciers of the Alps*; *Heat as a mode of Motion*, par le même auteur; Lyell, *Principes de Géologie*, t. I, chap. XVI; *Éléments de Géologie*, chap. XI, XII; Vogt, *Lehrbuch der Geologie*, t. II, p. 8-49.

La riche plaine d'alluvion est un mémorial silencieux d'une ancienne rivière, quoique cette rivière ait disparu ou se soit transformée peut-être en un petit ruisseau; pendant que les longues et épaisses collines de gravier ou de sable, si communes dans notre pays, reportent l'esprit au temps où les courants de l'Océan recouvraient les plaines ondulées qu'enrichissent aujourd'hui de gras pâturages et de beaux champs de blé.

Il est un témoignage aussi intéressant que satisfaisant d'une ancienne dénudation, auquel nous devons plus particulièrement renvoyer nos lecteurs avant de mettre fin à cette partie de notre sujet. Il arrive quelquefois que, sur les flancs opposés d'une vallée, nous trouvons une série de roches disposées de telle façon que celles qui sont situées d'un côté correspondent exactement et sous tout rapport à celles qui sont situées de l'autre. Chaque lit de roche, à son tour, se compose précisément des mêmes matériaux que le lit correspondant de la colline opposée et se présente dans le même ordre de succession. Lorsque l'on considère attentivement un tel phénomène il est presque impossible de ne pas se sentir convaincu que les couches s'étendaient autrefois sans interruption à travers l'espace intermédiaire, et que leur continuité a disparu lorsque la vallée a été creusée par l'action des eaux. Notre gravure, empruntée au *Journal de la Société géologique de Dublin*, fournit un bon exemple d'une semblable vallée. Elle représente une section des collines situées sur la côte du Donegal (Irlande), non loin de la ville de Buncrana.

Le fait de la dénudation étant bien établi, il reste à considérer ce que deviennent les fragments brisés qui, comme nous l'avons vu, se meuvent sans cesse à la surface de la terre ou dans les profondeurs des mers. Les géologues nous disent que ce sont là les matériaux d'une nouvelle construction qui s'élève de notre

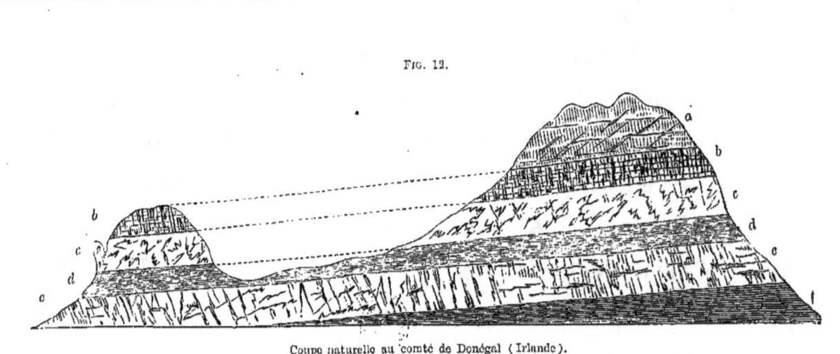

Coupe naturelle au comté de Donégal (Irlande).

a, Basalte, 15 mètres d'épaisseur.
b, Quartz en colonne, 9 mètres.
c, Diorite, 15 mètres.
d, Quartz schisteux, 6 mètres d'épaisseur.
e, Diorite, 15 mètres.
f, Micaschiste, 30 mètres.

temps sous la main et la direction de la nature ; ou plutôt, ils disent que c'est moins une nouvelle constitution que l'étage supérieur d'un édifice déjà ancien. Si nous pénétrons dans la croûte terrestre, nous pouvons décrire cette construction depuis ses fondements, qui reposent sur le granite. Nous trouvons ainsi des étages successifs de calcaire, de grès, de schiste, de conglomérat et d'argile, et enfin nous arrivons à la surface, où de nouvelles couches, composées des mêmes éléments et offrant les mêmes caractères généraux, s'effectuent lentement sous nos yeux. Ainsi s'établira dans les esprits l'idée que les œuvres des âges depuis longtemps écoulés sont renouvelées de nos jours, et que nous pouvons étudier l'histoire du passé dans le miroir du présent, que la nature met sous nos yeux.

Telle est la partie de la Géologie dont nous allons commencer l'étude. Nous avons visité la nature, en quelque sorte, dans sa carrière, et nous avons vu comment elle réunit ses matériaux, comment elle les adapte au but qu'elle se propose, comment elle les transporte à la place qui leur est destinée. S'il est vrai, comme on l'affirme, qu'elle est actuellement en voie de bâtir avec ces matériaux, sur la surface existante de notre globe, une nouvelle série de roches stratifiées qui correspondent exactement aux roches inférieures, ce fait apporte au moins une très-forte présomption en faveur d'un principe très-important dans la théorie géologique. Suivons donc le cours de ses opérations et jugeons par nous-mêmes.

CHAPITRE V.

ROCHES STRATIFIÉES D'ORIGINE MÉCANIQUE.
— DÉVELOPPEMENT DE LA THÉORIE.

LA FORMATION DES ROCHES STRATIFIÉES EST ATTRIBUÉE A L'ACTION DE CAUSES NATURELLES. — CETTE THÉORIE SE TROUVE CONFIRMÉE PAR LES FAITS. — EXPOSÉ DE L'ARGUMENT. — EXEMPLES DE ROCHES MÉCANIQUES. — ÉLÉMENTS QUI LES COMPOSENT. — ORIGINE ET HISTOIRE DE CES ÉLÉMENTS. — LEUR DÉPÔT ET LEUR CONSOLIDATION. — EXEMPLES DE CONSOLIDATION PAR PRESSION. — CONSOLIDATION ACHEVÉE PAR DES CIMENTS NATURELS. — CURIEUX EXEMPLES. — CONSOLIDATION DU GRÈS EN CORNOUAILLES. — LA DISPOSITION DES COUPES EXPLIQUÉE PAR L'ACTION INTERMITTENTE DES AGENTS DE DÉNUDATION.

La stratification des roches est un des phénomènes les plus remarquables que présente l'écorce terrestre, et les principes qui expliquent ce phénomène appartiennent au fondement même de la théorie géologique. Il est maintenant universellement reçu que les dépôts successifs de strates, qui constituent dans une vaste proportion la croûte de la terre et qui ne peuvent manquer d'attirer l'attention de l'observateur même le plus inattentif, se sont lentement effectués pendant une longue série de siècles par l'action de causes naturelles. A l'appui de cette théorie hardie, les géologues invoquent les opérations qui s'accomplissent actuellement dans la nature ou qui ont été observées et relatées depuis les temps historiques. Il y a, disent-ils, comme une vaste machine qui, maintenant encore, travaille sans cesse sur la terre entière, brisant les roches qui apparaissent à la surface du sol, transportant en divers lieux les matériaux qui en proviennent, et là, construisant de nouvelles strates, à l'imitation de celles que l'on aperçoit superposées, partout où une section de l'écorce terrestre est exposée à l'œil. C'est pourquoi il nous est donné, d'un côté, de contempler l'œuvre terminée, telle qu'elle existe dans la croûte de la terre, et de l'autre, de la voir se continuant toujours à la surface du sol ; et s'il se trouve que toutes deux s'accordent dans leurs principaux caractères, il n'est pas déraisonnable d'en conclure que les causes de l'une furent aussi les causes de l'autre.

Dans l'examen de cet argument, nous avons porté notre attention sur les nombreux et puissants agents qui sont maintenant employés à désagréger et à transporter les roches existantes. Il était impossible, dans les limites étroites que nous nous sommes tracées, de les énumérer tous. Nous avons choisi ceux qui sont en même temps les plus connus dans leurs opérations et les plus frappants dans leurs résultats : les fleuves puissants déchargeant incessamment dans la mer les dépouilles accumulées des vastes continents ; les brisants de l'Océan se précipitant avec une incessante énergie contre toutes les falaises et toutes les côtes du monde ; les marées et les courants s'emparant des ruines faites par les flots et les entraînant au loin dans les profondeurs de l'Océan ; la glace faisant éclater les roches les plus compactes par sa force d'expansion et en répandant les fragments sur les rochers à pic et dans les ravins profonds pour devenir la proie des torrents montagneux ou peut-être pour aller reposer tranquillement au sein d'un glacier ; puis ce glacier lui-même, véritable mer de glace en mouvement, conduisant son lourd fardeau depuis les sommets élevés de la montagne jusqu'aux riantes plaines

inférieures, et, pendant ce trajet, broyant, sillonnant et désagré-
geant le sol de la vallée, et laissant après lui une trace que le
temps lui-même ne peut effacer ; enfin ces bancs de glace par-
semés sur les mers septentrionales et méridionales errant comme
des îles flottantes sur les abîmes sans fond de l'Océan et laissant tomber leurs énormes blocs à la surface des montagnes et
des vallées sous-marines.

La connaissance de tous ces phénomènes repose sur l'expérience et sur des observations répétées. Ce ne sont point des
spéculations philosophiques, mais des faits certains. Nous ne
pouvons donc douter que l'œuvre de démolition ne se continue
actuellement ; il nous reste à nous occuper de l'œuvre de recons-
truction.

Le lecteur se souvient que les géologues divisent les roches
stratifiées en trois classes distinctes : roches mécaniques, roches
chimiques et roches organiques. Cette distinction est fondée,
disent-ils, sur les opérations actuelles de la nature. Il résulte de
l'examen attentif des agents naturels maintenant à l'œuvre dans
le monde, que des strates sont dues principalement à l'action des
forces mécaniques ; d'autres, à l'influence des lois chimiques ;
d'autres enfin, à l'intervention de la vie organique. Nous avons
ainsi trois classes distinctes de roches se formant actuellement,
chacune offrant des caractères particuliers et chacune ayant son
correspondant parmi les couches qui composent l'écorce du globe.
Nous allons maintenant exposer quelques-unes des preuves qu'on
peut apporter à l'appui de ces importantes conclusions, en commençant par les roches que l'on appelle mécaniques.

Et d'abord, il importe d'avoir au moins une idée générale de
l'aspect que les roches mécaniques présentent à l'œil. Nous prendrons trois exemples familiers : le conglomérat, le grès et l'argile.

Le *conglomérat* ou *poudingue*, comme on l'appelle quelquefois, est composé de cailloux, de gravier et de sable formant ensemble une masse en général dure et solide, mais plus ou moins compacte. Les matériaux divers dont il est composé, bien que réunis dans une même roche, retiennent néanmoins leurs formes propres, de sorte qu'un œil, même peu exercé, peut facilement les reconnaître et les distinguer. Le *grès* est formé de grains de sable étroitement réunis et cimentés. La qualité et l'aspect de cette roche varient avec le volume et le caractère de ses éléments constituants. Souvent les grains de sable sont gros comme des pois ou même plus. Quelquefois ils sont si petits qu'on ne peut les distinguer qu'à l'aide d'une lentille. La plupart consistent en quartz entremêlé de grains de calcaire, et ils sont habituellement arrondis comme par l'action de l'eau courante. Le mot *argile*, plus vague et plus général, est maintenant employé communément pour désigner une matière finement divisée qui contient de dix à trente pour cent d'alumine et qui pour cela est plastique et devient susceptible, lorsqu'elle est amollie par l'eau, d'être pétrie à la main comme de la pâte. L'argile se présente sous différentes formes dans les couches terrestres, selon les différents minéraux qui entrent dans sa composition et les différentes influences auxquelles elle a été soumise. La marne et la terre glaise peuvent être prises comme exemples bien connus : la première est une argile dans laquelle il y a une grande proportion de matière calcaire ; la dernière est un mélange d'argile et de sable. Quelquefois l'argile est transformée par la pression en une sorte de roche ardoisière appelée *schiste*, qui a la propriété de se fondre aisément en un nombre immense de plaques minces ou de lamelles.

Il faut se rappeler aussi qu'il n'y a pas toujours une parfaite uniformité dans la structure de ces roches. Dans le conglomérat, par exemple, les cailloux peuvent égaler en grosseur des boulets de canon, comme ils peuvent n'être pas plus gros que des noix. De même, nous avons plusieurs variétés de finesse ou de grossièreté dans la qualité du grès. De plus, le conglomérat et le grès admettent souvent une proportion considérable d'argile, comme l'argile contient quelquefois plus que sa proportion habituelle de sable ou de chaux. Enfin, dans un endroit, ces matériaux forment une roche compacte et solide ; dans l'autre, ils sont désunis et incohérents.

Mais parmi toutes ces variétés de formes et de texture, les roches que nous avons décrites conservent généralement leurs caractères propres. De sorte qu'avec un peu d'expérience, il est facile de les reconnaître. Elles constituent une très-grande partie, nous pouvons peut-être dire la plus grande partie des terrains stratifiés dans tous les pays explorés jusqu'ici par les géologues. Partout où nous allons, nous rencontrons les mêmes apparences : des lits de conglomérat, de grès, d'argile, de marne, de schiste, revenant à plusieurs reprises dans une série de plusieurs centaines de couches : ici dans un ordre, là dans un autre, tantôt sans qu'une formation d'une espèce différente intervienne, quelquefois alternant avec le calcaire ou les autres roches dont nous parlerons plus loin.

Tel est le caractère, l'aspect général de ces couches qui sont connues des géologues sous le nom de roches aqueuses d'origine mécanique. Le lecteur a dû remarquer que ces roches sont précisément composées de ces mêmes matériaux, — les mêmes, quant à l'espèce et quant à la forme, — que nous avons vu préparer et façonner journellement dans le vaste laboratoire de la nature. Qu'il se rappelle comment d'énormes blocs sont détachés du flanc de la montagne ou de la falaise, et puis réduits en fragments ;

comment ces fragments deviennent, avec le temps, cailloux, sable et limon, et comment ces cailloux, ce sable et ce limon sont saisis par les fleuves, les marées et les courants, et emportés au loin dans la mer. Nous avons certainement là tous les matériaux nécessaires pour la formation du conglomérat; du grès et du schiste. Nous avons vu comment ils sont préparés par la main de la nature, comment ils sont façonnés, et puis transportés d'un lieu dans un autre. Continuons maintenant leur histoire, et suivons-les jusqu'au bout.

Il est clair qu'ils ne peuvent rester toujours suspendus dans l'eau ; tôt ou tard, ils doivent tomber au fond. Mais tous ne tombent pas à la fois. Car bien qu'ils obéissent tous à la même loi de la pesanteur, les matériaux plus petits et plus légers trouvent dans la résistance de l'eau un obstacle plus sérieux. Les cailloux et le gros gravier seront les premiers qui atteindront le fond ; puis viendra le sable et enfin l'impalpable limon. Ainsi, à mesure que le courant s'avance, le sédiment qu'il apporte des terres se trouve comme trié, et trois lits distincts de matériaux différents sont déposés au fond de l'Océan : d'abord, le plus près du rivage, un lit de cailloux et de gros gravier ; plus loin, un lit de sable, et enfin, le dernier de tous, un lit de limon ou d'argile. C'est là le premier pas dans la construction de la roche stratifiée. Pour achever l'œuvre, il ne faut plus que la consolidation de ces éléments incohérents. Si cette consolidation peut s'effectuer, nous aurons alors dans le lit de l'Océan une couche solide de conglomérat, une couche solide de grès et une couche solide de schiste.

Nous n'avons plus, il est vrai, en ce qui regarde cette opération, l'avantage dont nous avons joui jusqu'ici, celui de l'observation actuelle. Le travail de la consolidation, s'il existe, s'accomplit dans les profondeurs des mers. Mais s'il est en dehors de la portée de nos sens, il n'est pas en dehors de la portée de notre intelligence. Nous pouvons, le flambeau de la science à la main, pénétrer dans les mystérieuses retraites du secret laboratoire de la nature.

En premier lieu, une consolidation partielle d'argile et de sable, et même de gravier, peut s'effectuer sous l'influence de la pression seule. Beaucoup d'entre nous connaissent cette vérité ; mais peu sans doute songent aux nombreuses applications qu'elle a dans les arts pratiques de la vie. Citons quelques exemples curieux et intéressants. Les petits fragments de houille qui résultent du frottement des gros blocs l'un contre l'autre, et que l'on peut trouver en abondance dans le voisinage de toutes nos houillères, sont aujourd'hui transformés en un combustible solide par le simple effet d'une forte pression. La poussière et les rognures de plombagine, que l'on jetait autrefois de côté comme inutiles, sont maintenant ramassées avec soin et converties, par la pression, en une masse solide que l'on emploie dans les manufactures de crayons. « Le graphite ou *mine de plomb* du commerce, dit sir Charles Lyell, commençant à devenir très-rare, M. Brockedon a imaginé de recueillir la poussière des portions les. plus pures du minéral du Borrowdale et d'en reconstituer une masse aussi solide et aussi compacte que le graphite naturel. Voici son procédé : La poussière de graphite est d'abord préparée avec soin, purgée d'air, placée sous une presse puissante, soigneusement calfeutrée,. et sur un coin d'acier très-fort ; on donne plusieurs coup de presse, chacun de la puissance de mille tonnes, et après cette opération, la masse est si parfaitement solidifiée qu'on peut la tailler pour faire des crayons, et qu'elle montre dans la cassure la même texture que le graphite natif (1). » Un exemple qui

(1) Lyell, *Éléments de Géologie*, t. I, p. 62.

convient mieux encore à notre but se tire des expériences que
l'on fait pour essayer la force de la poudre à canon. Des sacs de
cuir remplis de sable sont placés dans le mortier destiné à recevoir le boulet à une distance de cinquante pieds de la bouche
du canon, et souvent il arrive que, par suite de la percussion
répétée du boulet, le sable se trouve transformé en une masse
solide de grès (1). Or, les dépôts dont nous parlons ne peuvent
manquer d'être soumis à une pression continue extrêmement
puissante. Car, depuis que le dépôt va s'effectuant, la matière
déposée chaque jour est recouverte le lendemain d'un nouveau
lit, et avec le temps, elle finit par supporter une immense pile de
matière minérale, de plusieurs centaines ou même de plusieurs
milliers de pieds d'épaisseur.

Mais il existe un autre agent plus important encore. Lorsque
les blocs les plus durs et les plus compactes de conglomérat et
de grès sont soumis à une analyse détaillée dans le laboratoire
du chimiste, on trouve qu'ils sont fortement cimentés ensemble,
quelquefois par une solution de chaux comblant les interstices
entre les grains de sable et les cailloux, ou bien par une solution
de silice, ou encore par une solution de fer. Or, cette découverte
est pour nous le fil qui nous guidera dans l'étude des opérations
actuelles de la nature. C'est à l'action d'un ciment naturel que
nous devons avoir recours pour la parfaite consolidation des
roches mécaniques. Voyons si nous pouvons trouver un ciment
de cette sorte.

On sait que l'eau des rivières, des lacs et des sources est
chargée d'acide carbonique ; c'est pourquoi, lorsqu'elle vient en
contact avec le calcaire, elle en dissout une portion qu'elle re-

____

(1) Mantell, *Wonders of Geology*, t. I, p. 102.

tient à l'état de solution. Il suit de là que dans tout pays il existe une abondante provision de ciment calcaire. Nos lecteurs ont dû remarquer, en outre, l'aspect brunâtre et rouillé que donnent certaines eaux aux roches et aux herbages au milieu desquels elles passent; cela vient de ce que ces eaux sont imprégnées de fer. Or, nous savons, par les récits des voyageurs, que dans la plupart des contrées il existe des eaux contenant du fer en solution. La solution de silice dans l'eau est moins commune, parce que la silice pure ne peut se dissoudre dans l'eau qu'à une température fort élevée. Néanmoins, il a été clairement démontré, par l'observation, que la silice, lorsqu'elle se présente dans certaines combinaisons avec d'autres substances minérales, peut être dissoute assez aisément : par exemple, dans la décomposition du feldspath et de toutes les roches dans lesquelles entre le feldspath, la silice est emportée à l'état de solution (1). Comme ces roches sont très-nombreuses et distribuées sur toutes les parties de la terre, nous pouvons en conclure que la silice en solution existe en grande abondance dans la nature.

Nous savons donc maintenant que nous avons, d'une part, dans l'écorce terrestre, des couches solides de conglomérat et de grès offrant les traces manifestes d'une cimentation minérale, et d'autre part, à la surface du sol, les éléments du conglomérat et du grès, ainsi que, tout à côté, le ciment minéral lui-même sous une forme convenable. Il n'est donc pas déraisonnable d'en conclure que cette cimentation s'effectue encore actuellement; — que l'eau chargée de fer, de chaux ou de silice, s'infiltrant à travers le gravier et le sable, y dépose son ciment minéral et convertit en une roche compacte et solide les couches nouvellement formées.

(1) Lyell, *Éléments de Géologie*, t. I, p. 70 ; *Principes de Géologie*, t. I, p. 540.

Mais cette conclusion ne repose pas seulement sur la probabilité qui précède. Nous avons une preuve incontestable que la
consolidation des couches s'opère encore actuellement. On a
trouvé plusieurs fois dans le lit de la Tamise d'énormes masses
d'un conglomérat qu'un ciment ferrugineux a rendu compacte.
Il est hors de doute que cette solidification s'est opérée par des
causes naturelles depuis les temps historiques ; car il arrive
assez souvent que des monnaies romaines et des fragments de
poterie sont trouvés enfouis dans ces blocs solides. Des découvertes semblables ont été faites en creusant le lit de la Dove,
dans le comté de Derby, vers l'année 1832. On trouva, à une
profondeur de dix pieds environ, des milliers de monnaies solidement cimentées dans un conglomérat compacte. Plusieurs
de ces monnaies portent les dates des treizième et quatorzième
siècles ; c'est donc depuis ce temps seulement que les cailloux
qui forment la roche ont été déposés et transformés en une masse
solide. Mais il ne faut pas supposer qu'un intervalle aussi long
soit nécessaire pour la solidification des roches. Dans la première partie du siècle, un vaisseau appelé la *Thétis* fit naufrage
au cap Frio, sur la côte du Brésil. Quelques mois après, on
essaya, non sans succès, de recouvrer les dollars et autres ri-
chesses qui étaient tombés au fond de la mer avec le vaisseau
naufragé. Or, on les trouva complétement enveloppés dans des
masses solides de grès quartzeux, qui, sans doute, avaient emprunté leurs éléments aux roches granitiques de la côte du
Brésil (1).

Dans plusieurs parties de la Méditerranée et le long de ses
rivages, le même travail s'effectue avec une égale rapidité. « Les

(1) Mantell, *Wonders of Geology*, p. 70, 81, 82, 83.

formations récentes de l'Asie-Mineure, écrit sir Charles Lyell, consistent en dépôts d'une nature *pierreuse*, et non en matière incohérente. Presque tous les petits courants et les rivières de cette région tiennent en solution, comme ceux de la Toscane et de l'Italie méridionale, une quantité considérable de carbonate de chaux, et précipitent du travertin ; quelquefois les sables et le gravier y sont liés de manière à former des conglomérats et des grès solides. Chaque delta et chaque barre de sable acquièrent ainsi une solidité qui souvent empêche les courants de se frayer un passage à travers leur masse, de sorte que les embouchures de ces cours d'eau changent continuellement de place (1). » Au musée de Montpellier, on montre un canon enchâssé dans du calcaire cristallin que l'on a retiré du lit de la Méditerranée, près de l'embouchure du Rhône (2).

A ces exemples de solidification des roches, dans des temps récents, nous sommes tenté d'en ajouter un que nous empruntons à un mémoire publié par le docteur Pâris, dans les *Transactions de la Société géologique royale de Cornouailles :* « Il est un grès que l'on trouve dans diverses parties de la côte septentrionale de la Cornouailles et qui nous fournit un exemple fort instruc- tif d'une formation récente, puisqu'il nous fait surprendre la nature dans son œuvre de transformation du sable en roche solide. Une portion très-considérable de la côte septentrionale de la Cornouailles est couverte d'un sable calcaire composé de minces particules de coquilles brisées et accumulé par endroits en si grandes quantités qu'il forme de vraies collines de quarante à cinquante pieds d'élévation. Si l'on creuse dans ces collines de

____

(1) Lyell, *Principes de Géologie*, t. I, p. 566.
(2) Lyell, *Principes de Géologie*, t. I, p. 564.

sable ou s'il arrive que les vents en transportent quelque partie,
on aperçoit des restes de maisons, et dans l'emplacement des
anciens cimetières apparaissent un grand nombre d'ossements
humains. On suppose que ce sable a été apporté de la mer, dans
l'origine, par les ouragans, à une époque probablement fort reculée. Il apparaît dans un état d'agrégation d'abord très-faible,
mais qui va sans cesse croissant sur plusieurs parties du rivage de la baie de Saint-Yves; en approchant de la rivière du
Gwythian, il acquiert de la dureté... C'est autour du promontoire
de New-Kaye que se trouve la formation de grès la plus étendue.
Là on le voit avec différents degrés de dureté, depuis cet état
de friabilité qui permet de le détacher de la roche sur laquelle
il repose jusqu'à cette extrême solidité dont le marteau peut à
peine triompher, et qui en fait une excellente pierre de construction. L'église de Cranstock en est entièrement bâtie. On
l'emploie également pour divers usages domestiques et agri-
coles. »

Il n'est donc pas douteux que les lits de gravier, de sable et
d'argile que nous avons vus se déposer de jour en jour, d'année
en année, de siècle en siècle, sous les eaux de l'Océan, ne puissent
être convertis par des agents naturels, dans le cours du temps,
en roches solides de conglomérat, de grès et de schiste. Mais ce
n'est pas assez. Il nous reste à voir comment ces roches solides
peuvent être disposées en une série de couches distinctes ou
strates. Le lecteur se rappellera que la somme des matériaux
répandus sur un espace donné de l'Océan n'est pas fixe et continue, mais, au contraire, variable et intermittente. Pendant
les pluies périodiques sous les tropiques et pendant la fonte des
neiges dans les latitudes plus élevées et dans les pays de montagnes, les fleuves s'enflent énormément et charrient une quantité

de sédiment beaucoup plus grande que dans les autres saisons. La désagrégation des falaises par les vagues de la mer est aussi beaucoup plus rapide en hiver qu'en été. Ainsi, pendant que dans une saison un cours d'eau n'entraîne, pour ainsi dire, pas de sédiment, dans une autre, il emportera dans son cours troublé un poids presque incroyable de matière minérale. Nous en avons un exemple remarquable dans le Gange. Le volume de matière terreuse déchargé par ce fleuve dans la mer pendant les quatre mois de pluie s'élève à près d'un million et demi de mètres cubes par jour, pendant que le volume déchargé chaque jour pendant les trois mois de chaleur ne s'élève pas à la centième partie de ce chiffre (1).

Ce n'est pas seulement la quantité de matériaux charriés qui varie, la rapidité du courant varie également. Il en résulte que les mêmes matériaux ne sont pas transportés en tout temps à la même distance, car moins le courant est rapide, plus le sédiment se dépose promptement au fond de l'eau. Nous pouvons ajouter que les courants changent souvent leur direction pour une cause quelconque, et que dès lors ils ne transportent pas toujours leur sédiment sur le même point de l'Océan.

De ces considérations se tirent deux conclusions : la première est que le dépôt de sédiment peut s'effectuer très-rapidement pendant quelque temps sur une surface donnée, puis cesser assez brusquement et reprendre ensuite au bout d'un intervalle quelconque, de manière qu'un dépôt ait le temps d'acquérir de la consistance avant que le dépôt supérieur ne s'effectue et qu'il se

____

(1) Les chiffres donnés par sir Charles Lyell, et dus aux observations de M. Everest, sont les suivants : pendant les quatre mois de pluie, 172,214,906 m. cubes ; pendant les trois mois de chaleur, 1,080,349 m. cubes. — *Principes de Géologie*, t. I, p. 634.

7

produise ainsi une succession de lits distincts. La seconde est
que les mêmes matériaux ne seront pas toujours déposés sur
une seule et même surface : ce sera peut-être successivement du
sable, du gravier, de l'argile ou une combinaison quelconque
de ces substances, ou d'autres substances minérales. Il pourra
ainsi arriver que les couches déposées dans des périodes successives de temps, non-seulement se distingueront l'une de l'autre,
mais seront composées d'éléments différents ; qu'il y aura, comme
le fait le confirme, des lits de conglomérat, de grès, d'argile, de
marne et d'autres roches, alternant dans un ordre varié.

CHAPITRE VI.

ROCHES STRATIFIÉES D'ORIGINE MÉCANIQUE. —
CONTINUATION.

IMPOSSIBILITÉ D'OBSERVER LA FORMATION DES TERRAINS STRATIFIÉS DANS LES PROFONDEURS DE L'OCÉAN. — LES RIVIÈRES ET LES LACS NOUS EN FOURNISSENT DES EXEMPLES SUR UNE PETITE ÉCHELLE. — PLAINES D'ALLUVION. — LEUR FERTILITÉ EXTRAORDINAIRE. — GRAND BASSIN DU NIL. — EXPÉRIENCES DE LA SOCIÉTÉ ROYALE. — LE MISSISSIPI ET L'ORÉNOQUE. — QUELQUES RIVIÈRES COMBLENT LEURS PROPRES LITS. — LE PÔ EST DANS CE CAS. — DIGUES ARTIFICIELLES. — ÉTENDUE CONSIDÉRABLE DES TERRAINS D'ALLUVION DÉPOSÉS PAR LE RHÔNE DANS LE LAC DE GENÈVE. — DELTAS. — LE DELTA DU GANGE ET DU BRAHMAPOUTRE. — LE DELTA DU NIL. — FORMATION DE TERRES FERMES EN HOLLANDE. — DELTA DU MISSISSIPI. — ILES FLOTTANTES SUR LES FLEUVES D'AMÉRIQUE.

L'argument exposé dans le chapitre précédent est simple, ingénieux, persuasif, et nous avouons franchement qu'il nous semble concluant. Nous ne prétendons pas qu'il s'élève à la hauteur d'une démonstration rigoureuse. Mais il établit au moins une forte présomption en faveur de cette assertion que l'œuvre de dépôt, de consolidation et de stratification va toujours s'effectuant dans une vaste proportion sous les eaux de l'Océan, et que, dans ces derniers âges de l'histoire du monde, les roches aqueuses se forment lentement sous l'influence des mêmes causes naturelles que celles qui attirent maintenant notre attention dans l'épaisseur de l'écorce terrestre. Nous sommes

donc prêts à accepter cette conclusion si elle ne se trouve pas
en contradiction avec quelque fait bien établi ou quelque vérité
incontestable. Mais en matière de sciences physiques, le témoignage de nos sens est, après tout, l'argument le plus satisfaisant, et nos lecteurs aimeraient sans doute à observer de leurs
propres yeux, si c'était possible, la formation des roches stratifiées. Or, quoiqu'il ne nous soit pas donné d'observer ce travail
dans toute sa colossale grandeur, tel qu'il s'effectue dans les
profondeurs de l'Océan, il nous est possible de l'examiner, pour
ainsi dire, en miniature, dans certains cas où le sédiment des
fleuves est déposé à la portée de l'observateur.

Beaucoup de fleuves débordent, comme on le sait, en certaines saisons et se répandent sur une vaste étendue de pays,
atteignant parfois jusqu'au pied des collines qui limitent les
vallées dans lesquelles ils coulent. Telle est l'origine de ces
plaines alluviales si remarquables par leur richesse et leur étonnante fertilité. Chaque année, un mince manteau de sédiment
est déposé à la surface du sol, et de cette manière se forme,
dans le cours des âges, un terrain capable de produire à chaque
saison les récoltes les plus luxuriantes, sans jamais donner le
moindre signe d'épuisement. Un voyageur moderne parle ainsi
de la plaine d'alluvion située près de Saint-Louis, sur le Mississipi : « Quant à la qualité du sol, on peut lui demander des
récoltes en quelque nombre que ce soit. Le blé y est cultivé
sans interruption depuis une centaine d'années, c'est-à-dire
depuis que cet établissement est connu. Il serait inutile de
demander quel est le système de culture en usage dans ce pays.
Il n'y a pas de système : le fermier laboure le sol et y jette la
semence, et les plus abondantes moissons viennent tous les ans
sans plus de peine ni de souci. Ce terrain, préparé par des mil-

liers de siècles, défie le laboureur de trop lui demander. Il lui donne tout ce qu'il lui demande, sans jamais frustrer son attente (1). »

Le grand bassin du Nil offre un admirable exemple d'une plaine d'alluvion sur une échelle d'une grandeur considérable. Du temps d'Hérodote même, l'Égypte était regardée comme un « présent du Nil, » et les investigations de la science moderne ont mis hors de doute l'exactitude de cette opinion. Le fleuve entraîne dans son cours, spécialement à l'époque des inondations, une grande quantité de sédiment terreux provenant de la dénudation des montages de l'Afrique centrale. Chaque année, entre les mois de juillet et de novembre, il franchit ses rives et dépose son sédiment sur les terres adjacentes. Une nouvelle couche d'un terrain fort riche est ainsi répandue chaque année sur toute la contrée, qui, pour cette raison, s'élève en moyenne, d'après un calcul approximatif, dans la mesure de 0^m15 par siècle. Près du Caire, où des excavations ont été faites, les lits successifs de dépôts annuels sont distinctement visibles à l'œil, et c'est un fait remarquable que l'épaisseur totale des dépôts alluviaux qui reposent sur les sables du désert et qui, selon toute apparence, se sont effectués dans les mêmes conditions, est de 10, 15 et même 20 mètres, alors que chacune des couches n'est pas plus épaisse qu'une feuille de carton.

Une série d'observations et d'expériences intéressantes, entreprises tout récemment sous les auspices de la Société royale, ont donné quelques résultats à ce sujet. La statue colossale de Ramsès, à Memphis, avait été trouvée partiellement enfouie dans le limon qui s'était accumulé graduellement autour de sa

(1) Correspondance particulière du *Times*, 7 décembre 1866.

base. On découvrit, au moyen de sondages, que de la surface actuelle de la plaine à la base du piédestal, il y a une distance de près de 3 mètres. Or, suivant Lepsius, le règne de Ramsès remonte à 1360 ans avant l'ère chrétienne. Il s'est donc formé depuis ce temps, c'est-à-dire dans un intervalle de 3200 ans, un dépôt de 3 mètres d'épaisseur. Il est difficile de ne pas conclure que la couche de 3 mètres immédiatement inférieure, qui ressemble de tout point à la première, a dû être produite de même par des causes naturelles, ainsi que toutes les autres couches, jusqu'à ce qu'on atteigne le sable stérile du désert, qui, en cet endroit, est situé à près de 13 mètres au-dessous du niveau actuel de la plaine (1).

Il semble, d'après cela, que l'Égypte n'est pas autre chose qu'une grande plaine alluviale, lentement formée dans le cours des siècles par les inondations annuelles du Nil. D'autres terrains d'alluvion, également fort étendus, se rencontrent en d'autres parties du monde. Le Mississipi, qui parcourt environ un septième de l'Amérique du Nord, a formé une plaine d'alluvion de plus de 1,600 kilomètres de long sur une largeur de 50 à 130. Dans l'Amérique du Sud, l'Orénoque répand une fois chaque année ses eaux gonflées et troublées sur un espace qui atteint fréquemment 112 kilomètres de large, et lorsqu'il rentre dans son lit, il laisse derrière lui une couche substantielle de sédiment limoneux qui fertilise le sol. Il serait aisé d'accumuler les exemples. Mais il nous suffira d'avoir renvoyé le lecteur au grand bassin du Nil qui se présente dans les meilleures conditions pour l'étude des phénomènes d'alluvion, puisqu'il nous offre à la fois les monuments historiques

____

(1) Lyell, *Principes de Géologie*, t. I, p. 566-574.

d'une antiquité reculée et les recherches scientifiques des temps récents.

La formation des plaines d'alluvion a une autre cause. Il arrive souvent qu'une rivière comble le canal dans lequel elle a coulé pendant des années et qu'elle est forcée de changer son cours et de chercher un nouveau passage vers la mer. Avec le temps, ce canal est comblé à son tour comme le premier et abandonné, puis un troisième, puis un quatrième. A chaque changement se forme une nouvelle couche reconnaissable à sa fertilité extraordinaire. On doit principalement s'attendre à ce phénomène quand une plaine étendue et presque horizontale s'étend entre une haute chaîne de montagnes et la mer. Dans ce cas, le courant qui emporte les débris de la montagne ne s'avançant qu'avec lenteur, déposera nécessairement sur son chemin la plus grande partie de son fardeau. Il est à peine une contrée dans le monde qui n'abonde en formations de cette sorte, et nous pourrions citer plusieurs exemples de troupeaux paissant à l'endroit même où, dans des temps peu reculés, coulaient lentement les eaux bourbeuses de quelque grand fleuve.

Nous en avons un exemple instructif dans le Pô qui reçoit, par une infinité de torrents montagneux, une énorme quantité de sédiment minéral provenant des Alpes. Depuis le commencement du XVᵉ siècle, il a plusieurs fois changé son cours, commettant souvent de grandes dévastations et toujours laissant après lui des traces incontestables de son passage. Plusieurs villes qui se trouvaient autrefois sur la rive gauche sont maintenant situées sur la rive droite. En quelques endroits, lorsqu'on a vu s'approcher lentement le courant dévastateur, on a démoli des églises et des maisons religieuses que l'on a rebâties avec les mêmes matériaux à une plus grande distance. On reconnaît encore aisément, près de Crémone, un ancien lit du fleuve connu sous le nom de *Pô Morto*, ainsi qu'un autre appelé *Pô Vecchio*, sur le territoire de Parme.

Nos lecteurs apprendront peut-être avec intérêt que ces mouvements ont été arrêtés dans les temps modernes. Par un système d'endiguement artificiel, les eaux sont maintenant confinées dans d'étroites limites : la vitesse du courant se trouve ainsi accrue et une portion considérable de sédiment est portée jusqu'à la mer. Néanmoins, il en est encore déposé en grande quantité dans le lit du fleuve, qui, en conséquence, tend à s'élever de plus en plus. Aussi, il est devenu nécessaire, pour prévenir des inondations, d'ajouter chaque année à la hauteur des digues, de sorte que la rivière offre maintenant l'apparence d'un énorme aqueduc, dont on peut se former une idée par ce fait que, dans le voisinage de Ferrare, la surface du courant est plus haute que le toit des maisons. Ce système d'endiguement est fort en usage dans le nord de l'Italie pour empêcher le débordement des rivières et pour prévenir le changement de leurs cours. Il date au moins de l'époque du Dante, qui rapporte que les habitants de Padoue élevèrent des barrières le long de la Brenta, lorsque les neiges commencèrent à fondre et lorsque vint la saison des inondations.

> « Per difender lor ville e lor castelli,
> Anzi che Chiarentana il caldo senta. »
>
> *Inferno*, Canto XV.

De même qu'un fleuve comble quelquefois son propre lit, de même il peut combler un lac qu'il traverse et le convertir en une vaste plaine alluviale. C'est ainsi que, d'après la tradition, plusieurs grands lacs ont été transformés en terre ferme près de Parme, de Plaisance et de Crémone. Du reste, on peut voir cette transformation s'effectuer actuellement encore. Le Rhône, à son entrée dans le lac de Genève, est trouble et sans couleur tranchée, conséquence naturelle de l'immense quantité de sédiment terreux dont il est chargé. Mais comme il se meut lentement, le sédiment se dépose au fond du lac, et lorsque, « lavé par les eaux du Léman, » il reparaît près de la ville de Genève et s'élance sous le magnifique pont qui unit les deux rives, il a déjà revêtu cette belle couleur bleu d'azur que les voyageurs aiment à contempler et les poëtes à chanter. Le sédiment laissé en arrière va former des terrains d'alluvion qui s'avancent lentement, mais régulièrement, dans le lac. Une ville ancienne du nom de Port-Vallais, qui était, il y a huit siècles, située sur le bord de l'eau, est maintenant à un mille et demi dans l'intérieur des terres. Si le monde devait durer assez et si les agents naturels actuellement à l'œuvre ne changeaient pas, il viendrait sans doute un temps où le lac de Genève tout entier serait transformé en une plaine alluviale d'une vaste étendue et d'une inépuisable fertilité.

Ce dernier exemple nous amène au phénomène des deltas, où l'on peut, le plus commodément peut-être, étudier la formation actuelle des roches stratifiées. Quelques grands fleuves, comme nous en avons déjà vu, se précipitent dans la mer avec une telle vitesse qu'ils vont porter leur sédiment à une distance de plusieurs centaines de milles du rivage. Mais, dans d'autres cas, l'élan des eaux est arrêté beaucoup plus tôt, et le sédiment, s'il n'est pas emporté par les courants de l'Océan, est déposé près de l'embouchure du fleuve, où il forme un lambeau triangulaire de terre alluviale. Cette sorte de dépôt est appelée *delta*, par suite de la ressemblance avec la lettre de ce nom (Δ) de l'alphabet grec. Le sommet du triangle est sur le fleuve et sa base à l'opposé, vers la mer. D'où il suit que, lorsqu'un delta est formé, le fleuve se partage naturellement en deux branches, l'une qui coule à droite et l'autre à gauche. De nouveaux canaux se forment presque toujours dans la suite, et le fleuve se décharge dans la mer par plusieurs bouches.

Le delta formé dans la baie de Bengale par les deux grandes rivières de l'Inde, le Gange et le Brahmapoutre, nous offre un exemple de ce phénomène dans des proportions extraordinaires. A parler strictement, ce n'est pas seulement un delta, ce sont deux deltas réunis, l'un tirant son origine du Gange, l'autre du Brahmapoutre. Ce double delta étend dans la baie de Bengale sa base de 400 kilomètres de long et pénètre à une distance presque égale dans le continent indien. Il y a donc là une vaste étendue de terrain manifestement composé de sédiment terreux, résultant de la dénudation des monts Himalaya et transporté dans sa situation actuelle par l'action de l'eau courante. Mais le dépôt de matière terreuse ne se termine pas à la ligne de la côte. Bien loin de la base actuelle du delta, l'eau chargée de sédiment n'a pas encore retrouvé sa transparence, et on a trouvé qu'une couche de limon en pente douce s'étend sous les eaux de la baie jusqu'à une distance de 160 kilomètres.

Même pendant la courte période d'une vie d'homme, le domaine de la terre ferme est souvent visiblement agrandi. Des bancs de sable sont d'abord déposés dans quelques-uns de ces nombreux canaux sinueux par lesquels les deux fleuves s'ouvrent un chemin vers la mer. Ces bancs de sable s'accroissent à l'époque des inondations et, en peu de temps, deviennent des îles qui, en quelques années, atteignent une étendue superficielle de plusieurs milles carrés. Alors commence à apparaître une végétation sauvage et luxuriante. Les roseaux, les longues herbes, les arbrisseaux et les arbres y croissent en abondance, et ces impénétrables halliers servent bientôt de retraite au buffalo, au rhinocéros et au tigre. Une de ces formations attenantes à la côte, et connue sous la dénomination de *bois* ou *sonderbonds*, est, dit-on, aussi vaste que la principauté de Galles.

Le delta du Nil, quoique plus de moitié moins vaste que celui du Gange, présente néanmoins quelques traits d'un intérêt particulier. Dans plusieurs endroits où une section verticale est exposée à la vue, le phénomène de stratification est très-reconnaissable. La partie supérieure de chaque dépôt annuel est composée de terre d'une couleur plus claire que la partie inférieure, et le tout forme une couche distincte d'argile durcie que l'on peut aisément séparer des couches inférieures et supérieures. Cette formation correspond donc exactement à ces strates de schiste que nous rencontrons si souvent dans l'écorce terrestre. Ajoutons que plusieurs des anciens canaux, par lesquels le Nil s'ouvrit autrefois un chemin vers la mer, ont été comblés depuis et changés en terre ferme. Les deux extrêmes bras du fleuve, qui autrefois limitaient le delta, étaient séparés par une distance de 300 kilomètres à leur entrée dans la Méditerranée. Ces canaux sont maintenant des plaines alluviales, et la base n'a plus que 144 kilomètres de longueur. Ainsi, quoique les terrains d'alluvion formés par le sédiment du fleuve soient maintenant beaucoup plus grands qu'ils étaient autrefois, l'étendue du delta proprement dit est maintenant plus petite que jamais.

Plus près de nous, les vastes plaines de la Hollande, où, sur une surface de plus de 20,000 kilomètres carrés, l'on ne rencontre ni rocher, ni forêt, ni colline, ne sont pas autre chose que l'ensemble des deltas formés par le Rhin, la Meuse et l'Escaut. Si, depuis les temps historiques, comme nous avons eu occasion de le remarquer, plusieurs districts de ce fertile pays ont été envahis par les eaux, en revanche, sur d'autres points, la terre ferme s'est lentement accrue. On peut voir actuellement sur les côtes de la Frise une couche de terrain d'alluvion en voie de formation. Une espèce particulière de plante, connue sous le nom de *Salicornia Herbacea*, croît abondamment sur le rivage, immédiatement au-dessous du point atteint par la haute marée. Les racines de cette plante donnent une certaine consistance au sable de la plage, pendant que ses tiges et ses feuilles forment une sorte de réseau naturel qui arrête et retient le sédiment terreux transporté par les rivières. Il se fait ainsi une accumulation de matière alluviale, et une couche en forme de terrasse s'effectue graduellement. Ce riche dépôt est bientôt couvert d'herbage où viennent paître les troupeaux. Au bout de quelque temps, on y ajoute une digue artificielle pour plus de sûreté : le nouveau territoire est alors cultivé soigneusement par les habitants industrieux, et il manque rarement de récompenser leur travail par d'abondantes récoltes de blé et de foin.

Si nous portons nos regards vers le vaste continent de l'Amérique, nous nous trouvons en présence de résultats non moins frappants ni moins importants. Le delta du Mississipi a 300 kilomètres de long sur 220 de large. Ce vaste dépôt de limon a une épaisseur de deux à trois centimètres et recouvre une étendue de plus de 30,000 kilomètres carrés. Chaque année, il reçoit du large *père des fleuves* une nouvelle quantité de sédiment que l'on a évaluée à plus de cent millions de mètres cubes. Outre ce dépôt annuel de matière minérale, il faut tenir compte aussi des arbres sans nombre d'espèces diverses et de taille gigantesque qui, déracinés par les tempêtes et les inondations, sont entraînés par l'impétueux courant, et enfin ensevelis avec des os d'animaux, des produits de l'industrie humaine et d'autres dépouilles de la terre, dans le limon du delta, à l'embouchure du fleuve.

Une particularité intéressante qui se rattache au Mississipi et qui ne doit pas être omise ici, c'est la formation d'îles flottantes par l'accumulation du bois transporté. Des arbres qui ont été déracinés et puis entraînés par le courant sont quelquefois arrêtés dans leur cours par un banc de sable ou un haut-fond. De nouveaux débris s'ajoutent aux premiers, et la masse sans cesse croissante est graduellement pénétrée et recouverte d'une couche de sédiment terreux qu'y déposent les eaux du fleuve. Il se forme ainsi un riche terrain d'alluvion qui bientôt produit une végétation luxuriante. Ces îles flottantes ou *rafts*, comme on les appelle en Amérique, s'élèvent et s'abaissent généralement avec l'eau qui coule au-dessous : mais quelquefois elles atteignent les deux rives, y restent attachées et détournent ainsi le cours de la rivière.

Le raft de l'Atchafalaya, affluent du Mississipi, fut formé de cette manière au commencement du siècle présent. Ce célèbre raft avait 16 kilomètres de long sur 200 mètres de large et 2 mètres 50 environ de profondeur. Il était entièrement recouvert d'une abondante végétation et supportait de grands arbres dont quelques-uns atteignaient une hauteur de soixante pieds. En automne, sa surface était ornée de fleurs magnifiques et variées. Il continua de s'accroître jusqu'en 1835, époque à laquelle le gouvernement de la Louisiane se décida à le détruire, parce qu'il mettait obstacle à la navigation. Ce grand œuvre fut accompli avec beaucoup de peine dans l'espace de quatre ans.

Le professeur Dana rapporte qu'un autre raft célèbre de la rivière Rouge avait atteint, en 1854, une longueur de 48 kilomètres, et qu'il augmentait, chaque année, dans la mesure de 2 à 3 kilomètres. D'après le témoignage de MM. Humphreys et Abbot, ce raft formait en 1860 un barrage « qui faisait remonter la rivière Rouge de 32 à 48 kilomètres et rejetait les trois quarts environ de ses eaux dans le lac Soda, par deux canaux naturels qui permettaient de naviguer autour de la partie droite du raft (1)».

(1) Ces faits concernant les plaines alluviales et les deltas ont été empruntés principalement aux autorités suivantes : Lyell, *Principes de Géologie*, t. I, chap. XVIII et XIX ; Vogt, *Lehrbuch der Geologie*, t. II, p. 99-131 ; Jukes, *Manual of Geology*, p. 110-116 ; Dana, *Manual of Geology*, p. 642-647 ; Humphreys et Abbot, *Report on the Physics and Hydraulics of the Mississipi River*, 1861 ; *English Cyclopædia*. Articles : *Alluvium*, *Mississipi*, *Nile*, *Hollande*, *Netherlands*, etc.

CHAPITRE VII.

ROCHES STRATIFIÉES D'ORIGINE CHIMIQUE.

———

ACTION CHIMIQUE DANS LA FORMATION DES TERRAINS MÉCANIQUES. — QUELQUES ROCHES SEULEMENT SONT PRODUITES EXCLUSIVEMENT PAR L'ACTION DES LOIS CHIMIQUES. — DIFFÉRENCE ENTRE UN MÉLANGE ET UNE SOLUTION. — UNE SOLUTION SATURÉE. — STALACTITES ET STALAGMITES. — COLONNES FANTASTIQUES DES CAVERNES CALCAIRES. — LA GROTTE D'ANTIPAROS DANS L'ARCHIPEL GREC. — CAVERNE DE WYER DANS LES MONTAGNES BLEUES D'AMÉRIQUE. — LE TRAVERTIN EN ITALIE. — FORMATION CALCAIRE DANS LE LAC DE LA SOLFATARE, PRÈS DE TIVOLI.— INCRUSTATIONS DE L'ANIO. — FORMATION DU TRAVERTIN AUX BAINS DE SAN-FILIPPO ET DE SAN-VIGNONE. — LES SOURCES MINÉRALES DE CARLSBAD.

Les géologues appellent mécaniques les roches aqueuses dont nous avons parlé dans les deux précédents chapitres, parce qu'elles doivent surtout leur existence à l'action de la force mécanique. Il n'en est pas moins vrai pourtant que l'influence chimique a souvent une grande part dans la production de ces roches. L'action chimique aide à préparer les éléments dont elles sont composées. Elle fournit également les ciments calcaires, siliceux et autres qui les consolident dans une grande mesure. Il y a cependant une seconde classe de roches aqueuses qui doivent leur existence presque exclusivement à l'opération des lois chimiques et que l'on a appelées, en conséquence, roches stratifiées d'origine chimique. C'est de cette classe de roches que nous nous proposons de parler dans le présent chapitre.

Elles constituent une proportion beaucoup plus petite de la croûte terrestre que les roches mécaniques ou organiques. Mais l'histoire de leur formation est curieuse et instructive. Nous nous bornerons à un ou deux exemples simples et familiers.

Comme nous aurons beaucoup à parler du carbonate de chaux à l'état de solution, il n'est peut-être pas inutile de dire tout d'abord ce que l'on entend par le mot *solution* dans le langage technique des chimistes. Si l'on met une cuillerée de sel dans un verre d'eau, au bout de quelque temps les particules de sel se séparent et se répandent dans l'eau, de manière à cesser d'être visibles à l'œil, quoique leur présence soit très-reconnaissable au goût. On dit alors que le sel est *dissous*, et l'eau dans laquelle il est dissous s'appelle une *solution* de sel. Il importe de ne pas confondre une solution avec un mélange purement mécanique. Si, au lieu de sel, on met dans le verre d'eau une cuillerée de sable très-fin, on aura un *mélange* et non une *solution*. En agitant fortement le contenu du verre, on pourra, il est vrai, opérer une union très-intime entre les particules d'eau et les particules de sable ; mais cette union sera d'un genre différent de celle que l'on a observée dans le premier cas entre les particules d'eau et les particules de sel. Le sable est resté apparent en troublant et ternissant l'eau ; le sel, au contraire, a complétement disparu, laissant l'eau limpide et transparente comme auparavant. De plus, si on laisse l'eau reposer quelque temps, le sable se déposera au fond du vase ; ce que le sel ne fera pas.

Mais il y a une limite à la quantité de sel que l'eau peut tenir en solution. Si on ajoute cuillerée sur cuillerée, on atteindra un point où l'eau ne pourra plus en dissoudre davantage. On aura alors une *solution saturée* de sel. Supposons que, dans ce cas, une portion de l'eau vienne à s'évaporer, il est clair que nous aurons la même quantité de sel qu'auparavant, dans une moindre quantité d'eau. La conséquence sera que *tout* le sel ne pourra plus être tenu en solution et qu'une partie tombera au fond du verre, c'est-à-dire qu'on aura, pour employer le langage chimique, un *précipité* de sel. Or, d'après la théorie des géologues, des roches de quelques centaines de pieds d'épaisseur, et assez solides pour former les murs de nos palais, de nos églises et de nos châteaux, ont été produites dans l'écorce terrestre absolument de la même manière. A l'appui de cette théorie, nous allons montrer que le même travail s'effectue encore actuellement et que tous ceux qui désirent l'étudier peuvent l'observer par eux-mêmes.

Nous commencerons par la formation des stalactites et des stalagmites. Le mode de formation de ces singulières masses de roches est très-clairement exposé, et l'aspect pittoresque qu'ils présentent si souvent est fort bien décrit par le docteur Mantell, dans ses *Merveilles de la Géologie* (Wonders of Geology). Nous empruntons à cet ouvrage les passages suivants : — « Un des aspects les plus ordinaires des cavernes calcaires est la formation des *stalactites*, ainsi appelées d'un mot grec qui signifie *distilla-tion* ou *découlement*. Partout où l'eau filtre à travers une roche calcaire, elle en dissout une portion ; puis, vient-elle à atteindre un espace vide tel qu'une caverne, elle suinte au sommet ou sur les parois latérales et forme une gouttelette dont l'humidité est bientôt évaporée par l'air, mais qui laisse à sa place un mince dépôt circulaire de matière calcaire. Une autre goutte succède à la première et ajoute une nouvelle couche à la couche précé-dente. Avec le temps, ces additions successives produisent une projection longue, irrégulière, conique et généralement creuse de la voûte de la caverne, projection qui va sans cesse croissant par suite de l'accès continu de l'eau chargée de matière calcaire ou crayeuse ; cette eau, en s'évaporant, laisse un léger dépôt qui, s'adaptant à l'extrémité inférieure de la stalactite déjà formée, ajoute sans cesse à sa longueur, précisément de la même manière que se forment ces glaçons que l'on voit, pendant les froids de l'hiver, suspendus aux toits des maisons. Lorsque l'eau qui contient la chaux en solution est fournie en trop grande abondance pour que son évaporation sur la stalactite soit possible, elle tombe sur le sol de la caverne, s'y dessèche et forme un nouveau dépôt, vraie stalactite qui s'élève de bas en haut, au lieu de pendre à la voûte. Toutefois, pour la distinguer de la première, on l'a nommée *stalagmite*.

« Il arrive souvent que la stalactite, suspendue à la voûte, et la stalagmite, formée immédiatement au-dessous par l'excès d'eau, s'accroissent jusqu'à s'unir et constituent des piliers naturels qui semblent supporter le toit de la grotte. C'est aux formes bizarres revêtues par les stalactites et à ces colonnes naturelles que les cavernes doivent leur aspect intéressant, qui frappe si fortement l'imagination de ceux qui les visitent pour la première fois. Une des plus belles cavernes à stalactites qu'il y ait en Angleterre se trouve à Clapham, près d'Ingleborough. On en a découvert une semblable, richement incrustée de concrétions spathiques, dans les rochers de Cheddar (comté de Somerset). Il y en a d'autres dans le comté de Derby.

« La grotte d'Antiparos, dans l'archipel grec, non loin de Paros, a été longtemps célèbre. Les murailles et la voûte de sa cavité principale sont couvertes d'immenses incrustations de spath calcaire qui forment soit des stalactites suspendues au sommet de la caverne, soit des piliers irréguliers appuyés sur le sol. Plusieurs colonnes atteignent jusqu'à la voûte, et d'autres sont en voie de s'effectuer par l'union de la stalactite supérieure à la stalagmite inférieure. Ces colonnes, composées d'une matière qui s'est lentement déposée, ont revêtu les formes les plus fantastiques. Des cristaux étincelants de spath blanc et pur réfléchissent la lumière des torches des visiteurs qui pénètrent dans ce palais souterrain d'une façon qui fait cesser tout étonnement au sujet des romantiques descriptions qu'on a faites de ce lieu, de ses cavernes de diamants et de ses murailles de rubis. La simple vérité, dépourvue de toute exagération, suffit pour exciter l'admiration et inspirer un sentiment de crainte respectueuse.

« Quelquefois une fissure linéaire dans la voûte, par la direction qu'elle donne à l'écoulement de l'eau, donne lieu à la formation d'une sorte de cloison ou de rideau parfaitement transparent. On en trouve un exemple remarquable dans une caverne de l'Amérique du Nord, appelée caverne de Wyer (Wyer's Cave), et située au sommet de collines calcaires, parallèles aux Montagnes Bleues. Une fissure étroite et raboteuse conduit à une vaste caverne, où les figures les plus grotesques, formées par la filtration de l'eau à travers des couches calcaires, s'offrent à la vue, pendant que l'œil, fixé en avant, observe les faibles et lointaines lueurs produites par les lumières des guides, soit dans l'antre inférieur, soit dans les galeries supérieures. Plus loin, on rencontre un escalier qui conduit à une grotte profonde, de forme irrégulière et d'une grande beauté. Ses dimensions sont de cinquante pieds sur trente. Ici, les incrustations sont suspendues comme une nappe d'eau qui aurait gelé en tombant ; là, elles forment un magnifique pilier de stalactite; plus loin, elles composent un siége élevé, entouré de pinacles de spath.

Au delà de cette chambre s'en trouve une autre plus irrégulière, mais plus belle encore ; car, outre qu'elle est, comme les autres, ornée de spath, sa voûte est une formation des plus singulières et des plus admirables. Elle est entièrement recouverte de stalactites, qui y sont suspendues en forme de pinacles renversés, et qui sont sans rivales pour la finesse de la matière et la beauté du travail. Dans un autre appartement, une immense nappe de stalactite, qui s'étend du sol à la voûte, émet, quand on la frappe, des sons graves et doux que l'on peut comparer à ceux d'un tambour enveloppé.

« Plus loin est une autre chambre voûtée de cent pieds de long sur trente-six de large et vingt-six de haut. Ses murailles sont remplies de concrétions bizarres. L'effet produit par les lumières placées par les guides à diverses hauteurs est des plus beaux. A l'extrémité d'une autre rangée d'appartements, apparaît soudainement une magnifique salle, longue de deux cent cinquante pieds et haute de trente-trois. Au centre se trouve une splendide nappe de rocaille qui lui donne l'aspect de deux grandes galeries séparées. Cette cloison s'élève à vingt pieds au-dessus du sol, et, par conséquent, n'atteint par la voûte, qui conserve ainsi toute sa grandeur. Il y a là une belle concrétion qui a la forme et la draperie d'une statue gigantesque, et tout l'espace est occupé par des masses de stalagmites du caractère le plus varié et le plus bizarre. La splendide perspective de cette salle, qui a quatre fois la longueur d'une église ordinaire, et l'étonnante voûte cintrée qui s'étend au-dessus, sans l'appui d'aucun pilier ni d'aucune colonne, produisent un effet des plus frappants. Dans un autre appartement, qui a une hauteur de cinquante pieds, se trouve, à l'une des extrémités, un enfoncement orné d'un groupe de stalactites d'une grandeur extraordinaire et d'une singulière beauté. Elles sont comparables aux tuyaux d'un grand orgue et sont rangées avec la même régularité. Lorsqu'on les frappe, elles émettent des sons doux et variés, assez semblables à ceux que rendent des verres sonores. Ce groupe extraordinaire de cavernes n'a pas moins de mille six cents pieds de longueur. »

Dans le cas des stalactites et des stalagmites, la formation actuelle du calcaire, par l'influence de l'action chimique, s'impose à l'esprit et devient en quelque sorte palpable aux sens. Nous allons passer à d'autres exemples, dans lesquels l'œuvre de la nature est à peine moins accessible à l'observation et qui nous montreront le calcaire sous une forme un peu plus massive et plus rocheuse. Quiconque a voyagé en Italie connaît la roche calcaire que l'on appelle *travertin*. On la voit dans les vieilles murailles et les temples vénérables de Pæstum, qui ont résisté pendant plus de vingt siècles à l'action dévastatrice du temps. A Rome aussi, cette pierre est associée, dans nos esprits, aussi bien avec les monuments encore debout de l'antiquité qu'avec l'imposante splendeur de l'art chrétien. Le Colisée, la plus grandiose des ruines, et Saint-Pierre, le plus sublime des temples, en sont bâtis. Elle semble, de fait, avoir été de tout temps la principale pierre de construction employée dans l'architecture de la Cité Éternelle; et les carrières d'où elle était extraite dans les temps anciens peuvent encore se voir à Ponte-Lucano, près de Tivoli. Or, c'est une chose remarquable que tout près de cet endroit, au lac de la Solfatare, d'un côté, et à Tivoli même, de l'autre, la formation du travertin se continue toujours par la précipitation de la chaux de l'état de solution.

Le lac de la Solfatare, situé à quatorze milles environ de Rome, sur la route de Tivoli, est alimenté par un courant continu d'eau tiède, imprégnée d'acide carbonique et saturée de carbonate de chaux. La quantité de carbonate de chaux que l'eau est capable de tenir en dissolution dépend principalement de trois choses : de la présence de l'acide carbonique, de la température de l'eau et de sa quantité. Or, l'acide carbonique s'élève continuellement en bulles à la surface et disparaît; la température de l'eau est abaissée par son contact avec l'atmosphère plus froide, et la quantité d'eau diminue par suite de l'évaporation. Ainsi, le pouvoir qu'avait l'eau au commencement de tenir en dissolution du carbonate de chaux est considérablement diminué, et une portion de la chaux est précipitée au fond, sous une forme solide, ou bien elle s'attache à la matière végétale avec laquelle elle se trouve en contact.

Une expérience fort simple et fort intéressante, que fit sir Humphrey Davy au commencement du siècle, montre avec quelle rapidité se forme encore actuellement la pierre solide. Il enfonça, au mois de mai, un bâton dans le lit du lac ; au mois d'avril suivant, il le trouva couvert d'une incrustation calcaire de quelques pouces d'épaisseur (1). De nouveaux lits de travertin se déposent chaque année, de la même manière, sur le lit du lac ou s'incrustent sur ses bords rocheux. C'est à cette raison que le lac doit de perdre d'année en année de son étendue. On rapporte que vers le milieu du dix-septième siècle, il avait 1,600 mètres de circonférence; or, il en a maintenant à peine 400 (2). Nous avons donc là une masse immense de calcaire compacte, formée par des agents naturels dans les deux derniers siècles.

(1) *Consolations in Travel*, p. 127.
(2) *Handbook of Rome and its Environs* : Murray, 1858, p. 325.

A Tivoli, à 6 kilomètres de la Solfatare et à 3 kilomètres des carrières de Pont-Lucano, on se trouve en présence de phénomènes semblables. Les eaux de l'Anio, saturées de carbonate de chaux, forment sur leurs rives des incrustations de travertin; et à la célèbre cataracte, où toute la rivière se précipite d'un seul bond dans un abîme de 96 mètres de profondeur, de superbes stalactites sont formées par l'écume.

La formation du travertin ne se poursuit pas avec moins d'activité en d'autres points de la péninsule italique. Aux bains de San-Filippo, en Toscane, il y a trois sources chaudes qui tiennent en dissolution une très-grande quantité de matière minérale. L'eau qui alimente les bains tombe dans un étang, au fond duquel elle a déposé en vingt ans une masse solide de *trente pieds* d'épaisseur. Non loin de là sont les bains minéraux de San-Vignone. La source qui les alimente jaillit près de la cime d'une colline, à cent mètres environ de la grande route de Sienne à Rome. La formation de la pierre est si rapide que chaque année un demi-pied de travertin solide est déposé dans un conduit destiné à amener l'eau aux bains. Nous trouvons en cet endroit un exemple frappant, qui vient confirmer notre théorie. A mesure que l'eau descend les pentes de la colline, elle dépose, en quelque sorte sous nos yeux, à la surface du sol, une mince couche de travertin; et ce qu'elle fait maintenant, elle le fit avant nous, elle le fit pendant les siècles passés, comme l'histoire et la tradition en témoignent. La quantité produite chaque année et chaque siècle est comparativement petite, mais nous ne pouvons douter aucunement qu'elle n'ait dû sa formation à ces causes. Or, sous la surface de la terre, immédiatement au-dessous de ces formations modernes dont nous avons si clairement reconnu l'origine, se trouvent d'autres couches de même espèce, composées des mêmes éléments et disposées dans le même ordre, reposant les unes sur les autres jusqu'à une profondeur de deux cents pieds : naturellement, le géologue explique la formation des unes par les lois qu'il a vues présider à la formation des autres (1).

Les fameuses eaux minérales de Carlsbad, en Bohême, nous fournissent un autre exemple intéressant et instructif de la formation des roches par précipitation chimique. Les sources qui s'élèvent des profondeurs du sol en bouillonnant et à une haute température tiennent en dissolution une quantité considérable de divers ingrédients minéraux. Lorsque l'eau a été pendant quelque temps exposée à l'air, ces ingrédients minéraux cessent d'être tenus en dissolution et ils se précipitent sous une forme solide. Mais ce qu'il y a de particulièrement intéressant, relativement au sujet que nous traitons, c'est qu'ils ne se précipitent point, comme on pourrait s'y attendre, en une masse confuse, mais ils ont une tendance manifeste à se réunir autour d'un petit corps solide quelconque qui se trouve par hasard sur leur chemin, soit un grain de sable, soit un fragment de coquille, comme il s'en trouve souvent de mêlés à la matière minérale. En vertu de cette tendance, il se forme de petits corps légèrement globuleux, qui continuent de croître en dimensions par le dépôt continu de nouvelles matières venues de l'extérieur, jusqu'à ce qu'ils soient en contact les uns avec les autres et se cimentent ensemble en une masse compacte. Quiconque aura bien présent à l'esprit ce mode de formation, et, en même temps, se rappellera que les sources de Carlsbad fournissent par jour près de dix millions de litres d'eau chargée à un tel point de

____

(1) Lyell, *Principes de Géologie*, t. I, p. 527-531.

matière minérale, n'aura pas de peine à admettre que nous avons là sans cesse à l'œuvre une cause parfaitement capable de produire, dans le cours des âges, une couche considérable de roche d'une structure particulière et nettement définie.

Or, la couche sur laquelle repose la ville même de Carlsbad est exactement semblable. Les éléments qui la constituent correspondent parfaitement aux ingrédients minéraux de l'eau qui coule actuellement à sa surface. Elle est d'une structure que les géologues appellent *oolithique* (ωον, œuf, et λιθος, pierre), c'est-à-dire qu'elle est composée de petits grains arrondis assez semblables à des œufs ou à du frai de poisson. Lorsqu'on examine ces grains, on trouve qu'ils consistent intérieurement en un certain nombre de minces couches concentriques disposées autour d'un noyau central : et ce noyau lui-même n'est autre chose qu'une petite particule de sable ou un fragment de coquille. Ici donc encore, nous avons l'occasion d'observer, l'une à côté de l'autre, l'œuvre de la nature déjà terminée et la même œuvre maintenant en voie d'exécution. Elles se ressemblent sous tous les rapports et dans toutes leurs parties. Il n'est donc pas déraisonnable, semble-t-il, de supposer que l'une a été exécutée à peu près de la même manière que l'autre et sous l'action des mêmes lois (1).

(1) Vogt, *Lehrbuch der Geologie*, t. II, p. 96.

CHAPITRE VIII.

ROCHES STRATIFIÉES D'ORIGINE ORGANIQUE.
— EXEMPLES TIRÉS DE LA VIE ANIMALE.

NATURE DES ROCHES ORGANIQUES. — CARBONATE DE CHAUX EXTRAIT DE LA MER PAR L'INTERVENTION DE PETITS ANIMALCULES. — LA CRAIE. — SA VASTE EXTENSION. — ON LA SUPPOSE D'ORIGINE ORGANIQUE. — UNE COUCHE SEMBLABLE SE FORME ACTUELLEMENT AU SEIN DE L'OCÉAN ATLANTIQUE. — RÉCIFS ET ILES DE CORAIL. — LEUR ASPECT GÉNÉRAL. — LEUR DISTRIBUTION GÉOGRAPHIQUE. — LEUR ORIGINE ORGANIQUE. — STRUCTURE DES ZOOPHYTES. — DIVERS EXEMPLES. — ACTION DES ZOOPHYTES DANS LA CONSTRUCTION DU CORAIL. — COMMENT LE RÉCIF SOUS-MARIN SE CONVERTIT EN ILE ET SE PEUPLE DE PLANTES ET D'ANIMAUX. — UNE DIFFICULTÉ. — HYPOTHÈSE DE M. DARWIN. — CALCAIRE CORALLIN DANS L'ÉCORCE SOLIDE DU GLOBE.

Nous passons maintenant à la troisième division des roches aqueuses, à celles que l'on suppose devoir leur existence principalement à la vie animale et végétale, et que pour cela l'on a appelées *organiques*. L'étude de ces roches a été poursuivie avec beaucoup d'ardeur pendant les trente dernières années, et les faits qui ont été révélés sont certainement des plus curieux et des plus intéressants de toutes les sciences physiques. Nous sommes convaincu vraiment que le simple récit des recherches que l'on a faites dernièrement à ce sujet et des découvertes auxquelles ces recherches ont conduit, ne serait pas moins intéressant et à peine moins merveilleux que le conte de fée le plus séduisant. Mais il ne nous est pas donné d'errer en liberté dans un champ si vaste et si attrayant. Nous devons nous borner à quelques exemples qui puissent aider à comprendre la méthode de raisonnement sur laquelle s'appuient les principes généraux de la science géologique.

Selon nous, les opérations actuelles de la nature sont la meilleure clef dont on puisse se servir pour l'interprétation de ses œuvres dans les temps passés. Nous remarquons à la surface de la terre diverses couches actuellement en voie de formation ; or, il se trouve qu'il existe dans l'écorce terrestre des couches toutes semblables, mais entièrement terminées et mises en quelque sorte en dépôt dans le vaste magasin de la nature. Nous pouvons donc étudier et comparer à notre aise l'œuvre terminée et l'œuvre encore en train de s'effectuer ; et si, après un examen attentif, nous trouvons que ces deux œuvres s'accordent dans tous leurs caractères essentiels, nous avons une forte raison de croire que les causes qui maintenant produisent l'une ont jadis produit l'autre. Nous avons déjà examiné ce genre d'argument en ce qui regarde les deux classes de roches aqueuses d'origine mécanique et d'origine chimique. Notre but est, en ce moment, de montrer qu'il n'est pas moins applicable aux roches dites organiques. Quoique nous n'espérions pas exposer toutes les secrètes merveilles récemment découvertes du laboratoire de la nature, nous pouvons néanmoins jeter en passant quelque jour sur ses opérations, ce qui ne peut manquer d'intéresser et d'instruire.

Nous avons montré comment des couches de roche solide se forment quelquefois dans les lacs par la précipitation de la chaux à l'état de solution dans l'eau. Or, une semblable formation ne peut pas s'effectuer dans la mer ; car, bien qu'il y ait de la chaux dans l'eau de mer, la quantité d'acide carbonique auquel elle est associée est beaucoup plus que suffisante pour rendre sa précipitation impossible. Mais la nature a trouvé un moyen de réunir les éléments solides de ses constructions. La vie abonde dans les profondeurs de l'Océan. Il y existe des tribus sans nombre de petits animaux qui ont pour mission d'extraire la chaux des eaux qu'ils habitent et de la reproduire sous une nouvelle forme. Par suite de cette mystérieuse opération de la vie organique, la chaux est convertie quelquefois en une coquille calcaire, telle que celle de l'huître, quelquefois en un squelette pierreux, comme dans le cas des nombreuses familles d'animalcules producteurs du corail. Après leur mort, la substance molle et charnue de ces animaux disparaît; mais leurs coquilles et leurs squelettes calcaires restent et vont s'accumulant avec le temps dans des proportions vraiment étonnantes. Si nous en croyons les géologues, ces matériaux accumulés, tantôt avec leur forme et leur structure originale, tantôt plus ou moins altérés par l'action chimique, tantôt réduits en minces fragments par la force mécanique, ont produit en grande partie les roches calcaires qui se rencontrent si abondamment dans l'écorce du globe.

On en a un exemple frappant dans le calcaire blanc et terreux si connu sous le nom de *craie*. Une couche de craie qui atteint fréquemment 300 mètres d'épaisseur s'étend sous la moitié de l'Angleterre, dans la partie sud-est. Quelquefois elle apparaît à la surface ; quelquefois elle plonge et forme une espèce de grand bassin sur lequel sont disposés régulièrement divers autres groupes de roches stratifiées. Elle s'élève, sur la côte méridionale, à une hauteur de cent pieds environ au-dessus du niveau de la mer et forme une ligne de falaises perpendiculaires remarquables à distance par leur éblouissante blancheur. Or, la craie blanche d'Angleterre n'est qu'une partie insignifiante d'une grande formation qui s'étend à travers toute l'Europe, de l'Irlande à la Crimée, de la Baltique au golfe de Biscaye, et qui partout conserve, dans un degré remarquable, le même caractère minéral, et présente à l'œil le même aspect général.

Il y a déjà longtemps que les géologues émirent l'opinion que cette vaste formation devait son existence principalement aux restes accumulés d'êtres organisés. Car, dans plusieurs cas, on avait reconnu distinctement dans la roche les coquilles brisées de petits animalcules ; et même dans les cas où la structure organique n'était plus reconnaissable, le carbonate de chaux composant la craie présentait justement cette apparence qui résulterait naturellement de la décomposition de coquilles semblables. Toutefois, cette théorie fut longtemps émise avec défiance et acceptée avec incrédulité. Les savants eux-mêmes ne pouvaient se persuader qu'une roche solide si étendue et si épaisse avait pu être l'œuvre d'agents en apparence si insignifiants. Mais elle a été confirmée d'une manière intéressante et inattendue dans ces dernières années.

Lorsqu'on se proposa pour la première fois de mettre à exécution le projet d'unir la France et l'Amérique par un câble télégraphique, on comprit qu'il était nécessaire de reconnaître, autant que possible, la configuration générale du fond de l'Océan et la nature précise du lit sur lequel devait reposer le câble. En conséquence, une expédition fut préparée dans ce but, en 1857, sous le commandement du capitaine Dayman, et une série de sondages fut effectuée avec soin entre Valencia, sur la côte occidentale du comté de Kerry, et la baie de la Trinité, sur les rivages de Terre-Neuve. On trouva que le fond de l'Océan entre l'Irlande et l'Amérique n'est qu'une vaste plaine irrégulière recouverte dans sa plus grande partie d'une sorte de vase ou de limon. On recueillit des échantillons de ce limon, extraits des plus grandes profondeurs, au moyen d'un appareil ingénieux attaché aux lignes de sondages. Ces échantillons furent ensuite portés en Angleterre et soumis à l'examen du professeur Huxley. Le résultat fut de montrer que les matériaux d'une roche calcaire semblable à la craie blanche d'Europe se déposent actuellement au fond de l'océan Atlantique sur une immense étendue.

Avec la permission de nos lecteurs, nous laisserons parler le professeur Huxley lui-même (1). Quant au lit de l'Océan, « c'est, dit-il, une plaine d'une prodigieuse étendue, la plus vaste des plaines du monde. Si la mer était desséchée, on pourrait conduire une voiture sur toute la route de Valencia à la baie de la Trinité; et, sauf dans un endroit fort incliné situé à 300 kilomètres de Valencia, je ne suis pas bien sûr qu'il fût même nécessaire d'enrayer les roues, tant les montées et les descentes sont douces et peu sensibles sur cette longue route. L'on descendrait à partir de Valencia, pendant l'espace de 300 kilomètres, jusqu'à un point où la mer a maintenant une profondeur de 1700 brasses (2,750 mètres environ). On arriverait alors à la plaine centrale, large de plus de 1600 kilomètres et offrant des ondulations à peine perceptibles, quoique la profondeur de l'eau au-dessus de son immense surface varie maintenant de 3,000 à 4,500 mètres, et qu'il y ait des points où le Mont-Blanc, s'il y était plongé, disparaîtrait complétement avec ses pics les plus élevés. Au-delà de cette plaine, le lit de la mer s'élève peu à peu sur un espace de 500 kilomètres et conduit graduellement aux rivages de Terre-Neuve. »

(1) Voir son *Discours sur un morceau de craie*, prononcé à la réunion de l'Association britannique, à Norwich, 1868.

On a découvert depuis que la plaine centrale, décrite par Huxley, s'étend à plusieurs centaines de kilomètres au nord et au sud du câble transatlantique, et qu'elle est recouverte presque partout de cette sorte de poussière limoneuse dont nous avons parlé, et qui, on en a maintenant l'assurance, n'est pas autre chose que de la craie à son premier degré de formation. Lorsqu'elle est, en effet, parfaitement desséchée, elle revêt une couleur blanchâtre, et, au jugement même des observateurs les plus superficiels, elle offre une texture tout à fait semblable à celle de la craie. On dit même qu'on peut s'en servir pour écrire sur un tableau noir. Comme la craie aussi, elle fournit à l'analyse chimique du carbonate de chaux presque pur.

Mais il y a encore une analogie plus frappante entre la vase de l'Atlantique et la craie blanche d'Europe. Toutes les deux ont été soumises au pouvoir grossissant du microscope ; et, après un examen conduit avec un soin scrupuleux, on a découvert entre elles une identité parfaite de composition minérale, nous devrions plutôt dire de composition organique. A l'œil nu, la craie n'est qu'une sorte de terre friable et terreuse. Mais lorsqu'on en place une tranche mince et transparente sous le microscope, on la trouve formée de particules très-petites dans lesquelles sont enfouis, en grand nombre, d'autres corps ayant une forme et une structure bien définies. Ces corps sont de grandeurs diverses, mais on peut dire qu'ils ne dépassent pas en diamètre la centième partie d'un pouce. Un pouce cube de craie en contient quelquefois des centaines de milliers, en même temps que des millions sans nombre de granules beaucoup plus ténus.

Le professeur Huxley parvint à isoler ces corpuscules de la masse de granules dans lesquels ils étaient enfouis, et, en les examinant séparément, il put reconnaître avec beaucoup plus de précision leur structure et leur composition. « Chacun d'eux, dit-il, est un édifice calcaire admirablement construit et composé de plusieurs chambres communiquant librement entre elles. Ils sont de formes diverses. L'un des plus communs est formé d'un certain nombre de chambres presque globulaires de différentes grandeurs. C'est le *Globigerina*. Quelques échantillons de craie sont formés presque exclusivement de globigérines et de granules. »

Avant 1857, les globigérines étaient le sujet d'une grande controverse parmi les géologues et les naturalistes. Quelques-uns soutenaient qu'elles étaient les restes organiques — coquilles ou squelettes — d'animalcules anciens. D'autres ne voulaient y voir que de simples agrégats de limon à qui le hasard avait fait prendre la forme de ces petits corps cellulaires, quoiqu'il ne fût pas facile d'expliquer dans cette hypothèse comment ces concrétions accidentelles, de grandeurs diverses, il est vrai, présentaient dans toute l'Europe exactement la même forme et la même structure. Mais la discussion est maintenant terminée. Les échantillons de vase de l'Atlantique qu'apporta le capitaine Dayman, examinés au microscope, se trouvent composés, comme la craie, presque entièrement de globigérines. Et pour qu'aucun douté ne restât relativement à leur origine organique, on a remarqué que dans plusieurs cas une portion du tégument charnu de ces petits animalcules adhérait encore au squelette calcaire.

« Des globigérines de toute taille, depuis la plus petite jusqu'à la plus grande, sont associées dans la vase de l'Atlantique, et plusieurs ont leurs cellules remplies d'une matière animale sans consistance. Cette substance molle n'est autre chose que les restes de l'animal auquel la coquille ou plutôt le squelette de la globigérine doit son existence, animal dont l'organisation est la plus simple qu'on puisse imaginer. C'est, en effet, une simple particule de gelée vivante, sans nulle partie déterminée, sans bouche, sans nerfs, sans muscles, sans organes distincts et ne manifestant sa vitalité à l'observateur ordinaire qu'en déployant ou en contractant de tous les points de sa surface de longs tentacules filamenteux qui lui servent de bras et de jambes. Ajoutons que cette particule informe, dépourvue de tout ce qu'on appelle organe dans les animaux supérieurs, est capable de se nourrir, de croître, de se multiplier, de retirer de l'Océan la faible quantité de carbonate de chaux dissoute dans l'eau de mer et de faire de cette substance un squelette pour elle-même, suivant un modèle qui ne peut être imité d'aucun autre agent connu. »

Que ce même travail s'effectue sur d'autres points de l'Océan, c'est ce qui résulte des observations que fit sir Léopold Mac-Clintock pendant son exploration sur le *Bulldog*, en 1860. Il découvrit qu'un limon calcaire, qui a la consistance du mastic, est répandu dans la vaste étendue de l'Atlantique, soit entre les îles Féroé et l'Islande, soit entre l'Islande et le Groënland. Les globigérines entrent dans la composition de ce limon dans la proportion de 95 pour 100. On est parvenu à en faire monter de vivantes à la surface de l'eau et à leur faire sécréter du carbonate de chaux emprunté aux eaux de la mer (1).

Le professeur Huxley, poursuivant la comparaison des roches crétacées qui composent l'écorce terrestre et des couches de craie qui se déposent actuellement au sein de la mer, donne

______

(1) Lyell, *Éléments de Géologie*, t. I, p. 504.

une nouvelle preuve de leur parfaite ressemblance. Non-seulement les globigérines, qui composent en grande partie l'une de ces roches, sont identiques avec les animalcules qui forment les neuf dixièmes de l'autre, mais encore les petits granules, qui constituent le reste de chaque formation, ont entre eux une analogie fort remarquable. « En travaillant sur les sondages opérés par le capitaine Dayman, je fus surpris de trouver que plusieurs des petits corps que j'avais appelés les granules du limon n'étaient point, comme on serait d'abord tenté de le penser, les simples restes de globigérines décomposées, mais qu'elles avaient une forme et des dimensions déterminées. J'appelai ces corpuscules *coccolites*, soupçonnant leur nature organique. Le docteur Wallich vérifia mon observation et y ajouta cette découverte, que des corps semblables à ces coccolites et qu'il nomma *coccosphères* étaient trouvés assez fréquemment réunis en sphéroïdes. Autant que nous le savions, ces corps, dont la nature est extrêmement problématique et embarrassante, étaient particuliers aux sondages de l'Atlantique.

« Mais, il y a quelques années, M. Sorby, examinant la craie avec un nouveau soin, au moyen de minces sections et autrement, remarqua, comme Ehrenberg l'avait fait avant lui, qu'une partie de sa base granulaire a une forme définie. Comparant cette forme avec celle des mêmes corpuscules qui forment la base du limon de l'Océan, il constata leur identité et prouva ainsi que la craie, comme la vase résultant des sondages, contient ces mystérieux *coccolites* ou *coccosphères*. C'était une nouvelle et intéressante confirmation, par une preuve intime, de l'identité essentielle de la craie et du limon moderne du fond des mers. »

Nous pouvons donc poser comme certain : premièrement,

que la formation de la craie se continue actuellement d'une façon très-étendue, et secondement, que la principale cause de sa production n'est pas autre chose que l'action vitale de petits animalcules. Ce n'est plus simplement une théorie plausible ou une ingénieuse hypothèse, c'est un fait constaté par l'observation directe. Si maintenant il est juste et philosophique d'attribuer des effets semblables à des causes semblables, la conclusion sera que la craie blanche d'Europe a été produite à une époque reculée, de la même manière que celle qui se forme aujourd'hui dans le lit de l'océan Atlantique.

De la vase crayeuse de l'Atlantique nous passons aux récifs de corail qui s'élèvent sous les eaux de l'océan Pacifique et de l'océan Indien. Tout le monde a entendu parler des récifs et des îles de corail (1) : nous soupçonnons néanmoins que beaucoup de personnes n'en ont que des notions vagues et confuses. Nous donnerons donc, en premier lieu, un bref aperçu de leur aspect général, de leur extension et de leur distribution géographique. Nous exposerons ensuite quelques-unes des raisons que l'on a de croire que ces énormes masses rocheuses doivent leur existence à l'action organique de petits animaux vivants.

Le récif de corail est connu du navigateur dans les mers

(1) En France, l'on dirait de préférence : îles et récifs *madréporiques*. Nous réservons, en effet, le nom de *corail* à celui du commerce, au *corail rouge* de la Méditerranée. En Angleterre, dans le langage scientifique, du moins, ce terme a un sens plus général. Il semble être synonyme des mots *polype* et *polypier* et s'applique non-seulement à notre corail proprement dit, mais encore aux dépôts calcaires analogues dus au travail des zoophytes, non-seulement au squelette pierreux et arborescent, à la fois demeure et produit de la sécrétion de l'animal, mais encore à l'animal lui-même, au polype qui en est le constructeur (*N. du trad.*)

tropicales sous une grande variété de formes et divers degrés de développement. Dans un cas, c'est une chaîne de rochers cachés qui ne s'élèvent pas tout à fait au niveau de l'eau. Dans un autre, il apparaît tout juste au-dessus de l'eau, mais il est recouvert par la marée. Ailleurs, il s'élève au delà de l'atteinte des vagues, est revêtu d'une végétation luxuriante et habité par diverses espèces d'animaux, par l'homme lui-même. Il y a encore une grande diversité dans le tracé et l'aspect extérieur de ces roches, qu'elles soient enfoncées sous la surface des eaux ou qu'elles s'élèvent au-dessus. Mais elles peuvent toutes se réduire à quatre classes dont nous nous proposons de donner une courte description.

Il y a d'abord l'*atoll* ou *île à lagune*. C'est une bande circulaire de roche calcaire renfermant une lagune et entourée d'une

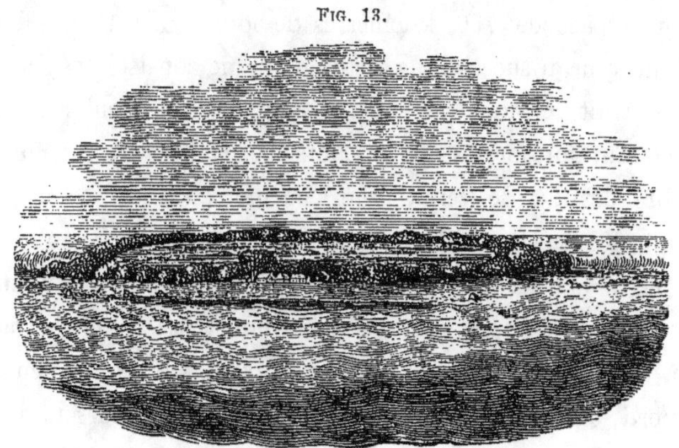

FIG. 13.

Île à lagune dans l'océan Pacifique (Lyell).

mer profonde et souvent insondable. La scène que présentent ces récifs circulaires est décrite par les voyageurs comme également frappante par sa singularité et par sa beauté. « Une bande de terre de quelques centaines de mètres de largeur est recouverte de hauts cocotiers que domine la voûte bleue du firmament. Cette bande de verdure est bordée par une plage dont le sable est éclatant de blancheur. La partie extérieure de la plage est entourée d'un anneau de brisants blancs comme la neige, au-delà desquels s'étendent les eaux profondes et agitées de l'Océan. La plage intérieure entoure les eaux claires et tranquilles de la lagune, qui reposent en grande partie sur du sable blanc et qui prennent des teintes du vert le plus éclatant, lorsqu'elles sont éclairées par un soleil vertical. »

Souvent ces îles à lagune sont réunies en groupes qui s'étendent sans interruption sur une longueur de plusieurs centaines de kilomètres au travers de l'Océan. Les Maldives, par exemple, situées à une faible distance et au sud-ouest de l'Hindoustan, forment une chaîne continue qui court du nord au sud, sur un espace de 750 kilomètres de long et de 112 de large. Chaque anneau successif de cette chaîne ne consiste pas, comme on pourrait le supposer, en un simple récif circulaire ; c'est plutôt un anneau de petits îlots de corail, quelquefois au nombre de plus de cent, dont chacun est lui-même un atoll parfait, tel que nous l'avons décrit. Plusieurs de ces îlots en miniature ont de cinq à huit kilomètres de diamètre, pendant que les plus vastes anneaux, dont ils font partie, sont larges de 50 à 80 kilomètres. Les îles Laquedives, situées un peu plus au nord, offrent une disposition semblable et paraissent même n'être que la continuation du même groupe. On trouve dans le Pacifique quelques chaînes d'îles de corail encore plus étendues : tel est l'Archipel-Dangereux (Pomotou), qui a 1,760 kilomètres de long sur 5 à 600 de large ; mais les îles de cet Archipel sont éparses, peu nombreuses et d'une étendue insignifiante.

Quelquefois la bande annulaire de roche coralline entoure elle-même une île élevée qui se dresse au centre de la lagune. On a alors un *récif formant enceinte* (Encircling Reef). Dans ce cas, la lagune n'est plus qu'un large canal entourant l'île centrale et entouré lui-même de la formation de corail. On en a un exemple dans l'île de Vanikoro, célèbre par le naufrage de La Peyrouse; le récif de corail longe le rivage à la distance de 3 ou 4 kilomètres, et le canal compris entre l'île et le récif a généralement une profondeur de 50 à100 mètres. La fameuse île montagneuse de Taïti, dans la partie méridionale de l'océan Pacifique, est entourée d'un récif semblable, dont la sépare une large ceinture d'eau tranquille. L'île de Bolabola, que

Fig. 14.

Ile de Bolabola offrant un exemple de récif formant enceinte (Vogt).

représente notre gravure, nous en fournit un autre exemple. Elle est située à 320 kilomètres environ au nord-ouest de Taïti, et, grâce à son pic élevé, sert de point de repère au navigateur dans ces mers dangereuses. Le *récif formant enceinte*, qui apparaît ici et là au-dessus du niveau de la mer, est recouvert de cocotiers et offre à l'œil l'aspect d'une couronne de vert feuillage jetée sur les brisants écumeux de l'Océan.

Une troisième classe de récifs corallins consiste dans ceux

qui sont parallèles aux rivages des continents ou des grandes îles, dont ils sont séparés par un large canal, accessible par certaines ouvertures aux eaux de la mer. Ce sont les *récifs-barrières*. Ils diffèrent des précédents en ce qu'ils n'entourent point la terre, mais la longent seulement à une distance de quelques kilomètres. Le grand récif-barrière d'Australie en offre un bel exemple ; on l'a décrit comme un vaste et massif rempart sous-marin faisant face à la côte nord-est de ce continent, variant de 16 à 140 kilomètres de largeur et s'étendant, avec quelques interruptions insignifiantes, sur une longueur de 2,000 kilomètres. Un même récif, long de 640 kilomètres, fait face à la côte occidentale de la Nouvelle-Calédonie.

Lorsque les roches de corail sont assez rapprochées des terres pour que l'espace intermédiaire entre elles et la côte ne puisse être considéré comme une lagune, ce sont alors des *récifs formant bordure* (Fringing Reefs). Ces récifs constituent la quatrième et dernière classe de la formation coralline. On les trouve partout dans les régions tropicales, où ils se présentent comme des bancs de corail incrustant les rivages rocheux des îles et des continents.

Quant à ce qui regarde la distribution géographique des récifs de corail, la première circonstance qui réclame notre attention, c'est qu'ils existent exclusivement dans les plus chaudes régions du globe. On les trouve en abondance sous les tropiques, et rarement au-delà des trentièmes parallèles de chaque côté de l'Équateur. Les Bermudes, situées au 32ᵉ degré de latitude nord, font pourtant exception, mais il faut remarquer que là encore l'Océan est échauffé par les eaux du Gulf-Stream. Un autre fait singulier, c'est l'absence presque totale de récifs de corail dans l'océan Atlantique. Les Bermudes constituent ici encore, croyons-nous, la seule exception. Le Pacifique, au contraire, renferme une quantité prodigieuse de corail, de même que l'océan Indien, les golfes Persique et Arabique et la mer Rouge.

Nous satisferons peut-être la curiosité de plusieurs de nos lecteurs en disant un mot du corail rouge, actuellement si employé comme ornement dans le monde élégant. Quoiqu'il n'atteigne jamais la grandeur des récifs et des îles que nous avons décrits, il partage néanmoins leur structure, et on ne peut douter qu'il ne tire, comme eux, son existence de la vie animale de la manière que nous allons exposer. Il est produit principalement dans la Méditerranée, dans la mer Rouge et dans le golfe Persique. On le recueille à de grandes profondeurs, au moyen d'une sorte de filet que l'on attache au bateau. Les principaux fragments ont la forme d'arbrisseaux avec leurs branches; on suppose qu'ils croissent d'un pied environ en huit ans (1).

Mais c'est assez parler de l'existence de la formation coralline. Venons à la question de son origine, qui naturellement nous concerne avant tout. C'est maintenant une opinion reçue de tous les géologues, que ces masses énormes et si répandues de roche calcaire, contre lesquelles les vagues de l'Océan viennent sans cesse se briser en vain, sont l'œuvre de petits animalcules marins, et principalement de ces créatures, en apparence insignifiantes, connues sous le nom de polypes ou de zoophytes. Le zoophyte, nous disent-ils, est un maçon qui produit lui-même la pierre qu'il emploie à la construction de sa propre maison. Il n'a ni plan, ni ciseau, ni truelle; on n'entend point chez lui le bruit du marteau, et pourtant c'est lui

(1) Lyell, *Principes de Géologie*, t. II, chap. XLIX; Mantell, *Wonders of Geology*, lecture VI; Jukès, *Manual of Geology*, p. 130-133.

qui, des profondeurs de l'Océan, a élevé ces constructions rocheuses plus durables que tous les travaux de l'homme.

Le zoophyte appartient à la forme la plus simple de la création animale. Son corps consiste simplement en un sac qui lui sert d'estomac, et en des tentacules plus ou moins nombreux qu'il peut étendre à volonté pour trouver sa nourriture. Chez plusieurs espèces, les individus vivent ensemble sur une tige commune qui constamment donne naissance à de nouveaux membres, comme les branches d'un arbre produisent des bourgeons. De là l'origine du mot *zoophyte*, qui signifie littéralement *animal-plante*. La tige commune sur laquelle ils croissent est quelquefois composée d'une substance cornée; mais, le plus souvent, ce n'est autre chose que du carbonate de chaux qu'ils empruntent à l'eau de mer et sécrètent eux-mêmes. Elle forme donc une sorte de squelette intérieur auquel adhèrent les parties molles et gélatineuses de l'animal, à peu près comme dans les autres animaux la chair adhère aux os. Nous avons ainsi, en quelque sorte, une communauté de créatures vivantes, croissant ensemble sur une même charpente pierreuse, appelée polypier, qu'ils se construisent eux-mêmes par le fait même de leur existence.

La structure particulière de ces merveilleuses petites communautés sera peut-être mieux comprise à l'aide de quelques exemples. La figure 15 représente le squelette de l'animal avec ses branches, et, aux extrémités de ces branches, les divers polypes dont l'action vitale a construit le squelette. Quelques-uns de ces animalcules sont représentés à l'état d'activité avec leurs petits bras ouverts pour la recherche de leur nourriture; d'autres sont retirés dans leurs cellules et paraissent à l'état de repos. Cette espèce de zoophyte, que l'on a considérablement grossie sur la figure, abonde sur les rivages d'Irlande et d'Angleterre. Ses cellules en forme de cloche lui ont valu le nom de *Campanularia*. La gravure voisine représente une *Gorgonia* de la Méditerranée, que l'on a également fort grossie. Le tégument charnu de ce spécimen est d'une belle couleur rouge; les polypes sont disposés régulièrement de chaque côté de la tige et sont représentés à l'état d'expansion.

FIG. 15.

FIG. 16.

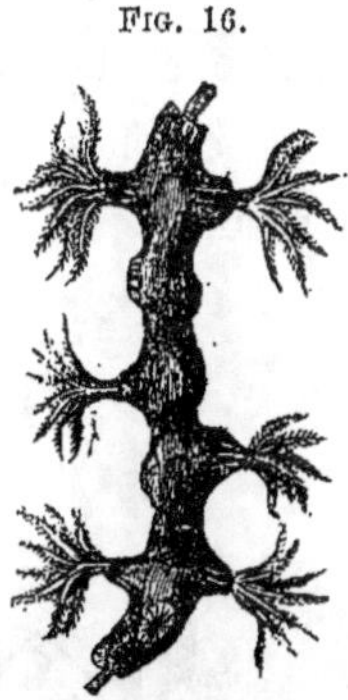

Campanularia gelatinosa.

Gorgonia patula.

La gravure voisine (17) montre une autre espèce intéressante de zoophyte arborescent. Il appartient à la famille des *Madrépores*, et abonde dans la plupart des récifs de corail. Vu sous l'eau, il apparaît revêtu d'un enduit gélatineux, avec des teintes riches et variées. Mais, une fois hors de son élément natif, cet enduit gélatineux, qui est la substance même de l'animal, se décompose promptement et s'écoule du squelette calcaire en une sorte de vase liquide.

La gravure suivante (18) peut donner une bonne idée du fameux corail rouge et rose du commerce, si admiré pour sa brillante couleur et pour le beau poli dont il est susceptible. Comme dans les autres espèces mentionnées jusqu'ici, le squelette calcaire est enveloppé d'une substance gélatineuse vivante d'où les zoophytes semblent sortir comme les bourgeons de l'écorce de l'arbre. Notre figure montre plusieurs de ces animalcules, dans l'active jouissance de la vie, empruntant aux eaux voisines, avec leurs tentacules déployées, les éléments de leur édifice pierreux. Après leur mort, le tégument charnu est décomposé par l'action de l'eau ; quant au squelette, ou bien il reste au fond de la mer, balloté par les vagues, ou bien il est accroché par quelque pêcheur de corail et transformé dans la suite en broches, bracelets, colliers, et autres ornements de cette sorte.

Fig. 17

Madrepora plantaginea.

Fig. 18

Corallium rubrum.

Les zoophytes producteurs du corail existent en très-grand nombre sur nos propres côtes, où le naturaliste curieux peut observer par lui-même leurs mœurs et leur structure générale. Mais c'est dans les régions chaudes qu'ils sont le plus développés et qu'ils revêtent les couleurs les plus brillantes. Ceux qui les ont vus, à travers les eaux limpides des mers tropicales, fourmiller en multitudes sans nombre sur le sable blanc de l'Océan, parlent avec enthousiasme de leur luxuriante profusion et de leur remarquable beauté. Joignant la pittoresque élégance de la forme à la riche variété et à l'agréable harmonie des couleurs, les coraux présentent à l'œil un spectacle qui a été comparé à un magnifique jardin planté, en diverses couches, de fleurs rares et splendides.

Jusqu'ici nous avons considéré le polypier seulement comme l'ensemble des polypes qui vivent en même temps sur un tronc commun construit par eux. Or, ce polypier est le premier élément du récif de corail. Chez quelques espèces de zoophytes, chez le corail rouge, par exemple, le tronc calcaire ne dépasse jamais la taille d'un petit arbrisseau. Mais, chez d'autres espèces très-nombreuses, surtout dans les mers tropicales, il ne semble pas y avoir de limites posées au développement de la charpente solide et pierreuse. Lorsqu'une génération de zoophytes s'éteint, de nouveaux individus naissent et continuent à sécréter du carbonate de chaux, comme ont fait leurs devanciers. L'arbre de corail allonge donc ses branches et croît de jour en jour dans toutes ses dimensions. Les parties gélatineuses des générations passées sont bientôt dissoutes, et le squelette pierreux reste seul. Les siècles passent : la charpente calcaire, s'accroissant sans cesse, devient à la fin un rocher formidable ; et ce rocher, c'est le récif de corail.

Et qu'on ne suppose pas que nous hasardions ici une hypothèse : nous ne faisons qu'exposer un fait établi par des observations exactes et réitérées. Tous les phénomènes qui se manifestent dans le développement du polypier, ne se reconnaissent pas moins clairement dans tout récif de corail. A la surface du récif sont les zoophytes vivants, attachés au squelette calcaire qu'ils accroissent sans cesse par l'action inconsciente de leurs fonctions vitales, pendant que, immédiatement au-dessous, on peut voir le même squelette pierreux déjà privé de son tégument charnu et commençant à présenter l'aspect d'une roche compacte et massive. Nous pouvons donc voir, à la fois, la partie inférieure de l'édifice terminée, et le maçon travaillant à l'étage supérieur. Nous avons ainsi presque une démonstration oculaire de la formation des récifs de corail par les zoophytes.

Il ne faut pas supposer, cependant, que dans toutes les parties des récifs de corail, la forme et l'aspect extérieur du squelette pierreux soient exactement conservés. Souvent ce squelette a été brisé par la violence des vagues et mêlé aux coquilles pulvérisées des huîtres, des moules et des crustacés qui habitent les mêmes eaux. Ainsi se forme une sorte de gravier, quelquefois de pâte calcaire qui remplit les interstices et fait du corail arborescent une roche compacte.

Nous avons encore à expliquer comment les récifs de corail viennent, parfois, à s'élever au-dessus de la surface de l'Océan et à former une terre ferme; car nous avons vu que les zoophytes constructeurs de récifs demandent à être continuellement plongés dans l'eau salée; ils ne peuvent donc, par leurs propres efforts, élever leur édifice au-dessus du niveau ordinaire de la mer. Cette question a été longtemps enveloppée d'obscurité; mais les observations des naturalistes l'ont récemment éclairée. La description suivante, qui nous est donnée par Chamisso, le compagnon de voyage de Kotzebue, donnera une idée de la manière dont un récif sous-marin se transforme en une île riante et fertile. « Lorsque le récif atteint une telle hauteur qu'il reste presque à sec à la marée basse, les coraux cessent de construire. Mais au-dessus s'élève bientôt une masse continue de matière solide, composée de coquilles de mollusques et d'échinodermes, avec leurs piquants brisés et des fragments de corail, le tout cimenté par un sable calcaire, résultat de la pulvérisation des coquilles. La chaleur solaire, desséchant la masse pierreuse, la pénètre souvent de façon à la fendre en divers endroits ; ce qui permet aux vagues de séparer des blocs de corail souvent longs de deux mètres sur un d'épaisseur, de les soulever et de les jeter sur le récif qui atteint ainsi une telle hauteur qu'il n'est plus recouvert que par les grandes marées, en certaines saisons de l'année. Que les vagues viennent ensuite à jeter sur ce sable calcaire des semences d'arbres et de plantes, et la nouvelle terre se couvrira bientôt d'une luxuriante végétation. Dans la suite, des troncs d'arbres entiers, apportés des continents et des îles par les fleuves, viendront s'y fixer définitivement après une course vagabonde à travers les mers, et ils apporteront avec eux de petits animaux, tels que des insectes et des lézards, qui seront les premiers habitants de cette terre. La végétation se sera à peine développée, que les oiseaux de mer y viendront faire leurs nids; des oiseaux de terre égarés se réfugieront à leur tour dans ces bosquets; et enfin, lorsque l'œuvre sera depuis longtemps complétement achevée, l'homme apparaîtra et fixera sa demeure sur ce sol devenu fertile » (1).

Une autre question, qui semble exiger quelque éclaircissement, est suggérée par les mœurs bien connues des zoophytes. Il suit des observations de Kotzebue et de Darwin que les espèces qui travaillent le plus à la construction des récifs, ne peuvent vivre à plus de vingt ou trente brasses (30 ou 40 mètres) de profondeur; or, il y a plusieurs exemples de roches de corail

____

(1) *Kotzebue's Voyayes*, 1815-1818, t. III, p. 331-333.

situées à des profondeurs incalculables. Comment alors les fondements de ces merveilleuses constructions ont-ils pu être posés? Cette question ouvre un vaste champ à la spéculation philosophique ; et nous admettons volontiers que toute théorie des récifs de corail qui n'y fournit pas une réponse raisonnable, ne peut être tenue pour complète et satisfaisante. Quant à ce qui concerne la vérité que nous nous proposons de démontrer dans cette argumentation, il suffit parfaitement qu'une couche de calcaire solide de vingt pieds d'épaisseur puisse être formée par l'action de ces petits animalcules. Or, cette conclusion, si abondamment démontrée par les faits, n'a aucunement à souffrir de la difficulté que nous proposons.

Il sera intéressant, cependant, d'examiner en passant l'explication de ce phénomène, donnée pour la première fois par M. Darwin et maintenant très-communément acceptée. Le célèbre naturaliste maintient que les récifs de corail sont tout entiers — les fondements comme le reste, — dans la plupart des cas, le résultat de l'action organique exclusivement. Le zoophyte, auteur de cette construction, n'entreprend son travail que dans une eau comparativement peu profonde. Mais, à mesure qu'il construit, il arrive souvent que le lit de la mer s'affaisse dans la même proportion ; de cette manière, le récif croît sans cesse en hauteur à partir de sa base primitive, tandis que la masse vivante de zoophytes reste à sa surface supérieure, à une profondeur d'eau à peu près toujours la même.

On rapporte à l'appui de cette théorie un grand nombre d'arguments aussi curieux qu'ingénieux. Et d'abord, il n'y a rien de plus remarquable dans la configuration physique du globe que l'immense prédominance de l'eau sur la terre, à travers les vastes étendues des mers, où abondent les récifs de coraux. Or, c'est précisément ce qui aurait lieu dans l'hypothèse de M. Darwin ; car, partout où la croûte terrestre a été s'affaissant sur une vaste échelle pendant de longues périodes, le domaine de la mer a dû être considérablement augmenté, et celui de la terre a dû être diminué en proportion. Ajoutons que cette hypothèse s'harmonise parfaitement avec tous les phénomènes de récifs formant bordure, de récifs formant barrières, de récifs formant enceinte et d'îles à lagune. Le récif formant bordure représente en quelque sorte le premier degré de l'affaissement. L'œuvre de construction doit commencer, en effet, tout près du rivage de quelque île ou de quelque continent, de façon à ne laisser qu'un petit espace entre la terre et l'épaisse muraille de corail. Puis, à mesure que la croûte terrestre s'affaisse graduellement, l'eau empiète sur la terre ferme et forme un canal entre elle et le récif. Cependant, les zoophytes continuent de travailler et la roche de corail va sans cesse croissant, pendant que la base sur laquelle elle repose s'enfonce de plus en plus ; chaque année, elle augmente de hauteur au-dessus du lit de la mer, sans être plus proche de la surface des eaux. Lorsque le canal, qui s'élargit sans cesse, a atteint une certaine limite, le récif formant bordure devient récif-barrière, ou récif formant enceinte s'il entoure une île. Enfin, ce dernier récif deviendra lui-même une île à lagune, lorsque les plus hauts pics de la terre qu'il entoure auront lentement disparu au-dessous de la surface des eaux.

En confirmation de sa théorie, M. Darwin cite de nombreux exemples montrant les degrés intermédiaires par lesquels doit passer, dans son hypothèse, tout récif de corail en voie de formation. Il découvre une transition graduelle, depuis l'humble banc de corail qui incruste le rivage rocheux jusqu'au récif qui entoure toute une île, comme Taïti, et qui en est séparé par un large canal.

Il montre ensuite comment ce canal devient insensiblement de plus en plus large, empiétant de plus en plus sur la terre, jusqu'à ce qu'il ne reste plus au-dessus des eaux que quelques pics des plus élevés. Enfin, il nous représente le cas de l'atoll parfait dans lequel on n'aperçoit plus aucune trace de terre et où le canal, devenu lagune, est entouré d'un récif de formation coralline, qui s'élève à pic d'une mer sans fond.

Nous étendre davantage sur cette ingénieuse hypothèse, ce serait trop nous écarter de l'objet que nous avons en vue. Il nous semble, cependant, que les arguments que l'on apporte en sa faveur méritent, pour le moins, une sérieuse attention, et nous pouvons ajouter qu'ils reçoivent une nouvelle force des faits que nous aurons l'occasion d'exposer plus loin, lorsque nous parlerons des mouvements d'ondulation que l'écorce terrestre a éprouvés à différentes époques et en différentes localités, même depuis la période historique.

La formation et la structure des récifs de corail actuellement existants étant une fois bien établies, il est assez facile aux géologues d'attribuer une origine semblable à plusieurs des formations calcaires que l'on trouve dans la croûte terrestre. Bien que leur texture interne ait été considérablement modifiée, dans le cours des âges, par des influences chimiques ou autres, néanmoins les squelettes pierreux des zoophytes constructeurs de récifs sont assez facilement reconnaissables. Il n'est même pas rare de rencontrer des roches calcaires se présentant avec les mêmes apparences que les récifs de corail du sein des mers. « L'oolite, dit le docteur Mantell, abonde en coraux et contient des lits de calcaire qui sont tout simplement des récifs de corail, qui n'ont subi d'autre changement que celui de leur élévation du fond des mers et de la solidification de leurs matériaux. Le *Co-*

ral-rag (1), de Wilts, présente en réalité tous les caractères des récifs modernes ; les polypiers qu'on y trouve appartiennent principalement à la famille des Astrées, qui contribuent surtout aux formations qui s'effectuent actuellement dans l'océan Pacifique. Des coquilles, des échinodermes, des dents et des os de poissons, et d'autres dépouilles de la mer occupent les interstices du corail, et le tout est solidifié par du sable et du gravier, cimentés par des infiltrations calcaires et siliceuses. Ceux qui ont visité les régions où le coral-rag forme le sous-sol immédiat et est exposé à la vue dans des carrières ou des coupes naturelles, ont dû être frappés de la ressemblance de ces roches avec les bancs de corail modernes (2). »

La couleur si variée et tant admirée de nos marbres les plus fins est due bien souvent, en grande partie, à des squelettes de coraux encore très-reconnaissables. M. Parkinson rapporte qu'il découvrit dans un bloc de marbre du commerce la *membrane animale elle-même*, par laquelle la chaux fut originairement extraite de la mer. Il plongea le marbre dans de l'acide muriatique étendu d'eau, et il raconte avec bonheur comment, le calcaire étant dissous et l'acide carbonique dégagé, il vit le tissu animal apparaître distinctement, sous la forme de légères membranes élastiques (3).

(1) Le *coral-rag* des Anglais appartient aux terrains jurassiques supérieurs. (Voir plus loin le *Tableau des terrains stratifiés*.) C'est l'étage corallien de d'Orbigny. (*Note du trad.*)

(2) *Wonders of Geology*, p. 648.

(3) *Organic Remains of a Former-World*, t. II, p. 16.

CHAPITRE IX.

ROCHES STRATIFIÉES D'ORIGINE ORGANIQUE. —
EXEMPLES TIRÉS DE LA VIE VÉGÉTALE.

————

ORIGINE DE LA HOUILLE. — VESTIGES MANIFESTES DE PLANTES ET D'AR-
BRES DANS LES MINES DE HOUILLE. — LA HOUILLE COMPOSÉE DES MÊMES
ÉLÉMENTS QUE LE BOIS. — LITS DE HOUILLE REPOSANT SUR DE L'ARGILE
DANS LAQUELLE SONT CONSERVÉES LES RACINES DES ARBRES. — TRAN-
SITION INSENSIBLE DU BOIS A LA HOUILLE. — MARAIS COUVERTS DE
FORÊTS. — ACCUMULATION DE BOIS FLOTTANT DANS LES LACS ET LES
ESTUAIRES. — TOURBIÈRES. — LITS DE LIGNITES. — MÉLANGE DE
HOUILLE PURE ET D'ARBRES A MOITIÉ CARBONISÉS, TANTÔT COUCHÉS,
TANTÔT DEBOUT. — RÉSUMÉ DE NOTRE ARGUMENTATION. — OBJECTION
TIRÉE DE LA TOUTE-PUISSANCE DE DIEU. — RÉPONSE.

De même que les animaux, par leur action organique, isolent
la chaux contenue dans les eaux de l'Océan qu'ils habitent et la
convertissent d'abord en petites coquilles ou en squelettes pierreux, puis en une roche compacte et solide, de même les arbres
et les plantes isolent le carbone que récèle l'atmosphère au sein
de laquelle ils végètent et le convertissent en houille. On ne
peut plus raisonnablement douter que la houille ne doive son
existence presque exclusivement au tissu fibreux de végétations
lacustres et de forêts enfouies. Quoique la manière dont s'effectue cette transformation ne soit encore qu'imparfaitement
comprise et qu'elle soit actuellement un sujet de controverse et
de vive discussion, néanmoins le *fait* que ce changement a eu

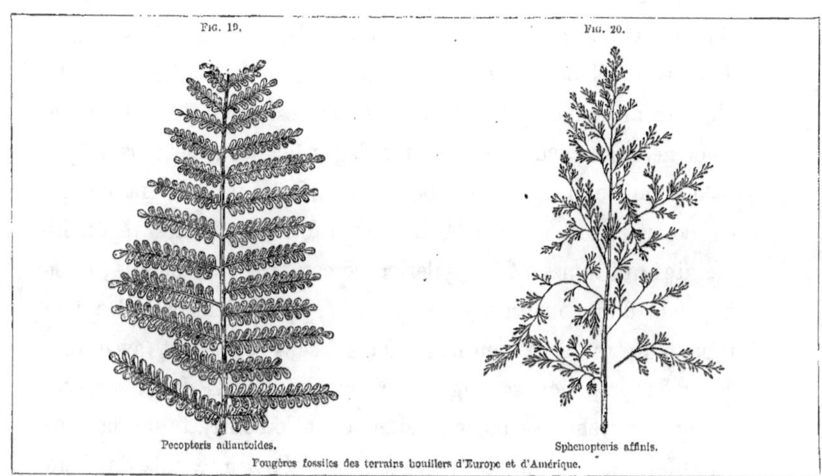

Fougères fossiles des terrains houillers d'Europe et d'Amérique.

lieu est accepté de tout le monde comme une vérité établie, et appuyé sur un ensemble de preuves auxquelles il est difficile de résister.

La première circonstance sur laquelle nous appellerons l'attention est l'étonnante profusion de débris végétaux que l'on rencontre toujours dans les terrains houillers. Quiconque est descendu une fois dans une mine de houille ou a visité les spécimens exposés dans nos riches musées, a dû être frappé des formes innombrables d'arbres et de plantes qui sont encore nettement imprimées sur l'informe et noir minéral. Le docteur Buckland a décrit ce phénomène d'une façon vive et saisissante dans son célèbre *Traité de Bridge-Water* : « L'exemple le plus remarquable dont j'ai été témoin est celui des mines de Bohême. Les peintures de feuillages les plus exquises qui recouvrent les lambris des palais de l'Italie ne peuvent entrer en comparaison avec la belle profusion des formes végétales éteintes qui tapissent les galeries de ces mines de houille ; c'est un dais d'une magnifique tapisserie, qu'enrichissent des festons d'un gracieux feuillage jetés, sans règles et avec une sorte de profusion sauvage, sur tous les points de sa surface. Ce qui en rehausse encore l'effet, c'est le contraste de la couleur noir de jais de ces végétaux avec la teinte pâle du fond que forme la roche à laquelle ils sont fixés. Le spectateur se sent transporté comme par enchantement dans les forêts d'un autre monde ; il y est entouré d'arbres de formes et de caractères maintenant inconnus à la surface du globe, et qui s'offrent à son admiration dans toute la beauté et la vigueur de leur vie primitive. Leurs troncs écailleux, leurs branches inclinées avec toutes les délicatesses de leur feuillage, s'étalent devant lui à peine altérés par les âges sans nombre qu'ils ont traversés pour arriver jusqu'à nous; ils sont là comme des témoins fidèles de systèmes de végétation qui ont eu leur commencement et leur fin à des époques dont, sortant de leur linceul de pierre, ils viennent en quelque sorte nous raconter la véridique histoire. »

Le second fait important, qui indique l'origine végétale de la houille, consiste en ce que le bois et la houille sont composés des mêmes éléments ou corps simples : carbone, hydrogène et oxygène. Cette analogie devient plus frappante encore si l'on se dit que nulle autre roche que la houille n'offre rien qui approche de cette composition. Il est vrai que les éléments que nous venons d'énumérer ne se trouvent pas dans les mêmes proportions dans le bois et dans la houille; mais cette différence, bien comprise, tend précisément à confirmer la théorie que l'une est tirée de l'autre. Il y a dans la houille plus de carbone et moins d'oxygène et d'hydrogène que dans le bois. Pour expliquer comment a pu s'opérer cette modification, il nous faut appeler le chimiste à notre aide. D'après Liebig, lorsque la matière végétale est enfouie dans la terre, exposée à l'humidité et soustraite en partie ou en totalité à l'action de l'air, elle se décompose lentement et développe, pendant ce temps, de l'acide carbonique et de l'hydrogène carboné. En même temps, une portion d'oxygène devenue libre entre naturellement en combinaison avec une portion d'hydrogène et forme de l'eau. Le résultat de ces divers changements sera nécessairement que l'accumulation de matière végétale, enfouie sous terre, se dessaisira avec le temps d'une partie considérable de son carbone, de son hydrogène et de son oxygène, mais dans des proportions fort inégales; car les nouvelles combinaisons consommeront plus d'oxygène que d'hydrogène, et plus d'hydrogène que de

carbone (1). En d'autres termes, si la décomposition se continue pendant un laps de temps suffisant, les éléments du bois
ne seront plus combinés dans les proportions requises pour
constituer le bois, mais dans les proportions qui constituent la
houille (2).

Cette théorie est confirmée par un fait que nos lecteurs connaissent sans doute. Nous avons dit que de l'acide carbonique
et de l'hydrogène carboné sont développés pendant le travail
de décomposition, qui transforme le bois en houille. Nous devons
donc nous attendre à trouver ces gaz étroitement associés à la
houille. S'ils *ne* sont *pas* associés, leur absence est une objection sérieuse contre notre théorie; mais s'ils *sont* associés, leur
présence est une forte preuve en sa faveur. Or, chacun sait que,
sur ce point, les mineurs rendent témoignage que le fait répond exactement à la théorie. Ils nous disent que les réservoirs
de gaz asphyxiant, ou acide carbonique, et de feu *grisou* ou
hydrogène carboné, se trouvent le plus communément dans
des crevasses ou des cavités des lits de houille, où ils sont la
cause de la plupart des accidents si fréquents dans ces mines.
Ils nous assurent même que quelques lits de houille sont tellement saturés de gaz que lorsqu'on les frappe, on l'entend
suinter de tous les pores de la roche; ce qui a valu à cette
houille le nom de *houille chantante*, que lui ont donné les mineurs.

(1) L'acide carbonique contient deux équivalents d'oxygène contre un de
carbone; l'expression chimique du composé étant CO^2; l'hydrogène carboné,
gaz que nous employons dans l'éclairage de nos rues et de nos maisons, contient quatre équivalents d'hydrogène contre deux de carbone et s'exprime, dans
le langage chimique, par les symboles C^2H^4; l'eau est composée d'un équivalent
d'hydrogène et d'un équivalent d'oxygène, la forme symbolique étant HO.

(2) Voir Lyell, *Éléments de Géologie*, t. II, p. 180.

Résumons ce que nous avons dit sur ce sujet : premièrement, les mêmes éléments entrent dans la constitution du bois et de la houille ; secondement, quoiqu'ils ne se trouvent pas dans les mêmes proportions dans les deux substances, cette différence est pleinement expliquée par les changements qui se produisent naturellement, lorsque de vastes tas de matière végétale sont enfouis sous terre ; troisièmement, dans l'hypothèse de ces changements, il doit certainement se développer de l'acide carbonique et de l'hydrogène carboné ; or, il se trouve qu'en réalité ces gaz sont intimement associés à la houille dans le monde entier.

Il est un autre fait remarquable qui s'adapte admirablement à notre théorie. La houille est disposée en minces couches dans l'écorce terrestre, et chaque couche repose, presque uniformément, sur un dépôt de fine argile quelquefois de plusieurs pieds d'épaisseur. Or, dans notre théorie, nous devions précisément nous attendre à rencontrer cette disposition. Si la houille est le produit d'arbres et de plantes herbacées, ces arbres et ces plantes ont dû croître sur un sol convenable ; et dès lors, dans cette hypothèse, nous devons nous attendre, du moins généralement parlant, à trouver un lit d'argile sous chaque couche de houille. Mais ce n'est pas tout. Lorsque nous examinons plus attentivement le dépôt sur lequel repose la houille, nous trouvons des racines et des troncs d'arbres mêlés à l'argile avec une vraie profusion. Dans le vaste dépôt houiller du pays de Galles, on rencontre, dans une profondeur de 3,600 mètres, de cinquante à cent couches de houille, chacune reposant sur un lit d'argile dans lequel abondent des restes de cette nature.

Nous arrivons à un argument pratique qui fait appel au sens commun et à l'expérience de tout le monde. Supposons qu'une personne, qui n'a aucune idée de l'art de manufacturer le papier, entre dans une fabrique au moment où les ouvriers sont absents et où le travail est suspendu. Elle se persuadera difficilement, à première vue, que les piles de papier blanc, qui attirent son attention à une extrémité de l'édifice, sont le produit des sales chiffons qu'elle voit entassés à l'autre. Mais, si cette personne est un observateur sagace, elle se convaincra bientôt que telle est pourtant la vérité. Un examen attentif lui fera reconnaître la même matière dans les divers états intermédiairesde son passage d'un extrême à l'autre. Il y a d'abord la grande caisse, avec ses nombreux compartiments, dans laquelle les chiffons sont soigneusement triés, selon leurs divers degrés de qualité ou de texture. Puis vient le moulin à foulon où ils sont lavés et blanchis, puis le cylindre tournant, garni de lames et de coupoirs et se mouvant dans une cuve où les chiffons sont réduits en une pâte fine et liquide. Continuant son examen, notre observateur verra cette pâte répandue également sur un châssis en gaze métallique, où elle commence déjà à prendre quelque peu la forme et l'apparence du papier. Plus loin, elle est comprimée et desséchée, et enfin découpée en feuilles que l'on met de côté en piles considérables.

Or, il nous semble que nous nous trouvons dans le même cas en ce qui concerne la manufacture de la houille. Nous ne pouvons voir l'opération s'effectuer. Elle se continue, il est vrai, tous les jours, et là, jamais les ouvriers n'ont de repos ; mais ce travail est si lent et réparti entre tant de siècles qu'il est tout à fait insensible. Ajoutons qu'il s'exécute en grande partie à l'intérieur de la terre. Nous pouvons néanmoins retracer les divers degrés intermédiaires qu'il parcourt dans son passage d'un état à l'autre, des forêts et des marais primitifs aux nombreuses variétés de tourbe et de lignite d'abord, et enfin à nos riches mines de houille.

Nous avons, en premier lieu, les vastes marécages couverts de forêts, comme ceux qui occupent actuellement la vallée et le delta du Mississipi. Ils sont composés, dans bien des cas, de matière végétale pure, sans nul mélange de sédiment terreux. Une luxuriante végétation de roseaux, d'arbrisseaux et d'herbes de toute sorte couvre toute la surface du sol, mêlée aux troncs d'arbres couchés et aux feuilles détachées des branches supérieures. Sir Charles Lyell mentionne un fait remarquable qu'il observa dans les marécages de la Louisiane. Lorsque quelque partie du marais est desséchée par suite de chaleurs exceptionnelles, si l'on met le feu à la surface, il creuse dans le sol une fosse de plusieurs pieds de profondeur, c'est-à-dire qu'il pénètre aussi bas qu'il peut sans rencontrer l'eau, et rarement on remarque le moindre résidu de matière vaseuse (1).

Des couches végétales de cette sorte sont produites, non-seulement sur la terre ferme, par l'ensevelissement des végétaux sur place, mais encore sous les eaux des estuaires et des lacs par l'accumulation d'arbres chassés par le cours impétueux des fleuves. Nous en avons un exemple frappant dans le Mackenzie, qui parcourt une grande partie du nord-ouest de l'Amérique. Courant du sud au nord, il est sujet à des inondations annuelles lorsque les neiges commencent à fondre dans les plus hautes parties de son cours, pendant que la partie inférieure de son lit, située sous des latitudes plus froides, est encore barrée par les glaces. Il en résulte que le fleuve franchit ses rives et que, se précipitant au travers de vastes forêts, il entraîne dans son cours impétueux des milliers d'arbres déracinés.

____

(1) *Éléments de Géologie*, t. II, p. 113.

« Comme les arbres, dit Richardson, conservent leurs racines et que celles-ci sont souvent chargées de terre et de pierres, ils tendent à se précipiter au fond de l'eau, surtout lorsqu'ils sont imbibés d'humidité. Ils vont donc s'accumulant dans les remous et forment des hauts-fonds qui plus tard deviennent des îles. Un épais fourré de saules recouvre la nouvelle île aussitôt qu'elle apparaît au-dessus de l'eau, et ses racines fibreuses servent à retenir ensemble toute la masse. Tous les ans le fleuve pratique dans ces îles des coupes qui permettent d'étudier la variété d'aspect qu'elles présentent, selon leurs divers âges. Les troncs d'arbres se décomposent graduellement jusqu'à se convertir en une substance d'un brun noirâtre semblable à la tourbe, mais conservant encore plus ou moins la structure fibreuse du bois. Des lits de cette substance alternent souvent avec des lits d'argile ou de sable, et le tout est pénétré, dans une profondeur de quatre à six brasses ou plus, par les longues racines des saules. Un dépôt de ce genre produirait, à l'aide d'une petite infiltration de matière bitumineuse, une excellente imitation de la houille, avec les empreintes végétales de racines de saules.

« Ce fut seulement dans les rivières que nous pûmes observer des coupes de ces dépôts; mais la même opération s'effectue dans les lacs, sur une échelle beaucoup plus vaste. Un haut-fond de plusieurs milles d'étendue est formé, sur la côte sud du lac Athabasca, par les bois flottants et les débris de végétaux qu'y entraîne la rivière de l'Elk. Le lac de l'Esclave lui-même doit, avec le temps, se remplir de matières transportées journellement par la rivière du même nom. De grandes quantités d'arbres flottants sont enfouies sous le sable à l'embouchure de la rivière ou entassées en énormes piles sur les différentes rives du lac. »

Souvent il arrive que des dépôts subséquents recouvrent ces couches de matière végétale avec leurs racines et leurs troncs d'arbres, leurs branches, leurs feuilles et leurs fruits plus ou moins parfaitement conservés. De telles accumulations, nous affirme le docteur Mantell, ont été trouvées dans les profondeurs du sol, sur des points de la côte d'Angleterre qui sont encore soumis à des inondations périodiques. « Les arbres qu'on y trouve sont le chêne, le coudrier, le sapin, le bouleau, l'if, le saule et le frêne, en un mot, toutes les espèces indigènes. Les troncs et les branches offrent la couleur de l'ébène. Le bois est ferme et pesant et peut servir, à l'occasion, pour des usages domestiques ; dans le Yorkshire et ailleurs, ce bois est quelquefois employé à la construction des maisons (1). » Nous avons donc là le premier degré de la transformation du bois en houille, — une couche plus ou moins compacte de matière végétale, répandue tantôt à la surface de la terre ferme, tantôt sur le lit des lacs et des estuaires, et souvent enfouie sous un amas de dépôts subséquents.

Le second degré de la transformation peut être représenté par ces marais tourbeux qui constituent un des caractères physiques les plus remarquables de l'Irlande, puisqu'ils recouvrent un dixième de sa surface. La matière végétale est déjà plus compacte, mais la structure des plantes qui constituent la tourbe est encore conservée et peut se reconnaître facilement à l'œil nu. On y voit encore des arbres couchés sur le côté, dans la position qu'ils prirent sans doute en tombant dans leurs anciennes forêts. Des recherches récentes sur ce sujet ont révélé un fait que nous devons rapporter, car il fournit une preuve

____

(1) Mantell, *Wonders of Geology*, p. 67.

directe à l'appui de notre thèse. « Il y a à Limerick, dans le district du Maine, un des États de l'Amérique du Nord, des marais tourbeux d'une étendue considérable, dans lesquels on trouve, à la profondeur de trois ou quatre pieds de la surface, au milieu de restes de blocs de bois pourris, une substance exactement semblable au *cannel-coal*. La tourbe a vingt pieds d'épaisseur et repose sur du sable blanc. Ce charbon fut découvert en creusant un fossé, dans le but de dessécher une portion du marais et d'utiliser la tourbe comme engrais. Cette substance est un vrai charbon bitumineux, contenant plus de bitume qu'aucune autre variété. Des coupes polies de ces masses compactes offrent à la vue la structure particulière des conifères et prouvent que ce charbon est dû à des espèces voisines du sapin d'Amérique (1). » Un phénomène semblable a été observé, par le docteur Dieffenbach, dans les îles Chathain. Il put, dans un même lit de tourbe, reconnaître les divers degrés d'une transition insensible de la matière végétale absolument pure à une matière minérale substantiellement identique à la houille ordinaire (2).

Mais, quoique la tourbe puisse passer directement, semble-t-il, à l'état de houille, il y a bien des cas où elle prend d'abord une forme plus imparfaite, connue sous le nom de *lignite*. Cette substance est décrite comme étant d'une couleur brunâtre, « molle et sans consistance, lorsqu'elle vient d'être extraite de la mine, mais devenant fragile par suite de l'exposition à l'air, et cassant suivant la direction de la fibre du bois ». Le lignite occupe manifestement une position intermédiaire entre la tourbe

(1) Mantell, *Wonders of Geology*, p. 66.
(2) *Ibid.*

et la houille. Comme dans la tourbe, on y voit, encore à peine altérées dans leur structure, les tiges et les fibres ligneuses des plantes d'où il tire son origine, pendant que, d'un autre côté, il commence à acquérir quelque chose de la consistance et de la dureté de la houille, et qu'il s'en rapproche encore davantage par sa composition chimique. Il faut se rappeler, d'ailleurs, que le lignite n'est point une substance d'un caractère fixe et invariable. Au contraire, sous ce terme général on comprend un nombre illimité de variétés s'étendant sur toute la série par une suite de gradations presque insensibles, l'une des variétés extrêmes différant à peine de la tourbe et l'autre se confondant dans la pratique avec la houille ordinaire. On ne peut donc douter que la houille n'ait la même origine que le lignite et il est au moins également certain que le lignite provient de la tourbe. Or, nous avons vu par quel argument sans réplique on est amené à chercher l'origine de la tourbe dans les forêts et les marécages enfouis des âges passés (1).

Enfin, l'examen de la texture de la houille elle-même vient confirmer la conclusion à laquelle nous sommes arrivés. On a découvert, dans les dépôts houillers, les restes de beaucoup d'espèces de plantes, et quelquefois en telle abondance qu'ils constituaient visiblement la masse de la houille. On y a même trouvé de grands arbres encore debout, avec leur écorce actuellement convertie en charbon. La figure ci-jointe représente une portion de la tige et les racines d'un grand arbre des forêts,

(1) Il est un fait qui, à lui seul, démontre bien l'origine végétale de la houille. On est parvenu à reproduire artificiellement, à l'aide de la chaleur et d'une forte pression, des blocs de houille en tout semblables à ceux que l'on extrait de nos mines; on y observe jusqu'aux empreintes qui caractérisent les terrains carbonifères. (*Note du trad.*)

d'une *Sigillaria*, récemment découverte dans une mine de houille, à Saint-Helens, près Liverpool. La tige, qui avait neuf pieds de haut, fut trouvée debout dans le dépôt charbonneux, pendant que les racines, au nombre de dix, s'étendaient en dessous, dans la terre végétale.

Fig. 21.

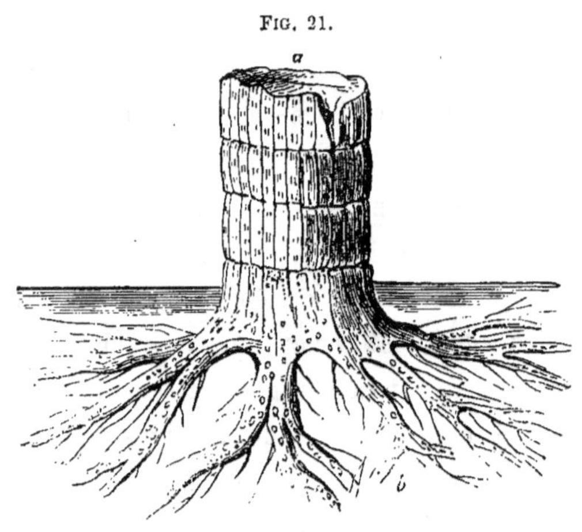

Tronc et racine de *Sigillaria*.
a, Tronc pénétrant dans un lit de houille.
b, Racine pénétrant dans l'argile inférieure.

Il n'y a que quelque temps, on a découvert dans une houillère située près de Newcastle, sur un espace de cinquante mètres carrés, au moins trente arbres semblables au précédent, tous incrustés de houille et quelques-uns ayant de quatre à cinq pieds de diamètre. « En 1830, écrit sir Charles Lyell, dans la carrière de Craigleith, près d'Édimbourg, on mit à découvert un tronc incliné dont la longueur dépassait 18 mètres; son diamètre était, vers le sommet, d'environ 17 centimètres, et près de la base, de 2 mètres sur 60 centimètres. L'écorce était convertie en une croûte mince de la houille la plus pure et la plus fine. » Et ailleurs : « A Parkfield Colliery, près Wolverhampton, dans le Staffordshire méridional, on a mis à découvert en 1844, sur une surface de quelques centaines de mètres, une couche de houille qui a fourni plus de soixante-treize troncs d'arbres garnis encore de leurs racines ; quelques-uns de ces troncs mesuraient près de 3 mètres de circonférence. Brisés près de la racine, ils étaient couchés dans toutes les directions, se croisant souvent les uns les autres. L'un deux présentait 4^{m}50 et un autre 9 mètres de long ; d'autres, des dimensions moindres ; tous étaient invariablement aplatis, et leur substance, complétement transformée en houille, n'offrait plus qu'une épaisseur de 25 à 50 millimètres. Leurs racines formaient en partie une couche de houille épaisse de 25 centimètres, reposant sur un lit d'argile de 50 millimètres, au-dessous duquel était une seconde forêt superposée à une bande de houille de 60 centimètres. Au-dessous, à 1^m 50, existait une troisième forêt avec de gros troncs de *Lepidodendron, Calamites* et autres arbres (1). »

Nous avons terminé une partie très-importante de notre argumentation. Nous avons fait voir que, dans les couches qui composent la croûte terrestre, il y a des roches d'espèces diverses, distinctes l'une de l'autre, autant par la nature des matériaux qui les constituent que par la manière dont ces matériaux sont disposés. Nous avons montré, en outre, que des roches qui présentent le même aspect général et sont composées exactement des mêmes éléments, sont produites actuellement à la surface de la terre, par l'action de causes naturelles. Nous avons même examiné

(1) Voir Lyell, *Éléments de Géologie*, t. II, p. 99 et 101.

de près, dans certains cas, le mode de formation de ces roches, et nous avons vu combien il est difficile, une fois ces faits bien connus, de ne pas conclure que les roches qui composent l'écorce solide du globe ont été formées de la même manière dans des âges antérieurs, et sont dues à ces mêmes agents que nous voyons encore à l'œuvre. Nous verrons bientôt comment l'existence des fossiles vient confirmer cette conclusion.

Mais, avant d'entamer une nouvelle discussion, il convient que nous donnions connaissance d'une objection que l'on a faite quelquefois à la théorie précédemment exposée et d'où est résultée une prévention fâcheuse contre la géologie. Des écrivains religieux ont fréquemment insinué, et quelquefois clairement affirmé que, en attribuant la structure présente de l'écorce terrestre à l'action de causes naturelles, les géologues semblaient ne tenir aucun compte de la toute-puissance de Dieu. Un moment de réflexion convaincra le lecteur que cette accusation est bien peu philosophique, pour ne pas dire davantage. N'est-il pas évident que plus nous connaissons et plus nous apprécions les œuvres merveilleuses de la nature, plus nous devons être saisis de la puissance et de la sagesse de Celui qui a créé et qui gouverne la nature. Dire qu'il existe des causes secondes et indiquer les monuments qui témoignent de leur opération dans les âges passés, ce n'est pas nier, c'est plutôt affirmer l'existence d'une grande cause première, de laquelle dépendent leur existence, leur conservation et leur direction.

Tout nous rappelle et nous prouve qu'il a plu au Créateur de faire servir ses créatures à la formation et à l'ornementation de l'univers matériel. Il ne créé pas à la fois et d'un seul coup, comme il pourrait le faire, le grand arbre de la forêt ; mais il laisse la semence s'enfouir en terre, où elle est humectée par la douce rosée du ciel et fertilisée par la chaleur fécondante du soleil ; bientôt il pousse un tendre germe ; avec le temps, ce germe, puisant dans l'air et dans le sol les éléments nécessaires à son développement, devient un bel arbuste, et cet arbuste un grand arbre qui étend de tous côtés ses larges branches et sert à divers buts d'utilité ou d'agrément. Citons encore, comme exemple, le rayon du miel, cette œuvre si curieuse et si ingénieuse, à la fois le palais et le magasin d'une vaste et active communauté. Il n'est pas produit, en un instant, par un simple acte créateur. Dieu ne l'a pas fait lui-même, mais il apprit à l'abeille à le faire. De même il a pourvu à l'existence et au salut des petits oiseaux, non en construisant lui-même leurs nids, mais en leur donnant ce merveilleux instinct qui les pousse à les construire et qui les dirige dans leur travail.

On ne peut donc accuser les géologues d'impiété, parce qu'ils entreprennent d'expliquer l'existence des roches stratifiées, non par l'action immédiate du Créateur, mais par l'intervention des causes naturelles. Ils ne rabaissent point, mais ils exaltent plutôt sa gloire, lorsqu'ils s'étendent sur l'immense variété d'agents que, suivant leur théorie, il a employés dans la construction du monde matériel. Si le rayon de miel excite tant l'étonnement et l'admiration du philosophe, que devons-nous penser de Celui qui a fait, non pas seulement le rayon de miel, mais l'abeille qui l'a construit ? C'est ainsi que la géologie nous donne une vue nouvelle et inattendue de la toute-puissance de Dieu, en nous faisant comprendre la vaste et harmonieuse série de causes secondes par lesquelles il a donné à l'écorce terrestre sa configuration actuelle. L'empreinte de sa main est gravée sur son œuvre, et tout ce qu'il y a de merveilleux et de séduisant dans la nature n'est que le signe de sa puissance et l'ombre de sa beauté, ainsi que l'a chanté notre poëte national :

> « Vous êtes, ô Dieu, la lumière et la vie
> De tout ce monde merveilleux que nous voyons ;
> Son éclat pendant le jour, son sourire pendant la nuit,
> Ne sont que des reflets de vous-même.
> De quelque côté que nous nous tournions, votre gloire éclate,
> Et tout ce qui est beau et brillant vous appartient (1). »

(1)　　　« Thou art, o God, the life and light
　　　　　Of all this wondrous world we see ;
　　　Its glow by day, its smile by night,
　　　　　Are but reflections caught from Thee.
　　　Where'er we turn, Thy glories shine,
　　　　　And all things fair and bright are Thine. »

CHAPITRE X.

FOSSILES. — LE MUSÉUM.

RÉCAPITULATION. — BUT DE NOTRE ARGUMENTATION. — LA THÉORIE DES TERRAINS STRATIFIÉS EST COMME LA CHARPENTE DE LA SCIENCE GÉOLOGIQUE. — CETTE THÉORIE MET LA GÉOLOGIE EN CONTACT AVEC LA RÉVÉLATION. — LA CHAINE DE RAISONNEMENT QUE NOUS AVONS SUIVIE SE TROUVE CONFIRMÉE PAR LE TÉMOIGNAGE DES FOSSILES. — SIGNIFICATION DU MOT FOSSILE. — ABONDANCE INÉPUISABLE DE FOSSILES. — DIVERS ÉTATS DE CONSERVATION. — PÉTRIFICATION. — EXPÉRIENCES DU PROFESSEUR GŒPPERT. — LES TERRAINS ORGANIQUES RÉPANDENT QUELQUE JOUR SUR LE MONDE FOSSILE. — LA RÉALITÉ ET LA SIGNIFICATION DES FOSSILES DOIT S'APPRENDRE PAR L'OBSERVATION. — LE BRITISH MUSEUM. — SQUELETTES GIGANTESQUES. — OS ET COQUILLES D'ANIMAUX. — PLANTES HERBACÉES ET ARBRES FOSSILES.

« Lecteur, vous commencez à vous défier de nous. Jusqu'à
« quand nous proposons-nous de retenir les gens ? A en juger
« par ce qui précède, nous pouvons avoir l'intention d'écrire
« ainsi jusqu'au vingtième siècle. Et *où* voulons-nous en venir ?
« Vers quel objet tendons-nous ? Cela est bon à savoir. C'est
« peut-être une trahison que nous vous avons préparée. — Je
« vois, lecteur, que vous devenez défiant et indocile ; et, comme
« Hamlet, avec l'âme de son père, vous refusez de nous suivre
« plus loin, si nous ne vous expliquons l'objet de nos recher-
« ches. »

Ces paroles de Thomas de Quincey à ses lecteurs, au milieu
de l'un de ses essais discursifs qui, si intéressants qu'ils soient,

ne laissent pas de produire parfois un peu de fatigue par la crainte qu'on a de ne pas les voir finir, nous pouvons peut-être les répéter nous-même avec non moins de vérité. Il peut se faire que nos lecteurs aient été laissés trop longtemps dans un état d'incertitude et d'espérance déçue. Ils avaient abordé ces pages pour y chercher une solution pratique à cette question : la géologie est-elle en désaccord avec la Bible ? Et nous ne leur avons encore parlé que du Gulf-Stream, des fleuves, des glaciers, des plaines alluviales, du corail et des mines de houille ! Ils se sont fatigués à nous accompagner dans nos ennuyeuses recherches, ouvrant les yeux pour essayer de voir la fin, sans pouvoir la découvrir. S'il en est ainsi, qu'ils veuillent bien faire une pause de quelques minutes au milieu du chemin, nous nous arrêterons avec eux et nous essayerons de leur montrer plus clairement l'objet vers lequel nous tendons.

Notre dessein, dès le commencement, a été de considérer les points de contact entre la géologie et la révélation ; d'examiner les rapports qui existent entre ces deux ordres de connaissances, dont l'un est appuyé sur la raison et l'observation et dont l'autre nous vient du Ciel ; de rechercher enfin jusqu'à quel point il est possible d'adopter les conclusions de l'un, tout en continuant d'adhérer, avec une fidélité inébranlable, aux vérités immuables de l'autre. Pour cela, nous avons essayé d'esquisser les traits prédominants de la théorie géologique, non pas la théorie particulière d'un écrivain ou d'une école, mais cette théorie plus générale, qui est adoptée par tous les écrivains et qui prévaut dans chaque école. Cette théorie, nous le savons, est sur beaucoup de points en grand désaccord avec les notions communes des hommes sensés et même instruits, qui n'ont pas consacré beaucoup d'attention à l'étude des sciences physiques.

Nous avons prévu que, peut-être, plusieurs de nos lecteurs seraient tentés de couper court à la controverse, en rejetant d'une manière sommaire tout le système géologique et le traitant d'ombre vaine et de rêve illusoire. C'eût été là, selon nous, une chose malheureuse et déplorable. La géologie n'est pas un château de cartes que l'on peut renverser d'un souffle. C'est, si l'on veut, une hypothèse, une théorie ; mais nul ne peut nier que derrière cette théorie il n'y ait des faits, et des faits inattendus, frappants, significatifs, et que ces faits, considérés dans leurs mutuelles relations, éclairés par les phénomènes actuels de la nature et habilement groupés, comme ils l'ont été par des hommes autorisés, ne renferment certaines vérités générales et ne suggèrent certains arguments qui semblent en faveur des conclusions auxquelles sont arrivés les géologues.

Il suit de là que celui qui veut examiner loyalement les prétentions de la géologie, doit d'abord apprendre à apprécier la signification de ces faits et à estimer la valeur de ces arguments : c'est précisément ce que nous nous sommes efforcé de faire. Nous n'écrivons pas un traité de géologie, non certes : il serait présomptueux, de notre part, de le tenter avec nos faibles connaissances. Et puis, la géologie n'a-t-elle pas ses professeurs, ses cours et ses manuels ? Nous ne voulons point non plus prendre le caractère d'avocat et de champion de la géologie. Elle n'a point besoin de nos services. Elle a pour elle une grande partie des noms illustres qui, depuis cinquante ans, ont enrichi les annales des sciences physiques. Nous n'essayons même pas de fortifier cette théorie générale que nous nous proposons seulement d'expliquer et de démontrer à nos lecteurs. Notre but est simplement de recueillir de diverses sources et de réunir en un faisceau les preuves qui peuvent être apportées en sa faveur ; de cette sorte, lorsque nous en viendrons à considérer cette théorie dans ses rapports avec le récit biblique, nous ne courrons pas le risque de voir nier ce qui a été prouvé par des faits, et nous aborderons ce sujet avec une connaissance qui nous aidera à saisir l'harmonie réelle qui doit exister, nous le savons, entre les vérités inscrites sur les œuvres de Dieu et celles qui sont rapportées dans sa parole écrite.

Pour accomplir cette tâche, nous nous sommes principalement consacré à l'étude des roches aqueuses ou stratifiées. D'après les géologues, les roches, telles que nous les trouvons maintenant, ne furent point l'œuvre immédiate de la création, mais elles furent produites lentement dans le long laps des âges et superposées par un vaste mécanisme de causes secondes. Les éléments dont elles se composent furent empruntés à différentes sources, à l'Océan, à l'air, aux roches préexistantes, et, autant que nous le savons, avant de prendre leur structure et leur disposition actuelle, ils ont pu avoir une histoire aussi longue que remplie d'événements. Ainsi, par exemple, les conglomérats et les grès, si connus de nous, sont composés de fragments brisés de roches antérieures, transportés là par les torrents montagneux, par les fleuves majestueux des continents ou par les courants silencieux de l'Océan ; le calcaire avec lequel nous bâtissons nos maisons est l'œuvre d'animaux vivants qui pullulèrent autrefois en myriades sans nombre dans les profondeurs des mers ; et la houille qui fournit la force motrice à nos manufactures, à nos chemins de fer et à nos navires de guerre et de commerce, n'est que le représentant moderne de forêts et de marécages antiques qui, enfouis dans la terre et doués, grâce à l'action des lois chimiques, de propriétés nouvelles, furent déposés, pour l'usage futur de l'homme, dans le vaste magasin de la nature.

Cette manière de rendre compte de l'origine et de la formation des roches stratifiées constitue en quelque sorte la charpente qui supporte et relie ensemble tout le système géologique. Si elle est une fois bien établie, la géologie a droit de prendre place parmi les principales sciences physiques. Si, au contraire, on prouve qu'elle est sans fondement, la géologie alors n'est plus une science, mais un rêve. C'est, de plus, cette théorie de stratification qui a mis, dès le commencement, la géologie en contact avec la révélation. Les géologues ont été amenés, en effet, à déduire l'extrême ancienneté de la terre de l'immense épaisseur des roches stratifiées, d'une part, et, de l'autre, de l'action graduelle et fort lente par laquelle chaque strate de la série a été successivement déposée et consolidée. De même, ceux qui réclament pour la race humaine une antiquité plus grande que celle que la Bible accorde, vont chercher leurs preuves dans l'origine et dans l'antiquité supposée de ces dépôts superficiels dans lesquels on retrouve quelquefois enfouis les restes de l'homme ou de ses œuvres.

Il ne faut donc pas s'étonner que la théorie des roches stratifiées attire le plus notre attention, lorsque nous entreprenons de discuter les rapports que peut avoir la géologie avec la religion révélée. Nous ne disons rien, pour le moment, des conclusions qui découlent de cette théorie, ni des erreurs auxquelles elle a conduit ceux qui en ont fait une application téméraire et prématurée : nous ne faisons que rechercher les preuves sur lesquelles elle repose. Nous avons, dans nos premiers chapitres, exposé avec quelque étendue le raisonnement que l'on déduit du caractère même des roches aqueuses, considérées à la lumière des opérations actuelles de la nature. Nous avons montré que des roches stratifiées de différentes sortes, semblables à celles qui composent l'écorce terrestre, ont été produites par des causes naturelles dans les temps historiques, et nous avons essayé d'expliquer quelques-unes des parties les plus simples et les plus intelligibles de cette machine compliquée qui, maintenant encore, est toujours à l'œuvre, réunissant, triant, distribuant, entassant et consolidant les éléments de nouvelles strates dans le monde entier. Ces considérations, comme nous avons eu l'occasion de le faire remarquer, établissent une forte présomption en faveur de la théorie géologique. Ici nous avons la nature à l'œuvre, produisant sous nos yeux une couche de roche. Là, dans l'épaisseur de l'écorce terrestre, nous trouvons une autre couche tout à fait semblable à la précédente et déjà achevée. Que peut-il y avoir de plus raisonnable que d'attribuer l'une à l'action des mêmes causes que nous voyons à l'œuvre pour la formation de l'autre ? Et si, procédant de cette manière, nous étendons nos observations d'une classe de roches à une autre, nous arriverons graduellement à comprendre que ces diverses couches ont été formées, pendant de nombreux âges successifs, sous l'influence de causes secondes semblables à celles dont nous constatons maintenant l'existence et l'action ; de sorte que chaque strate a été successivement, dans les premiers temps de sa formation, la couche supérieure de la série.

Nous apporterons bientôt à l'appui de cette conclusion un nouveau genre d'argument fondé sur le témoignage des *fossiles*. Un écrivain éminent a résumé en quelques mots la valeur et l'importance des fossiles relativement à la théorie géologique : « Actuellement, dit-il, les coquillages, les poissons et les autres animaux sont enfouis dans le limon ou la boue des lacs et des estuaires; les rivières aussi charrient des carcasses d'animaux terrestres, des troncs d'arbre et d'autres végétaux flottants ; les

tremblements de terre, à leur tour, submergent des plaines et
des îles avec tous leurs animaux et tous leurs végétaux. Ces
débris organiques sont enveloppés dans des dépôts de limon, de
sable ou de gravier fournis par les eaux, et, avec le temps, ils se
pétrifient, c'est-à-dire qu'ils se transforment en une matière
pierreuse semblable à celle des coquillages et ossements trouvés
dans les terrains les plus anciens. Or, dans tous les temps, les
restes des plantes et des animaux ont dû être conservés de
la même manière que maintenant; et, comme une classe de
plantes est particulière aux terres arides et une autre aux
terrains marécageux, comme une famille appartient à une
région tropicale et une autre à une région tempérée, il en résulte
que, du caractère d'une plante fossile, on peut souvent déduire
la connaissance des conditions de son existence passée. Il en
est de même des animaux : chaque classe a sa localité qui lui
est assignée en raison du climat, du genre de nourriture, etc.;
chaque famille a sa structure particulière, selon qu'elle est faite
pour courir, voler, nager, se nourrir de végétaux ou manger de
la chair. On peut donc, en comparant les animaux fossiles avec
les races existantes, arriver à déterminer en partie les conditions du monde antérieur avec un haut degré de certitude (1). »

Nous ne voulons point exposer cette partie de notre sujet
sous forme d'argument proprement dit. Nous nous contenterons
d'un simple exposé des faits, que nous laisserons produire eux-
mêmes leur impression. Il sera nécessaire, au commencement,
d'expliquer quelques sujets techniques pour l'intelligence de ce
qui suivra. Si, en cela, nous sommes quelque peu aride et
fatigant, nous tâcherons de dédommager le lecteur par l'histoire

(1) Page, *Advanced Text-Book of Geology*, n. 7, p. 20-21.

curieuse et intéressante des œuvres de la nature dans les âges antérieurs, histoire que nous espérons développer dans la suite.

Lorsque le mot *fossile* fut introduit pour la première fois dans la langue, il était employé pour désigner, comme l'étymologie le suggère, tout ce qui est *tiré de la terre* (1). Mais il est maintenant employé dans un sens beaucoup plus restreint, étant appliqué seulement aux restes de plantes et d'animaux enfouis dans la croûte terrestre et conservés là par des causes naturelles. Quand nous parlons de restes, nous entendons aussi ces empreintes, passagères en apparence, telles que des traces de pas sur le sable, mais qui sont devenues permanentes par suite de circonstances accidentelles et qui, gravées en quelque sorte dans les archives de la nature, rendent maintenant témoignage de l'existence de la vie organique à des époques antérieures.

Ces restes se trouvent répandus avec une véritable profusion sur tous les points du globe où les roches stratifiées ont pu être soumises à l'examen. En Europe, en Amérique, en Australie, dans les steppes glacés de la Sibérie, dans les îles sans nombre dispersées dans les eaux de l'océan Pacifique, il est à peine une formation, depuis la plus basse jusqu'à la plus haute de la série, qui n'ait livré à l'explorateur de vastes dépôts de coquilles, d'ossements, de dents, et quelquefois de squelettes entiers d'animaux, en même temps que des fragments de bois, des empreintes de feuilles et d'autres substances organiques.

Ces débris fossiles ne s'offrent pas toujours dans le même état de conservation. Quelquefois nous retrouvons les os, les plantes et les coquilles dans leur condition naturelle, non-

(1) Du latin *fossilis*, creusé, tiré de la terre.

seulement avec leur forme et leur structure particulière, mais même avec la substance organique dont ils étaient originairement composés. Nous en voyons des exemples innombrables au *British Museum* et même dans la plupart des collections géo-

FIG. 22.

Daim irlandais fossile trouvé dans le comté de Fermanagh (Irlande).

logiques; beaucoup de nos lecteurs connaissent sans doute les beaux squelettes de l'ancien daim d'Irlande, qui sont exposés au musée de *Trinity College*, à Dublin, et dont tous les os sont en parfait état de conservation.

Cependant, il arrive souvent que la substance organique elle-
même a disparu, laissant sur la roche une empreinte qui témoigne maintenant de son ancienne présence. Par exemple, lorsqu'une coquille a été dissoute et entraînée par l'infiltration de
l'eau au travers de la roche, elle a souvent laissé après elle, sur
la pierre devenue compacte, un moule ou empreinte de sa surface extérieure, et un autre de sa surface intérieure, et, entre
eux deux, une cavité correspondant à l'épaisseur de la coquille.
Nous avons alors la forme, les dimensions et les contours du
corps organique, sans avoir aucune partie de sa substance originelle, ni aucune trace de sa structure intérieure. Cette forme de
fossilisation, comme l'a bien établi sir Charles Lyell, « se comprendra aisément si l'on examine la vase au moment où l'on vient
de la retirer d'un étang ou d'un canal où il y a des coquilles. Si
la vase est argileuse, elle acquiert de la consistance en séchant,
et lorsqu'on vient à en briser un morceau, on trouve que chaque
coquille a laissé des empreintes de sa forme extérieure. Si l'on
enlève la coquille elle-même, on trouve à l'intérieur un noyau
solide d'argile ayant la forme de l'intérieur de la coquille (1). »
Dans bien des cas, l'espace d'abord occupé par la coquille ne
reste pas vide lorsque la coquille est disparue, mais se trouve
rempli par quelque substance minérale, telle que du calcaire et de
la silice. La matière minérale ainsi introduite devient le moule
exact ou la *contre-empreinte* du corps organique disparu. Cette
contre-empreinte a été justement comparée à une statue de
bronze, qui offre la forme et les linéaments extérieurs, mais non
l'organisation intérieure, ni la substance de l'objet qu'elle représente.

(1) *Éléments de Géologie*, t. I, p. 63.

Mais il est une troisième forme, beaucoup plus merveilleuse encore, que revêtent souvent les fossiles. Le corps original a disparu, comme dans le premier cas, et non-seulement la *forme extérieure* reste, mais la *texture intérieure* elle-même est parfaitement conservée dans la pierre solide qui l'a remplacé. C'est dans le règne végétal que ce genre de changement se manifeste de la façon la plus remarquable. On a découvert des arbres fossiles de haute taille, dont *toute la substance ligneuse a été changée en pierre*, et ce changement s'est opéré avec une telle délicatesse que les plus petites cellules, les fibres et les anneaux qui marquent la croissance annuelle de l'arbre sont parfaitement reconnaissables ; on y distingue même ces vaisseaux spiraux que l'on ne peut découvrir qu'à l'aide du microscope dans les végétaux vivants. L'arbre reste donc complet dans toutes ses parties ; mais ce n'est plus un arbre de bois, c'est, pour ainsi dire, un arbre de pierre.

Le mystère de cette transformation extraordinaire n'a pas encore reçu des savants d'explication bien satisfaisante. Cependant, on en comprend suffisamment le principe général. Sir Charles Lyell l'expose brièvement de la manière suivante : « Quand une substance organique se trouve exposée en plein air à l'action du soleil et de la pluie, elle finit par se putréfier ou par se dissoudre dans les éléments mêmes qui la composent et qui sont principalement l'oxygène, l'hydrogène, l'azote et le carbone. L'atmosphère a bientôt absorbé ces éléments, ou bien ils sont entraînés par les pluies, en sorte que tout vestige d'animal mort ou de plante disparaît. Mais, lorsque ces mêmes substances sont submergées, elles se décomposent plus lentement ; et, si elles sont enfouies dans la terre, elle disparaissent plus insensiblement encore, comme on peut s'en convaincre par les exemples que nous fournissent les bois que nous y trouvons. Donc, si, à mesure que chaque particule organique se dégage par la putréfaction pour passer à l'état fluide ou gazeux, une particule égale de carbonate de chaux, de silice ou d'autre minéral se trouve toute prête à se déposer, on peut présumer que la matière inorganique ira prendre précisément la place abandonnée par la molécule organique. De cette manière, non-seulement on obtiendra d'abord le moule intérieur de certains vaisseaux, mais les parois de ces mêmes vaisseaux pourront ensuite se décomposer et éprouver une transformation semblable (1). » Cet exposé, si simple et si clair en lui-même, sera peut-être encore mieux compris du commun des lecteurs, si nous y ajoutons une comparaison ingénieuse due à M. Jukes : « C'est, dit-il, comme si une maison était rebâtie graduellement, brique par brique ou pierre par pierre ; chaque brique ou chaque pierre étant remplacée par une brique ou par une pierre d'un genre différent, sans que rien fût changé ni à la forme et à la grandeur de la maison, ni à l'arrangement et à la disposition de ses chambres, de ses corridors et de ses cabinets, ni même au nombre et à la forme des briques et des pierres (2). »

Ce genre singulier de pétrification, par lequel non-seulement la forme extérieure, mais le tissu organique lui-même est converti en pierre, a été reproduit d'une manière fort intéressante par le professeur Gœppert, de Breslau. Dans le but d'imiter, autant que possible, les procédés naturels de pétrification, « il plongea diverses variétés de substances animales et végétales dans des eaux dont quelques-unes contenaient, en dissolution, de la matière calcaire, siliceuse ou métallique. Au bout de quelques se-

(1) *Éléments de Géologie*, t. I, p. 66.
(2) *Manual of Geology*, p. 375.

maines, et même de quelques jours, il s'aperçut que les corps
organiques ainsi immergés étaient minéralisés en partie. Ainsi,
il plaça dans une solution moyennement concentrée de sulfate de
fer de minces lanières longitudinales de sapin d'Écosse; après
les avoir laissées tremper dans le liquide pendant quelques jours,
il les fit sécher, puis il les exposa à une grande chaleur, jusqu'à
ce que la matière végétale fût consumée et que rien ne restât
que l'oxyde de fer ; cet oxyde avait pris si parfaitement la
forme du bois que, sous le microscope, on y apercevait distinctement jusqu'aux vaisseaux qui sont particuliers à cette famille (1). »

Si nous avons réussi à nous faire comprendre, le lecteur doit
avoir maintenant une idée assez exacte de ce que l'on entend
par *fossiles* dans la géologie moderne. Ce sont des restes ou des
empreintes de plantes ou d'animaux enfouis dans la terre par
des causes naturelles, et conservés jusqu'à nous sous l'une des
trois formes que nous venons de décrire. Ou bien le corps lui-
même est resté, conservant encore sa propre substance naturelle,
en même temps que sa forme extérieure et sa structure intérieure;
ou bien, en second lieu, la substance et la structure organiques
ont disparu toutes les deux, mais la forme extérieure et les traits
superficiels sont restés empreints sur la roche solide ; ou bien,
enfin, la substance du corps a été convertie en pierre, mais par un
art si délicat que, sous tous les rapports, extérieurement et intérieurement, c'est toujours le même corps, avec une nouvelle substance. Nous observerons, cependant , que ces trois formes diffé-

____

(1) Lyell, *Éléments de Géologie*, p. 67. — Voir aussi Haughton, *Manual of
Geology*, p. 71-77.

rentes de fossilisation, que nous avons décrites, ne sont pas toujours parfaitement distinctes dans la réalité, mais sont souvent plus ou moins confondues, selon que la substance organique originelle a été plus ou moins complétement déplacée, ou que l'œuvre de pétrification a été plus ou moins parfaitement accomplie.

Il a dû se présenter à l'esprit du lecteur que nous avons déjà pénétré dans le domaine du monde fossile, lorsque nous avons recherché l'origine des roches organiques. Nous avons vu, par exemple, que la houille représente auprès de nous des marécages et des forêts qui ont autrefois couvert la terre de végétation ; que le calcaire des montagnes est en grande partie formé des squelettes des coraux constructeurs de récifs ; que la craie blanche d'Europe est presque entièrement due à des débris ce doquilles marines. Mais il est bon d'observer que ces roches et d'autres semblables, tout en nous fournissant des renseignements précieux sur la condition organique de notre planète à des âges antérieurs, ne sont pas, à proprement parler, des fossiles. Car, non-seulement la substance des corps organiques qu'ils représentent est complétement modifiée, mais la structure interne a été complétement effacée et même les formes extérieures ont disparu. Elles contiennent, il est vrai, un grand nombre de fossiles. Dans la houille, on trouve, comme nous l'avons vu, des troncs d'arbres, en même temps que des empreintes de plantes et de feuilles : dans la craie et le calcaire des montagnes des fragments de coquilles et de coraux sont souvent découverts dans un état de conservation parfaite. Mais la masse de ces formations n'est pas tant composée de fossiles que de la matière en laquelle se sont transformés ces fossiles. La houille, par exemple, est quelque chose de plus que du bois fossile ; la craie, le calcaire et le marbre sont quelque chose de plus que des coquilles et des coraux fossiles.

12

Les fossiles proprement dits offrent un tableau beaucoup plus saisissant des anciens habitants de notre globe. Mais c'est un tableau, dont une simple description verbale ne peut donner qu'une faible idée. Celui qui veut se rendre un compte exact de la véritable nature et de la signification des fossiles doit puiser ses impressions dans leur observation directe. Qu'il aille, par exemple, au *British Museum*, et qu'il parcoure lentement la longue série des vastes galeries consacrées exclusivement à cette branche de la science. Il se sentira comme transporté dans un autre monde dont il aurait pu à peine concevoir la réalité, s'il ne l'avait pas vu de ses propres yeux. Tout autour de lui sont disposés, en longues rangées, des squelettes de quadrupèdes, d'oiseaux, de poissons et d'animaux amphibies, tels qu'il n'en a jamais vu ni rêvé dans ses songes les plus extravagants. Quel que soit son étonnement en présence de ces étranges figures, il ne doute pas un moment qu'elles n'aient eu vie jadis; qu'elles n'aient marché à la surface de la terre ou qu'elles ne se soient diverties dans les eaux des mers. Bien plus, quoique ces formes soient nouvelles pour lui, il ne manquera pas, malgré son inexpérience en histoire naturelle, de trouver de nombreuses analogies entre la faune qui l'entoure et celle qu'il a eue jusque-là sous les yeux. Il y a des quadrupèdes, des bipèdes et des reptiles. Quelques-uns de ces animaux furent manifestement destinés à marcher sur la terre ferme; d'autres, à nager dans la mer; d'autres, à voler dans l'air. Quelques-uns sont armés de griffes comme le lion ou le tigre, d'autres ont la carapace de la tortue ou les nageoires du poisson. Ici, c'est un énorme animal qui pourrait presque passer pour un éléphant, bien qu'un œil expérimenté ne manque pas de découvrir une différence importante; là, c'est un monstre amphibie qui fait penser au crocodile; plus loin, c'est une créature disgracieuse qui joint les caractères généraux du lourd paresseux aux proportions colossales du gigantesque rhinocéros.

. Il reste une simple conjecture. Le visiteur supposera peut-être que ces monstres bizarres ont été apportés des régions lointaines par quelque voyageur aventureux. Mais non ; il se convaincra aisément que ces animaux appartiennent en grande majorité à des espèces complétement inconnues depuis des siècles à la surface de la terre, et que plusieurs des formes les plus étranges qu'il a sous les yeux ont été tirées du sol même sur lequel il se trouve, des carrières de Surrey, de Sussex et de Kent, et des profondes tranchées des nombreuses lignes de chemins de fer qui divergent de la grande métropole de Londres. La faune qu'ils représentent est, il est vrai, fort différente de celle qui existe maintenant ; mais aussi c'est la faune d'une époque très-éloignée.

Il ne faut pas croire cependant que des squelettes aussi gigantesques dans leurs proportions et aussi complets dans tous leurs détails que ceux qui attirent tout d'abord l'attention dans les galeries du *British Museum*, expriment bien le caractère général des fossiles. Les squelettes parfaits d'animaux de cette taille sont . rares. Ils constituent l'exception et non la règle générale ; ils sont la récompense de longues et pénibles explorations ou peut-être le résultat d'une découverte fortuite, qui porte la richesse dans l'humble demeure de quelque paysan. Toutes différentes sont les découvertes ordinaires du géologue. Des os et des crânes isolés, des dents éparses, des fragments de coquilles, des œufs d'oiseaux, des empreintes de feuilles, tels sont les restes les plus communs que la nature a emmagasinés pour notre instruction dans les différentes couches de la croûte terrestre, et qui composent en grande partie les trésors rassemblés dans nos musées géologiques.

Nous supposons que le lecteur a satisfait sa curiosité et suffisamment examiné ces formes gigantesques, mais peu nombreuses, qui se dressent majestueusement devant lui et semblent le regarder fixement du fond de leurs orbites sans yeux. Il est temps qu'il porte son attention sur les cases disposées le long des murs et sur les cabinets qui s'étendent au loin le long des galeries. Qu'il examine cette multitude d'os de toute forme et de toute grandeur et ces légions sans nombre de coquilles, et qu'il essaie de se faire une idée de la profusion et de la variété des animaux qui s'y trouvent représentés. Qu'il se rappelle, en outre, que ce n'est là qu'une seule collection. Il y en a des milliers d'autres, publiques et privées, éparses en Angleterre, en France, en Allemagne, en Italie et au delà de l'Atlantique, sur le continent américain et jusqu'en Australie ; et toutes ces collections proviennent d'un petit nombre d'endroits isolés, qui ne sont guère que des points imperceptibles sur la surface du globe, où l'intérieur de la croûte terrestre s'est trouvée accessible aux explorations du géologue.

Il est un autre mémorial de la vie à la surface du globe dans les âges antérieurs, qui ne manque pas d'intérêt et sur lequel nous voulons attirer spécialement l'attention, parce qu'il pourrait aisément échapper à la connaissance de l'observateur ordinaire. Quiconque s'est promené sur une plage de sable fin, à marée basse, a pu remarquer plus d'une fois des traces d'oiseaux ou d'autres animaux qui y avaient passé lorsqu'elle était assez molle pour recevoir une empreinte et en même temps assez ferme pour la conserver. Or, d'après les géologues, le grès d'une carrière moderne représente le fond sablonneux d'une ancienne mer. Le rivage de cette ancienne mer a sans doute été hanté également par diverses espèces d'animaux qui ont dû y laisser l'empreinte de leurs pieds. On eut donc raison de considérer, comme une intéressante et frappante confirmation de la théorie géologique, la découverte que l'on fit, il y a quelques années, de traces d'oiseaux et de reptiles à quatre pieds, distinctement imprimées sur le grès compacte de plusieurs carrières, tant de l'ancien que du nouveau Monde.

Évidemment, il arrive le plus souvent que ces empreintes, gravées sur le sable fin ou sur la molle argile du rivage, sont effacées ou du moins obscurcies par le prochain retour de la marée. Mais on comprend parfaitement que, dans certaines conditions, la surface du sol puisse être durcie et desséchée par l'ardeur du soleil avant le retour des eaux. L'empreinte jouera alors le rôle d'un moule dans lequel se déposera doucement une nouvelle couche de sable ramené par les vagues. De cette manière, un souvenir de la forme ancienne, gravé simplement sur le sable du rivage, pourra se conserver pendant des siècles sans nombre, alors que ce sable aura revêtu, par un progrès naturel, la forme d'une roche solide.

Quelle que soit la manière dont on rende compte de ce phénomène, les empreintes de pas d'oiseaux et de reptiles ne manquent pas sur les plaques de grès extraites des carrières de Saxe et de Pensylvanie, aussi bien que des comtés de Warwich et du Cheshire. Lorsque la roche a été fendue dans une direction parallèle aux lignes de stratification, on obtient une double figure. Sur la plaque supérieure, l'image est en relief; sur la plaque inférieure, qui est en réalité le sol foulé par le pied vivant, la figure est concave et offre l'aspect d'un moule.

Dans quelques circonstances, les traces de plusieurs pas successifs nous ont été conservées, et nous pouvons ainsi nous faire une idée du caractère de l'animal aussi bien que de son mode de progression. On en a un bel exemple dans la gravure ci-contre que nous empruntons au *Traité de Paléontologie*, du professeur Owen. On y voit trois paires d'empreintes de pas en relief, la première et la troisième appartenant au côté droit de l'animal, et la seconde au côté gauche. On remarquera que le pied postérieur est beaucoup plus grand que le pied de devant. Sur la plaque de grès originelle, l'un mesure huit pouces de long sur cinq de large ; l'autre, quatre pouces de long sur trois de large. Une pareille différence de grandeur peut s'observer actuellement chez plusieurs espèces de l'ordre des batraciens. L'espace qui sépare chaque paire de pied de la paire suivante est de quatorze pouces environ. L'orteil intérieur en forme de pouce qui se projette en côté, presque à angle droit, est toujours nettement dessiné. Les lignes qui coupent notre figure à intervalles irréguliers représentent les fentes de la pierre, fentes qui sont attribuées à la contraction du sable pendant le travail de la solidification. Quelques-unes des fentes traversent les empreintes et produisent une légère contorsion : ce fait s'accorde parfaitement avec l'hypothèse, que les empreintes furent d'abord déposées sur un sol plastique qui les rendit permanentes en se solidifiant.

Des empreintes semblables à celles que nous avons figurées sont assez abondantes dans les carrières de nouveau grès rouge de Storton-Hill, près de Liverpool, et de Hessberg, en Saxe. On suppose communément qu'elles sont dues à quelque quadrupède semblable au crapaud. Le professeur Owen a essayé de démontrer par diverses circonstances que cet animal est le

Plaques de grès avec empreintes de pas de cheirotherium.

même que le labyrinthodon, genre de reptile fossile bien connu et dont de nombreux restes ont été trouvés dans les mêmes formations. Mais, comme cette opinion n'est pas encore parfaitement établie, il convient, pour le moment, de se servir du nom de *cheirotherium* (χείρ, main, et θηρίον, animal sauvage), qui a été provisoirement adopté, par allusion à la ressemblance de ces empreintes à des mains d'homme (1).

Avant de quitter le Muséum, le visiteur ne doit pas manquer de jeter un coup d'œil en passant sur les débris organiques du

FIG. 24.

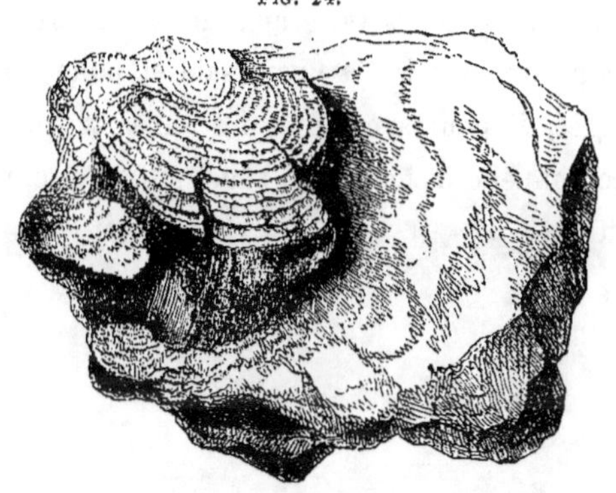

Bois fossile trouvé dans le calcaire carbonifère de Mayo, avec les anneaux
qui en marquent la croissance annuelle.

monde végétal. Il n'y a pas d'erreur possible au sujet des formes qu'il a sous les yeux. Il reconnaît à première vue les troncs massifs et élevés des arbres des forêts, avec leurs branches déployées, le tendre feuillage de plantes plus petites et, en par-

(1) Owen, *Palæontology*, p. 152-165 ; Lyell, *Éléments de Géologie*, t. II, p. 41-43 ; Mantell, *Fossils of the British Museum*; Buckland, *Traité de Bridge-Water*.

ticulier, la gracieuse fougère qui ne peut manquer d'attirer l'attention par son exubérance extraordinaire. Mais si les formes de cette ancienne végétation lui sont familières, que sa substance lui paraît étrange ! L'arbre de la forêt s'est changé en grès ; beaucoup de plantes ne sont plus que de la silice compacte, et la riche verdure de la fougère a fait place à la couleur noire de jais de la houille. Qu'il prenne un verre grossissant et qu'il examine la structure intime de ces restes minéralisés ; car, plus on les voit de près, plus on les trouve merveilleux. Il distinguera sans peine des fibres et de petites cellules parfaitement semblables à celles que nous pouvons voir dans les végétaux vivants ; il découvrira les plus petits vaisseaux de la fougère houilleuse, et s'il pratique une section transversale et polie dans l'arbre devenu du grès, il pourra compter les anneaux qui marquent sa croissance annuelle et nous dire l'âge qu'il a atteint dans les forêts primitives.

CHAPITRE XI.

FOSSILES. — L'EXPLORATION.

DU MUSÉUM A LA CARRIÈRE. — POISSONS FOSSILES DANS LE CALCAIRE DE MONTE-BOLCA. — DANS LES CARRIÈRES D'AIX. — DANS LA CRAIE DE SUSSEX. — L'ICHTHYOSAURE OU POISSON-LÉZARD. — PROPORTIONS GIGANTESQUES DE CET ANCIEN MONSTRE. — SES HABITUDES DE RAPINE. — LE PLÉSIOSAURE. — LE CÉTIOSAURE ET SON HISTOIRE. — LE MÉGATHERIUM. — HISTOIRE DE SA DÉCOUVERTE. — LE MYLODON. — PROFUSION DE COQUILLES FOSSILES. — ARBRES PÉTRIFIÉS DEBOUT DANS LE CALCAIRE PORTLANDIEN. — PLANTES FOSSILES DE L'ÉTAGE HOUILLER. — SIGILLARIA. — FOUGÈRE. — CALAMITE. — LÉPIDODENDRON. — MINE DE HOUILLE DE TREUIL. — LES FOSSILES SONT LA PREUVE INCONTESTABLE D'UNE ANCIENNE POPULATION ANIMALE ET VÉGÉTALE. — LEUR EXISTENCE NE PEUT S'EXPLIQUER PAR LA FORCE PLASTIQUE DE LA NATURE. — ON NE PEUT NON PLUS RAISONNABLEMENT L'ATTRIBUER A UN ACTE CRÉATEUR SPÉCIAL.

Des galeries du Muséum, il nous faut descendre dans les retraites souterraines de la mine ou de la carrière. Car ce n'est pas assez de se familiariser avec les fossiles, tels qu'ils sont exposés au regard par des mains humaines; nous devons les voir gisants et enfouis dans les couches successives de l'écorce terrestre, couches qui sont comme les rayons ou les planches du cabinet de la nature. Nous commencerons par les célèbres carrières de Monte-Bolca, dans l'Italie septentrionale, non loin de Vérone. Il y a là, dans le calcaire compacte, à 80 kilomètres de la mer la plus voisine, des squelettes entiers de différentes espèces de poissons, enfouis dans la roche, en grande abondance et

dans un état étonnant de conservation. Ils sont couchés parallèlement aux lits de calcaire; et, quoique fort aplatis par la

FIG. 25.

Platax papilio, extrait du calcaire de Monte-Bolca.

pression, ils ont conservé intacts leurs écailles, leurs os, leurs
nageoires et même leur tissu musculaire. Leur couleur est d'un

brun sombre qui contraste singulièrement avec le calcaire couleur de crème, dont ils sont enveloppés. Ces carrières ont été fouillées uniquement dans un but scientifique par des amateurs

FIG. 26.

Semiophorus velicans (calcaire de Monte-Bolca).

d'histoire naturelle et sont dès lors d'une étendue fort limitée. Cependant, les poissons fossiles y sont si abondants qu'on en a découvert plus de cent espèces et que des milliers d'individus ont été distribués entre les divers musées d'Europe. Il sont quelquefois tellement amoncelés qu'un seul bloc en contient un grand nombre.

De ces faits les géologues ont été amenés à conclure : que les couches en question furent déposées sur le lit d'une ancienne mer dans laquelle vivaient ces poissons ; que les eaux de la mer furent soudainement rendues délétères, probablement par l'éruption de quelque matière volcanique, et que, en conséquence, les poissons périrent en grand nombre et furent presque immédiatement ensevelis dans les dépôts calcaires, dont les couches sont formées. Cette supposition se trouve confirmée par un phénomène très-remarquable sur lequel il est bon d'appeler, en passant, l'attention. En 1831, une île volcanique émergea tout à coup dans la Méditerranée, entre la Sicile et la côte d'Afrique. On remarqua que les eaux de la mer furent en même temps chargées d'un limon rouge sur une vaste étendue et que des centaines de cadavres de poissons flottèrent à la surface. N'est-il pas évident que le limon, en se déposant, dut envelopper un grand nombre de poissons et les conserver ainsi pour les âges futurs ? Nous avons dans ce phénomène la reproduction exacte de ce qui a dû se passer autrefois au Monte-Bolca. Mais, pour le moment, nous avons à décrire des faits plutôt qu'à développer des théories (1).

Près de la ville d'Aix, ancienne capitale de la Provence, dans la France méridionale, il y a un groupe de couches consistant principalement en conglomérat, marne, gypse et calcaire, qui est resté célèbre dans les annales de la géologie. Outre de cu-

____

(1) Buckland, *Traité de Bridgewater*, trad. par M. Doyère, t. I, p. 107 ; Mantell, *Wonders of Geology*, p. 269 ; Lyell, *Éléments de Géologie*, t. II, p. 421.

rieux restes d'une végétation éteinte, ces couches contiennent encore d'abondants insectes fossiles qui émergent du lit rocheux, où ils ont si longtemps dormi, dans un état de fraîcheur surprenante. Mais les carrières d'Aix, comme celles de Monte-Bolca, sont surtout célèbres pour leurs poissons fossiles. Dans ce cas, comme précédemment, il semble que les poissons ont dû périr subitement, pour quelque cause mystérieuse, et être aussitôt ensevelis dans un nouveau dépôt. Ils ne montrent aucune trace

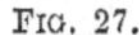

FIG. 27.

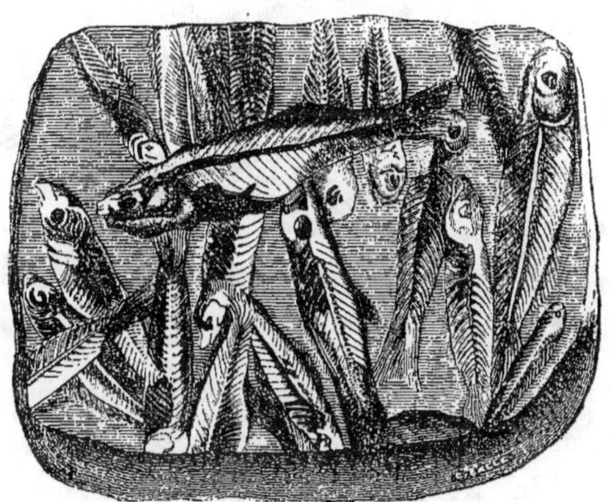

Poissons fossiles d'Aix.

de violence mécanique, et là encore ils sont parfois si pressés les uns contre les autres, que chaque bloc de calcaire en renferme un grand nombre dans diverses situations. Notre gravure donne un bel exemple d'un pareil bloc.

La craie blanche de Sussex est devenue classique parmi les étudiants en géologie, depuis les habiles et laborieuses recherches du docteur Mantell. Avant lui, les poissons de la craie n'étaient connus que par leurs dents et leurs os qui abondaient dans toutes les carrières. Mais il réussit à découvrir des squelettes entiers et à les dégager intacts de leur enveloppe crayeuse. En plusieurs cas, ces poissons fossiles paraissent avoir peu souffert de la compression : leur corps conserve encore la forme ronde ; les nageoires elles-mêmes et les écailles les plus délicates ne sont pas

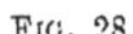

Fig. 28.

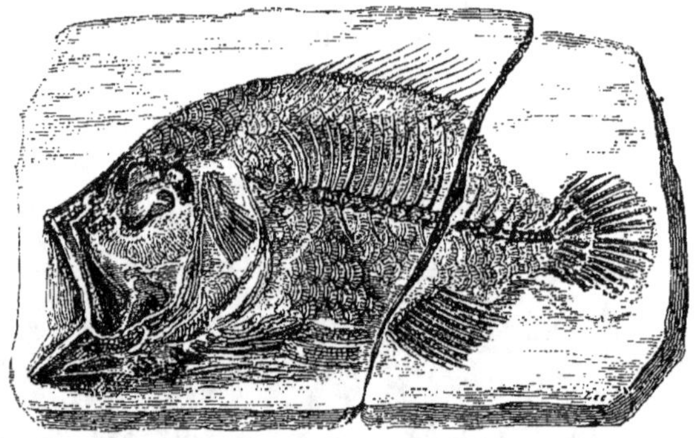

Beryx Lewesiensis, extrait de la craie, près de Lewes (Sussex).

plus endommagées que si elles avaient été entourées du gypse tendre de Paris pendant qu'elles flottaient dans l'eau. Pendant bien des années, le docteur Mantell se dévoua avec un zèle infatigable à la recherche de ces restes intéressants, et sa magnifique collection orne maintenant les galeries du *British Museum*. La gravure ci-jointe représente un spécimen qui appartient à l'une des espèces les plus abondantes : c'est un poisson voisin de la perche commune. Les carriers de Sussex l'appellent vulgairement *dorée :* mais les savants lui ont donné le nom de *Beryx Lewesiensis*.

Des poissons fossiles passons aux reptiles fossiles. Plusieurs de nos lecteurs ont peut-être entendu ou lu quelque chose au sujet d'un groupe de roches remarquables, connu sous le nom de *lias*. Cette formation est très-développée en Angleterre, où elle a été l'objet d'une attention spéciale de la part des géologues. Elle s'étend sur une ceinture de largeur diverse, depuis Whitby, sur la côte du Yorkshire, jusqu'à Lyme-Regis, sur la côte du Dorsetshire, en passant par les comtés de Leicester, de Warwick, de Glocester et de Somerset. Elle est composée principalement de calcaire, de marne et d'argile; mais elle doit sa célébrité au nombre et aux dimensions de ses grands reptiles fossiles. Le plus remarquable de ces reptiles est l'*ichthyosaure* ou *poisson-lézard*.

Ce monstre des mers anciennes unissait, comme son nom l'indique, les caractères essentiels du reptile à la forme et aux mœurs du poisson. Aucune créature pareille n'a existé dans les temps historiques; néanmoins, chaque partie de sa structure compliquée a ses analogues, plus ou moins parfaits, dans la création actuelle. Il avait la tête du lézard, le museau du marsouin, les dents du crocodile, les vertèbres du poisson et les nageoires de la baleine. Il atteignait quelquefois jusqu'à 30 pieds. Il avait le cou roide et court, l'estomac énorme, la queue longue et puissante. Cette queue constituait, avec quatre rames ou nageoires, les principaux organes de locomotion. Mais, de toutes ses parties, la tête était peut-être la plus merveilleuse et la plus caractéristique. Dans les plus grandes espèces, les mâchoires avaient 6 pieds de long et étaient armées de deux rangées de dents coniques et aiguës, au nombre de 100 au-dessous et de 110 au-dessus. Les cavités orbitaires où les yeux étaient logés mesuraient souvent 14 pouces de diamètre, et les prunelles devaient être elles-mêmes plus grosses que la tête d'un homme (1).

(1) V. note C fin du volume.

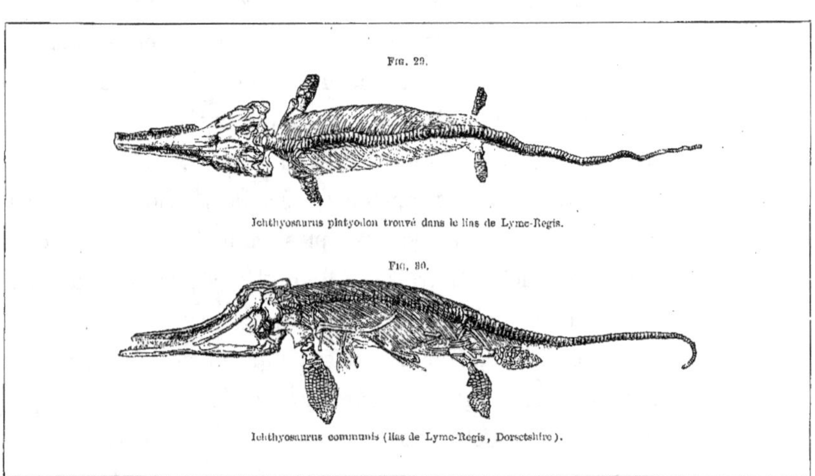

Ichthyosaurus platyodon trouvé dans le lias de Lyme-Regis.

Ichthyosaurus communis (lias de Lyme-Regis, Dorsetshire).

Mais ce qu'il nous faut surtout faire remarquer à nos lecteurs, c'est que les restes de ce singulier reptile aquatique abondent dans toute l'étendue de la formation du trias, en Angleterre. Bien au-dessous de la surface du sol, on les trouve enfouis dans les marnes, dans les argiles et dans les calcaires des comtés de Dorset, de Glocester, de Warwick, de Leicester et d'York. Quelquefois les squelettes sont trouvés entiers, sans qu'un seul os soit dérangé de la place qu'il occupait pendant la vie de l'animal ; mais, le plus souvent, les fragments gisent épars et sans ordre : crânes, os des mâchoires, dents, nageoires, vertèbres caudales et dorsales, tout est confondu. Le voisinage de Lyme-Regis est rempli de ces débris fossiles. On a observé dans quelques-uns des échantillons exhumés une circonstance singulière qui mérite d'être notée. Si l'on réfléchit à la force prodigieuse de cet animal, à l'étendue de ses mâchoires et à l'immense capacité de son estomac, on ne doute guère qu'il n'ait fait sa proie des autres poissons et reptiles qui avaient le malheur d'habiter les mêmes eaux que lui. C'est là, en effet, ce qui est arrivé ; car on retrouve encore, enfermés entre ses vastes côtes, à l'endroit occupé autrefois par son estomac, les restes à moitié digérés de sa nourriture ; et, parmi ces débris, l'on peut distinguer les os et les écailles de ses victimes. On peut même reconnaître, dans quelques-uns des plus gigantesques spécimens que nous ayons, les restes de leurs frères plus petits. Ces débris, quoique moins nombreux que les os de poissons, suffisent cependant pour montrer que cet animal, lorsqu'il avait besoin d'apaiser sa faim, n'épargnait pas même les individus moins puissants que lui de sa propre espèce (1).

(1) Owen, *Palæontology*, p. 200-209 ; Buckland, *Traité de Bridgewater*, t. I, p. 145-176 ; Mantell, *Wonders of Geology*, p. 576-581 ; Lyell, *Éléments de Géologie*, t. II, p. 10-12 ; Jukes, *Manual of Geology*, p. 598 599.

C'est à des faits semblables, faits révélés par l'écorce terrestre dans le monde entier, que les géologues ont affaire. Lorsqu'ils se trouvent en présence de squelettes et d'ossements tels que ceux que nous avons décrits, ensevelis dans l'épaisseur de la roche compacte à des centaines de pieds au-dessous de nos prairies et de nos champs de blé, ils ne peuvent pas s'empêcher de se poser ces questions : D'où vinrent ces créatures? Quand vécurent-elles? Par suite de quelles révolutions furent-elles ensevelies en ce lieu et soulevées ensuite du fond des mers ?

On trouve dans la même formation les débris fossiles d'un autre reptile appelé *plésiosaure*, c'est-à-dire *voisin du lézard*. Cuvier observa que la structure de ce monstre extraordinaire était la plus singulière et la plus anormale qui ait encore été trouvée parmi les ruines de l'ancien monde. Il se distingue de l'ichthyosaure, avec lequel il a beaucoup d'affinité, principalement par l'énorme longueur de son cou, qui, dans quelques espèces, ressemble au corps du serpent. Le docteur Bukland nous rapporte que, dans le *plesiosaurus dolichodeirus*, le cou est plus long que le tronc, l'un ayant cinq fois et l'autre seulement quatre fois la longueur de la tête. Notre dessin, que nous devons à l'obligeance du docteur Haughton, représente un bel échantillon du *plésiosaure Cramptonii*, qui fut trouvé dans les couches du lias de Kettleness, près de Whitby, dans le Yorkshire, et qui est maintenant l'un des principaux objets du musée de la Société royale de Dublin. C'est peut-être, à tout prendre, le plus splendide fossile que l'on ait découvert jusqu'ici dans le monde entier.

Le caractère et les habitudes du plésiosaure ont été décrits de la manière suivante par M. Conybeare : « C'était un animal aquatique : l'état de ses pattes le prouve jusqu'à l'évidence ; il

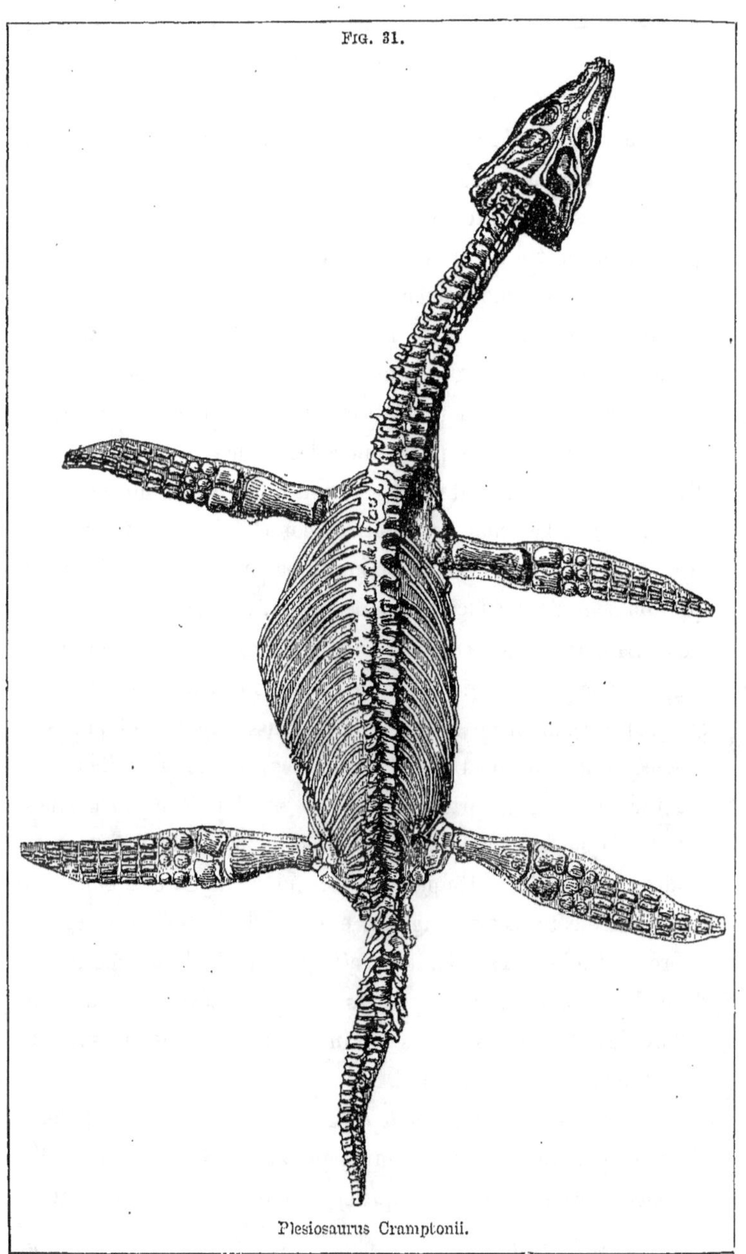

FIG. 31.

Plesiosaurus Cramptonii.

était marin : les restes auxquels on le trouve constamment associé ne sont à cet égard guère moins concluants. La ressemblance de ses extrémités avec celles de la tortue conduit à penser que, comme cette dernière, il venait de temps à autre sur le rivage; mais ses mouvements sur la terre ferme ne pouvaient qu'être dépourvus d'agilité, et la longueur de son cou était un obstacle à la rapidité de sa progression à travers les eaux, ce qui contraste d'une manière frappante avec l'ichthyosaure, si admirablement organisé pour fendre les vagues. Et, comme à ces diverses circonstances il vient se joindre, en vertu du mode de respiration de l'animal, un besoin de communications fréquentes avec l'atmosphère, ne sommes-nous pas autorisé à prononcer qu'il nageait à la surface même des eaux, ou s'en éloignait peu, recourbant en arrière son cou long et flexible, à la manière du cygne, et le dardant de temps à autre pour saisir les poissons qui s'approchaient de lui ? Peut-être aussi se tenait-il près du rivage, dans des eaux peu profondes, caché au milieu des végétaux marins, et portant, à l'aide de son long cou, ses narines jusqu'à la surface des eaux; c'eût été là pour lui une retraite assurée contre les attaques de ses plus dangereux ennemis. D'un autre côté, cette longueur et cette flexibilité du cou, par la promptitude et la soudaineté d'attaque qu'elles lui permettaient de déployer contre tout ce qui passait à sa portée, compensaient la faiblesse de ses mâchoires et l'impossibilité d'une progression rapide au sein des eaux (1) ».

Le *cétiosaure* ou *lézard-baleine* n'est pas moins merveilleux. C'est le plus grand animal connu qui ait vécu sur la terre. On n'a encore découvert aucun squelette complet de cet être mons-

(1) Buckland, *Traité de Bridgewater*, t. I, p. 185; Owen, *Palæontology*, p. 223-232.

trueux. On ne possède de toute sa tête qu'une simple dent. Mais nous avons les os de la poitrine, de l'avant-bras et de la cuisse, les côtes, les os des épaules et des hanches; en un mot, tout ce qui est nécessaire pour la construction d'un squelette complet, moins la tête. Ces intéressantes reliques ont été extraites, à divers intervalles, dans les cinquante dernières années, des roches et argiles de l'Oxfordshire et de Northampton. On les a transportées au muséum de l'université d'Oxford, où elles attirent surtout l'attention du visiteur. Les os avaient été parfois tellement écrasés par le poids des couches supérieures, qu'ils tombaient en pièces au simple toucher et n'arrivaient au muséum qu'à l'état de fragments. Mais ces fragments ont été réunis et les os ont été rétablis dans leur état primitif, avec une patience infatigable et un vrai talent, sous la direction éclairée du professeur Philips.

Les couches où nous trouvons ces restes sont connues des géologues sous le nom d'*oolite*. Quoique distinctes du lias, elles lui sont intimement associées et viennent immédiatement au-dessus dans l'ordre de superposition. La première découverte eut lieu en 1825, dans les carrières de Chipping Norton, à 32 kilomètres au nord-est d'Oxford. La suivante eut lieu en 1840, dans une tranchée du chemin de fer, près de Blisworth (comté de Northampton), où l'on découvrit un nombre considérable d'os gigantesques sur un espace de douze pieds de long sur huit de large. Mais les plus riches gisements de ces remarquables fossiles sont les carrières de Gibraltar, près la station du chemin de fer de Kirtlington, à 13 kilomètres environ au nord d'Oxford. On y a découvert, à divers intervalles, depuis 1847, un nombre considérable d'os appartenant au cétiosaure, dont l'un nous semble mériter une mention spéciale.

En 1868, on apprit à l'université d'Oxford que les carriers de Gibraltar avaient rencontré un os énorme, « de la grosseur d'un homme ordinaire ». Le professeur Philips se rendit aussitôt sur les lieux et reconnut que c'était la cuisse (fémur) d'un cétiosaure. La description des ouvriers était à peine exagérée ; on trouva, en effet, que cet os mesurait 1ᵐ62 de long sur 1ᵐ16 de circonférence, et 0ᵐ50 de diamètre dans sa partie la plus large. Il est représenté dans la gravure ci-jointe à l'échelle d'un pouce par pied ou d'un douzième. Le lecteur remarquera aussi avec quel soin ont été réunis les divers fragments dans lesquels il s'était réduit avant d'atteindre le laboratoire du muséum.

L'humérus, représenté dans notre gravure à côté du fémur, a été trouvé vers le même temps et dans la même localité. Il a 1ᵐ30 de long ; son diamètre est, à l'extrémité, de 0ᵐ50, et de 0ᵐ22 au milieu. Si après cela nous tenons compte de la grandeur des côtes, dont quelques-unes furent certainement longues de 1ᵐ50 et peut-être beaucoup plus, — car les plus longues que l'on ait découvertes ne sont pas complètes et manquent de quelques pièces à leurs deux extrémités, — nous pourrons nous faire une grossière idée des dimensions colossales de cet ancien monstre. Évidemment, il est impossible d'arriver à un calcul exact jusqu'à ce que le squelette ait été complété par des découvertes ultérieures ; mais, à en juger d'après ce que l'on sait déjà, l'animal ne devait pas mesurer moins de trois mètres de haut sur quinze de long.

Quant à son genre de vie, il est impossible de bien savoir ce qu'il fut, puisque sa tête nous manque. D'après la forme et le caractère de ses membres, il semblerait que ses habitudes furent en partie terrestres en partie aquatiques, et l'unique dent qui a été trouvée indique que son alimentation était végétale.

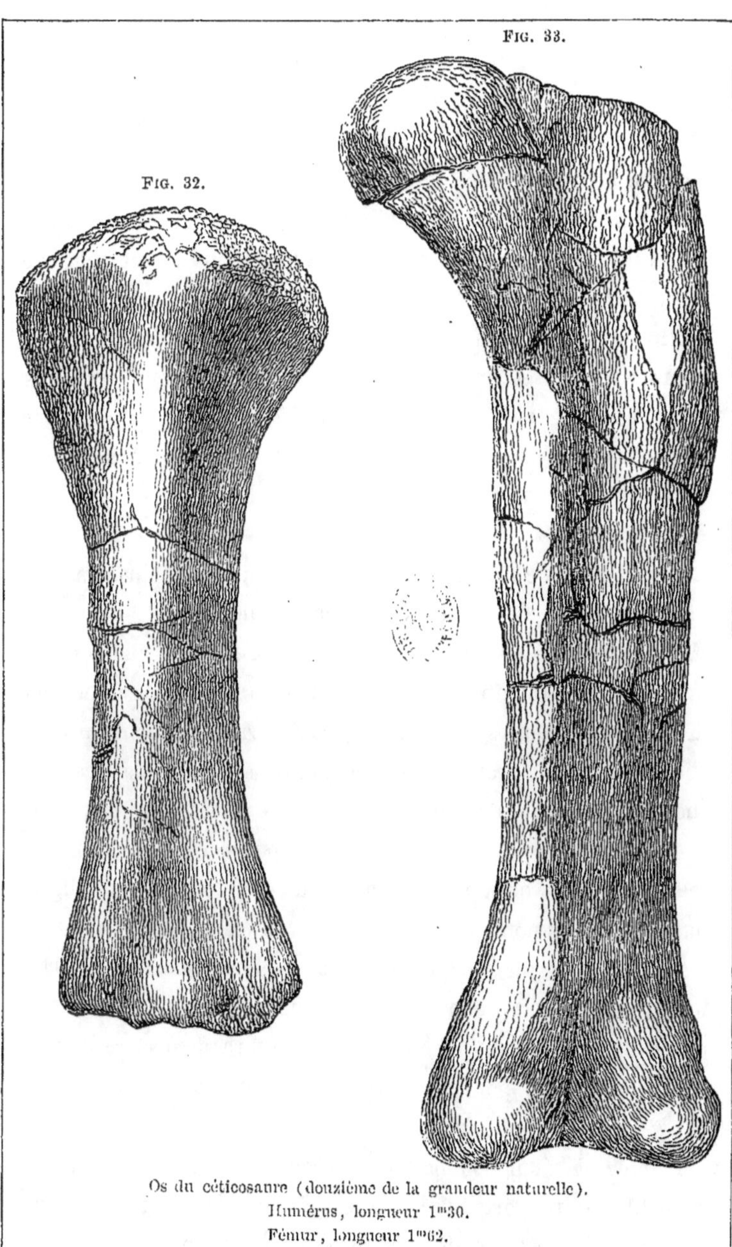

Os du céticosaure (douzième de la grandeur naturelle).
Humérus, longueur 1m30.
Fémur, longueur 1m62.

On suppose donc qu'il habitait les marais et le bord des rivières, qu'il se nourrissait aux dépens de l'abondante végétation qui se développe habituellement dans ces lieux, et que, en conséquence, il n'était point obligé de courir bien loin pour la recherche de sa nourriture, ni de disputer l'empire de la mer aux rapaces ichthyosaures et plésiosaures. Un rapport détaillé sur ce lézard monstrueux a été publié récemment par le professeur Philips dans son splendide ouvrage sur la *Géologie d'Oxford*, ouvrage auquel nous avons emprunté la présente description ainsi que les dessins qui l'accompagnent.

Les pampas de l'Amérique du Sud ne sont pas moins fameuses par leurs restes de quadrupèdes gigantesques que le lias d'Angleterre par ses énormes reptiles marins. Ces vastes plaines, qui offrent à l'œil, sur un espace de 1,400 kilomètres, une vraie mer ondoyante de hautes herbes, consistent principalement en couches stratifiées de gravier et de limon rougeâtre : c'est dans cescouches que l'on retrouve enfouis un grand nombre d'animaux terrestres, informes et disgracieux, mais puissants. Ils y sont en telle abondance qu'il est impossible, dit-on, de tracer une ligne dans une direction quelconque à travers le pays, sans qu'elle vienne à rencontrer quelque squelette ou ossement. Aussi M. Darwin regarde-t-il toute la région des pampas comme un vaste sépulcre de ces animaux éteints. Il nous suffira de décrire l'un de ces animaux qui, pour sa masse prodigieuse, a reçu le nom de *mégathérium* (grande bête sauvage).

Le mégathérium, comme l'ichthyosaure et le plésiosaure, avait de nombreux rapports avec la création actuelle. Par sa tête et ses épaules, il ressemblait au paresseux qui vit encore au milieu du vert feuillage des arbres dans les épaisses forêts de l'Amérique du Sud, pendant que par ses jambes et ses pieds il combinait les caractères du fourmilier et du tatou. Mais ses proportions colossales en faisaient un animal complétement distinct de tous les représentants modernes de la famille à laquelle il appartenait. Il avait souvent jusqu'à 3^{m}60 de long sur 2^{m}40 de haut. Ses pieds antérieurs avaient près d'un mètre de long sur 0^{m}30 de large et se terminaient par des ongles gigantesques ; ses hanches mesuraient 1^{m}50 de large, et son fémur était trois fois plus épais que dans les plus grands éléphants. « Toute son organisation, » comme l'a admirablement observé et soigneusement démontré le docteur Buckland, « était un mécanisme colossal en rapport exact avec le travail pour lequel il avait été construit ; massive et puissante, comme cette besogne était lourde et pénible, elle avait été coordonnée pour être un instrument de vie et de jouissances à toute une race de quadrupèdes, laquelle, bien qu'elle ait disparu de la surface de notre planète, a laissé derrière elle d'impérissables monuments de l'habileté consommée qui avait présidé à son édification. Chaque membre, chaque fragment d'un membre est une pièce bien proportionnée, d'un tout parfaitement coordonné ; et, si loin qu'ils semblent s'écarter, par leurs formes et leurs proportions, de ce que sont les membres chez les autres mammifères, nous y trouvons des preuves de plus de tout ce qu'il y a eu d'inépuisable et infinie variété dans les plans de la sagesse créatrice. »

Le léviathan des pampas, comme on l'a justement appelé, fut connu, pour la première fois, vers la fin du siècle dernier. En 1785, on découvrit un squelette presque complet, à trois milles environ au sud-ouest de Buenos-Ayres. Le marquis de Loreto l'offrit au musée royal de Madrid où on le voit encore. Depuis ce temps, d'autres échantillons, sans compter de nombreux fragments, ont été découverts, grâce surtout au zèle et à l'énergie

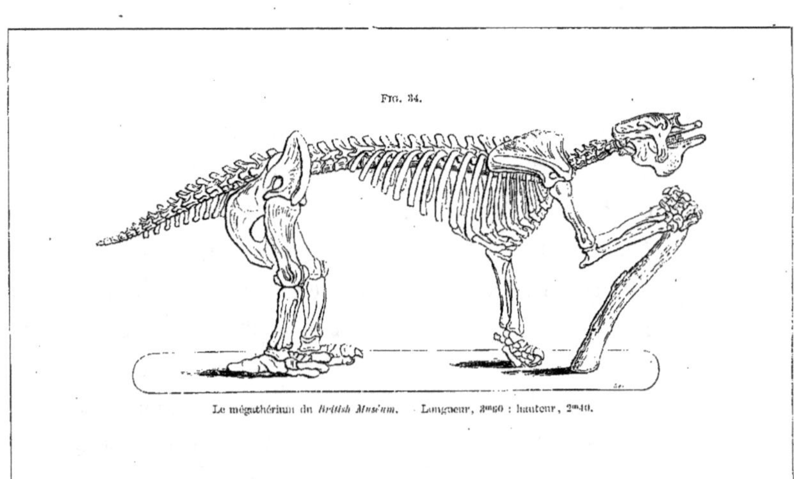

Le mégathérium du *British Muséum*. — Longueur, 3m60 : hauteur, 2m40.

de sir Woodbine Parish, qui a le plus contribué à nous donner des notions certaines sur la forme, la structure et, conséquemment, les habitudes de ce grossier et monstrueux animal. Le squelette complet qui attire tant l'attention au *British Muséum*, et dont nous donnons ici la figure, n'en est qu'une représentation artificielle ; mais il a été construit avec beaucoup de soin d'après les os originaux, dont quelques-uns sont exposés dans les cases latérales de la même salle, et d'autres au Muséum du collége royal des chirurgiens (1).

Le *mylodon* se rapproche beaucoup du mégathérium, mais en diffère par des dimensions moins colossales. Ses restes sont trouvés associés à ceux du mégathérium et d'autres grands animaux de la même famille, dans les graviers superficiels de l'Amérique du Sud. Un splendide échantillon qui mesure onze pieds de la partie antérieure du crâne à l'extrémité de la queue, fut trouvé, en 1841, à quelques milles au nord de Buenos-Ayres. Il est bien figuré dans la gravure ci-contre, que nous empruntons, avec la permission de l'auteur, à l'admirable *Manuel de Géologie* du Dr Haughton.

Mais quittons les poissons, les reptiles et les quadrupèdes pétrifiés qui sortent, pour ainsi dire, de leurs tombes pour nous donner des nouvelles d'une création éteinte, et reportons, pour un moment, notre attention sur les coquilles fossiles. Ces reliques d'un ancien monde, qui sont répandues avec une abondante profusion dans toutes les strates de l'écorce terrestre, peuvent paraître, il est vrai, de peu d'importance à l'observateur indifférent; mais, pour l'œil exercé du savant, elles sont très-instructives.

(1) Buckland, *Traité de Bridgewater*, t. I, p. 124; Owen, *Palæontology*, p. 390-392 ; Mantell, *Wonders of Geology*, p. 166-169 ; *Fossils of the British Museum*, p. 465-480.

On les a appelées avec raison les *médailles de la création*; elles portent, en effet, gravée à leur surface, l'empreinte de l'âge auquel elles appartiennent, et elles constituent la plus grande, nous pourrions peut-être dire la plus importante partie de ces annales non écrites dans lesquelles le géologue cherche à puiser l'histoire ancienne du globe.

FIG. 35.

Mylodon robustus de Buenos-Ayres.

Nous n'avons pas à parler ici de la prodigieuse abondance des coquilles fossiles conservées dans la croûte de la terre. Nous avons vu déjà que toute la masse d'un grand nombre de formations calcaires est composée presque exclusivement de ces coquilles réduites en minces fragments et plus ou moins altérées par l'action chimique. Nous avons vu, de plus, qu'il existe des carrières à la portée de tout le monde, où chacun peut aller puiser à plaisir ces restes intéressants des vieux temps. Mais il est un ou deux faits qu'il peut être utile d'exposer brièvement, parce qu'ils ont une signification spéciale relativement aux coquilles fossiles. En premier lieu, nous rappellerons à nos lecteurs qu'il y a une différence marquée et bien connue entre les coquilles, selon que les animaux auxquels elles appartiennent habitent la mer, les rivières ou les eaux saumâtres des estuaires. Or, les explorations des géologues ont mis entièrement hors de doute que les coquilles marines abondent loin des côtes actuelles, au cœur même des vastes continents. Et on les trouve, non-seulement à la surface du sol, mais profondément enfouies dans l'écorce terrestre et recouvertes, dans bien des cas, de nombreuses couches de roches compactes, de plusieurs milliers de pieds d'épaisseur. Remarquons aussi qu'elles se présentent à toutes les hauteurs au-dessus du niveau de l'Océan. On en a observé à des hauteurs de 2,400 mètres dans les Pyrénées, de 3,000 dans les Alpes, de 4,000 dans les Andes et de plus de 5,400 dans l'Himalaya (1). Tels sont les phénomènes qui s'imposent constamment à l'attention du géologue et d'où résultent de nombreux problèmes qu'il ne peut manquer de chercher à éclaircir et à résoudre. Il est poussé instinctivement à se demander comment il se fait que des coquilles d'animaux marins se rencontrent à une telle distance de la mer; comment elles ont été ensevelies à une telle profondeur, ou comment elles se trouvent placées sur les sommets les plus élevés de hautes montagnes.

Notre exploration souterraine serait incomplète si nous ne fai-

(1) Lyell, *Éléments de Géologie*, t. I, p. 6.

sions, pour la vie végétale, ce que nous avons fait pour la vie animale de l'ancien monde. Que le lecteur descende par la pensée
dans les célèbres carrières de Portland, sur la côte méridionale
d'Angleterre, et il y verra exposés, d'une façon très-frappante, les
restes fossilisés d'une végétation depuis longtemps disparue. Une
coupe verticale, pratiquée dans l'une de ces carrières et s'éten-

Fig. 36.

Terre végétale.

Calcaire d'eau douce.

Argile.

Calcaire lamelleux d'eau douce.

Dirt bed (*lit de boue*), avec
arbres fossiles.

Calcaire d'eau douce.

Lit d'argile.

Pierre de construction , avec
coquilles marines.

Coupe d'une carrière dans l'île de Portland. Épaisseur totale, 9 mètres environ.

dant à une profondeur de 9 mètres environ, présente la succession
suivante de couches disposées en lits horizontaux : d'abord, une
faible couverture de terre végétale, au-dessous de laquelle sont
de légères couches de calcaire couleur café au lait, formant une
strate de roches solides de 3 mètres d'épaisseur ; vient ensuite une
couche de terre glaise d'un brun foncé, mêlée à des fragments de

pierre arrondis et variant en épaisseur de 30 à 50 centimètres.
Cette couche est connue des carriers sous le nom de *lit de boue*
(dirt-bed), et semble avoir été couverte, dans les premiers âges,
d'une végétation luxuriante, car on y trouve épars les fragments
pétrifiés d'une ancienne forêt. A chaque pas l'on rencontre des
troncs étendus et des branches fracassées de grands arbres ;
mais, ce qu'on y remarque de plus frappant, c'est que, dans bien
de cas, les tronçons pétrifiés sont encore debout et s'étendent
en haut à travers la couche de calcaire compacte, pendant que
leurs racines s'enfoncent dans la faible couche d'argile située
plus bas. Immédiatement au-dessous de ce *lit de boue* vient une
autre couche calcaire fort épaisse et au-dessous de celle-ci, une
strate de la fameuse pierre de Portland, si estimée pour les
constructions. Comme les carrières de Portland sont exploitées
principalement pour cette pierre de construction, on ne fait-
guère attention au *lit de boue* ni à son contenu, et l'un et l'autre
sont habituellement jetés de côté, comme décombres, par les
carriers.

La vue de cette forêt pétrifiée est décrite de la manière suivante par le docteur Mantell : « Dans une de mes visites à l'île,
la surface du lit de boue était déblayée sur un large espace, dans
le but de l'extraire et d'arriver ainsi à la pierre de construction.
L'aspect qu'elle présentait était des plus frappants. Le fond de
la carrière était littéralement jonché de bois fossile. J'avais sous
les yeux une forêt pétrifiée. Comme les habitants de cette cité
arabe dont parle la légende, arbres et plantes avaient été changés
en pierre et étaient restés à l'endroit même qu'ils occupaient pendant leur vie ! Quelques-uns des troncs étaient entourés d'une
sorte de rempart conique de matière calcaire qui s'était évidemment accumulée autour des racines pendant qu'elle était molle.

Les troncs qui avaient conservé la position verticale étaient généralement espacés de quelques pieds et n'avaient guère qu'un mètre de haut. Ils étaient brisés et déchirés à leur sommet, comme si un ouragan les avait rompus à une petite distance du sol. Quelques-uns avaient 60 centimètres de diamètre, et les fragments réunis de l'un des troncs couchés donnaient une longueur totale de 10 à 12 mètres. Dans plusieurs cas, des portions des branches restaient attachées au tronc (1). »

Les terrains houillers d'Europe et d'Amérique offrent au géologue un champ sans limite pour la recherche des plantes et des arbres fossiles. Nous avons eu déjà l'occasion de parler de la *sigillaria*. Cet ancien arbre, remarquable par son tronc magnifiquement sculpté, n'a pas de représentant exact dans le règne végétal actuel. Mais il abonde partout dans les terrains houillers, et il n'est guère douteux que plusieurs vastes gisements de houille ne soient composés presque entièrement de ses restes carbonisés. L'ancienne terre végétale, qui constitue ordinairement le sol sur lequel repose la couche de houille, est souvent aussi encombrée des racines rameuses de la sigillaria que peut l'être le sol d'une épaisse forêt par les racines des arbres dont il est couvert. Le tronc lui-même, lorsqu'il est converti en houille, revêt généralement la forme de longues planches étroites, par suite de la pression qu'il a subie pendant le travail de minéralisation. Quelquefois, cependant, on le trouve debout et non comprimé. Dans ce cas, l'intérieur du tronc a été habituellement rempli de sable ou d'argile : il en résulte que cet arbre, tout en conservant sa forme et son caractère extérieur, est transformé en une coque cylindrique d'écorce carbonisée à l'extérieur et en un cylindre so-

(1) *Wonders of Geology*, p. 400.

lide de grès ou de schiste à l'intérieur. Notre figure 21 en donne un exemple intéressant.

Toute mine de houille est ornée, en outre, de l'empreinte de la gracieuse *fougère*, qui constitue l'un des traits les plus séduisants de la flore de l'ancien monde. Souvent elle revêt un caractère arborescent, comme il arrive encore fréquemment dans les régions tropicales ; et alors, elle est réellement un objet d'une beauté remarquable, atteignant une hauteur de 12 à 15 mètres, et s'étendant au sommet en un dôme élégant de feuillage.

La *calamite* est une autre plante très-abondante dans la houille. Son véritable caractère botanique n'a pas encore été clairement reconnu ; mais, sauf ses dimensions gigantesques, elle offre une ressemblance générale avec la prêle commune de nos marais et de nos sols fangeux. C'est une tige en forme de roseau, longue quelquefois de 10 mètres, creuse à l'intérieur, et marquée, à l'extérieur, de strics longitudinales très-curieuses.

Le *lépidodendron*, ou arbre écailleux, n'est guère moins remarquable que la sigillaria, la fougère et la calamite. C'est un des végétaux les plus intéressants de la période carbonifère. Comme la sigillaria et la calamite, il n'a pas cessé d'être une énigme pour le botaniste. Mais il n'est pas besoin de l'œil de la science pour voir que c'est incontestablement un arbre majestueux des forêts primitives, renfermé dans l'écorce terrestre, emprisonné dans une enveloppe compacte de schiste, de grès ou de houille, selon la circonstance, et recouvert de dépôts massifs de centaines de pieds d'épaisseur . Notre gravúre représente un spécimenqu i a été mis à découvert, il y a quelques années, à Yarrow-Tolliery, près de Newcastle.

On trouva dans le même voisinage une portion du tronc et des branches d'une autre variété du *lepidodendron elegans*, que nous représentons également pour permettre au lecteur de se former une idée plus complète de ce qu'était cet arbre dans les forêts primitives.

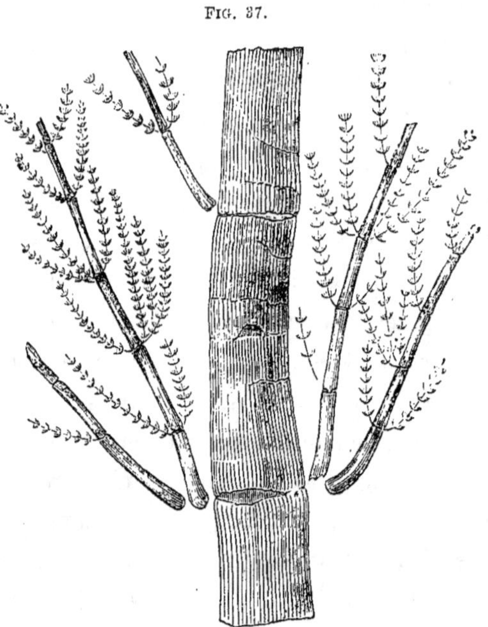

FIG. 37.

Calamites nodosus, terrain houiller de Newcastle.

La disposition de la houillère de Treuil, en France, non loin de la ville de Lyon, vient jeter un nouveau jour sur la question. Les lits de houille sont recouverts d'une sorte de grès schisteux de dix pieds d'épaisseur, et ce grès est traversé par les troncs verticaux d'énormes plantes pétrifiées, surtout de calamites. Nous avons donc là, selon toute apparence, une ancienne forêt enveloppée dans le grès. Il est à croire que la forêt fut submergée pendant que les arbres étaient encore debout ; que, dans cet état, elle reçut les dépôts sédimentaires de quelque grande rivière, et que, finalement, ces dépôts se transformèrent, dans le cours des âges, en un grès compacte, de la manière exposée plus haut. Depuis la solidification, au moins partielle, de la roche, des

Fig. 38.

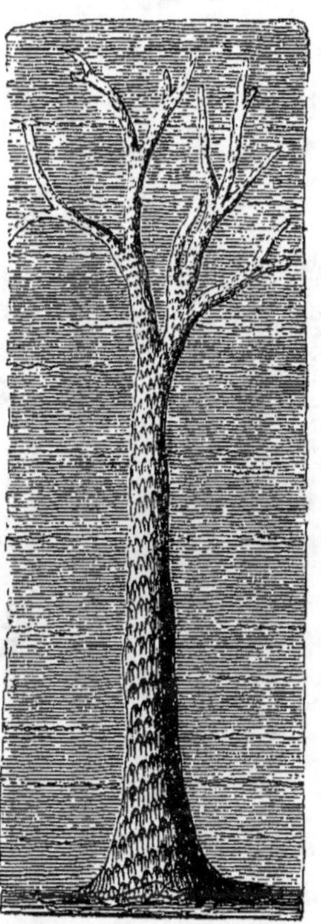

Lepidodendron Sternbergii, arbre fossile de 12 mètres de haut (Newcastle).

mouvements de glissement ont détruit, paraît-il, la continuité des tiges, de manière que la partie supérieure s'est trouvée repoussée d'un côté, comme le montre notre figure.

Mais il est temps de mettre fin à cette revue, trop incomplète cependant, des restes fossiles. Ceux qui désirent continuer ces recherches par eux-mêmes, trouveront aisément l'occasion de le faire. Il est bien peu de personnes, croyons-nous, qui ne puissent, à l'occasion, avoir accès dans l'un de ces splendides musées de géologie qui ont été établis dans toutes les grandes villes d'Europe. Il y a, en tout cas, les immenses musées de la nature qui gisent à nos pieds et qui sont à la portée de tous.

Fig. 39.

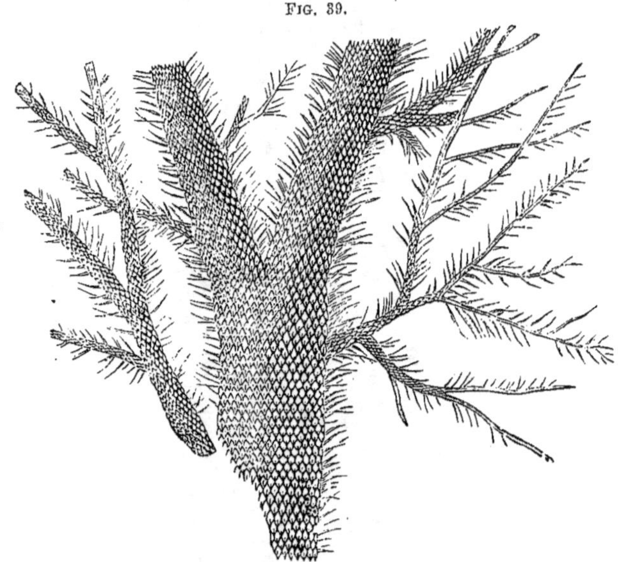

Lepidodendron elegans, portion de la tige et des branches (Newcastle).

Si peu nombreux que soient les faits que nous avons exposés fidèlement, nous en avons la confiance, mais incomplétement peut-être, ils suffisent pour convaincre tout esprit raisonnable que les os, squelettes, troncs et branches d'arbres qui ont été exhumés des roches stratifiées, sont réellement les restes d'une vie organique qui fut jadis florissante à la surface de la terre ou dans les caux des mers. Tout évident que soit ce fait pour quiconque a étudié suffisamment les fossiles, il a été l'objet de dénonciations et d'attaques fort vives. Dans les premiers temps de la géologie, ces phénomènes étaient attribués, assez communément, au « pouvoir plastique de la nature, » ou à l'influence des astres. Ces vieilles idées, il est vrai, ne trouvent plus guère d'appui parmi

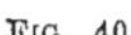

FIG. 40.

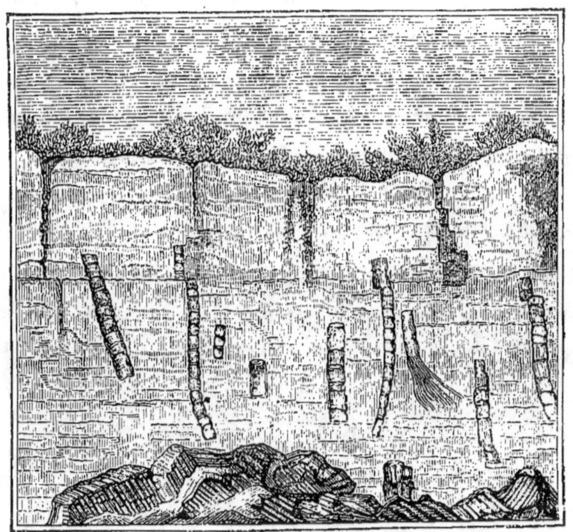

Coupe d'un grès houiller à Treuil, près Lyon, montrant des arbres fossiles dans la position verticale (Brongniart).

les écrivains modernes. Ce n'étaient que de vaines spéculations qui n'étaient fondées ni sur le témoignage des faits, ni sur l'analogie naturelle. Ces mots « le pouvoir plastique de la nature » sonnaient bien peut-être aux oreilles des gens peu réfléchis ; mais jamais personne n'entreprit de montrer que la nature possède réellement ce « pouvoir plastique » qu'onlui attribuait si aisément.

Jamais personne n'entreprit de montrer que c'est le moyen dont se sert la nature pour faire des troncs, des branches et des feuilles d'arbres sans végétation préalable, ou pour faire des os et des squelettes qui n'aient jamais été revêtus de chair ni de sang. Et pourtant c'est une théorie qui, certes, a besoin de preuves ; car la connaissance que nous avons des lois de la nature conduit direcment à une conclusion tout opposée. Quant à l'influence des astres, nous pouvons nous contenter de reproduire le langage du fameux peintre Léonard de Vinci : « On prétend, dit-il, que les coquilles fossiles ont été formées sur les collines par l'influence des étoiles ; mais je demande où sont aujourd'hui les étoiles qui forment sur les collines des coquilles d'espèces et d'âges différents ? Comment, d'ailleurs, les étoiles expliquent-elles l'origine du gravier que l'on rencontre à diverses hauteurs, et qui se compose de galets qui semblent avoir été arrondis par le mouvement de l'eau courante ? Comment, enfin, expliquer par une telle cause la pétrification, sur ces mêmes collines, des feuilles, des plantes et des crabes marins (1) ? »

Dans les temps modernes, la forme de l'objection a été un peu changée. Quelques écrivains nous disent que, en cherchant à expliquer l'existence des fossiles par l'action des lois naturelles, nous paraissons oublier la toute-puissance de Dieu. Ils nous objectent gravement qu'il aurait pu faire des ossements, des coquilles, des squelettes et du bois pétrifié, sans qu'il y eût eu d'animaux auxquels ces ossements eussent appartenu, ni d'arbres vivants qui eussent été changés en pierre. Et, s'il les a faits, n'a-t-il donc pu les disperser au travers de sa création,

____

(1) Voir Lyell, *Principes de Géologie*, t. I, p. 38, qui renvoie aux manuscrits de Léonard de Vinci, actuellement à la bibliothèque de l'Institut de France.

sur les hautes montagnes, dans les vallées profondes et dans les vastes abîmes des mers ? N'a-t-il donc pu les enfouir dans les roches calcaires ou argileuses, les disposer en groupes ou les disperser confusément, selon qu'il lui a plu ?

A cette sorte d'argument nous nous contenterons de répondre que nous n'avons aucunement l'intention de fixer des limites à la puissance de Dieu. Mais notre expérience journalière nous a appris que, dans le monde physique, il a plu au Créateur d'employer l'action de causes secondes ; aussi, lorsque nous savons que, pendant des siècles, tel effet a été uniformément produit par telle cause, et pas autrement, nous sommes naturellement portés, chaque fois que nous constatons cet effet, à le rattacher à la même cause. Lorsqu'un voyageur pénètre dans les déserts inhabités de l'Amérique occidentale et qu'il rencontre une forêt de grands arbres ou un troupeau d'animaux inconnus, la pensée ne lui vient jamais que ces grands arbres et ces bêtes sauvages sont sortis directement des mains du Créateur dans l'état de force et de maturité où il les voit. Et pourquoi ? car on pourrait lui alléguer que la puissance de Dieu est sans limites et qu'il aurait pu les créer tels qu'ils sont maintenant si cela lui avait plu. N'est-ce pas parce que le voyageur est poussé par un secret instinct de sa nature à interpréter les œuvres de Dieu qu'il voit pour la première fois d'après leur analogie avec celles qu'il connaît depuis longtemps ? Or, c'est là précisément le principe que nous voulons faire admettre. D'après notre expérience des œuvres de Dieu dans le monde physique, le corps vivant vient d'abord, et le squelette ensuite ; l'arbre vivant précède le tronc renversé et les branches brisées. C'est pourquoi, quand nous rencontrons un squelette, nous en induisons l'existence antérieure d'un corps vivant ; et, quand nous rencontrons des tiges, des branches et des feuilles d'arbres pétrifiées, nous ne doutons pas que ce ne soient les restes d'une ancienne végétation.

Mais si quelqu'un, ayant tous ces faits bien présents à l'esprit, persistait à admettre cette théorie, que les fossiles furent créés par Dieu dans l'écorce terrestre, nous avouons franchement que nous n'avons pas d'argument que nous croyions de nature à ébranler sa conviction, de même que nous ne saurions que répondre s'il venait à prétendre que les pyramides d'Égypte, que les sculptures colossales de Ninive ou que les ruines de Balbec furent créées par Dieu dès le commencement. Certes, le travail de l'homme n'est pas plus évident dans un cas que ne l'est la vie végétale et animale dans l'autre. Mais nous ne pensons pas que personne aille jusque-là. Ces théories ont moins leur origine dans un faux raisonnement que dans une connaissance imparfaite des faits. Aussi, nous avons pensé que ce qu'il y avait de mieux à faire, ce n'était pas de perdre notre temps à discuter des axiomes philosophiques, mais de l'employer à exposer les faits et de les laisser parler eux-mêmes.

CHAPITRE XII.

CHRONOLOGIE GÉOLOGIQUE. — EXPOSÉ ET DÉVE-
LOPPEMENT DES PRINCIPES DU SYSTÈME.

SIGNIFICATION DES FOSSILES. — PALÉONTOLOGIE. — CLASSIFICATION DES ANIMAUX ACTUELLEMENT EXISTANTS. — CETTE CLASSIFICATION CONVIENT ÉGALEMENT AUX FOSSILES. — SUCCESSION DE LA VIE ORGANIQUE. — LE TEMPS EN GÉOLOGIE NE SE MESURE NI PAR ANNÉES, NI PAR SIÈCLES. — PÉRIODES SUCCESSIVES MARQUÉES PAR DES FORMES SUCCESSIVES DE LA VIE. — LE BUT DU GÉOLOGUE EST DE PLACER CES PÉRIODES EN ORDRE CHRONOLOGIQUE. — LA POSITION DES DIVERS GROUPES DE COUCHES NE SUFFIT PAS POUR ATTEINDRE CE BUT. — ON Y ARRIVE PRINCIPALEMENT A L'AIDE DES FOSSILES. — MANIÈRE DE PROCÉDER PRATIQUEMENT. — TABLEAU CHRONOLOGIQUE.

C'est donc un fait qu'il existe des fossiles. Allez où vous voudrez à travers le monde civilisé, et dans chaque ville principale vous trouverez un musée où le zèle et l'industrie de l'homme les ont réunis; descendez, là où vous pourrez le faire, dans l'épaisseur de l'écorce terrestre, — dans la carrière, dans la mine et dans la tranchée du chemin de fer, — et vous verrez que, nonobstant le pillage qui n'a pas cessé depuis deux siècles et plus, les inépuisables cabinets de la nature regorgent encore de ces débris organiques d'une vie antérieure.

Lorsque nous nous trouvons pour la première fois en présence de ces innombrables reliques d'un monde passé, nous sommes saisis d'un sentiment de trouble et d'admiration. Que les squelettes que nous avons sous les yeux, quoique maintenant flétris

et desséchés, aient été autrefois animés du souffle de la vie ; que
les arbres qui gisent à nos pieds, fracassés et dépouillés de
leurs branches, aient été jadis pleins de vie sur le sol terrestre,
nous ne pouvons hésiter un seul instant à le croire. Mais, au
delà de ce seul fait, tout est ténèbres et mystère. Ces squelettes
décharnés, ces monstres bizarres, ces forêts pétrifiées, sont maintenant sans vie et silencieux comme la roche au sein de laquelle
ils sont restés si longtemps enfouis. S'ils avaient la parole et la
mémoire, ils auraient beaucoup à dire, sans doute, de cet ancien
monde dont ils faisaient partie, de ses continents, de ses mers,
de ses rivières et de ses montagnes ; des diverses tribus d'animaux et de plantes dont il était peuplé ; de leurs mœurs et de
leur économie domestique ; de leur genre de vie, de leur mort et
de la façon dont ils ont été enfouis dans ces tombeaux, d'où,
après un nombre de siècles que nous ignorons, ils ont reparu à la
lumière du jour. Mais, dans l'état où ils sont, nous ne pouvons
que regarder et admirer. Nous n'avons là que des restes épargnés
par la mort et la destruction. Il n'y a ni sentiment, ni mémoire,
ni voix dans ces ossements desséchés, ni intelligence dans ces
crânes vides, pour nous raconter l'histoire des temps antérieurs.

Ainsi pense et raisonne l'observateur ordinaire. Mais bien différent est le langage du géologue. Ces os desséchés et flétris,
nous dit-il, *sont* doués de la mémoire et de la parole ; et, si la
langue qu'ils parlent peut sembler, tout d'abord, étrangère et
obscure, elle n'est pas cependant en dehors de la portée de notre
intelligence. Comme les oiseaux, les reptiles, les poissons et les
autres symboles inscrits sur les obélisques de l'ancienne Égypte,
ces os et ces coquilles ont leur signification cachée, qu'il appartient à la science de rechercher et de révéler. Ce sont des hié-
roglyphes que la nature a imprimés sur ses œuvres, pour trans-

mettre aux âges futurs le souvenir des révolutions par lesquelles la terre a passé; et, lorsque nous parvenons à en saisir le
véritable sens, ils nous retracent l'histoire de l'ancien monde
auquel ils appartenaient.

L'interprétation des fossiles est donc une des parties importantes de la géologie. Elle a pris rang, depuis quelques années,
parmi les sciences, sous le nom de *paléontologie*, nom qui signifie, d'après l'étymologie du mot (παλαιῶν ὄντων λόγος), cette
science qui concerne les débris organiques d'une vie antérieure.
L'honneur d'avoir le premier placé cette science sur une base
solide, nous pourrions dire de l'avoir créée, revient de droit à
l'illustre Cuvier, dont le nom jeta tant d'éclat sur la France,
dans les premières années du siècle présent. Elle est donc encore
dans son enfance, mais elle a déjà récompensé le zèle de ses
adeptes par des révélations merveilleuses et inattendues. Nous
nous proposons, en premier lieu, d'examiner les principes sur
lesquels elle repose, et ensuite de jeter un rapide coup d'œil sur
les conclusions auxquelles elle conduit.

Remarquons tout d'abord que l'existence de fossiles, profondément enfouis dans l'écorce terrestre, vient confirmer puissamment la théorie géologique des roches stratifiées. Nous avons
dit, le lecteur s'en souvient, que ces roches ont été déposées lentement, les unes au-dessus des autres, pendant un laps de siècles considérable, par l'opération de causes naturelles; et nous
avons vu comment cette doctrine est appuyée sur des arguments
qui se fondent sur l'examen des roches elles-mêmes, des éléments
qui les composent et de la manière dont ces éléments sont
réunis. Qu'on nous permette maintenant de faire observer
avec quelle clarté le témoignage des fossiles semble conduire
aux mêmes conclusions.

Et d'abord, les os et les coquilles, que nous trouvons maintenant, en telle profusion, bien au-dessous de la couche superficielle du globe, ont dû appartenir à des animaux qui vivaient sur ce qui était alors la surface de la terre. Or, nous les trouvons maintenant enfouis au sein de la roche compacte, et recouverts de nombreux lits de calcaire solide, de grès, de conglomérats, dans des centaines et des milliers de pieds d'épaisseur. Comment pouvons-nous expliquer ce fait, sans supposer que ces animaux, lorsqu'ils périrent, furent enfouis dans des matériaux sans consistance qui, dans la suite, se solidifièrent, et au-dessus desquels, dans le cours des siècles, d'autres dépôts s'effectuèrent et finirent par produire ces nombreux groupes de strates plus ou moins fossilifères, que la géologie nous révèle aujourd'hui ?

En outre, c'est une partie de notre théorie que la formation des roches stratifiées s'effectua, en grande partie, au fond de l'eau. Les débris organiques que nous devons rencontrer dans l'écorce terrestre doivent donc être, pour la plupart, des restes d'animaux aquatiques, ou, si nous en trouvons qui appartiennent à des animaux terrestres, il doit s'agir surtout d'animaux qui vivent sur le bord des rivières ou des estuaires, et qui, après leur mort, ont pu être transportés par les courants et ensevelis dans la boue et le limon, dont presque toutes les rivières sont chargées en certaines saisons de l'année. Nous savons, en effet, que de tels animaux sont enfouis actuellement dans les deltas du Mississipi et du Gange, et il est raisonnable de supposer que la même chose a eu lieu dans les âges antérieurs. Or, ici le fait répond exactement à la théorie. Car les fossiles sont évidemment, pour la plus grande partie, les restes d'animaux qui ont vécu dans l'eau, et les animaux terrestres, comparativement peu nombreux, dont les os sont conservés dans la croûte du globe, ont dû fréquenter les bords des grands fleuves ou les marécages boueux des estuaires.

On voit comme un simple coup d'œil jeté sur les fossiles peut être instructif. Mais ces mêmes monuments des temps anciens ont un sens plus profond, qui ne peut être saisi sans un minutieux et laborieux examen. Nos lecteurs savent que tous les animaux qui existent actuellement à la surface de la terre ont été groupés scientifiquement, d'après certains caractères bien marqués, en divers règnes, classes, genres et espèces. Il est admis, par exemple, que le cheval et le chien constituent deux espèces différentes qui appartiennent à la même classe des mammifères, et que l'aigle et le moineau constituent deux espèces différentes qui appartiennent toutes les deux à la classe des oiseaux. A leur tour, la classe des mammifères et la classe des oiseaux appartiennent toutes les deux au règne des vertébrés, parce que, bien que différentes sous d'autres rapports, elles s'accordent en ce que tous les individus des deux classes ont une colonne vertébrale, à laquelle se rattachent les autres parties du squelette intérieur.

Lorsque, vers la fin du siècle dernier, Cuvier se mit à examiner de près les débris organiques des temps anciens, sur lesquels son attention avait été attirée par les ossements extraits des carrières de gypse de Montmartre, il apportait avec lui une connaissance très-étendue des diverses formes que revêt la vie à travers le monde à l'époque actuelle. Il fut extrêmement frappé de la différence marquée qu'il découvrit entre les animaux vivants avec lesquels il avait été jusque-là en rapport, et ceux avec lesquels il venait de faire connaissance pour la première fois. Plus il étendit ses recherches, et plus cette différence lui parut manifeste, jusqu'à ce qu'enfin il devint parfaitement clair que la très-grande partie des animaux dont les restes sont conservés dans la croûte terrestre, n'ont pas de représentants dans la faune actuelle. Il remarqua néanmoins que, si l'espèce n'existe plus, il arrive bien souvent que nous avons encore des espèces du même genre; ou que, si ce genre, lui aussi, est éteint, nous avons d'autres genres de la même classe. De là cette première et importante conclusion à laquelle Cuvier arriva et qui a été confirmée depuis par des observations étendues : c'est que les animaux qui vécurent les premiers sur notre terre étaient, en général, fort différents de ceux qui y vivent actuellement ; c'est, en outre, qu'il y a une ressemblance bien nette entre ces deux catégories d'animaux, et qu'ils ont été créés sur un plan si strictement uniforme que les uns et les autres trouvent naturellement leur place dans le même système de classification.

A mesure que la science de la paléontologie fit des progrès et que de nouveaux faits furent chaque jour accumulés, une autre vérité fut peu à peu établie. On remarque, dans la distribution des fossiles, à travers les diverses couches de l'écorce terrestre, un certain ordre, une certaine loi régulière de succession, qui ne peut être le simple effet du hasard, et qu'il appartient à la science de constater et d'expliquer. Voici les faits : si l'on suit un groupe particulier de strates *dans une direction horizontale*, on rencontre toujours les mêmes ou à peu près les mêmes fossiles sur des centaines de milles carrés, souvent même sur un espace aussi étendu que l'Europe, quoique au delà de certaines limites cette uniformité des fossiles disparaisse graduellement. Mais si l'on pénètre au travers des strates *dans une direction verticale*, les formes de la vie animale et végétale changent constamment. Après quelques centaines de mètres au plus, l'on se trouve en présence d'un groupe de fossiles tout à fait différent de ceux que l'on avait traversés dans les couches supérieures. L'on s'aperçoit ainsi, à mesure que l'on pénètre dans l'épaisseur du globe, que *chaque groupe de strates se trouve renfermer un ensemble de fossiles qui lui sont particuliers* (1).

Il ne peut y avoir de doute raisonnable sur la vérité de ces faits. Ils ont été établis et confirmés par le témoignage positif de toute une armée de géologues, dont les recherches se sont étendues à toutes les parties du globe. Nous avons en outre, sur ce sujet, une sorte de preuve négative qui n'est guère moins convaincante que les preuves positives. Il n'est rien de plus aisé que de réfuter une proposition universelle si elle est fausse. Si ce n'est pas un *fait* que chaque groupe de strates, à mesure que l'on pénètre dans le sol, présente un ensemble de fossiles qui lui sont particuliers, cette assertion peut être réfutée par la simple indication de deux ou trois groupes différents contenant les mêmes fossiles. Il y a dans le monde entier des milliers de géologues à l'œuvre, avides de renommée, et celui d'entre eux qui pourrait renverser une théorie si généralement reçue rendrait son nom illustre. Or, quand une assertion peut être aisément réfutée si elle est fausse ; quand, en même temps, il y a un grand nombre d'hommes intéressés à le faire si la chose est possible, et que néanmoins aucune réfutation ne s'est produite, nous prétendons que cette circonstance est un argument convaincant en faveur de cette assertion. Tel est précisément le cas dont il s'agit. Nous pensons donc qu'il serait déraisonnable de ne pas accepter les faits allégués.

Examinons maintenant leur signification. Chaque groupe de

(1) Voir Lyell, *Éléments de Géologie*, t. I, p. 158 ; *Principes de Géologie*, t. I ; Jukes, *Manual of Geology*, p. 410-411.

strates, on se le rappelle, nous représente la population animale qui existait sur la terre pendant la période dans laquelle ce groupe particulier était en voie de formation. C'est, en quelque sorte, un musée dans lequel sont conservés, pour notre instruction, des monuments de cet âge de l'histoire du monde. Évidemment, ce n'est pas une collection complète, mais seulement une collection des restes qui ont pu échapper à la destruction et puis à la dissolution par quelque procédé d'embaumement naturel. En conséquence, lorsque nous constatons une uniformité marquée dans l'assemblage des fossiles qui sont répandus sur un vaste espace horizontal dans quelque groupe de couches, nous en concluons que lorsque ce groupe était en voie de formation, il y avait une certaine uniformité dans les animaux qui s'étendaient sur l'espace correspondant de la surface terrestre, absolument comme aujourd'hui les mêmes espèces animales se rencontrent sur une grande partie de l'Europe ou de l'Amérique. Et si cette uniformité des fossiles ne s'étend pas horizontalement jusqu'à une distance indéfinie, c'est une preuve de plus de leur analogie avec la création existante. Si, en effet, nous examinons la distribution actuelle de la vie animale sur la terre, nous trouvons une différence marquée entre les contrées qui sont situées à de grandes distances l'une de l'autre, par exemple, entre l'Europe et l'Australie.

On remarque, en second lieu, à mesure que l'on pénètre dans l'écorce terrestre, que chaque groupe successif de strates a un ensemble de fossiles d'un caractère parfaitement distinct des groupes supérieurs et inférieurs. La conclusion à laquelle ce fait nous conduit est assez manifeste. Si, dans le premier cas, nous avons conclu que la faune d'une période, considérée en elle-même, ne variait pas sur des espaces fort étendus, nous devons admettre dans celui-ci que la faune de chaque période successive était *par-*

ticulière à cet age, étant complétement distincte, dans son caractère, celle des périodes qui l'ont précédée et suivie immédiatement. Il paraîtrait donc, comme sir Charles Lyell le suppose, « qu'il y aurait eu, à dater des temps les plus reculés, des apparitions successives de nouvelles formes organiques et des destructions correspondantes de formes préexistantes ; quelques espèces se seraient maintenues plus longtemps, d'autres auraient eu une durée plus courte, mais aucune n'aurait réapparu après avoir été anéantie (1). »

De ces principes, les géologues en sont venus graduellement à construire un système de chronologie géologique, en d'autres termes, à déterminer l'ordre des temps pendant lesquels les nombreux groupes de strates qui composent l'écorce terrestre ont été formés, et à fixer ainsi l'âge de chaque groupe par rapport aux autres. Cette chronologie n'a point pour base l'unité de temps admise en histoire ; elle se mesure par les périodes successives pendant lesquelles chaque groupe de roches fut à son tour lentement déposé à la surface du globe. Par exemple, les terrains houillers, si abondants dans le nord de l'Angleterre, sont beaucoup plus anciens que l'argile bleuâtre sur laquelle est bâtie Londres. Mais, si l'on nous demande de combien de temps l'un de ces dépôts est antérieur à l'autre, nous répondrons en donnant, non pas le nombre de jours, d'années et de siècles qui se sont écoulés dans l'intervalle, mais le nombre de formations différentes qui les séparent l'une de l'autre. Nous dirons que le terrain houiller proprement dit appartient à la formation carbonifère ; que cette formation fut suivie successivement des formations permienne, triasique, jurassique et crétacée, et que cette dernière fut

(1) Lyell, *Éléments de Géologie,* t. I, p. 153.

recouverte de l'étage éocène, auquel appartient l'argile de Londres. Quant à la durée précise de chacune de ces périodes, les géologues ne peuvent arriver qu'à des conjectures extrêmement incertaines. Les uns parlent de milliers, les autres de millions d'années ; les plus sages d'entre eux avouent franchement qu'ils n'ont pas de données suffisantes pour arriver à un chiffre quelque peu exact. Néanmoins, ils s'accordent tous sur ce point, que les âges dont le souvenir nous est conservé dans l'histoire, c'est-à-dire les six mille dernières années, ne sont qu'une petite partie d'une période géologique. Comparées aux volumineuses chroniques gravées dans l'écorce de la terre, les annales écrites par la main de l'homme ne constituent qu'une fraction insignifiante de l'histoire du monde. Nos lecteurs aimeront peut-être à connaître la manière dont ce merveilleux système de chronologie géologique est contruit et développé.

On pourrait s'imaginer, à première vue, que l'ordre chronologique dans lequel les différentes strates furent déposées est facile à établir, par la position relative qu'elles occupent. Puisque chaque strate, lorsqu'elle se forma, fut déposée à la surface alors existante du globe, il est clair que celle qui se trouve le plus haut dans la série, doit être la plus récente, puis celle qui vient immédiatement au-dessous, et ainsi de suite, jusqu'à ce qu'on arrive à la dernière et à la plus inférieure, qui doit être la plus ancienne de toutes. Rien ne pourrait être plus satisfaisant que ce raisonnement, si chaque couche s'étendait sur toute la terre et si, une fois déposée, elle n'était jamais déplacée dans la suite. Nous pourrions alors considérer chaque strate comme un volume de l'histoire naturelle du globe, volume qui, une fois terminé, eût été déposé sur ceux qui contiennent les chroniques des âges antérieurs ; et, de cette manière, la position de chaque strate serait en elle-même une preuve suffisante de la période à laquelle elle appartient.

Mais tel n'est pas le cas. Nulle part l'écorce terrestre n'offre une série complète de roches stratifiées. Dans toute section, nous ne trouvons que quelques-uns des groupes familiers aux géologues ; et, si l'on suit ces groupes dans une direction horizontale, on trouve invariablement que quelques-unes des couches diminuent d'épaisseur et finissent par disparaître, pendant que de nouvelles strates se développent graduellement entre deux groupes qui étaient auparavant en contact immédiat. Remarquons, en passant, que ce fait s'applique parfaitement à la théorie que nous avons soutenue jusqu'ici. Les roches stratifiées, avons-nous dit, se déposèrent sous l'eau ; dès lors, les couches d'une période donnée ne furent pas répandues sur *tout le globe*, mais tout au plus sur les parties alors submergées. La période suivante s'ouvrit par un changement dans les limites de la terre et des eaux, et la formation des strates cessa en quelques localités pour commencer en d'autres, et ainsi de suite, d'époque en époque. Par conséquent, à tous les âges, les surfaces sur lesquelles se sont effectués les dépôts ont été d'une étendue limitée, et toujours elles ont changé. Il faut tenir compte aussi de l'action de la dénudation. Plusieurs des strates déposées dans les profondeurs de l'Océan ont dû être, dans la suite, emportées par les brisants, pendant qu'elles émergeaient lentement du sein des eaux, et plus tard encore, peut-être, elles ont été réduites à leurs éléments primitifs et reportées à la mer par l'action des fleuves, de la pluie et de la gelée. Il résulte donc, aussi bien de l'examen attentif des *faits* que de notre *théorie*, qui s'harmonise si complétement avec les faits, que toute section de l'écorce terrestre ne nous présente qu'une série interrompue et très-imparfaite des strates. Ce sont, en quelque sorte, comme les volumes dépareillés d'un long ouvrage, et quoique juxtaposées, elles peuvent appartenir, néanmoins, à des époques géologiques fort distantes l'une de l'autre.

Il suit de là que, pour bâtir un système complet de chronologie géologique, il est nécessaire de réunir ces volumes dépareillés, comme on peut les appeler, du grand calendrier géologique, et d'assigner à chacun sa propre place dans la série. Cette tâche difficile et compliquée est accomplie principalement à l'aide des fossiles. Nous avons déjà montré que les fossiles, que l'on trouve enfouis dans chaque groupe de strates, représentent la vie organique de la période pendant laquelle ce groupe de strates était en voie de formation. Nous avons vu, en outre, que chaque période était marquée par l'existence d'une création animale et végétale qui lui était particulière. Si donc nous trouvons que les fossiles de deux régions différentes présentent le même caractère général, nous pouvons conclure que les lits dans lesquels ils sont conservés furent déposés à la même époque, et par conséquent, appartiennent à la même période géologique. Au contraire, si nous découvrons, dans certaines limites, deux groupes de terrains contenant un ensemble de fossiles totalement différents, c'est une preuve que ces deux groupes ne furent pas déposés en même temps et qu'ils doivent être rapportés à différentes époques du calendrier géologique (1). Voyons maintenant de quelle manière le

(1) Il ne faudrait pas, cependant, s'exagérer l'importance de ce caractère purement paléontologique, au point de vue de la classification des terrains. Les fossiles ne sauraient suffire, en général, pour fixer d'une manière certaine l'âge relatif de la couche qui les renferme. On connaît, en effet, l'étonnante variété de formes que revêt aujourd'hui la vie dans les différentes parties du globe. Or, rien ne prouve que cette localisation, que ce cantonnement des espèces n'ait pas existé aux divers âges géologiques, spécialement aux époques qui précédèrent de plus près la nôtre ; car alors, sans doute, la terre était déjà

géologue procède dans l'application de ces principes généraux.

Il prend d'abord une contrée, par exemple, l'Angleterre, et dans cette contrée il choisit un district particulier pour commencer. Il y examine plusieurs coupes différentes et se familiarise avec toutes les strates du voisinage et avec l'ordre dans lequel elles sont superposées. Supposons qu'il trouve trois groupes différents placés l'un au-dessus de l'autre, et appelons ces groupes A, B et C ; A étant le groupe inférieur, B étant immédiatement au-dessus de A, et C au-dessus de B, l'ordre chronologique de ces couches sera donc A, B, C. Il étudiera ensuite les fossiles qu'il trouve enfouis dans chaque groupe. Pour plus de commodité, nous pouvons désigner les fossiles de A par la lettre *a*, ceux de B par *b*, et ceux de C par *c* ; or, d'après les principes exposés plus haut, ces trois groupes de fossiles seront spécifiquement distincts l'un de l'autre, chacun d'eux caractérisant un groupe particulier de strates. Notre géologue passe ensuite dans un district voisin, et là il examine, comme auparavant, un certain nombre de coupes. Supposons qu'il rencontre de nouveau les groupes A et B ; ou bien il aura pu suivre les couches d'un district à l'autre, par des observations faites le long de sa route ; ou bien la nature du pays aura rendu de telles observations impossibles ; ou bien les

partagée en différents climats, et l'on sait que la distinction des climats est, au fond, la vraie cause de la variété d'aspects que présentent la faune et la flore contemporaines. Il ne faut donc pas s'attendre à rencontrer, du moins parmi les formations récentes, les couches d'un même âge géologique caractérisées par les mêmes débris d'animaux et de végétaux, et ce serait, croyons-nous, s'exposer à de graves erreurs que de conclure toujours de la diversité des fossiles de deux terrains à la diversité d'âge et d'origine de ces mêmes terrains. Deux couches, pour être synchroniques, ne présentent pas nécessairement les mêmes caractères paléontologiques ; de même que la faune et la flore actuelles de l'Europe et de la Nouvelle-Hollande, par exemple, pour être contemporaines, n'en sont pas moins, on peut le dire, totalement différentes. (*Note du traducteur.*)

observations auront été si imparfaites qu'on ne pourrait en déduire aucune conclusion certaine relativement à l'identité des couches. Mais, en tous cas, si le nouveau district abonde en fossiles, le géologue n'hésitera pas longtemps. Il reconnaîtra le groupe A par les fossiles *a*, et le groupe B par les fossiles *b*. Cependant, un fait important attire bientôt son attention. Le groupe C a entièrement disparu et n'existe pas dans ce district ; mais à sa place, entre A et B, il y a un nouveau groupe de roches qu'il n'a pas encore vues, avec un assemblage de fossiles différent de *a*, *b* et *c*. Nous appellerons ce nouveau groupe X et ses fossiles *x*. Il est clair que la formation de X a dû s'effectuer entre la formation de A et de B, et nous avons maintenant pour ordre chronologique A, X, B, C. De même, un autre district peut fournir un quatrième groupe de strates, soit Y, ayant sa place entre B et C. L'ordre chronologique sera alors A, X, B, Y, C. Le géologue continue ainsi ses explorations jusqu'à ce qu'il ait parcouru toute la contrée et disposé les principaux groupes de strates d'après l'ordre chronologique dans lequel ils furent déposés.

C'est de cette manière que toute l'Angleterre a été minutieusement explorée depuis cinquante ans. La tâche fut entreprise par William Smith, qui est appelé à juste titre le père de la géologie anglaise. Après des recherches multipliées, qui lui demandèrent plusieurs années, et pendant lesquelles il parcourut à pied toute la contrée, cet homme éminent publia, en 1815, sa Carte géologique de l'Angleterre, du pays de Galles et d'une partie de l'Écosse, œuvre que sir Charles Lyell donne comme un monument durable, qui atteste un talent original et une persévérance extraordinaire. Des centaines de géologues marchèrent dans la voie tracée par lui, explorant chaque jour de nouvelles régions, et, par les faits qu'ils révélaient, suppléant ce qui manquait à l'œuvre de Smith, corrigeant ce qu'il y avait de défectueux et confirmant ce qui était vrai, de sorte que maintenant, on peut le dire, les roches stratifiées d'Angleterre sont presque aussi bien connues et aussi complétement reproduites sur des cartes que le sont ses comtés et ses villes, ses rivières, ses lacs et ses montagnes.

Les géologues ne furent pas non plus inactifs dans les autres parties du monde. L'Allemagne, la France, l'Italie, plusieurs régions même de l'Amérique et de l'Australie furent explorées avec soin d'après les mêmes principes que l'Angleterre. La comparaison de ces diverses observations a permis de fixer d'une manière assez certaine l'ordre chronologique des strates sur une partie considérable de la terre, mais plus particulièrement de l'Europe. Nous avons essayé de reproduire cet ordre sous une forme intelligible et sensible au moyen du tableau ci-contre (1).

(1) On trouvera à la fin de ce volume (*note G*) un tableau plus complet de la série des terrains telle qu'elle résulte des travaux récents de nos meilleurs géologues français. (*Note du trad.*)

TABLEAU CHRONOLOGIQUE
DES TERRAINS STRATIFIÉS (1).

RÉCENT.		POST-TERTIAIRE.
POST-PLIOCÈNE.	GLACIAL DRIFT	
PLIOCÈNE.		TERTIAIRE OU CÉNOZOÏQUE. ENVIRON 3,000 m. D'ÉPAISSEUR.
MIOCÈNE.		
ÉOGÈNE.		
CRÉTACÉ 3,500 m.	CHALK — WEALD	SECONDAIRE OU MÉSOZOÏQUE ENVIRON 6,000 m. D'ÉPAISSEUR.
JURASSIQUE 1,500 m.	OOLITE — LIAS	
TRIASIQUE 1,000 m.	NEW RED SANDSTONE	
PERMIEN 1,000 m.		PRIMAIRE OU PALÉOZOÏQUE ENVIRON 30,000 D'ÉPAISSEUR.
CARBONIFÈRE 5,000 m.	COAL — MOUNTAIN LIMESTONE	
DÉVONIEN 3,000 m.	OLD RED SANDSTONE	
SILURIEN 6,000 m.		
CAMBRIEN 5,000 m.		
LAURENTIEN 10,000 m.		

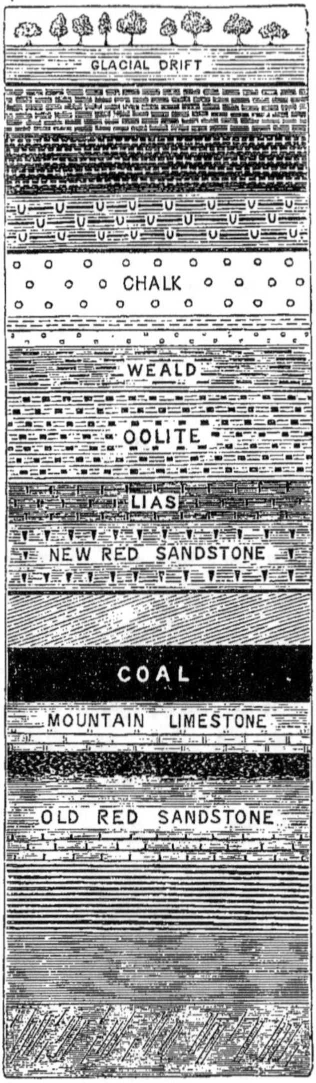

(1) Nous donnons ici la traduction des expressions de la gravure qui ne sont pas les mêmes dans les deux langues :

Glacial drift : Drift glaciaire.	*Coal* : Houille.
Chalk : Craie.	*Mountain limestone* : Calcaire de montagne.
New red sandstone : Nouveau grès rouge.	*Old red sandstone* : Vieux grès rouge.

La gravure représente les strates observées jusqu'ici par les géologues, superposées d'après l'ordre chronologique dans lequel on suppose qu'elles ont été produites. Toute la série est divisée en un certain nombre de formations, dont les noms sont donnés, dans la première colonne, avec le chiffre approximatif de leur épaisseur en mètres. Ces formations se distinguent l'une de l'autre dans le dessin par la différence des nuances. Chacune d'elles, d'après la théorie géologique, doit son existence à l'accumulation des matières solides au fond de la mer, et la période de temps occupée par sa production est habituellement désignée sous le même nom que la formation elle-même. Ainsi, nous disons la *formation carbonifère* et la *période carbonifère ;* la première expression désigne certains groupes de strates déposées simultanément sur différentes parties de la terre ; la dernière désigne la période de temps pendant laquelle ces groupes de strates furent déposés. De même, lorsque l'on nous parle de la *faune* et de la *flore carbonifère*, nous devons entendre les animaux et les végétaux qui vécurent pendant la période carbonifère. Enfin, lorsque nous entendons dire aux géologues que la *mer crétacée* roulait ses eaux sur une grande partie de ce que nous appelons maintenant l'Europe, ils veulent parler de cette mer au sein de laquelle se déposaient les roches crétacées.

La plupart des formations comprennent divers groupes de strates, et ces groupes sont composés de différentes variétés de roches qui se divisent en lits ou couches d'une épaisseur variable. Dans ces lits eux-mêmes, l'on peut souvent distinguer un nombre illimité de plaques ou lamelles, à peine plus épaisses qu'une feuille de papier, qui correspondent aux dépôts périodiques de la matière dont la roche se forma originairement. C'est surtout dans la formation carbonifère que l'on peut étudier ces nombreuses subdivisions. Elle est répartie en deux principaux groupes de strates : le calcaire de montagne au-dessous et le terrain houiller au-dessus. Le groupe supérieur est le plus considérable et le plus important. Il atteint un maximum d'épaisseur de 4,000 mètres dans la partie méridionale du pays de Galles, et se compose de nombreuses couches de grès et de schiste avec de minces gisements de houille interposés accidentellement. On a compté, sur un point en particulier, jusqu'à cent lits distincts de houille, variant en épaisseur de six pouces à dix pieds, et chacun de ces lits reposait sur une couche de schiste qui, dans la phraséologie des mines, a reçu le nom d'*underclay*. Ce schiste lui-même se divise naturellement en un nombre infini de minces lamelles, absolument comme le dépôt de limon accumulé par les inondations annuelles du Nil et constituant le sol actuel de l'Égypte.

Nous n'avons pas essayé de représenter, dans notre dessin, ces diverses divisions et subdivisions des roches stratifiées. Mais nous avons fait graver les noms de quelques groupes importants et bien connus, afin d'imprimer plus vivement dans l'esprit la place à laquelle ils doivent être rapportés dans le calendrier géologique. C'est ainsi que le lecteur peut voir d'un seul coup-d'œil les âges respectifs de la houille et de la craie ; du Lias, dans lequel sont conservés les restes des gigantesques reptiles disparus, et du Drift glaciaire, dans lequel nous trouvons enfouis l'éléphant, le rhinocéros et l'hippopotame; du calcaire de montagne, qui souvent n'est pas autre chose que de vastes lits de coraux soulevés du sein des mers, et de l'oolite, à laquelle appartiennent les carrières de Portland, où nous trouvons encore debout, dans la roche compacte, les troncs pétrifiés d'anciens arbres de nos forêts.

De même que la série des roches stratifiées est divisée par les

géologues en un certain nombre de systèmes ou formations, de
même ces formations sont groupées à leur tour en classes, encore
plus étendues, appelées *primaire, secondaire* et *tertiaire,* c'est-à-
dire première, seconde et troisième, dans l'ordre de leur formation. Ces grandes classes correspondent aux longs âges ou époques des temps géologiques, dont chacun comprend plusieurs
périodes distinctes. Les roches primaires sont aussi appelées
paléozoïques (παλαιον, ancien, et ζωον être organique), parce
qu'elles contiennent les plus anciennes formes de la vie organique. De même, le terme *mésozoïque* (μεσον, milieu, et ζωον), est
appliqué aux couches secondaires, parce qu'elles contiennent
les formes moyennes ou intermédiaires de la vie organique; et
le nom *cénozoïque* (καινον, nouveau, et ζωον), est donné aux
couches tertiaires, qui contiennent les formes les plus récentes
de la vie organique.

Le terme *post-tertiaire* (1) a été récemment adopté pour désigner les dépôts superficiels postérieurs à l'âge tertiaire. Ils
sont divisés en deux groupes : les dépôts *récents,* qui correspondent à la période historique, et le *post-pliocène,* qui la précède. Quelques écrivains paraissent penser que ces dépôts, si insignifiants et si modernes, quand on les compare à la longue
série des roches stratifiées, ne sont pas vraiment géologiques.
Mais c'est, selon nous, une fausse vue de la question. Il nous
semble même que la mince couche de limon, qui se dépose
chaque jour à l'embouchure du Gange ou du Mississipi, se rattache à la longue chaîne des événements qui ont porté l'écorce

____

(1) Ce terme est peu usité en France. On le remplace habituellement par le
mot *quaternaire.* Nous préférons, à vrai dire, la dénomination anglaise, qui a
l'avantage de séparer moins complétement deux formations souvent à peine
distinctes. (*Note du trad.*)

terrestre à son état actuel, et, dès lors, appartient réellement à la science de la géologie, et mérite sa propre place dans la classification géologique.

Nous pouvons observer ici que les noms des grandes époques géologiques sont des noms descriptifs, c'est-à-dire que, par leur signification première et littérale, ils donnent une idée du caractère des strates qu'ils représentent. Primaire, secondaire, tertiaire signifient premier, second et troisième, dans l'ordre de formation : paléozoïque, mésozoïque et cénozoïque signifient que les strates, ainsi appelées, sont caractérisées par les formes anciennes, moyennes et modernes de la vie organique. Mais il en est tout autrement des noms des différentes formations ; et c'est là un point d'une grande importance pour celui qui étudie la géologie. Ces mots doivent être regardés simplement *comme des noms* employés pour désigner les strates formées à chaque période successive, et non précisément pour décrire leur caractère. Ils tirent généralement leur origine de quelque circonstance accidentelle ou de quelque localité particulière. Leur signification, d'abord restreinte, a eu dans la suite une application beaucoup plus étendue que celle que les mots eux-mêmes sembleraient suggérer. Ainsi, par exemple, la formation *crétacée*, doit son nom au remarquable dépôt de craie blanche (*créta*), qui s'effectua pendant cette période sur une grande partie de l'Europe ; mais ce serait une erreur de supposer que toute la formation soit composée de craie. On y trouve, au contraire, en divers endroits, des roches fort différentes ; près de Dresde, par exemple, c'est un grès quartzeux, et dans plusieurs parties des Alpes, c'est un calcaire compacte (1). La formation *dévo-*

(1) Lyell, *Principes de Géologie*, t. I.

nienne tire son nom du *Devonshire*, où les roches de cette période furent, pour la première fois, l'objet d'un examen minutieux; mais il ne faut pas en conclure que cette formation soit particulière au comté de Devon; on la trouve dans plusieurs autres comtés de l'Angleterre, en Irlande et sur le continent européen. De même, une autre formation a reçu le nom de *carbonifère*, qui signifie littéralement *porter du charbon* (*carbo fero*), à cause des lits de houille qui sont parfois associés aux strates; mais il n'en est pas moins vrai que cette formation est souvent complétement dépourvue de houille sur de vastes étendues.

En jetant les yeux sur notre tableau des strates, le lecteur a dû s'apercevoir que les espaces réservés à chaque formation n'étaient pas proportionnés à l'épaisseur actuelle de ces formations successives. Les roches secondaires et tertiaires réunies égalent à peine, dans la réalité, un tiers de l'épaisseur des roches primaires, et pourtant elles occupent dans notre gravure un espace égal. Chose plus remarquable encore, le système crétacé occupe un espace double du laurentien, quoique n'offrant même même pas la moitié de son épaisseur. Cette circonstance demande en passant un mot d'explication. Dans les anciennes annales d'une nation, on n'a généralement que fort peu de documents authentiques; et, par suite de cette disette de faits, l'histoire de tout un siècle se trouve souvent réduite à quelques pages. Au contraire, dans les temps les plus récents, lorsque les documents commencent à s'accumuler, l'historien fait souvent plusieurs chapitres des événements de deux ou trois années.

Quelque chose de semblable a lieu en géologie. Les fossiles, qui sont pour le géologue les documents authentiques où il puise ses renseignements sur l'histoire de l'écorce terrestre, sont rares dans les anciennes formations et abondent dans les dernières.

De cette manière, il arrive que les premières périodes géologiques, nonobstant la vaste épaisseur des terrains qui les représentent, ne tiennent pas une place bien remarquable dans les annales de la géologie, et sont réduites, dans ses tableaux, à n'occuper qu'un espace relativement insignifiant. Néanmoins, l'immense épaisseur des terrains stratifiés les plus anciens doit être prise en considération, lorsqu'il s'agit d'apprécier la durée relative des différentes périodes géologiques. C'est pourquoi nous avons placé, au-dessous du nom de chaque formation, son épaisseur approximative, que nous avons puisée principalement dans les ouvrages de sir Charles Lyell et du docteur Haughton. Rappelons cependant que l'épaisseur totale des roches est beaucoup plus grande dans notre tableau qu'elle ne l'est nulle part dans la nature, parce que, dans aucune partie de l'écorce terrestre, leur groupe entier ne se trouve réuni en une masse complète et ininterrompue.

Avant de terminer ce chapitre, nous devons observer que le système de classification que nous avons essayé d'exposer n'a pas la prétention d'être complet et définitif. Ce n'est guère, au contraire, qu'un expédient temporaire, destiné à rendre intelligibles les résultats auxquels les géologues sont arrivés jusqu'ici, qu'une théorie susceptible de diverses modifications à mesure que les connaissances géologiques deviennent plus étendues et plus précises. Tout ce que les géologues prétendent en ce moment, c'est que les formations successives représentent des périodes de temps successives, qui se sont suivies dans l'ordre que nous avons exposé, et pendant lesquelles ont vécu certaines espèces de plantes et d'animaux, restreintes pour la plupart à leurs époques respectives (1).

(1) *Éléments de Géologie*, de Lyell, t. I, p. 161.

CHAPITRE XIII.

CHRONOLOGIE GÉOLOGIQUE. — REMARQUES SUR LA SUCCESSION DE LA VIE ORGANIQUE.

———

EXPOSÉ SOMMAIRE DE L'HISTOIRE DES TERRAINS STRATIFIÉS. — CARAC-
TÈRES FRAPPANTS DE CERTAINES FORMATIONS. — RESTES HUMAINS
TROUVÉS SEULEMENT DANS LES DÉPOTS SUPERFICIELS. — TRANSITION
GRADUELLE DE LA VIE ORGANIQUE D'UNE PÉRIODE A CELLE DE LA
SUIVANTE. — PREUVE A L'APPUI DE CETTE OPINION. — MARCHE ASCEN-
DANTE DES TYPES INFÉRIEURS AUX TYPES LES PLUS ÉLEVÉS DE LA VIE
ORGANIQUE A MESURE QUE L'ON S'ÉLÈVE DES FORMATIONS LES PLUS
ANCIENNES AUX PLUS RÉCENTES. — IMPORTANCE DE LA CHRONOLOGIE
GÉOLOGIQUE AU POINT DE VUE ÉCONOMIQUE. — RECHERCHE DE LA
HOUILLE. — LE PRATICIEN EN DÉFAUT. — LE GÉOLOGUE VIENT A SON
AIDE ET LUI ÉPARGNE DES DÉPENSES INUTILES.

Nous pouvons maintenant, avec cette esquisse de la chronologie géologique sous les yeux, nous faire une idée plus exacte de
l'histoire de la formation de l'écorce terrestre. Aussi loin que
nous pouvons remonter avec les géologues dans l'histoire des
roches aqueuses, — car ils ne prétendent point nous reporter
jusqu'à son commencement, — nous trouvons le globe en partie
recouvert d'eau comme aujourd'hui. La formation des roches
stratifiées s'effectuait alors, comme elle s'effectue maintenant,
principalement au fond des eaux, non pas sur toute l'étendue
des surfaces submergées, mais sur les points où la matière minérale se trouvait charriée par l'action de causes naturelles. La
terre, elle aussi, était peuplée comme aujourd'hui, mais d'ani-

maux et de végétaux fort différents de ceux qui nous entourent actuellement. Quelques-uns d'entre eux échappèrent à la destruction et furent enfouis dans les dépôts de cet âge reculé pour y être conservés jusqu'à nous. Or, ces couches avec leurs fossiles sont celles que nous groupons maintenant sous le titre de formation laurentienne (1), formation qui étant la plus ancienne de celles que nous pouvons reconnaître dans les profondeurs de la croûte terrestre, occupe le rang le plus inférieur dans notre tableau chronologique. Les âges s'accumulèrent, et l'écorce de la terre fut ébranlée de l'intérieur par une force gigantesque, le lit de l'Océan fut soulevé sur un point, les îles et les continents furent submergés sur un autre, et ainsi furent changées les délimitations de la terre et des eaux. La vie revêtit alors de nouvelles formes; une nouvelle création apparut, et la période laurentienne fit place à la période cambrienne. Mais l'ordre de la nature resta le même. Le dépôt des roches stratifiées continua de s'effectuer, quoique fort souvent dans des localités différentes, et dans ces roches furent ensevelis les restes des animaux et des végétaux contemporains de cette formation. Mais cette époque, elle aussi, eut une fin et fit place à son tour à l'époque silurienne, et celle-ci fut suivie de la période dévonienne. C'est ainsi que les périodes se succédèrent dans l'ordre établi dans notre tableau et que chaque partie du globe fut, dans le cours des siècles, submergée plus d'une fois, recouverte des dépôts de plus d'un âge et enrichie des débris organiques de plus d'une création.

A mesure que l'on remonte la série des formations, l'on s'a-

(1) On ne distingue guère en France la formation laurentienne de la formation cambrienne. Cette dernière est presque toujours donnée comme la première de la série. (*Note du trad.*)

perçoit que les fossiles qui étaient assez rares dans les premiers groupes deviennent extrêmement abondants, de telle sorte qu'il n'est pas nécessaire d'avoir un œil expérimenté pour reconnaître le caractère particulier de chaque période successive : l'exubérante végétation de la période carbonifère avec son luxuriant herbage, ses épaisses forêts, ses énormes sapins, ses hautes fougères arborescentes et ses majestueux araucarias; les énormes reptiles de l'époque jurassique : les ichthyosaures, les mégalosaures, les iguanodons qui remplissaient ses mers, encombraient ses plaines et fréquentaient ses rivières, et plus haut dans l'échelle, les gigantesques quadrupèdes du miocène et du pliocène : les mammouths, les mastodontes, les magathériums qui commencent à se rapprocher des types organiques de notre âge. Mais parmi ces différentes formes sous lesquelles se manifeste la vie, l'œil cherche en vain un vestige quelconque de l'espèce humaine. Aucun ossement d'homme, aucune trace de l'intelligence humaine ne se rencontre dans un terrain appartenant aux formations primaire, secondaire ou tertiaire (1). C'est seulement lorsque nous avons dépassé toutes ces couches et que nous sommes arrivés à la

(1) On a trouvé récemment, dans des terrains considérés comme tertiaires, des silex dans lesquels certains géologues ont cru voir des produits de l'industrie humaine. Mais, de l'avis même d'un bon nombre de nos plus savants archéologues, il faut un peu de bonne volonté pour y reconnaître le travail de l'homme. Le congrès d'archéologie et d'anthropologie préhistoriques, réuni à Bruxelles en 1872, n'a pu lui-même résoudre la question : les avis sont demeurés partagés. Fût-il prouvé, du reste, que ces objets sont réellement travaillés, qu'il resterait encore à se demander si les terrains d'où ils proviennent appartiennent bien entièrement à l'époque tertiaire, ou encore si ce n'est point postérieurement à la formation de ces terrains que les silex y ont été enfouis. Et voilà pourtant, on peut le dire, le seul fait un peu sérieux que les partisans de l'homme tertiaire aient à faire valoir en faveur de leur système ! (*Note du traducteur.*)

dernière formation de la série entière, c'est même dans la partie supérieure de cette formation que nous nous trouvons pour la première fois en présence d'ossements humains et de produits de l'industrie humaine.

Il est donc assez clair, même par le témoignage de la géologie, que l'homme a été la dernière œuvre de la création, et que si le monde est vieux, l'espèce humaine est relativement jeune. Ces documents imparfaits et interrompus qui ont été conservés d'une manière si curieuse dans l'écorce terrestre nous reportent à une antiquité qui ne peut être mesurée ni par des années, ni par des siècles, et de plus nous mettent sous les yeux, en quelque sorte sous une forme palpable, comment apparurent le tendre herbage et l'arbre portant des fruits selon son espèce, et comment la terre fut, dans la suite, peuplée d'énormes reptiles, d'animaux domestiques et de bêtes sauvages. Ils nous montrent enfin comment, le dernier de tout, apparut l'homme, vers lequel toutes les autres créatures semblent tendre, et à qui fut donné tout pouvoir sur les poissons de la mer, sur les oiseaux du ciel et sur tout être vivant qui se meut sur la terre. Nous n'avons pas l'intention de nous appesantir en ce moment sur ce caractère de l'histoire de la création si clairement exprimé dans les annales de la géologie. Mais nous reviendrons sur ce sujet lorsque nous aurons, dans la suite, à considérer l'accord admirable des vérités de cette science avec le récit inspiré de Moïse.

On peut ici se demander tout naturellement si la géologie nous apprend de quelle manière chaque période de la vie animale et végétale se termina. Les anciennes formes organiques périrent-elles par degrés et les nouvelles vinrent-elles peu à peu prendre leurs places ? ou bien les unes furent-elles soudainement éteintes et les autres aussi soudainement produites ? Cette question a été un sujet de controverse parmi les géologues eux-mêmes ; elle est donc un peu en dehors de notre sujet, puisque nous ne nous proposons d'exposer que ce qui, en géologie, est accepté de tous. Néanmoins, comme c'est une question qui doit nécessairement se présenter à l'esprit du lecteur, elle nous semble exiger en passant quelques mots d'explications. Dans les premiers temps de la géologie, on admettait communément que chaque grande période se terminait par une brusque et violente convulsion de la nature. La croûte terrestre était brisée en plusieurs endroits à la fois ; le fond de l'Océan était soulevé par un épouvantable ébranlement ; les eaux, repoussées de leur lit ordinaire, se précipitaient avec une impétuosité furieuse sur les îles et les continents, et toute la création existante périssait dans un déluge universel. Puis venait un intervalle d'inexprimable confusion, et lorsque les eaux s'étaient enfin calmées et que le sol aride avait réapparu, une nouvelle période commençait pour l'histoire du globe et la terre se repeuplait d'une nouvelle création.

Mais cette vieille théorie est tombée graduellement à mesure que les roches stratifiées ont été mieux connues, et elle est maintenant presque universellement abandonnée (1). Les géologues ont remarqué que les mêmes espèces de fossiles qui dominent dans les lits supérieurs d'une formation se retrouvent dans les couches inférieures de formation voisine, mais en moins grand nombre et mêlées à de nouvelles espèces. Ils ont remarqué, en outre, que si l'on remonte la série des formations, les espèces anciennes deviennent de plus en plus rares pendant que les nouvelles croissent graduellement en nombre, jusqu'à ce que les for-

(1) Voir note D, fin du volume.

mes caractéristiques d'une période aient fini par disparaître totalement et celles de la période suivante par acquérir leur plein développement.

La découverte de ce fait important, qui a été révélé dans les cinquante dernières années, est due pricipalement aux infatigables recherches et au vrai talent de sir Charles Lyell. Parlant de l'époque tertiaire, à l'étude de laquelle, comme on le sait, il s'est surtout consacré, cet écrivain distingué résume ainsi le résultat de ses longues investigations : « En passant des formations les plus anciennes du système tertiaire aux plus nouvelles, on rencontre plusieurs lacunes, mais aucune d'elles ne forme une lign de démarcation bien tranchée entre les états du monde organique appartenant à ces deux genres de terrains. Aucun signe n'indique la terminaison brusque d'une faune et d'une flore et l'apparition subite de formes nouvelles et entièrement distinctes. Bien qu'il soit impossible de démontrer géologiquement la transition insensible qui peut exister entre la faune de la période éocène et la faune du miocène, ou même entre cette dernière et la faune récente, on peut du moins affirmer que plus on étendra et plus on complétera l'enquête géologique, plus on apercevra de continuité dans la série et plus on se trouvera graduellement amené des temps où beaucoup de genres et presque toutes les espèces étaient étcintes à ceux où il existait à peine une seule espèce qui n'ait aujourd'hui son analogue vivante (1). » De là il conclut, et sa conclusion est maintenant la doctrine commune des géologues, que l'extinction et la création des espèces ont été « le résultat d'un changement lent et graduel dans le monde organique (2). »

(1) *Principes de Géologie*, t. I, p. 410.
(2) *Principes de Géologie*, t. I, p. 412.

On objecta longtemps contre cette théorie que nous rencontrons souvent, spécialement dans les formations primaires et secondaires, deux groupes de strates en contact immédiat, offrant une transition parfaitement brusque d'une classe de fossiles à une autre classe complétement différente. Chaque groupe contient une innombrable variété d'espèces, et de toutes ces espèces il n'en est pas une qui soit commune aux deux groupes. N'est-il pas évident que, dans ce cas, la vie organique de l'une des périodes fut soudainement détruite et celle de la suivante aussi soudainement introduite? — Nous n'admettons point cette conclusion. Il manque, en effet, un anneau à cet argument. Il faudrait montrer que les deux strates qui sont maintenant en *contact immédiat* furent originairement déposées en *succession immédiate*. Or, c'est ce qu'il est impossible de prouver : cela même ne doit pas avoir lieu dans la plupart des cas; car nous avons vu que l'étendue des dépôts fut limitée dans tous les temps et que les localités où ils s'effectuèrent changèrent sans cesse. Il a donc dû arriver fort souvent que lorsqu'une couche était formée, le dépôt cessait entièrement dans cette localité et était interrompu pendant plusieurs périodes. Il a pu s'écouler ainsi un long espace de temps entre la formation de deux couches qui, cependant, furent déposées immédiatement l'une sur l'autre. Nous avons vu, en outre, que des groupes entiers de strates ont pu disparaître entraînés à quelque époque par les agents de dénudation. Les roches qui, dans le suite, se seront déposées sur ce point, se trouvent ainsi en contact immédiat avec des couches infiniment plus anciennes qu'elles. De ces considérations il résulte clairement que deux groupes de strates qui sont maintenant juxtaposés ont fort bien pu être déposés à deux époques géologiques tout à fait distantes l'une de l'autre. En conséquence, la transition soudaine de

la vie organique d'un groupe à la vie organique d'un autre groupe
n'est pas la preuve d'une transition soudaine de la vie organique
d'une période géologique à la vie organique de la période qui
lui a succédé immédiatement. Nous pouvons observer cependant
que les récentes recherches qui ont tant contribué à combler les
interstices du calendrier géologique, ont conduit à combler également quelques-unes des lacunes les plus remarquables dans la
succession de la vie organique. Aussi il n'est pas déraisonnable
de supposer qu'une connaissance plus parfaite de l'écorce terrestre fera disparaître la plupart des interruptions brusques dans
la continuité de l'échelle paléontologique, et que les degrés successifs d'une transition graduelle deviendront de plus en plus
apparents.

Ce sujet a été clairement exposé par sir Charles Lyell : —
« Pour rendre plus sensible encore ce mode d'action (relatif au
dépôt des roches stratifiées et à la conservation des débris organiques), je le comparerai à un cas à peu près analogue dont la
réalisation serait possible dans le cours des événements humains.
Supposons que la mortalité de la population d'une contrée représente l'extinction successive des espèces, et que la naissance des
individus nouveaux représente l'introduction des espèces nouvelles. Admettons aussi que pendant l'accomplissement de ces fluc-
tuations graduelles sur tous les points, des commissaires délégués
pour visiter successivement chaque province du pays viennent
faire le recensement exact du nombre, des noms et de toutes le
particularités individuelles de tous les habitants, laissant dans
chaque district un registre contenant le résultat de leurs informations. Si un recensement achevé, on vient à en faire un autre immédiatement après, suivant le même plan, puis un autre et encore un autre, on conçoit qu'à la fin chaque province possédera

une série de documents statistiques. Quand ceux qui se rapportent à une province quelconque sont disposés par ordre chronologique, le contenu de tels recensements placés en regard de tels autres diffère suivant la durée des intervalles de temps qui se sont écoulés entre les époques où ils ont été faits. Si, par exemple, il y avait soixante provinces et que tous les registres, remplis en une seule année, fussent renouvelés annuellement, il arriverait que le nombre des naissances et des morts, comparé à celui de tous les habitants, serait si petit, pendant l'intervalle compris entre deux recensements consécutifs, que les individus mentionnés dans ces documents seraient à très-peu près les mêmes. Mais si, au lieu de cela, l'inspection de ces soixante provinces occupait tous les commissaires pendant l'année entière, de telle sorte qu'ils ne pussent visiter de nouveau le même lieu qu'au bout de soixante ans, il y aurait alors discordance presque complète entre les personnes inscrites dans la même province sur deux registres consécutifs.

« Mais je dois rappeler au lecteur que dans la comparaison précédente, je n'ai pas eu la prétention d'établir un parallélisme rigoureux entre le cas que j'ai choisi et les phénomènes géologiques dont je cherche à donner une idée exacte ; car les commissaires sont supposés visiter les différentes provinces à tour de rôle, tandis que le mode d'action à l'aide duquel s'opère la fossilisation des débris organiques, quoique variant toujours d'un point à un autre, est encore très-irrégulier dans ses mouvements. Il peut abandonner et visiter plusieurs fois les mêmes espaces, avant de se faire sentir dans un autre district. Indépendamment de cette source d'irrégularité, il serait fort possible que tandis que l'action qui donne lieu à l'accumulation des sédiments se trouve suspendue, elle fût remplacée par la dénudation, que l'on peut comparer à la destruction accidentelle, par le feu ou par toute autre cause, de quelques-uns des documents statistiques dont nous parlions tout à l'heure. Il est évident que, dans les lieux où arrivent de pareils accidents, le défaut de continuité dans les séries peut prendre des proportions infiniment grandes, et que les monuments géologiques qui se suivent immédiatement ne doivent pas se trouver équidistants entre eux sous le rapport chronologique.

« Cette manière de raisonner une fois admise, la différence accidentelle qu'on observe dans les débris fossiles des formations en contact immédiat deviendra une conséquence nécessaire des lois qui président à l'accumulation des dépôts sédimentaires et aux mouvements souterrains, ainsi qu'à l'anéantissement et au renouvellement perpétuel des espèces (1). »

Il est dans la succession de la vie organique primitive un autre fait très-important qui réclame, pour un instant, notre attention. A mesure que nous remontons dans la série des roches stratifiées, des plus anciennes aux plus récentes, nous remarquons un progrès constant et graduel dans les types d'organisation animale qui y sont conservés, depuis les formes les plus simples et les plus humbles jusqu'aux plus élevées et aux plus parfaites. Pour les géologues, la forme d'organisation la plus parfaite est celle où il y a « le plus grand nombre d'organes spécialement consacrés à des fonctions particulières. » Or, toutes les formes de la vie animale que nous connaissons peuvent se réduire à deux grandes divisions, celles des *vertébrés* et des *invertébrés*, les premières ayant une colonne *vertébrale*, les autres n'en ayant pas. Conformément aux principes que nous venons de poser, les ver-

(1) *Principes de Géologie*, t. I, p. 422-424.

tébrés offrent évidemment une organisation plus parfaite que les invertébrés. Mais parmi les vertébrés eux-mêmes, il y a aussi gradation : les reptiles sont rangés au-dessus des poissons, les oiseaux au-dessus des reptiles et les mammifères au-dessus des oiseaux.

Ce sont les zoologistes qui nous apprennent tout cela, et dans leurs investigations, ils ne se sont nullement préoccupés de la science géologique. Il est donc assez remarquable que nous retrouvions ce même ordre et cette même gradation de la vie animale dans les groupes successifs des terrains stratifiés. Tous les restes jusqu'ici découverts dans les plus anceinnes formations géologiques appartiennent aux animaux invertébrés, pendant que les vertébrés, qui apparaissent pour la première fois dans la dernière partie de la période silurienne, se sont de plus en plus développés depuis ce temps jusqu'à l'époque actuelle, et constituent maintenant la partie sinon la plus nombreuse, du moins la plus importante de la création animale. Observons, en outre, que les animaux vertébrés ne font pas tous leur apparition à la fois, mais qu'ils viennent successivement, selon la même échelle de perfection organique, — les poissons apparaissant d'abord, les reptiles ensuite, les oiseaux après les reptiles, et enfin les mammifères. On a reconnu, même parmi les mammifères, un ordre bien marqué de succession progressive, ordre qui aboutit à l'apparition de l'homme, le plus parfait et le dernier venu des êtres animés.

Le tableau ci-joint aidera à comprendre cette remarquable succession de la vie animale dans l'histoire de l'écorce terrestre. Les restes des animaux invertébrés ont été découverts jusque dans les roches inférieures de la période laurentienne (1). Quant aux ver-

(1) L'animalité de l'*Eozoon canadense* est plus que problématique. Ce pré-

TABLEAU DES FORMATIONS GÉOLOGIQUES

MONTRANT LA PREMIÈRE APPARITION SUR LA TERRE DES DIFFÉRENTES FORMES
DE LA VIE ANIMALE (1).

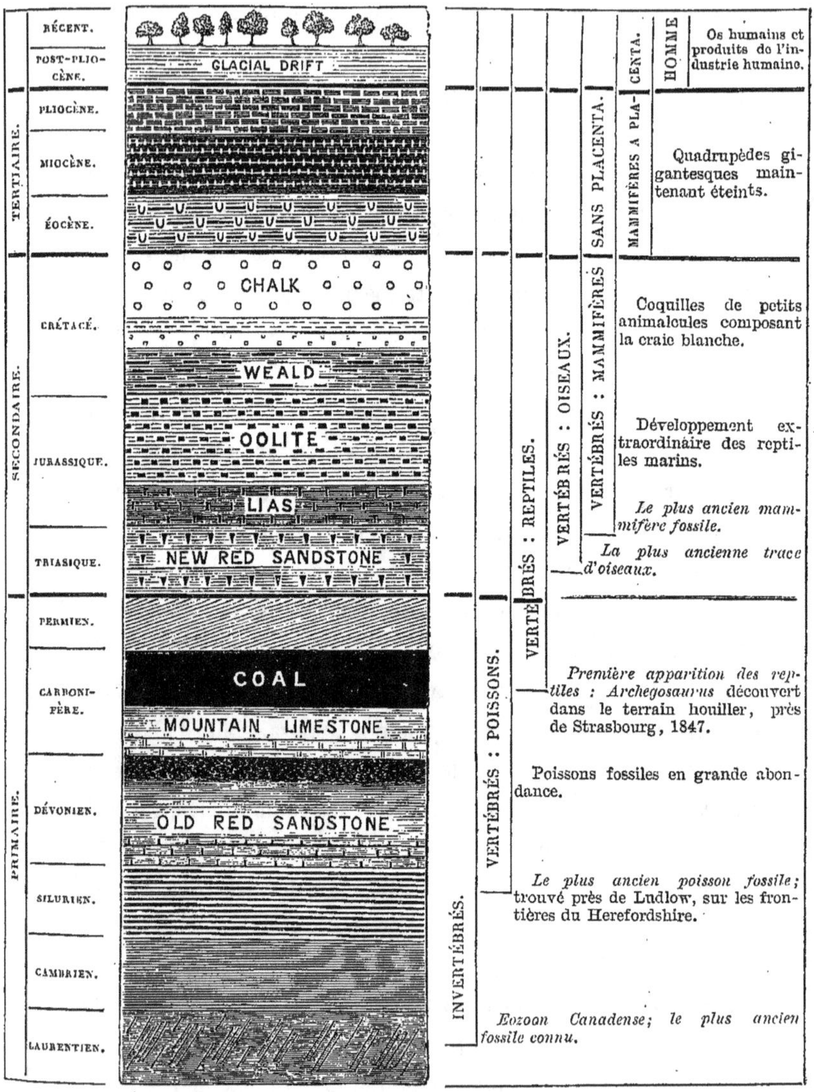

(1) Traduction française de quelques expressions de la gravure

Glacial drift : Drift glaciaire.
Chalk : Craie.
New red sandstone : Nouveau grès rouge.

Coal : Houille.
Mountain limestone : Calcaire de montagne.
Old red sandstone : Vieux grès rouge.

tébrés ils font leur première apparition dans les couches de Ludlow du silurien supérieur, où ils sont représentés par des os de poissons, classe inférieure de l'embranchement des vertébrés. Les reptiles viennent ensuite ; le plus ancien que l'on connaisse a été trouvé dans les terrains houillers de Saarbrück, entre Strasbourg et Trèves. Les squelettes d'oiseaux sont rares dans les roches stratifiées. On suppose que la faculté qu'ils ont de voler leur a permis à toutes les époques d'échapper, en grande partie, aux inondations qui emportaient les autres animaux et les ensevelissaient dans les dépôts sédimentaires des fleuves et des estuaires. Néanmoins, leur présence dans l'ancien monde est fréquemment attestée par les empreintes de leurs pieds qui, gravées originairement sur le sable du rivage, ont passé jusqu'à nous avec ce sable transformé en roche solide. Des traces de ce genre ont été découvertes en grande abondance sur le nouveau grès rouge du Connecticut, fleuve de l'Amérique du Nord : ce sont les plus anciens témoignages concernant l'existence des oiseaux que nous offrent les archives de la géologie. Ce groupe de strates appartient au trias inférieur. Nous rencontrons dans les couches supérieures de la même formation le premier mammifère fossile. On le trouva près de Stuttgard, en 1847. Il appartient à la forme

tendu fossile des terrains laurentiens du Canada n'est probablement qu'une apparence organique due à des infiltrations analogues à celles qui ont produit les dendrites. Telle est, du moins, l'opinion de la Société américaine pour l'avancement des sciences. (Voir *Revue scientifique*, 13 janvier 1872, ou encore : Les *Mondes*, 18 janvier 1872.) La découverte de ce prétendu fossile avait été fort acclamée dans le monde incrédule, parce que, en reculant au-delà de toutes limites l'apparition de la vie sur la terre, elle semblait en contradiction avec les livres saints. Mais c'était bien à tort ; car on peut admettre si l'on veut que des millions d'années ont séparé la création de l'homme de la création du premier animal, sans que l'exactitude du récit biblique ait aucunement à en souffrir. (*Note du traducteur.*)

la plus imparfaite des mammifères (1). Des restes semblables ont été découverts depuis, dans le trias supérieur du comté de Somerset. Les animaux plus parfaits de la même classe, ou mammifères à *placenta,* ne font leur première apparition que dans la formation éocène; quant aux os de l'homme, le plus parfait d'entre eux, ils se rencontrent pour la première fois dans les dépôts supérieurs de l'âge post-tertiaire.

Il faut se rappeler que nous nous bornons à exposer les faits que nous ont révélés jusqu'ici les recherches des géologues. Il peut se faire, il est même très-probable que de nouvelles découvertes viendront, dans la suite, modifier considérablement notre tableau. Nous n'avons aucune raison de croire que les géologues aient découvert les plus anciens restes des vertébrés et des invertébrés conservés dans la croûte terrestre ; que les poissons ne puissent être retrouvés au-delà de la période silurienne, ou les reptiles au-delà de la période carbonifère ; qu'on ne puisse rencontrer d'oiseaux dans les terrains primaires et des mammifères à *placenta,* dans les terrains secondaires. Mais, dans une science qui repose purement sur l'observation, il est mieux d'enregistrer les faits que l'on connaît que de discuter inutilement sur ceux que l'on ne connaît pas. Ces faits enregistrés, l'on ne peut manquer d'être frappé de l'ordre dans lequel, selon eux, la vie organique s'est développée sur la terre. Il est bien remarquable, en effet, que si l'on s'en tient aux fossiles jusqu'ici découverts, les invertébrés et les vertébrés, les poissons, les reptiles, les oiseaux et les mammifères sans *placenta* et avec *placenta,* se soient succédé dans la série ascendante des formations géologiques absolument dans le même ordre

____

(1) Il ne nous paraît pas encore prouvé que cet animal soit véritablement un mammifère. — Il ne sera peut-être pas inutile de dire que les animaux sans *placenta* sont les didelphes ou marsupiaux de Cuvier. (*Note du trad.*)

qu'ils se suivent dans l'échelle ascendante de la classification zoologique.

Les géologues sont donc toujours à la recherche de nouveaux phénomènes qu'ils groupent en classes jusqu'à ce que des faits particuliers ils déduisent des vérités générales. Partant alors de ces vérités générales comme des bases de leur science, ils en viennent à esquisser l'histoire naturelle de notre globe depuis les âges les plus reculés jusqu'au temps présent. Ils commencent par étudier les dépôts stratifiés de chaque période successive et par analyser les fossiles qu'ils renferment, puis ils tirent leurs conclusions et composent leur histoire. Ils décrivent les formes, le caractère, les habitudes des animaux et des végétaux qui vécurent autrefois sur notre terre; ils nous disent dans quel endroit la mer profonde roulait ses eaux et la terre ferme apparaissait à chaque époque successive; ils indiquent les deltas de ses anciens fleuves, ils mesurent la largeur de ses estuaires, ils tracent le cours de ses glaciers, ils marquent les configurations de ses chaînes de montagnes. Mais nous n'avons point à nous occuper ici de spéculations de ce genre. Plusieurs d'entre elles sont controversées et quelques-unes sont, en ce moment, l'objet de discussions très-vives parmi les géologues eux-mêmes. Du reste, vraies ou fausses, elles n'affectent en aucune manière les rapports de la géologie avec la religion révélée. Il nous suffit entièrement, pour le but que nous nous proposons, d'avoir essayé de faire comprendre la théorie générale de la chronologie géologique et le genre de preuve sur lequel elle repose.

Cependant, avant de quitter ce sujet, nous dirons quelques mots d'une intéressante application des principes que nous avons exposés dans les deux chapitres précédents. Cela aidera à confirmer les conclusions que nous avons essayé d'établir, et en même temps fera saisir à plusieurs esprits le parti qu'on peut tirer pratiquement d'une connaissance parfaite et d'une juste application de la science géologique.

La houille eût pu être produite à toutes les périodes géologiques, et des lits de houille ont été, en effet, découverts dans beaucoup de formations différentes. Mais il résulte d'une longue expérience que les dépôts houillers de la formation carbonifère sont plus abondants et de meilleure qualité que ceux des autres formations. Ces derniers sont minces et d'une qualité tellement inférieure qu'on ne peut les mettre à profit. Il est donc d'une très-grande importance dans la recherche de la houille, avant de creuser à grands frais des puits profonds, de voir si les terrains auxquels on a affaire appartiennent bien à la période carbonifère. Ici, le simple *praticien* est souvent en défaut. Les strates d'où l'on extrait le charbon consistent généralement en argiles sombres, en schistes noirs et autres dépôts semblables. C'est un fait trop manifeste et trop sensible pour qu'il ne soit pas parfaitement connu de tous ceux qui ont travaillé dans les houillères. Il en résulte fréquemment que le praticien conclut à la présence de la houille toutes les fois qu'il rencontre des strates de ce genre. Le géologue, au contraire, sait bien que de telles couches ne sont pas particulières aux roches carbonifères, mais qu'elles se rencontrent dans d'autres formations dans lesquelles il n'y a pas de houille ou du moins pas assez pour dédommager des dépenses de l'exploitation ; il comprendra dès lors combien il serait téméraire d'entreprendre des travaux aussi dispendieux sur la foi de simples apparences. Mais il sait de plus qu'il est certaines espèces, animales et végétales, que l'on rencontre dans les terrains carbonifères et pas ailleurs ; il les cherchera dans les strates qu'il veut explorer et, par leur présence ou leur absence, il saura si les strates en question appartiennent ou non à la formation carbonifère.

Il arrivera souvent aussi que, au milieu d'une vaste région où l'on sait que la houille abonde, les terrains superficiels de quelque localité particulière, non-seulement en seront dépourvus, mais n'offriront aucune ressemblance, soit dans leur caractère minéral, soit dans leurs fossiles, avec les terrains carbonifères. Une question de la plus haute importance pratique se pose alors : Peut-il se faire que ces couches superficielles recouvrent des roches carbonifères? Est-ce la peine de creuser un puits à travers les unes dans l'espoir d'atteindre les autres? Le mineur n'a pas de principes clairs et certains qui puissent l'aider à résoudre ce problème; aussi, que de sommes ont été dépensées en pure perte à la recherche de la houille sur des points où, comme on s'en est aperçu plus tard, il n'y avait pas la moindre chance d'en rencontrer! Or, si la géologie ne peut dire avec certitude si l'on parviendra à découvrir de la houille au-dessous de ces couches, elle *peut* dire au moins s'il y a quelque *chance sérieuse* d'y parvenir; elle peut dire s'il y a un espoir raisonnable d'atteindre la formation carbonifère en pénétrant dans la croûte terrestre en cet endroit même. Or, si l'on atteint la formation carbonifère au milieu d'un district houiller, il est très-probable que l'on rencontrera des lits de houille.

Le premier objet du géologue sera de connaître la formation à laquelle appartiennent les roches superficielles. Si c'est un terrain plus ancien que le terrain carbonifère, — le silurien, par exemple, ou le dévonien, — il voit qu'il est parfaitement inutile de continuer les fouilles, car il n'est pas possible que les roches carbonifères soient situées au-dessous de roches qui leur sont antérieures en existence. Ainsi, le géologue saura d'avance ce que le praticien ne saurait qu'après avoir dépensé son argent. Si, d'un autre côté, les roches qui apparaissent à la surface appartiennent à une période postérieure à la période carbonifère, le géologue n'en conclura pas toujours qu'il convient de creuser un puits pour la recherche de la houille. Les terrains carbonifères peuvent être situés au-dessous à une telle profondeur qu'il serait impossible de les atteindre. Supposons, par exemple, que les strates qui apparaissent à la surface appartiennent à la formation crétacée. Il sait par son tableau chronologique que l'âge carbonifère est séparé de l'âge crétacé par trois périodes intermédiaires, les périodes permienne, triasique et jurassique. C'est pourquoi, lorsque les terrains crétacés apparaissent à la surface de quelque localité, il est fort possible, quoique évidemment cela ne soit pas certain, qu'avant d'atteindre les terrains carbonifères, il faille traverser des milliers de pieds de roches jurassiques, triasiques et permiennes, et encore ne serait-on pas sûr d'atteindre même alors les couches carbonifères. Il est possible, en effet, qu'elles n'aient jamais été déposées sur cette partie de la surface terrestre; ou bien, si elles ont été déposées, elles ont pu être enlevées postérieurement par les agents de dénudation. Notre géologue conclura donc avec raison que les dépenses probables des recherches étant si considérables et les chances de succès si incertaines, il sera plus sage de ne pas tenter l'entreprise.

Par la judicieuse application des principes que nous venons d'exposer bien imparfaitement, — principes qui, naturellement, sont sujets, dans la pratique, à des modifications nombreuses et variées, — la géologie a déjà prouvé qu'elle pouvait contribuer puissamment à la richesse et la force du pays. « Elle a déjà, nous assure le professeur Philips, arrêté bien des tentations insensées dans la recherche de la houille, dans des lieux où cette recherche ne pouvait avoir aucun bon résultat ; elle a retardé, pour le moins, des essais encore trop hasardeux, et elle a encouragé des efforts qui ont été couronnés de succès au delà de l'espérance des mineurs, et même contrairement à leur attente (1). »

(1) *Geology of Oxford and the Valley of the Tames*, p. 494.

CHAPITRE XIV.

CHALEUR SOUTERRAINE. — SON EXISTENCE DÉMONTRÉE PAR LES FAITS.

LA THÉORIE DES TERRAINS STRATIFIÉS SUPPOSÉ DES RÉVOLUTIONS DANS L'ÉCORCE TERRESTRE. — CES RÉVOLUTIONS SONT ATTRIBUÉES PAR LES GÉOLOGUES A L'ACTION DE LA CHALEUR SOUTERRAINE. — PREUVE DIRECTE DE LA CHALEUR SOUTERRAINE ET DU POUVOIR QU'ELLE A D'ÉBRANLER L'ÉCORCE DU GLOBE. — HYPOTHÈSE DE L'ORIGINE IGNÉE DE NOTRE GLOBE. — ACCROISSEMENT REMARQUABLE DE TEMPÉRATURE A MESURE QUE L'ON PÉNÈTRE DANS L'ÉCORCE TERRESTRE. — SOURCES D'EAU CHAUDE. — PUITS ARTÉSIENS. — VAPEURS S'ÉCHAPPANT DES CREVASSES DE LA TERRE. — LES GEYSERS D'ISLANDE. — UN REFLET DES FEUX SOUTERRAINS. — LE MONT VÉSUVE EN 1779. — ÉRUPTION DE 1872. — VASTE ÉTENDUE DE L'ACTION VOLCANIQUE. — L'EXISTENCE DE LA CHALEUR SOUTERRAINE EST UN FAIT ÉTABLI.

En développant la théorie moderne de la géologie, nous avons toujours supposé que l'écorce terrestre a éprouvé de nombreux changements depuis les âges les plus reculés. A différentes reprises, dans le cours de notre argumentation, nous avons parlé du déplacement du lit de la mer et de sa transformation en terre ferme, et, d'autre part, de la submersion de la terre ferme par les eaux de la mer. Nous n'avons pas hésité à admettre que ces deux mouvements opposés de soulèvement et de submersion se soient renouvelés plusieurs fois sur le même point, et qu'il existe même à peine une région à la surface du globe qui n'ait été, à diverses reprises, submergée et puis soulevée.

Or, nous n'avons point admis tout cela sans raisons. Nos lecteurs ont vu par quelle longue série de preuves on peut démontrer que les roches stratifiées ont été, pour la plus grande partie, déposées *sous l'eau*. Ces preuves, nous les avons tirées : premièrement, de la nature et de la disposition des matériaux qui. les composent; secondement, du caractère des débris organiques qu'elles contiennent. Or, puisqu'elles sont maintenant *au-dessus de l'eau*, il est clair qu'elles ont été soulevées ou que l'Océan s'est affaissé. De plus, si nous trouvons, comme il arrive souvent, deux couches en succession immédiate, l'une au-dessous, présentant les arbres d'une ancienne forêt encore debout avec leurs racines, l'autre au-dessus, abondant en débris d'animaux aquatiques, nous devrons conclure que, à l'époque où exista cette ancienne forêt, cette portion de la croûte terrestre était au-dessus du niveau de la mer ; que plus tard, elle fut submergée; qu'un nouveau dépôt, dans lequel furent enfouis les restes marins, s'effectua au-dessus de l'ancienne végétation, et qu'enfin elle émergea au-dessus des eaux et devint de nouveau terre ferme. En résumé, quand une coupe verticale de l'écorce terrestre montre une série continue de couches alternant de cette façon, c'est une preuve que ce point particulier a été, à diverses reprises, au-dessus ou au-dessous des eaux, dans le cours des âges.

Toutes ces conclusions sont maintenant adoptées universellement parmi les géologues. L'écorce du globe, nous disent-ils, n'est point aussi immobile ni aussi inébranlable qu'on serait porté à le croire tout d'abord. Au contraire, depuis son commencement, elle a été sans cesse en mouvement : s'élevant ici, s'affaissant là; quelquefois avec un ébranlement soudain et convulsif qui soulève, plisse ou brise les roches les plus dures et les plus résistantes, comme de faibles lits d'argile (1) ; quelquefois avec un mouvement lent et gradué, qui, tout en soulevant les îles et les continents, conserve à la surface des terres son aspect général, aux strates leur disposition et aux plus tendres fossiles leurs formes intactes. Des changements de ce genre ont eu lieu sur divers points du globe, même dans la période historique. On attribue ces changements à l'action de la chaleur souterraine. Une théorie si étonnante et si inattendue a besoin de s'appuyer sur des faits ; les géologues en citent un grand nombre. Nous nous proposons d'en porter quelques-uns à la connaissance de nos lecteurs.

Et d'abord, il est important d'exposer clairement la doctrine que nous voulons examiner et confirmer. Nous n'avons point à nous occuper de l'origine de la chaleur interne du globe. C'est un point sur lequel les géologues eux-mêmes ne s'entendent pas. Les uns conjecturent que notre globe, lorsqu'il fut pour la première fois lancé dans l'espace, était à l'état de fusion ignée, c'est-à-dire que toute la matière solide qui le compose était alors fondue sous l'action d'une chaleur intense ; que dans le cours des temps, cette chaleur diminuant peu à peu par l'effet du rayonnement, la surface se refroidit graduellement et se solidifia ; qu'il en est résulté une sorte d'enveloppe extérieure de matière solide qui a crû en épaisseur à mesure que le refroidissement s'est poursuivi, et que l'état actuel de notre planète est le résultat de ce mode d'action continué jusqu'au jour présent, une masse ardente de matière minérale liquéfiée à l'intérieur, et à l'extérieur une croûte relativement mince de roche solide. D'autres supposent que la cha-

____

(1) On voit que l'auteur, si admirateur qu'il soit de la *théorie des causes actuelles*, ne rejette pas absolument les soulèvements brusques, les cataclysmes. (*Trad.*)

leur interne du globe est développée par l'action de combinaisons chimiques qui s'effectuent constamment dans les profondeurs de la terre. D'autres, encore, en cherchent la cause dans l'électricité et le magnétisme; mais ce ne sont là que des théories encore en discussion, dontla meilleure ne peut être considérée que comme une hypothèse satisfaisante. Du reste, ce n'est pas des causes de la chaleur interne que nous avons à nous occuper, c'est du fait de son existence et de la nature de ses effets. Est-il vrai qu'il règne très-généralement une chaleur intense au-dessous de l'enveloppe superficielle du globe ? Cette chaleur est-elle capable de produire les terribles révolutions qu'on lui attribue dans notre théorie géologique ? Telles sont les questions auxquelles nous voulons consacrer toute notre attention.

C'est un fait très-significatif que *plus on pénètre dans l'écorce terrestre, plus il y fait chaud.* Sans doute, pour une courte distance c'est le contraire qui est la vérité; lorsque nous commençons à descendre, nous trouvons qu'il fait plus froid qu'à la surface, parce que nous sommes soustraits à l'influence du soleil ; mais, à un certain point, — à environ 15 mètres de profondeur dans nos climats, — l'influence de la chaleur solaire cesse de se faire sentir; au delà de cette limite, la température commence à s'élever, et plus l'on descend, plus la terre devient chaude. Ce fait général a été vérifié et confirmé par des expériences que l'on a faites dans toutes les parties du monde, sous tous les climats, sous toutes les latitudes, soit dans les houillères, soit dans les mines, soit dans les profondes cavernes souterraines. « Dans une même mine, dit sir John Herschel (1), chaque profondeur particulière a son degré particulier de chaleur qui ne varie jamais;

____

(1) *Familiar Lectures on Scientific Subjects.* Londres, 1867, p. 9-10.

mais le point le plus profond est toujours le plus chaud, et cette chaleur augmente, non pas d'une manière insignifiante, mais avec une rapidité vraiment étonnante, environ dans la mesuré d'un degré centigrade par 30 mètres (1), ce qui fait à peu près 33° par kilomètre ! De sorte que si nous avions un puits qui fût profond d'un mille (1,600 mètres), on y trouverait la roche à la température de plus de 50°, température qui dépasse de beaucoup celle de nos jours d'été les plus chauds. » Or, si cette température continue de croître dans la même proportion jusqu'au centre de la terre, il est parfaitement certain que, à une distance assez faible de la surface, on aura une chaleur suffisamment intense pour réduire le granite le plus dur et le métal le plus réfractaire à l'état de fusion ignée.

Tout le monde connaît l'existence des sources d'eaux chaudes qui, de profondeurs inconnues, parviennent à la surface du sol, et qui, apparaissant comme elles font sur tous les points du globe, témoignent de l'existence d'une chaleur interne. A Bath, par exemple, en Angleterre, l'eau arrive des entrailles de la terre à une température de 117° Fahrenheit (47° centig.), et aux États-Unis, près du fleuve d'Arkansas, il y a une source dont les eaux indiquent une température de 180° (82° centig.), très-voisine du point d'ébullition. Ce remarquable phénomène peut être étudié avec plus de facilité encore dans les *puits artésiens,* ainsi appelés de la province d'Artois, en France, où ils furent en usage

(1) Il serait plus strictement exact de dire que la mesure de l'accroissement de température varie considérablement, selon les lieux, bien qu'il soit toujours parfaitement vrai que la chaleur augmente avec la profondeur. Sir Charles Lyell rapporte un certain nombre d'expériences faites en Angleterre, en France, en Allemagne et en Italie, et montrant qu'un accroissement d'un degré Fahrenheit par 65 pieds (c'est-à-dire d'un degré centig. par 35 mètres), représente assez exactement la moyenne générale. — Voir *Principes de Géologie,* t. II, p. 262.

pour la première fois. Ces puits sont formés artificiellement en perçant les couches superficielles de la terre quelquefois à d'énormes profondeurs, jusqu'à ce qu'on atteigne l'eau. On a remarqué que l'eau est toujours chaude lorsqu'elle arrive de ces grandes profondeurs, et en outre, que sa température est en proportion de la profondeur du trou de sonde. Un puits de ce genre fut percé en 1834 à Grenelle, l'un des faubourgs de Paris, à une profondeur de plus de 550 mètres, et l'eau, qui jaillit avec une force surprenante, avait une température de 82° Fahrenheit (28° centig.), alors que la température moyenne de l'air dans les caves de l'observatoire de Paris n'est que de 53° (12° centig.). L'eau a depuis continué à jaillir et la température n'a jamais varié. A Salzwerth, en Allemagne, où le trou de sonde est encore plus profond, puisqu'il a 650 mètres environ, l'eau qui arrive à la surface est à 91° de notre thermomètre (33° centig.).

Nous avons aussi, en plusieurs contrées, les jets de vapeur qui s'échappent à une haute température des crevasses de la terre et qui nous révèlent l'existence d'eaux chaudes au-dessous, aussi clairement que la vapeur qui s'échappe de la cheminée de la locomotive ou du bec de la bouilloire. Les phénomènes de ce genre sont très-communs en Italie, où ils se montrent quelquefois à divers intervalles sur une étendue de pays de 30 kilomètres de longueur. Mais c'est en Islande qu'ils se déploient dans leur plus haut degré de splendeur et de puissance. Sur la partie sud-ouest de l'île, dans un circuit de trois kilomètres, il y a près de cent sources jaillissantes appelées *geysers*, dont quelques-unes projettent violemment dans l'air, par intervalles, d'immenses volumes de vapeur et d'eau bouillante. Le grand geyser est un conduit naturel qui a trois mètres de large, qui descend dans la terre à une profondeur de 20 mètres, et qui s'élargit à sa partie supérieure

en un large bassin de 15 à 18 mètres de diamètre. Ce bassin,
aussi bien que le conduit qui le fait communiquer avec l'intérieur
de la terre, est tapissé d'une croûte siliceuse parfaitement unie,
et généralement est rempli jusqu'au bord d'une eau admirablement limpide, à une température très-voisine du point d'ébullition. L'état ordinaire de la source est un état de repos relatif,
l'eau s'élevant lentement dans le conduit et se déchargeant ensuite par-dessus les bords du bassin pierreux. Quelques heures
seulement séparent les éruptions. On entend d'abord des explosions souterraines analogues au bruit produit par une décharge
lointaine d'artillerie. Puis une ébullition violente se produit, des
nuages de vapeur se forment et des jets d'eau bouillante sont vomis dans les airs. Au bout de quelque temps, l'éruption cesse et
tout redevient calme. Une fois par jour, ou à peu près, ces phénomènes se manifestent sur une échelle d'une grandeur extraordinaire ; les explosions qui annoncent leur approche sont plus
nombreuses et plus violentes que d'ordinaire ; les volumes de vapeur lancés du cratère obscurcissent l'atmosphère dans l'espace
de près d'un kilomètre de circuit, et, pendant un quart d'heure,
une vaste colonne d'eau est projetée à une hauteur de 30 à 60 mètres. On trouve dans la Nouvelle-Zélande des geysers à peine
moins grands et moins frappants, qui vomissent de l'eau à la
température de 214° Fahrenheit (101° centig.), c'est-à-dire à deux
degrés au-dessus du point d'ébullition.

Tels sont les symptômes évidents de la chaleur souterraine, —
sources chaudes, jets de vapeur, fontaines d'eau bouillante, —
qui se manifestent incessamment à la surface de la terre dans
chaque quartier du globe. Mais il nous est donné quelquefois de
contempler, pour ainsi dire, le feu souterrain lui-même, et d'obser-

ver son pouvoir sous une forme plus frappante et plus imposante. De temps en temps, l'élément igné, dans la fureur de sa rage, brise la prison qui le retient et se précipite vers la lumière du jour. Alors on voit des flammes jaillir du sein de la terre, des gouffres béants apparaissent, des mugissements sinistres se font entendre des profondeurs du sol, des nuages de cendres rouges sont projetés dans l'air à une grande hauteur, et des torrents de matière liquide incandescente, vomis de chaque crevasse, se répandent au loin sur les riantes campagnes et les paisibles villages, semant partout sur leur passage la désolation et la mort. Tels sont les phénomènes ordinaires d'un volcan en activité pendant la période d'éruption ; et ces phénomènes, on peut les observer de nos jours encore sur la terre classique du mont Vésuve, où ils se manifestent assez fréquemment. Nous prendrons cependant pour exemple typique l'éruption de cette montagne en 1779. Elle ne fut pas, il est vrai, plus remarquable que les autres par sa violence ou par les catastrophes auxquelles elle donna lieu ; mais elle eut l'avantage d'être soigneusement décrite par un témoin, sir William Hamilton, qui représentait alors le gouvernement anglais à la cour de Naples. Les circonstances diverses de cette éruption nous sont donc mieux connues que celles d'aucune autre éruption d'égale importance.

La montagne avait été pendant deux ans dans un état d'agitation presque continuelle. De temps à autre, des grondements souterrains se faisaient entendre, d'épaisses masses de fumée sortaient du cratère, des laves liquides et brûlantes s'écoulaient des crevasses sur les flancs de la montagne, et çà et là, au travers de ces crevasses, apparaissait le vif éclat des cavernes rocheuses, devenues semblables « à des fours chauffés au rouge ». Mais, au mois d'août 1779, l'éruption atteignit son plus haut degré. Le

dimanche 8, vers neuf heures du soir, d'après la description gra-
phique de sir William Hamilton, « il y eut une forte détonation
qui ébranla tellement les maisons de Portici et du voisinage que
les habitants alarmés sortirent sur la rue. Plusieurs fenêtres furent brisées, et, comme je l'ai vu depuis, des murs furent lézar-
dés par suite de l'ébranlement de l'air que détermina l'explosion.
En un instant, une colonne transparente de matière liquide incandescente commença à s'élever, et, s'accroissant graduellement,
atteignit une telle hauteur que tous ceux qui furent témoins de
ce prodigieux spectacle furent frappés de crainte et d'admiration.
On me croira à peine si j'affirme que, d'après l'appréciation qui
me paraît la plus exacte, la hauteur de cette formidable colonne
n'était pas moins de trois fois celle du Vésuve lui-même, qui, on
le sait, s'élève à 1,200 mètres environ au-dessus du niveau de la
mer. D'énormes bouffées de fumée, aussi noires qu'on peut l'imaginer, se succédaient rapidement et accompagnaient les laves liquides, rouges et transparentes, dont le vif éclat était remplacé
çà et là par une couleur plus sombre. Dans ces bouffées de fumée, au moment où elles sortaient du cratère, je pus apercevoir
une lumière électrique, brillante, mais pâle, qui se répandait
en zigzag. Les laves liquides, mêlées à des scories et à des pierres,
après s'être élevées à une hauteur que je crois n'être pas inférieure
à 3,000 mètres, retombaient perpendiculairement sur le Vésuve
et recouvraient tout son cône, celui de la Somma en partie et la
vallée qui les sépare. Les matières qui retombaient étant à peu
près aussi ardentes et aussi embrasées que celles qui s'élevaient
sans cesse du cratère, il en résultait un immense corps de feu qui
pouvait avoir quatre kilomètres de large et qui, avec la hauteur
extraordinaire mentionnée ci-dessus, échauffait les alentours à
une distance de dix kilomètres. Les bois qui recouvraient la

Somma furent bientôt enflammés, et cette flamme, différant en couleur de la teinte rouge sombre des matières vomies par le volcan et du bleu d'argent de la lumière électrique, ne fit qu'ajouter au contraste de cette scène vraiment grandiose. La colonne de feu ne resta pas moins d'une demi-heure dans toute sa beauté, puis le Vésuve redevint sombre et silencieux (1). »

Il n'est plus nécessaire aujourd'hui, comme il l'était à l'époque où ce livre parut pour la première fois, d'aller puiser dans les annales du passé un récit exact et circonstancié d'une explosion des feux volcaniques au mont Vésuve. Les échos n'ont pas encore cessé de redire l'éruption qui, au printemps de l'année 1872, sema l'épouvante sur 30 kilomètres à la ronde, qui versa ses torrents de liquide embrasé sur des campagnes fertiles et des villes populeuses, qui chassa de leurs maisons 20,000 habitants terrifiés, et, en plein midi, obscurcit l'air par des nuages de vapeurs sulfureuses et de cendres épaisses. Pendant les trois premières semaines d'avril, la montagne avait été dans un état de trouble extraordinaire, présentant parfois des spectacles grandioses qui attiraient des armées de visiteurs. Le mercredi 24 eut lieu une grande éruption, et les joyeux touristes qui remplissaient les hôtels de Naples résolurent de monter jusqu'à l'Atrio del Cavallo pour jouir du spectacle pendant la nuit. A leur arrivée, la violence de l'éruption avait bien diminué et ils éprouvèrent quelque désappointement. Les visiteurs devinrent imprudents. Ils s'avancèrent de plus en plus. Tout à coup, au moment où ils contemplaient le courant de lave qui se dirigeait vers le nord, un sourd grondement se fit entendre : le sol s'ouvrit presque sous leurs pieds, un nouveau torrent de matière

(1) Voir sir John Herschel, *Familiar Lectures on Scientific Subjects*, p. 26-27.

embrasée en sortit et descendit la montagne, consumant tout ce qu'il rencontrait sur son passage et illuminant le ciel d'une lueur sinistre. Les visiteurs eurent beaucoup de peine à échapper à sa fureur et à se sauver par une rapide retraite vers la vallée.

« En un instant, écrit un témoin oculaire, toute la montagne parut en feu. Les points sombres qui marquaient la division entre les principales bouches n'étaient plus visibles ; les espaces intermédiaires avaient disparu et une énorme masse de flammes s'élevait vers le ciel en répandant sa lumière sur les courants droits ou tortueux de liquide incandescent qui se dirigeaient vers la plaine. Ce n'était point une de ces flammes brillantes qui éblouissent, mais plutôt une série continue de flammèches, parfaitement visibles et mêlées à des pierres qui s'élevaient à une grande hauteur pour retomber ensuite lourdement aux alentours. Il y eut un cri général : « Sauvons-nous ! sauvons-nous ! » Tous essayèrent en effet de se sauver, mais, hélas ! tous n'y parvinrent pas. » On dit que 50 à 100 personnes trouvèrent la mort sur la montagne pendant cette terrible nuit.

L'éruption volcanique se continua pendant deux jours. Durant ce temps, les explosions étaient incessantes à l'intérieur de la montagne. Elles ébranlaient les maisons jusqu'à Naples et retentissaient dans les rues comme des décharges d'artillerie. Une rivière de lave descendit avec une force irrésistible le flanc nord-ouest du Vésuve et engloutit les cités florissantes de Massa et de San-Sebastiniano. Les habitants, au nombre de 11,000 environ, n'eurent que le temps de se sauver par une fuite précipitée. Cependant la montagne, du fond de ses abîmes, vomissait d'une façon continue des masses de pierres brûlantes qui s'élevaient à une hauteur de 1,500 mètres et ressemblaient de loin à une immense source de feu. Ces projectiles embrasés firent place, au bout de quelques jours, à de·sombres nuages de cendres fines que les vents portaient jusqu'à Naples et qui recouvrirent les rues de plusieurs pouces d'épaisseur. C'était le signal de la fin de l'explosion. Les tonnerres de la montagne n'avaient pas encore entièrement fait silence, mais ils devenaient peu à peu moins fréquents et moins effrayants. Les habitants consternés commencèrent à regagner leurs maisons, et vers le milieu de mai, l'éruption de 1872 avait cessé.

Cette éruption restera célèbre dans les annales de la science, par le dévouement presque héroïque du professeur Palmieri. Un observatoire avait été érigé, en 1844, sur une colline étroite, au pied du Vésuve, dans le but de recueillir des informations exactes sur les phénomènes volcaniques. Le directeur actuel de cet observatoire est le professeur Palmieri. Pendant toute l'éruption dernière, il resta à son poste, faisant des observations avec tout le calme d'Archimède et mesurant tranquillement la force de l'action volcanique pendant que les torrents de lave se précipitaient autour de lui et que la montagne grondait au-dessus. Lorsque l'éruption fut passée, il vint à Naples et fit une conférence à ce sujet devant plusieurs milliers de personnes. C'est à cette conférence qu'ont été empruntés en partie les faits et les incidents que nous venons de rapporter (1).

On peut donc regarder comme un fait établi l'existence d'une chaleur intense à l'intérieur de l'écorce terrestre, partout où un volcan en activité paraît à la surface. Considérons maintenant sur quelle vaste échelle ils sont distribués à la surface du globe. Nous commencerons par le continent de l'Amérique. Toute la chaîne des Andes, — cette prodigieuse ligne de montagnes qui

(1) Voir *Athenæum*, 11 mai 1872; *The Times*, 3, 6, 8, 9, 11 et 22 mai 1872.

s'étend sur la côte occidentale de l'Amérique du Sud, depuis Tierra del Fuego, au midi, jusqu'à l'isthme de Panama, au nord, est parsemée de volcans dont la plupart ont été vus en éruption depuis moins de 300 ans. Si nous traversons l'isthme étroit de Panama, nous retrouvons cette ligne de volcans de Guatémala à Mexico et de là vers le nord jusqu'à l'embouchure de l'Orégon. C'est une vaste région volcanique qui mesure près de 10,000 kilomètres en longueur et qui étend à droite et à gauche ses bras de feu à une distance inconnue. A Quito, juste à l'équateur, une branche se dirige vers le nord-est et s'étend à travers les Antilles, en passant par Saint-Vincent, la Dominique, la Guadeloupe et plusieurs autres îles, pendant que, d'autre part, il est certain que l'action volcanique s'étend vers l'ouest, sous les eaux du Pacifique, bien que nous n'ayons aucun moyen de reconnaître le point où elle cesse de se faire sentir.

Une autre grande ligne de volcans est celle qui longe les côtes orientale et méridionale de l'Asie. Commençant aux rivages de l'Amérique du Nord, elle passe au Kamtschatka à travers les îles Aléoutiennes ; de là, décrivant une courbe onduleuse, elle continue son cours jusqu'aux Moluques, par les îles Kouriles, le groupe japonais, les Philippines et l'extrémité nord-est des Célèbes. Aux Moluques, elle se divise en deux branches : l'une d'elles prend la direction du sud-est et passe par la Nouvelle-Guinée, les îles Salomon, l'archipel des Amis et enfin la Nouvelle-Zélande ; l'autre branche poursuit son cours vers le nord-ouest, par Java et Sumatra jusqu'à la baie de Bengale.

Il est une troisième grande ligne de volcans qui a été bien tracée par des voyageurs modernes. Elle s'étend à travers la Chine et la Tartarie jusqu'au Caucase, du Caucase à l'archipel grec par les contrées qui bordent la mer Noire, et de là à

Naples, à la Sicile, aux îles Lipari, à la partie méridionale de l'Espagne et du Portugal et aux Açores. Il y a en outre de nombreux groupes de volcans qui ne se rattachent d'une manière apparente à aucune chaîne volcanique régulière et qui n'ont encore été ramenés par les savants à aucun système général : le mont Hécla, par exemple, en Islande, les montagnes de la Lune, dans l'Afrique centrale, Owhyhee, dans les îles Sandwich, et plusieurs autres qui s'élèvent irrégulièrement du sein des vastes mers du Pacifique (1).

Ce rapide aperçu suffira pour donner une idée de l'énorme proportion dans laquelle l'action volcanique est développée au-dedans de l'écorce terrestre. Il ne faut pas oublier cependant que tout calcul basé sur l'énumération que nous avons donnée serait probablement fort au-dessous de la vérité, car nous n'avons mentionné que les volcans qui ont attiré l'attention des savants ou que le hasard a fait tomber sous l'observation des voyageurs. Il doit en exister bien d'autres, sans doute, dans les régions encore inexplorées et dans les vastes profondeurs des mers et des océans qui recouvrent près des deux tiers de la surface de notre planète. De plus, nous n'avons pas dit un mot des volcans *éteints*, — tels que ceux d'Auvergne, en France, et des montagnes Rocheuses, en Amérique, — qui n'ont pas été en activité depuis les temps historiques, mais où, néanmoins, les torrents de laves durcies, les cendres volcaniques et les cônes montagneux se terminant en cratères nous racontent les éruptions des âges

(1) Cette distribution de l'action volcanique sur le globe est très-clairement figurée par M. Poulett Scrope dans une carte annexée à son admirable ouvrage sur les volcans : dans le même volume se trouve, sous forme d'appendice, un catalogue des volcans actuels, avec une courte description. — Voir aussi les *Principes de Géologie* de Lyell, chap. XXIII.

passés non moins clairement que les murs noircis et la charpente carbonisée de quelque édifice témoignent au voyageur qui passe d'un incendie depuis longtemps éteint.

Nous soutenons donc que la doctrine d'une chaleur souterraine fort intense n'est pas une vaine conjecture, mais qu'elle s'appuie sur une base solide de faits. Nous avons d'abord en sa faveur une forte présomption. Dans toute mine profonde, dans toute excavation assez considérable pratiquée dans l'épaisseur de l'écorce terrestre, la chaleur de la terre s'accroît rapidement à mesure que l'on descend. L'eau qui nous vient de grandes profondeurs est toujours chaude et jamais froide. Quelquefois elle est bouillante; quelquefois elle est transformée en vapeur. C'est là ce qu'on a reconnu universellement toutes les fois que les circonstances ont permis d'en faire l'essai, et il est à croire que si l'on pouvait descendre plus bas, on trouverait une chaleur encore plus intense, une chaleur qui finirait par être capable de réduire à l'état liquide les matières solides dont la terre est composée. Nous avons, en second lieu, le témoignage direct de nos sens. Un conduit met les profondeurs du sol en communication avec sa surface, des flammes apparaissent, des cendres rouges sont vomies, des roches fondues sont versées au dehors en une rivière incandescente. Cette preuve, cependant, quoique directe et concluante dans la mesure de sa portée, n'est pas universelle. Elle prouve qu'une chaleur intense règne à l'intérieur de l'écorce terrestre, non pas partout, mais au moins dans ces régions nombreuses et étendues où il existe des volcans en activité. Tels sont, en résumé, les arguments sur lesquels repose la doctrine de la chaleur souterraine en ce qui regarde le fait de son existence.

18

CHAPITRE XV.

CHALEUR SOUTERRAINE. — SA PUISSANCE DÉMONTRÉE PAR LES VOLCANS.

EFFETS DE LA CHALEUR SOUTERRAINE A L'AGE ACTUEL DU MONDE. — VASTES ACCUMULATION DE MATIÈRES SOLIDES RÉSULTANT DES ÉRUPTIONS VOLCANIQUES. — LES VILLES D'HERCULANUM ET DE POMPÉÏ ENSEVELIES. — CURIEUX VESTIGES DE LA VIE ROMAINE. — MONTE-NUOVO. — ÉRUPTION DU JORULLO, AU MEXIQUE. — SUMBAWA, DANS L'ARCHIPEL INDIEN. — VOLCAN EN ISLANDE. — LA MASSE MONTAGNEUSE DE L'ETNA EST LE PRODUIT D'ÉRUPTIONS VOLCANIQUES. — LES ILES VOLCANIQUES DANS L'ATLANTIQUE, DANS LA MÉDITERRANÉE. — L'ILE DE SANTORIN, DANS L'ARCHIPEL GREC.

Maintenant que nous avons démontré suffisamment l'existence d'une chaleur souterraine fort intense, répandue sinon universellement, du moins très-généralement au-dessous de la couche superficielle de la terre, nous avons à rechercher si elle est capable d'effectuer les changements physiques qu'on lui attribue en géologie, de produire la terre là où elle n'existait pas auparavant, de soulever l'écorce solide du globe, de chasser l'Océan de son lit, de disloquer et de plisser les masses de roches compactes. Ici encore nous avons à faire appel aux faits. Des effets semblables ont été produits sous nos yeux, dans l'âge actuel du monde, par l'action de la chaleur interne; il n'est donc pas déraisonnable d'attribuer à la même cause les mêmes phénomènes des âges antérieurs.

Nous ne voulons pas courir le risque d'amoindrir la force de ce raisonnement par de trop longs développements. Il nous suffira d'exposer les faits ; nous laisserons ensuite à nos lecteurs le soin d'apprécier la valeur de l'argument. Il y a trois formes plus ou moins distinctes, quoique intimement associées, sous lesquelles les feux souterrains ont exercé, dans les temps modernes , la puissance qu'ils ont de modifier la géographie physique du globe : les volcans, les tremblements de terre et les douces ondulations de l'écorce terrestre. Nous parlerons successivement des uns et des autres.

Les volcans, comme nous l'avons déjà suffisamment fait voir, sont des ouvertures par lesquelles les fourneaux souterrains dépensent leur excès de forces. Lorsque cette ouverture est établie, en d'autres termes, lorsque le volcan en activité a commencé à exister, il semble probable qu'il n'y aura plus de soulèvement proprement dit de la surface (1). Néanmoins, les volcans contribuent beaucoup à la formation des terres par l'accumulation des cendres, du limon et des laves qu'ils vomissent. La destruction d'Herculanum et de Pompéï en est un exemple. Pendant huit jours consécutifs, en l'an 79, les cendres et les pierres ponces, lancées du cratère du Vésuve, retombèrent en une averse continue sur ces malheureuses cités, pendant que d'énormes volumes d'eau, entraînant de fine poussière et des scories légères, parcouraient les flancs de la montagne en irrésistibles torrents de boue, entrant dans les maisons, pénétrant dans les recoins et les crevasses, et remplissant jusqu'aux jarres à vin, dans les caves souterraines.

Les dépôts de matière volcanique, au-dessous desquels Pompéï a reposé pendant des siècles, dépassent maintenant de trois à

____

(1) Voir la note D.

quatre mètres les toits des maisons. Une couche plus épaisse encore recouvre Herculanum. Cette ville, située à la base du volcan, a été exposée aux effets de plusieurs éruptions successives ; aussi, au-dessus de la masse de cendres et de pierres ponces qui la recouvrit du temps de Pline, nous rencontrons des lits alternatifs de laves, de limon et de scories récentes, dans une épaisseur qui atteint parfois 34 mètres et qui n'en a jamais moins de 20. Les matières vomies par le volcan ne tombèrent pas exclusivement sur ces villes populeuses. Elles se répandirent sur les campagnes environnantes, et c'est à elles que le sol de Naples doit en grande partie sa richesse extraordinaire et sa fertilité si justement célèbre.

Relativement à la production de terres là où il n'y en avait pas auparavant, nous avons un fait des plus significatifs. A l'époque de l'éruption, en 79, Pompéï était un port de mer, rendez-vous ordinaire des marchands, et un escalier qu'on voit encore conduisait au bord de l'eau. Or, cette ville est maintenant à plus de 1,600 mètres de la côte, et le lambeau de terrain qui l'en sépare est entièrement composé de tufs et de scories volcaniques.

Arrêtons-nous un instant au souvenir de ces somptueuses et infortunées cités. Par suite de l'enlèvement des cendres qui la recouvraient, Pompéï est maintenant exposée à la vue au moins dans un tiers de son étendue. C'est un étrange spectacle que cette ancienne cité romaine sortie en quelque sorte du tombeau, mais sortie sans vie, avec ses rues silencieuses, ses maisons sans locataires et son forum désert. De quelque côté que l'on se tourne, on a devant soi un tableau curieux et intéressant, quoique lugubre, de la vie domestique, politique et sociale de ces temps anciens, de la gloire et de la honte qui entourèrent les derniers temps de la Rome païenne, dans les théâtres et dans les temples, dans les édifices publics et dans les maisons particulières, dans les fresques gracieuses, dans les riches mosaïques et aussi dans les curieuses inscriptions tracées sur les murs, inscriptions épargnées, avec une sorte de capricieux respect, par la main destructive du temps. Et quelle collection de reliques singulières s'offrent à l'admiration du visiteur ! Ce sont des objets de luxe et d'usage domestique, des ustensiles de cuisine et des instruments de chirurgie, des squelettes de femmes avec leurs ornements et leurs parures mondaines, avec des anneaux, des bracelets et des colliers encore attachés à leurs restes carbonisés, et, chose plus étrange encore, quatre-vingt-quatre pains qui furent mis au four il y a 1800 ans et qui viennent d'en être retirés, portant encore à leur centre l'empreinte du bras du boulanger. Aucun sujet n'est plus capable de tenter un écrivain et de séduire un lecteur. Mais notre but, en ce moment, est de montrer les effets du volcan dans l'élévation du niveau des terres. Nous nous détournerons donc de ces cités ensevelies sous la cendre, et, traversant la baie de Naples, nous chercherons un nouvel exemple de ces phénomènes dans la formation du *Monte-Nuovo*, haute colline qui domine la vieille ville de Pouzzole.

Le dimanche 29 septembre 1538, à une heure environ de la nuit, on aperçut des flammes qui s'élevaient du sol, tout près de la magnifique baie de Baïes. Puis un bruit comparable à celui du tonnerre se fit entendre, la terre se déchira, et par l'ouverture furent violemment lancés en l'air de gros blocs de pierre, des cendres rouges, du limon volcanique et des masses d'eau qui recouvrirent toute la contrée environnante, atteignant jusqu'à Naples, dont les palais et les édifices publics furent endommagés. On reconnut, le lendemain matin, qu'une nouvelle

montagne avait été formée autour de l'ouverture centrale, par
l'accumulation des matières projetées pendant l'éruption (1).
Cette montagne est connue actuellement sous le nom de *Monte-
Nuovo*. Elle a la forme d'un cône volcanique régulier, d'une
hauteur de 50 mètres environ sur 2,400 de circonférence à sa
base, avec un cratère central qui descend à peu près jusqu'au
niveau de la mer. Un témoin oculaire, qui nous a laissé un écrit
circonstancié de cette éruption, rapporte que le troisième jour il
monta avec un grand nombre de personnes au sommet de la
nouvelle colline, et que, regardant dans l'intérieur du cratère, il
vit les pierres qui y étaient tombées « obéissant à un mouvement
ascendant absolument semblable à celui de bulles se dégageant
de l'eau qui serait en ébullition dans une chaudière placée sur
le feu ». Le même écrivain nous informe, — et c'est un fait
qu'il nous importe de noter, — que la position relative de la
terre et de la mer se trouva matériellement changée immédiatement avant l'éruption ; la côte s'éleva sensiblement ; les eaux
se retirèrent d'environ deux cents pas et des multitudes de
poissons restèrent sur le sable à la disposition des habitants de
Pouzzole (2).

(1) Fidèle disciple de Lyell, l'auteur attribue l'origine du Monte-Nuovo à
l'accumulation seule des matières volcaniques. Cette opinion cependant est
loin d'être universellement admise. L'école d'Elie de Beaumont la rejette. Les
géologues de cette école expliquent la formation si rapide de cette montagne
par un soulèvement brusque des couches solides de tuf dont se composait antérieurement le sol de la contrée. Ces couches jusque-là horizontales se seraient
redressées subitement de façon à constituer un cône, sorte d'ampoule qui, venant
à crever, eut livré passage aux matières volcaniques dont sa surface est recouverte. En un mot il faudrait voir dans le Monte-Nuovo, non un *cône* et un *cratère*
d'éruption, mais un *cône* et un *cratère de soulèvement*. (*N. du trad.*)
(2) Voir l'excellent ouvrage de sir William Hamilton, intitulé *Campi Phlegræi*,
dans lequel il donne un exposé complet de la formation du *Monte-Nuovo*, ac-

Le Monte-Nuovo n'est qu'un type de sa classe. Si de Naples nous nous dirigeons vers l'ouest, nous trouverons, à 13,000 kilomètres de là, les prodigieux volcans du nouveau Monde, où nous observons les mêmes phénomènes sur une échelle encore plus grande.

Il est au Mexique un plateau élevé et fort étendu, connu sous le nom de plaine de Malpais, où pendant de nombreuses générations fleurirent l'indigotier, le cotonnier et la canne à sucre, sur un sol richement pourvu de dons naturels et soigneusement cultivé par ses industrieux habitants. Tout allait comme d'habitude sur cette riante et prospère région, et nul danger ne se faisait pressentir, lorsque tout à coup, au mois de juin 1755, des bruits souterrains se firent entendre et le sol éprouva de légères secousses. Ces symptômes d'une agitation intérieure se continuèrent jusqu'au mois de septembre; ils disparurent alors graduellement et la tranquillité sembla s'être rétablie. Mais ce n'était que le calme trompeur qui précède la fureur de la tempête. Dans la nuit du 28 septembre, les grondements souterrains se firent entendre de nouveau, mais avec plus de violence que la première fois. Les habitants consternés s'enfuirent sur une montagne voisine, du sommet de laquelle ils contemplèrent avec étonnement et terreur l'entier anéantissement de leurs maisons et de leurs biens. Des flammes sortirent de terre sur un espace d'une demi-lieue carrée, le sol fut déchiré en plusieurs endroits, des fragments de roches incandescentes furent lancés à des hauteurs prodigieuses, des torrents de limon bouillonnant coulèrent sur la plaine, et des milliers de petites collines coni-

compagné de planches coloriées. L'auteur y a inséré deux récits intéressants de l'éruption, écrits à l'époque même par des témoins oculaires. Voir aussi *Principes de Géologie*, t. I, p. 791.

ques, appelées par les indigènes *hornitos* ou *fours*, s'élevèrent à la surface du sol. Enfin une vaste cavité se forma, et il en sortit de telles quantités de scories et de fragments de lave qu'il en résulta six grandes masses montagneuses qui s'accrurent sans cesse pendant les cinq mois que dura l'éruption. La moindre de ces masses a 90 mètres de haut, et celle du centre, appelée maintenant Jorullo, s'élève à 500 mètres au-dessus du niveau de la plaine. Lorsque le baron Humboldt visita cette région 40 ans après que l'éruption avait cessé, le sol était encore très-chaud et les « hornitos laissaient échapper des colonnes de vapeur d'eau de six à dix mètres de haut, avec un bruit sourd analogue à celui que produit une chaudière d'eau bouillante » (1). Depuis ce temps, cependant, la contrée est redevenue riante et prospère, les flancs des nouvelles collines sont maintenant couverts de végétation, et la canne à sucre et l'indigotier fleurissent de nouveau sur le sol fertile de la plaine environnante.

Sur l'autre hémisphère, à 16,000 kilomètres du Mexique, nous avons eu, presque de notre temps, une exhibition de phénomènes volcaniques non moins merveilleux que ceux que nous venons de décrire. L'île de Sumbawa, située à 300 kilomètres environ de la côte orientale de Java, dans l'archipel Indien, appartient à cette remarquable chaîne de volcans que nous avons décrite comme s'étendant presque sans interruption le long de la côte d'Asie, de l'Amérique russe à la baie de Bengale. Cette île fut, en 1815, le théâtre d'une éruption désastreuse, dont les effets furent ressentis sur toute l'étendue des Moluques et de Java, aussi bien que sur une portion considérable des Célèbes, de

____

(1) Sir John Herschel, *Familiar Lectures on Scientific Subjects*, p. 34 ; voir aussi Lyell, *Principes de Géologie*, chap. XXVII ; Mantell, *Wonders of Geology*, p 872-874.

Sumatra et de Bornéo. Les incidents de cette éruption sont réellement si étonnants que l'on pourrait hésiter à y croire, s'ils n'avaient été recueillis sur les lieux avec un zèle plus qu'ordinaire et rapportés avec un soin presque scrupuleux. Sir Stamford Raffles, qui était à cette époque gouverneur de Java, alors possession anglaise, invita tous les présidents des divers districts, soumis à son autorité, à lui envoyer un état détaillé des circonstances qui étaient parvenues à leur connaissance. Ce fut au moyen de communications ainsi recueillies et de renseignements obtenus principalement de témoins oculaires qu'il rédigea le récit auquel nous empruntons la plupart des faits que nous allons rapporter.

Les explosions qui accompagnèrent cette éruption furent entendues à Sumatra, à une distance de plus de 1,500 kilomètres, et à Ternate, à 1,150 kilomètres, dans une direction opposée. Dans le voisinage du volcan, de grandes étendues de terre furent inondées de laves incandescentes, des villes et des villages furent engloutis, la végétation fut entièrement détruite, et sur 12,000 habitants de la province de Tomboro, 26 seulement survécurent. Les cendres, qui furent vomies en grandes quantités, furent transportées comme un vaste nuage par la mousson sud-est, à une distance de 480 kilomètres, dans la direction de Java. Plus loin encore, à l'ouest, elles formèrent, dit-on, dans l'Océan, une masse flottante de 60 centimètres d'épaisseur et de plusieurs kilomètres d'étendue, à travers laquelle les vaisseaux ne se frayaient que très-difficilement un passage. On rapporte aussi qu'elles tombaient en telle abondance sur l'île de Tombock, à une distance de 160 kilomètres, qu'elles recouvrirent tout le pays d'une couche de deux pieds d'épaisseur, détruisant jusqu'à la dernière particule de végétation, tellement que

44,000 hommes périrent dans la famine qui en fut la suite. « On a calculé, écrit sir John Herschel, que les cendres et les laves vomies dans cette épouvantable éruption auraient formé trois montagnes comme celle du mont Blanc, la plus haute des Alpes, et que si elles étaient répandues sur l'Allemagne, elles recouvriraient toute sa surface d'une couche de 60 centimètres d'épaisseur (1). » Enfin, il paraît que cette éruption fut accompagnée, comme celle du Monte-Nuovo, d'un changement considérable dans le niveau de la côte adjacente; dans ce cas, cependant, ce fut un mouvement d'affaissement et non pas d'exhaussement : la ville de Tomboro fut inondée par la mer, qui est maintenant profonde de plus de cinq mètres sur des points qui auparavant étaient à découvert (2).

Nous prierons le lecteur de vouloir bien, une fois de plus, parcourir avec nous la carte du monde pour passer, cette fois, de l'archipel Indien à l'île d'Islande, cette « terre merveilleuse de glace et de feu ». Il y a, outre l'Hécla, qui est le plus connu, cinq autres volcans à peine moins formidables, qui tous ont été en éruption dans les temps modernes. Le plus célèbre de ces volcans est le Skaptar Jokul. Il vomit, en 1783, deux courants de laves qui, une fois durcis, formèrent ensemble un lit continu de roche ignée de 144 kilomètres de longueur sur 30 mètres d'épaisseur et sur 12 à 24 kilomètres de largeur. Les phénomènes qui accompagnèrent cette éruption sont décrits d'une

____

(1) En présence de faits semblables, que l'école même de Lyell est obligée de reconnaître, comment oser soutenir encore l'*action uniforme* des causes actuelles? Les *catastrophes* de notre époque ne prouvent-elles pas la possibilité de *catastrophes* plus grandes et non moins soudaines dans le passé? (*N. du trad.*)

(2) Voir Herschel, *Familiar Lectures on Scientific Subjects*, p. 34-36; Lyell, *Principes de Géologie*, t. II, p. 135-137.

manière saisissante par sir John Herschel : « Vers la fin de mai, d'innombrables fontaines de feu jaillirent de la montagne, à travers la glace et la neige qui la recouvraient, et la rivière principale, appelée la Skapta, disparut après avoir roulé des eaux impures et délétères. Deux jours après, un torrent de laves se précipita dans le lit que la rivière avait abandonné. Ce lit était constitué par un ravin qui avait 180 mètres de profondeur sur 60 de largeur. La lave le remplit entièrement. De plus, elle se déversa sur les campagnes environnantes, puis elle se répandit dans un grand lac dont elle chassa l'eau en la transformant en vapeur. Lorsque le lac fut comblé, la lave franchit ses bords et se divisa en deux courants : l'un recouvrit d'anciens lits de lave ; l'autre rentra un peu plus bas dans le lit de la Skapta et présenta l'étourdissant spectacle d'une cataracte de feu liquide se déversant là où se trouvait auparavant la chute d'eau de Stapafoss. Ce fut la plus grande éruption dont on ait conservé le souvenir en Europe. Elle resta en pleine activité jusqu'à la fin d'août et se termina par un violent tremblement de terre ; mais pendant presque toute l'année, un nuage de cendre fut suspendu comme un dais sur l'île ; les îles Féroé, les Shetland et les Orcades elles-mêmes furent inondées de scories ; une poussière volcanique et une épaisse fumée recouvrirent toute l'Europe jusqu'aux Alpes, au-dessus desquelles elles ne purent s'élever. La destruction de la vie en Islande fut vraiment effroyable : 9,000 hommes, 11,000 têtes de bétail, 28,000 chevaux et 190,000 moutons périrent, le plus grand nombre par suffocation. On a calculé que les matières vomies dépassent en volume 30 kilomètres cubes (1). »

____

(1) *Familiar Lectures on Scientific Subjects*, p. 31-32.

Il est difficile, quand on a sous les yeux ces faits significatifs, de ne pas conclure que la grande masse montagneuse de l'Etna, qui a 144 kilomètres de circonférence sur une hauteur de 3,300 mètres, est entièrement formée de matières volcaniques vomies pendant les éruptions successives (1). Toute la montagne n'est, en effet, qu'une série de lits coniques et concentriques de scories et de laves, tels qu'il s'en est déversé plus d'une fois à sa surface dans les temps modernes. Cette force qui, en une seule nuit, donna naissance au Monte-Nuovo, et qui, en quelques mois, produisit le mont, déjà plus considérable, du Jorullo, cette même force, agissant pendant une période de plusieurs siècles, a pu former, croyons-nous, l'énorme masse de l'Etna. Si, ensuite, nous appliquons cette conclusion à toutes les autres montagnes du monde qui ont une structure toute semblable, nous trouvons que l'action volcanique a réellement une part très-importante dans les changements que subit la géographie physique du globe.

Rappelons-nous aussi que les éruptions volcaniques ne sont pas restreintes à la terre, mais qu'elles ont lieu souvent au fond de l'Océan. Dans ce cas, on voit les eaux dans un état de violente agitation ; il y a des jets de vapeur et de gaz sulfureux ; des scories apparaissent flottantes à la surface, et fréquemment le cône volcanique lui-même s'élève lentement du sein des eaux et continue de croître jusqu'à ce qu'il finisse par constituer une île d'une étendue considérable. Quelquefois, lorsque la violence

---

(1) Comme celle du Monte-Nuovo et du Jorullo lui-même, la formation de l'Etna est attribuée par d'éminents géologues au redressement des couches sédimentaires. Au lieu donc de constituer la masse entière de la montagne, les scories volcaniques ne faisaient qu'en recouvrir les flancs dans une certaine épaisseur. (*N. du trad.*)

de l'éruption s'est apaisée, la nouvelle île, qui consiste principalement en cendres et en pierres ponces, est complétement désagrégée et détruite par la force des vagues; mais dans d'autres cas, ces substances légères sont rendues compactes par l'injection de la lave liquide; dès lors, elles deviennent capables de résister à l'action érosive de l'Océan et prennent l'importance d'îles volcaniques permanentes. Les cent dernières années nous fournissent plusieurs exemples du premier cas. En 1783, une île se forma de cette manière dans la partie septentrionale de l'océan Atlantique, à 48 kilomètres environ au sud-ouest de l'Islande. Elle fut réclamée par le roi de Danemark et appelée par lui *Nyoë* ou *Nouvelle-Ile;* mais un an ne s'était pas écoulé que cette portion des États de Sa Majesté avait disparu sous les flots et que la mer avait repris son ancien domaine. Une île conique du même genre, appelée *Sabrina*, haute de 100 mètres, avec un cratère au centre, apparut en 1811 au milieu des Açores; mais elle fut promptement balayée par les vagues (1).

Un exemple plus intéressant, parce que les circonstances en sont rapportées plus minutieusement, est l'île qui fit son apparition dans la Méditerranée, en 1831, à une certaine distance de la côte sud-ouest de Sicile. Pendant sa courte apparition de trois mois, elle reçut des écrivains contemporains sept noms différents; mais le nom d'île Graham (2) semble être celui sous lequel il est le plus probable qu'elle passera à la postérité. « John Corrao, capitaine d'un vaisseau sicilien, écrit sir Charles Lyell, rapporte que vers le 10 juillet, passant près

(1) Pour une étude plus complète sur l'action volcanique sous-marine, le lecteur pourra consulter avec avantage l'ouvrage classique de Poulett Scrope, chap. X, sur les volcans.

(2) Elle est plus connue en France sous le nom d'île Julia. (*N. du trad.*)

du même endroit, il vit une colonne d'eau de 18 mètres de hauteur et de 800 mètres de circonférence s'élancer de la mer. Cette colonne fut bientôt remplacée par une vapeur épaisse qui s'éleva jusqu'à la hauteur de 550 mètres. Le 18 juillet, à son retour de Girgenti, le même navigateur trouva une petite île de 3^m70 de haut, avec un cratère à son centre, d'où sortaient des matières volcaniques et d'énormes colonnes de vapeur ; la mer, autour de cette île, était couverte de scories et de poissons morts. Les scories étaient d'une couleur chocolat, et l'eau qui bouillonnait dans le bassin circulaire avait une teinte rougeâtre. L'éruption continua avec une grande violence jusqu'à la fin de juillet, époque à laquelle l'île fut visitée par plusieurs personnes, entre autres par le capitaine Swinburne, de la marine royale, et par M. Hoffmann, géologue prussien (1). » Suivant quelques récits, la nouvelle île avait, le 4 août, plus de 60 mètres de hauteur sur 4,000 de circonférence. Ce n'était pourtant encore que le sommet du cône volcanique, car quelques années auparavant, le capitaine W.-H. Smyth, lors de la reconnaissance qu'il avait exécutée dans ces parages, avait trouvé plus de cent brasses d'eau en cet endroit. La hauteur totale de la montagne, à partir de sa base, était donc de 250 mètres environ. L'île commença à décroître dans les premiers jours d'août, et au commencement de l'année suivante, il ne restait de l'île Graham qu'un dangereux récif.

Il est même un grand nombre d'îles qui occupent une place importante sur la carte du monde et qui tirent manifestement leur origine de l'action volcanique. Il faut citer, entre autres, plusieurs îles des groupes des Moluques et des Philippines, de

_____

(1) *Principes de Géologie*, t. II, p. 77-78.

l'archipel grec, et quelques-unes des Açores et des Canaries, en particulier, le fameux pic de Ténériffe, qui s'élève à 3,700 mètres au-dessus du niveau de la mer. Dans quelques cas, leur première apparition, leur croissance et leur développement ont été minutieusement observés. On en a un remarquable exemple dans l'une des îles Aléoutiennes, dont il a déjà été question. En 1796, on vit une colonne de fumée qui s'élevait de la mer; puis, un petit point noir apparut à la surface de l'eau; puis, les flammes jaillirent et les autres phénomènes volcaniques se manifestèrent; puis enfin, le petit point noir devint une île, et l'île s'accrut jusqu'à former une montagne de quelques milliers de mètres d'élévation et de 4 à 5 kilomètres de circonférence. Telle elle existe encore actuellement.

Le voisinage de Santorin, dans l'archipel grec, fut, dès les temps les plus reculés, le théâtre d'éruptions sous-marines. L'île, qui est elle-même, selon toute apparence, le cratère d'un vaste volcan, a la forme d'un croissant, et, à l'aide de deux îles plus petites qui s'étendent entre les deux cornes du croissant, elle entoure une baie presque circulaire. Pline nous apprend que l'an 286 avant J.-C., il s'éleva dans cette baie une île qui fut appelée *Hiera* ou *Ile-Sacrée*. Elle s'agrandit, à deux reprises, pendant l'ère chrétienne, en 726 d'abord et en 1427 ensuite, et elle existe encore sous le nom de *Palaia-Kaimeni* ou *Vieille-Ile-Brûlée*. En 1573, une seconde île fit son apparition et reçut le nom de *Petite-Ile-Brûlée* ou *Micra-Kaimeni*. En 1707 et 1709, une troisième île surgit; on l'appela *Nea-Kaimeni* ou *Nouvelle-Ile-Brûlée*, pour la distinguer des deux autres. Enfin, en 1866, l'action volcanique recommença à se manifester, et il s'ouvrit deux nouveaux évents, que l'on appela *Aphroessa* et *Georges*. « Vers la fin de janvier, écrit sir Charles Lyell, on avait observé que la mer, à la hauteur de la côte sud-ouest, était dans un état marqué d'ébullition, et que la partie du canal comprise entre la Vieille et la Nouvelle-Kaimenis, portée pour 70 brasses de profondeur dans la carte de l'Amirauté, n'en avait plus qu'une de 12 brasses à la date du 11 février. Suivant M. Julien Schmidt, il y eut un soulèvement graduel du fond qui

FIG. 41.

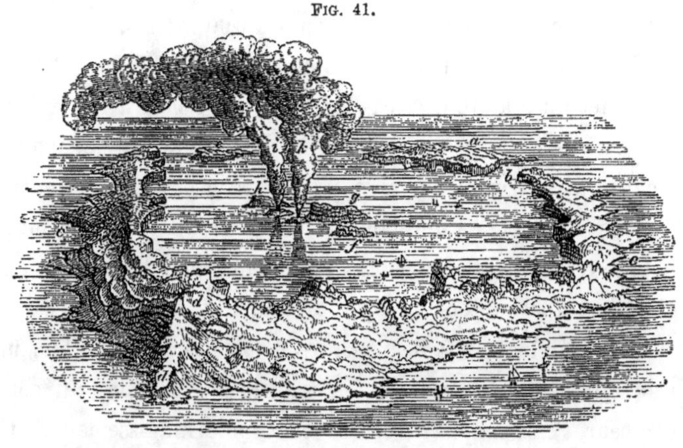

Vue à vol d'oiseau de Santorin pendant l'éruption volcanique de février 1866. (Lyell.)

a. Therasia.

b. Entrée septentrionale, 320 mètres de profondeur.

c. Thera.

d. Mont Saint-Elias, 567 mètres d'altitude.

e. Aspronisi.

f. Micra Kaimeni.

g. Nea Kaimeni.

h. Palaia Kaimeni.

i. Aphroessa.

k. Georges.

se continua jusqu'à ce qu'une petite île, désignée plus tard sous le nom d'Aphroessa, fît son apparition au-dessus des eaux. Cet îlot paraît avoir été formé par de la lave s'élevant d'une manière presque imperceptible sous l'impulsion de la vapeur qui se dégageait, en sifflant, par tous les pores de la croûte scoriacée. »

« On pouvait voir, dit le commandant Lindsay-Brine, de la marine royale, à travers les fissures du cône, que les roches intérieures étaient chauffées au rouge vif, quoique ce ne fût que plus tard que se produisit une éruption. » Le 11 février, le village de Vulcano, situé sur la côte sud-est, où le sol avait déjà éprouvé un abaissement partiel, fut, en grande partie, englouti par des matières éjectées d'un nouvel évent qui s'ouvrit dans le voisinage ; on lui donna le nom de *Georges*, et, suivant Schmidt, il finit par atteindre une hauteur d'environ 60 mètres.

« Le commandant Brine étant monté, le 28 février 1866, sur le sommet du cratère de Nea-Kaimeni, qui s'élève à une hauteur d'environ 105 mètres, examina au-dessous de lui le nouveau volcan, qui se trouvait alors en pleine activité. La masse entière du cône obéissait à un mouvement ondulatoire de droite à gauche ; elle paraissait parfois s'enfler au point de présenter un volume et une hauteur presque doubles, et formait des saillies brusques semblables à des éperons de montagne. A la fin, une large ouverture se produisit en travers du sommet du cône, la vapeur s'en échappa avec un effroyable mugissement, et le nouveau cratère lança jusqu'à la hauteur de 15 à 30 mètres des tonnes de roches et de cendres mêlées à de la fumée et à de la vapeur aqueuse. Les matières qui se répandirent sur Micra-Kaimeni, située à 600 mètres du nouveau volcan, mesuraient 3,840 mètres cubes. Cette crise passée, les saillies tombèrent peu à peu, le cône diminua de hauteur et se referma ; puis, après quelques minutes d'un silence relatif, l'explosion recommença aussi violente, avec un fracas, une intensité et un résultat tout à fait semblables. Des flocons de vapeur qui s'échappaient de l'ancien cratère de Nea-Kaimeni prouvèrent qu'il existait une communication sous-marine entre les évents de l'ancien volcan et ceux du nouveau. Aphroessa, dont le cône finit par atteindre une élévation de plus de 18 mètres, fut réuni, au mois d'août, à l'île principale. Ce résultat fut dû, en partie du moins, au soulèvement du fond de la mer, dont la profondeur n'est plus que de 7 brasses dans le canal qui sépare la Nouvelle-Kaimeni de la Vieille, tandis que les sondages donnèrent jadis 100 brasses, ainsi que l'indique la carte de l'Amirauté (1). »

(1) *Principes de Géologie*, t. II, p. 90-91. Voir aussi une description très-complète du Santorin et de sa récente éruption, dans le *Manuel de Géologie* de Vogt, t. II, p. 277-291.

CHAPITRE XVI.

CHALEUR SOUTERRAINE. — SA PUISSANCE DÉMONTRÉE PAR LES TREMBLEMENTS DE TERRE.

LES TREMBLEMENTS DE TERRE ET LES VOLCANS ONT UNE CAUSE COMMUNE. — TREMBLEMENTS DE TERRE RÉCENTS A LA NOUVELLE-ZÉLANDE. — VASTE ÉTENDUE DE PAYS PERPÉTUELLEMENT SOULEVÉS. — TREMBLEMENT DE TERRE AU CHILI, AU SIÈCLE ACTUEL. — SOULÈVEMENT DE L'ÉCORCE TERRESTRE. — TREMBLEMENT DE TERRE DE KATCH, DANS L'INDE, 1819. — EXEMPLE REMARQUABLE D'AFFAISSEMENT ET DE SOU-LÈVEMENT. — TREMBLEMENT DE TERRE DE CALABRE, 1783. — TREM-BLEMENT DE TERRE DE LISBONNE, 1755. — TREMBLEMENT DE TERRE DU PÉROU, AOUT 1868. — SCÈNE GÉNÉRALE DE RUINE ET DE DÉVAS-TATION. — ÉNORMES VAGUES. — VAISSEAU TRANSPORTÉ AVEC TOUT SON ÉQUIPAGE A 400 MÈTRES. — TREMBLEMENT DE TERRE D'ANTIOCHE, AVRIL 1872. — FRÉQUENCE DES TREMBLEMENTS DE TERRE.

Le principal effet des éruptions volcaniques sur la structure géologique de notre globe consiste dans l'accumulation des cendres et des roches fondues, soit à la surface même de la terre, soit dans les crevasses et les cavernes si fréquentes dans son écorce solide. Quelquefois aussi, les opérations d'un volcan en activité sont accompagnées d'un mouvement d'exhaussement ou d'affaissement. Nous avons vu, par exemple, qu'une portion de la côte d'Italie s'éleva lors de l'apparition du Monte-Nuovo, que la ville de Tomboro fut submergée à l'occasion de l'éruption du Sumbawa, et que le fond de la mer fut notablement exhaussé par la dernière explosion des feux volcaniques de Santorin. Néanmoins, le cas le plus ordinaire est que le soulèvement fait place à l'éruption dès que l'écorce terrestre brisée offre un passage aux feux souterrains, en d'autres termes, dès que le volcan est en activité. Mais il arrive souvent que cette soupape de sûreté ne s'offre point à l'excès d'énergie des feux intérieurs ; alors la force prodigieuse de la chaleur, dans les efforts qu'elle fait pour s'échapper, ébranle les fondements des collines et soulève la masse supérieure des roches solides.

Cette théorie, qui attribue les phénomènes des tremblements de terre et des volcans à la même cause, agissant en des circonstances différentes, est maintenant presque universellement adoptée par les géologues. Quelques considérations suffiront pour en faire sentir l'extrême vraisemblance. Premièrement, quoique les tremblements de terre aient lieu quelquefois loin de toute région volcanique connue, ils sont plus fréquents cependant dans le voisinage des volcans actifs ou éteints. Secondement, presque toutes les éruptions volcaniques sont précédées de tremblements de terre, et les tremblements de terre cessent généralement ou, du moins, deviennent moins violents quand le feu souterrain a jailli au dehors sous forme de volcan. Troisièmement, il est clair que la vapeur condensée, qui est engendrée par la chaleur intérieure, et que la force d'expansion de cette chaleur elle-même doivent nécessairement, lorsqu'elles sont enfermées dans les cavernes de la terre, tendre à produire les phénomènes qui caractérisent précisément les tremblements de terre (1).

Observons cependant que si nous expliquons les phénomènes en question par l'action de la chaleur souterraine, ce n'est pas que cette doctrine soit nullement nécessaire pour le but que

____

(1) Voir la note F, fin du volume.

nous nous proposons. Quelle que soit le cause d'où procèdent les tremblements de terre, il nous suffit de montrer que l'écorce terrestre a été, de temps à autre, soulevée, disloquée et déchirée dans les temps modernes, comme on suppose, dans la théorie géologique, qu'elle a été soulevée, disloquée et déchirée de temps à autre dans les âges passés. Nous rapporterons, dans ce but, quelques-uns des nombreux tremblements de terre qui ont été observés dans les cent vingt dernières années.

Lorsque les colons anglais s'établirent dans la Nouvelle-Zélande, il y a environ cinquante ans, les indigènes leur dirent qu'ils pouvaient compter sur un tremblement de terre tous les sept ans. Cette prédiction alarmante ne s'est pas réalisée à la lettre ; mais il faut bien reconnaître que le nombre des commotions ressenties depuis cinquante ans n'a pas été inférieur à celui qui eût résulté de son accomplissement exact. Pendant les années 1826 et 1827, plusieurs secousses furent éprouvées dans le voisinage du détroit de Cook, à la suite desquelles on observa que le rivage s'était élevé au nord de Dusky-Bay. La transformation de cette côte était si complète que sa configuration primitive n'était plus reconnaissable. Une petite anse, connue sous le nom de *Jail*, qui offrait aux baleiniers un ancrage fort commode, fut complétement mise à sec.

Mais la convulsion la plus mémorable arriva dans la nuit du 23 janvier 1855. Une étendue de terre aussi vaste que le Yorkshire subit un exhaussement permanent de trente centimètres à trois mètres. Port Nicholson s'éleva, ainsi que la vallée de la Hutt, de un à deux mètres. Un rocher que l'eau recouvrait auparavant, et qui était regardé comme dangereux par les navigateurs, est resté, depuis le tremblement de terre, à un mètre au-dessus du niveau de la mer. La secousse fut ressentie par les vaisseaux qui se trouvaient en mer à une distance de 240 kilomètres de la côte, et l'on estime à une surface triple de celle des îles Britanniques l'étendue de la région qui fut ébranlée.

Toute la côte du Chili a été, au siècle présent, le théâtre de nombreux bouleversements et de changements de niveau considérables. En novembre 1837, la ville de Valdivia fut détruite par un tremblement de terre, et au même moment, un navire baleinier, situé à une courte distance en mer, éprouva une forte secousse et perdit ses mâts. On reconnut que le fond de la mer avait été exhaussé de près de trois mètres en certains endroits, et quelques rochers, autrefois couverts en tout temps par la mer, parurent à la surface. Deux ans auparavant, en 1835, la ville de la Conception et plusieurs autres furent renversées par une secousse semblable. Après la première grande convulsion, la terre resta plusieurs jours dans un état d'agitation continuelle. On compta plus de trois cents petites secousses du 20 février au 4 mars. A cette occasion aussi, le lit de la mer fut exhaussé, et l'île entière de Santa-Maria, longue de onze kilomètres, fut élevée de trois mètres environ au-dessus de son ancien niveau.

Le tremblement de terre de 1822 fut plus violent, peut-être, et plus frappant dans ses effets qu'aucun de ceux qui précèdent. Le 19 novembre de cette année, un choc convulsif et soudain fut ressenti simultanément sur une étendue de près de 2,000 kil. La côte fut élevée, à Valparaiso et aux environs, sur un espace considérable. Lorsque Mme Graham, qui vivait alors dans l'endroit et qui nous a laissé un récit du tremblement de terre, descendit le lendemain sur le rivage, elle trouva que « l'ancien lit de la mer était à sec, de sorte qu'on y apercevait des bancs d'huîtres, des moules et d'autres coquillages adhérant aux rochers sur lesquels ils s'étaient développés ; le poisson, dont la totalité avait

péri, exhalait des miasmes excessivement pernicieux ». On peut
se faire une idée de la force gigantesque qui est ici en action, si
l'on se rappelle que, pour élever la côte du Chili, il fallait mouvoir
la puissante chaîne des Andes, et, entre autres, la masse colossale
de l'Aconcagua, qui a une hauteur de 7,300 mètres. On n'a pu
reconnaître avec exactitude jusqu'à quelle distance en mer s'était
étendu l'exhaussement du lit de l'Océan ; mais il est certain que
les sondages donnèrent, pour un espace considérable, une profondeur moindre qu'avant le tremblement de terre. On estime
que la croûte terrestre fut exhaussée sur une étendue de 250,000
kilomètres carrés environ, étendue égale à la moitié de celle de
la France.

Sur la côte occidentale de l'Inde, près de l'embouchure de l'Indus, est la province bien connue du Katch. Au mois de juin 1819,
ce vaste territoire, égal au moins à la moitié de l'Irlande en
étendue, fut violemment ébranlé par un tremblement de terre ;
plusieurs centaines de personnes furent tuées, et beaucoup de
villes et de villages furent renversés. Les secousses se continuèrent
pendant quelques jours et cessèrent seulement lorsque l'éruption
d'un volcan sembla ouvrir un passage aux feux souterrains. On
reconnut alors, et c'est un fait digne de remarque, qu'un changement s'était effectué dans le niveau de la contrée environnante. Le fort et le village de Sindree, situés sur la branche
orientale de l'Indus, furent engloutis sous les eaux, ainsi qu'une
vaste étendue de terrain dépassant 3,000 kilomètres en superficie. Cependant, les principaux édifices restèrent debout, avec
leurs parties supérieures au-dessus de la surface de l'eau, et plusieurs habitants qui s'étaient réfugiés dans l'une des tours du
fort se sauvèrent en bateau lorsque le tremblement de terre eut
cessé. D'un autre côté, à une distance de 9 kilomètres de ce lieu,

le niveau du sol fut exhaussé de manière à former un monticule assez élevé de 80 kilomètres de long sur 25 de large, que l'on appela *Ullah Bund* ou *Monticule de Dieu*. C'est, sur une petite échelle, un exemple frappant des changements qui, d'après les géologues, ont eu lieu à la surface du globe depuis qu'il a commencé d'exister : la terre ferme était devenue le lit de la mer, et la plaine unie s'était élevée de manière à former une chaîne montagneuse.

Vers la fin du siècle dernier, la province de Calabre, au sud de l'Italie, fut le théâtre d'un tremblement de terre qui a pour nous une importance spéciale, relativement au but que nous nous proposons. Cette célèbre convulsion n'est pas cependant spécialement remarquable par sa violence, par sa durée ou par l'étendue du territoire ébranlé. Sous tous ces rapports, elle a été surpassée par d'autres tremblements de terre arrivés en d'autres contrées, dans les cent cinquante dernières années. Mais le tremblement de terre de la Calabre réclame de nous une attention toute spéciale, parce qu'il est le seul qui jusqu'ici, comme le dit sir Charles Lyell, « ait été visité pendant et après les commotions par des hommes ayant le loisir, le zèle et les connaissances scientifiques suffisantes pour recueillir et décrire avec exactitude les faits physiques qui peuvent jeter quelque lumière sur les questions géologiques ».

Les secousses furent ressenties pour la première fois en février 1783, et elles se continuèrent pendant près de quatre ans. Sur une étendue considérable de pays, toutes les bornes communes qui limitaient les diverses propriétés furent bouleversées; de vastes lambeaux de terre glissèrent des flancs des montagnes; des vignobles, des vergers et des champs de blé furent littéralement transportés d'un emplacement dans un autre : ce qui donna lieu à des contestations pour savoir à qui devait appartenir la propriété qui avait ainsi changé de place. Près de Mileto, deux métairies, qui occupaient une étendue de terre de 1,600 mètres de longueur sur 800 de large, furent entraînées à la distance de 1,600 mètres dans la vallée, et « une chaumière, ainsi que de grands oliviers et mûriers, dont la plupart restèrent debout, furent transportés intacts jusqu'à cette distance extraordinaire ». En d'autres endroits, la surface terrestre se souleva comme les flots d'une mer agitée ; des maisons furent exhaussées au-dessus du niveau ordinaire ; d'autres, au contraire, s'enfoncèrent dans le sol. A diverses reprises, la croûte solide du globe fut déchirée, et des fissures, des gorges et des ravins furent produits soudainement, en moins de temps qu'il n'en faut pour le dire. Parfois, lorsque la crise était passée, le gouffre béant se refermait promptement, engloutissant des maisons, des animaux et des hommes. On a même rapporté, — quelque étrange que cela puisse paraître, — que lorsque deux chocs se succédaient rapidement sur le même endroit, les gens engloutis par le premier étaient rejetés et littéralement vomis par le second. Environ 40,000 personnes périrent dans cette catastrophe épouvantable. La plupart furent ensevelies sous les ruines des villes et des villages ; d'autres furent englouties dans les fissures béantes pendant qu'elles fuyaient à travers la campagne ; d'autres, enfin, furent consumées dans les incendies qui suivaient presque toujours les secousses.

Tout le monde a entendu parler du fameux tremblement de terre de Lisbonne. Il est principalement mémorable par l'extrême soudaineté du choc, par l'immense étendue de terrain qu'il affecta, et par les innombrables et incomparables désastres qu'il causa. Le matin du jour fatal, — c'était le 1ᵉʳ novembre 1755, —

le soleil se leva radieux et brillant sur l'infortunée cité ; nul symptôme de danger imminent n'apparaissait dans le ciel ni sur la terre, et les gens vaquaient gaiement, comme d'habitude, à leurs affaires ou à leurs plaisirs, lorsque tout à coup, à six heures moins vingt minutes, un bruit semblable à celui du tonnerre se fit entendre sous terre, le sol fut violemment ébranlé, et en un moment la plus grande partie de la cité fut renversée. Dans le court espace de six minutes, 60,000 personnes périrent. Les montagnes du voisinage furent fendues. Les eaux de la mer se retirèrent d'abord, puis elles se précipitèrent sur le rivage en une immense vague qui dépassait de plus de 15 mètres en hauteur le niveau des plus grandes marées. Un nouveau quai, construit entièrement en marbre, avait offert un asile provisoire aux habitants terrifiés qui cherchaient à se mettre à l'abri de la chute des décombres. Trois mille personnes s'étaient, dit-on, réunies sur ce quai, lorsque tout à coup il s'enfonça sous les flots, et pas un fragment de la maçonnerie, pas un vestige de sa cargaison vivante n'a reparu depuis. La mer a maintenant, en cet endroit, une profondeur de 100 brasses.

De Lisbonne pris comme centre, le tremblement de terre se fit sentir sur une portion de la surface du globe au moins égale à quatre fois l'étendue de l'Europe. Le mouvement se transmit vers le nord avec une vitesse de 32 kilomètres par minute, soulevant la terre sur son parcours jusqu'aux rivages de la mer Baltique et de l'océan Germanique. Les eaux du lac Lomond, en Écosse, furent violemment agitées. A Kinsale, en Irlande, la mer se précipita avec impétuosité dans le havre, sans qu'il y eût la moindre brise, et envahit la place du Marché. A l'est, la convulsion se fit sentir jusqu'aux Alpes, et à l'ouest, elle s'étendit jusqu'aux Antilles et aux grands lacs du Canada. Sur la côte septentrionale d'Afrique, le cataclysme fut aussi violent qu'en Espagne et en Portugal. On rapporte que, à 30 kilomètres de Maroc, la terre s'entr'ouvrit et engloutit une ville considérable avec ses habitants, au nombre de 8 à 10,000.

Le choc ne se fit pas moins ressentir en pleine mer que sur terre. « En vue de San-Lucar, écrit sir Charles Lyell, un vaisseau, le *Nancy*, fut si violemment ébranlé, que le capitaine crut avoir touché le fond; mais, en jetant la sonde, il reconnut au contraire qu'il se trouvait dans une eau très-profonde. Par 36° 24′ de latitude nord, le capitaine Clark, venant de Denia, sentit, entre 9 et 10 heures du matin, son vaisseau agité et poussé comme s'il eût donné contre un rocher; la secousse fut si forte que les écoutilles du pont s'ouvrirent et que la boussole fut renversée dans l'habitacle. Un autre vaisseau, à 160 kilomètres à l'ouest de Saint-Vincent, éprouva une si violente commotion que les hommes qui se trouvaient sur le pont furent soulevés de 50 centimètres. » Il est remarquable que ce tremblement de terre, le plus désastreux dont on ait conservé le souvenir, ne fut accompagné d'aucune éruption volcanique, ce qui confirme la théorie qui voit dans le volcan en activité une sorte de soupape de sûreté par laquelle se dégagent les forces retenues, pour ainsi dire, captives au sein de l'écorce terrestre (1).

Nous ne pouvons terminer cette notice sur les tremblements de terre sans donner au moins un court aperçu d'un pareil

(1) Nous devons la description de ces divers tremblements de terre principalement au zèle infatigable de sir Charles Lyell, qui a puisé avec grand soin les faits qu'il rapporte, en partie dans la description de témoins oculaires, en partie dans les documents authentiques écrits sur les lieux mêmes. Voir ses *Principes de Géologie*, t. II, chap. XXVIII, XXIX et XXX. Voir aussi *Earthquake Catalogue* de M. Mallet, et la première des *Lectures on Familiar Subjects* de sir John Herschell.

événement qui est venu effrayer le monde depuis que nous avons commencé à réunir les matériaux de ce livre. Il est, sur la côte occidentale de l'Amérique du sud, entre les sommets élevés des Andes et les rivages de l'océan Pacifique, une longue et étroite bande de terre qui, dès les temps les plus anciens, a été le théâtre de nombreuses commotions de ce genre. Une nouvelle convulsion, la plus effrayante et la plus désastreuse du siècle, a désolé ce malheureux pays dans la soirée du 13 août 1868. La commotion se fit sentir dans toute sa violence sur une étendue de 2,400 kil. le long de la côte, depuis Ibarra, à un degré au nord de l'équateur, jusqu'à Iquique, à plus de 20 degrés au sud. En dix minutes à partir du premier choc, 20,000 hommes périrent, et des biens extrêmement considérables, d'une valeur approximative de soixante millions de livres sterling, furent entièrement détruits. Plusieurs villes florissantes : Iquique, Mexillones, Pisagua, Arica, Ylo, Chala, etc., furent détruites. Leurs ruines mêmes ne furent pas épargnées. Lorsque les secousses eurent cessé, la mer envahit les terres et entraîna tout dans un naufrage universel, sans même, bien souvent, laisser derrière elle un seul vestige qui indiquât aux survivants consternés où se tenaient autrefois leurs maisons d'habitation. On pourrait s'imaginer que les villes situées sur des hauteurs et abritées par des collines éternelles ne furent pas atteintes par la convulsion qui ébranla la plaine. On se tromperait. Arequipa, qui s'élève sur les flancs des Cordillères occidentales, et Pasco, la plus haute ville du monde, située au niveau du sommet neigeux de la Jungfrau, furent renversées avec la même violence que les villes de la côte.

Les divers incidents rapportés par les survivants sont aussi intéressants que terribles. A Iquique, d'après un récit, un groudement souterrain se fit entendre vers cinq heures, dans la soirée du 13 août, puis le sol fut violemment agité pendant quelques minutes, la mer s'éloigna du rivage avec un grand bruit et revint ensuite sur elle-même en une vague monstrueuse qui se précipita sur la terre et emporta la ville. « Je vis, dit un écrivain, toute la surface de la mer se soulever en forme de montagne. Puis un autre choc, accompagné d'un mugissement effrayant, se fit sentir. J'invitai mes compagnons à se retirer sur les pampas. Mais il était trop tard ! la mer se précipitait sur nous avec un horrible bruit et, d'un seul bond, elle renversait la ville d'Iquique. Je perdis mes compagnons, et en un instant je me trouvai en lutte avec l'eau. La vague puissante s'élevait, mugissait et bondissait. Les cris des hommes et des animaux se faisaient entendre d'une manière épouvantable. Une masse de débris me recouvrit et me maintint sous l'eau. J'étais presque asphyxié lorsque la mer me jeta sur une planche; mais un clou qui pénétra dans mes habits me retint encore en dessous et je perdis connaissance. Je suppose que, dans cet état, je dus faire des efforts pour me dégager, car, lorsque je recouvrai le sentiment, je me trouvai accroché par un bras à une longue planche. Je jetai les yeux autour de moi : ce n'était partout que ruine et désolation. En un moment je fus entraîné dans la baie par une nouvelle lame. Une masse de bois flottant que je rencontrai me frappa au menton d'un coup terrible, et j'eus la cuisse traversée par l'extrémité brisée de la planche qui me soutenait. J'ignore ce qui se passa ensuite, jusqu'à ce que je me retrouvai sur la plaine, dans l'obscurité. J'étais sans pantalon, sans habit, sans souliers ni chapeau. Recueillant mes esprits, je pensai qu'une nouvelle vague pouvait m'entraîner et je rampai vers le flanc de la montagne. J'aperçus une caverne, j'y entrai et y passai la nuit, mouillé et frissonnant. Ma blessure saigna librement. Le lendemain je regardai et je vis qu'il n'était resté d'Iquique que quelques maisons autour de l'église. »

Un grand nombre de vaisseaux étaient à l'ancre dans la baie d'Arica. Lorsque les eaux se retirèrent pour la première fois, chaînes, câbles et ancres furent brisés comme des fils et les vaisseaux emportés en pleine mer. Un moment après, ils furent ramenés irrésistiblement par le retour de la vague et mis en pièces sur la côte. L'un deux, plus heureux que les autres, le *Wateree*, vaisseau de guerre appartenant au gouvernement des États-Unis, fut emporté sur la crête de la vague et mis à sec au milieu des collines de sable, à 400 mètres du rivage, n'ayant perdu qu'un seul homme.

Avant ce tremblement de terre, Aréquipa était une ville prospère de 30,000 habitants. Elle avait un commerce florissant, et, en importance aussi bien qu'en étendue, elle était regardée comme la troisième ville du Pérou, ne le cédant qu'à Lima et à Cuzco. Les maisons étaient construites avec un soin spécial, dans le but de les mettre à l'abri des commotions terrestres ; elles n'avaient qu'un étage, était extrêmement massives et bâties de pierres très-dures. Mais ces précautions, qui étaient pourtant le fruit d'une longue expérience, furent toutes inutiles. Au coucher du soleil de cette fatale journée du 13 août, la populeuse et florissante cité d'Aréquipa n'était plus guère qu'un monceau de ruines : « Pas une église ne resta debout, » écrit un témoin oculaire, « pas une maison ne resta habitable. Le choc commença à cinq heures vingt minutes de l'après-midi et dura six ou sept minutes. Les maisons étant solidement construites et n'ayant qu'un étage, résistèrent pendant une minute, ce qui donna aux gens le temps de se précipiter au milieu des rues,

de sorte que la mortalité, quoique considérable, ne fut pas aussi
grande qu'on aurait pu s'y attendre. Si le tremblement de terre
était arrivé la nuit, il serait resté peu de personnes pour en
rapporter l'histoire; naturellement, les détenus de la prison
publique et les malades de l'hôpital ont péri. Le tremblement
de terre commença par un mouvement ondulatoire. Lorsque la
secousse fut à son comble, personne ne pouvait tenir sur ses
pieds, et les maisons, balancées comme un vaisseau sur une
mer agitée, ne tardaient pas à crouler. Les cris des femmes, le
fracas des murs qui tombaient, le soulèvement du sol, les
nuages de poussière, tout cela formait une scène indescrip-
tible. Nous eûmes, la même nuit, dix-neuf secousses plus
faibles, et le sol continua de trembler. Rien n'a encore était fait
pour arracher les morts de dessous les décombres, mais je ne
pense pas que personne ait été enterré vivant, car la mort a dû
être nécessairement le sort de tous ceux qui n'ont pu gagner la
rue. La terre s'est ouverte dans toutes les plaines environnantes,
et l'eau a apparu en divers endroits (1). »

Un tremblement de terre encore plus récent et presque aussi
désastreux eut lieu à Antioche, dans la matinée du 3 avril de
l'année 1872. Il fut d'une soudaineté effrayante et ne dura que
deux secondes, mais dans ce court intervalle la plus grande
partie de la ville fut renversée. Il y avait avant la secousse

(1) Voici les sources où nous avons principalement puisé nos informations
sur le tremblement de terre du Pérou en 1868 : 1° une série de lettres écrites
sur le théâtre de la catastrophe et publiées dans le *Times* du 26 septembre 1868,
dont une du vice-consul anglais et une autre de l'agent de la Compagnie de
la navigation à vapeur du Pacifique, tous les deux résidant à cette époque à
Arica ; 2° une lettre de M. Clements Markham dans le *Times* du 15 septembre
1868; 3° un rapport du capitaine Powel à l'Amirauté, en date du 14 septembre 1868.

3,000 maisons dans la cité : 2,000 furent entièrement détruites ; plus de 800 furent plus ou moins endommagées, et seulement 147, qui étaient surtout construites en bois, furent totalement épargnées. Parmi les habitants, 500 furent tués et autant furent gravement blessés (1).

Nous avons rapporté quelques exemples caractéristiques des plus violentes convulsions qui aient agité l'écorce terrestre depuis un peu plus d'un demi-siècle. Ils ne laissent aucun doute sur le genre de changements qui peuvent être attribués à la même action dans l'histoire antérieure du globe. Si nos exemples sont peu nombreux, il ne faut pas en conclure que le tremblement de terre soit un événement rare et exceptionnel. Au contraire, l'état de convulsion et de perturbation partielle semble être la condition naturelle et ordinaire de notre planète. D'après l'intéressant catalogue de M. Mallet, le nombre des tremblements de terre observés et décrits serait à notre époque, en moyenne, de deux à trois par semaine. Or, ce catalogue ne peut représenter plus d'un tiers du globe, car les commotions qui se passent dans les vastes profondeurs de l'Océan doivent échapper pour la plupart à l'observation, et plusieurs parties même de la terre habitable sont encore inaccessibles aux recherches scientifiques. Ce n'est donc pas sans raison que sir Charles Lyell estime « qu'il se passe à peine un jour sans qu'une partie du globe n'éprouve quelque secousse (2). »

(1) Voir, dans le *Times* du 31 juillet 1872, une lettre écrite sur le théâtre même du désastre et implorant des secours pour les habitants sans asile de cette malheureuse cité.

(2) Tout ce chapitre n'est-il pas la condamnation de l'hypothèse des *causes actuelles* en même temps que la confirmation de la théorie contraire, celle des phénomènes violents, des soulèvements brusques, des cataclysmes subits ? On y voit, en effet, que la plupart des modifications qu'a éprouvées le globe dans

De plus, dans le catalogue de M. Mallet, on ne tient pas compte de ces moindres vibrations ou tremblements de l'écorce terrestre qui ne sont accompagnés d'aucun événement frappant ou digne de remarque. Et pourtant ces phénomènes, lorsqu'ils sont souvent répétés, peuvent produire un changement de niveau fort important; et ils sont beaucoup plus fréquents qu'on ne le croit généralement. Dans notre calme région, l'on est tout disposé à croire à la stabilité générale de la terre; mais dans d'autres contrées, les habitants, avertis par une longue expérience, ne sont pas moins profondément convaincus de son instabilité. Sir John Herschell dit que dans les régions volcaniques de l'Amérique centrale et méridionale, « les habitants ne pensent pas plus à compter les tremblements de terre que nous ne pensons à compter les ondées de pluie; » il ajoute même que « dans quelques localités le long de la côte, la pluie est un spectacle plus rare ». En Sicile, aussi, on prend contre les mouvements du sol les précautions que nous prenons contre la foudre et les orages, de sorte que c'est une chose commune chez les architectes de donner leurs maisons comme à l'épreuve des tremblements de terre (1).

son relief depuis les temps historiques doivent être attribuées, non à des opérations lentes et uniformes, mais à de brusques phénomènes, à des exhaussements ou des déchirements subits de l'écorce terrestre. Pour être autorisé à nier que la terre ait été le théâtre de convulsions semblables dans le cours des âges géologiques il faudrait pouvoir appuyer cette opinion sur de graves raisons. Or, nous l'avons vu précédemment (*note D*), tout concourt à établir au contraire que ces convulsions se sont produites dans tous les temps, et avec une intensité plus grande, sinon plus fréquemment qu'à notre époque. (*N. du traducteur.*)

(1) Voir note G, fin du volume.

CHAPITRE XVII.

CHALEUR SOUTERRAINE. — SA PUISSANCE DÉMONTRÉE PAR LES ONDULATIONS DE L'ÉCORCE TERRESTRE.

MOUVEMENTS LENTS DE L'ÉCORCE TERRESTRE DANS LES TEMPS HISTORIQUES. — VOIES ET TEMPLES ROMAINS SUBMERGÉS DANS LA BAIE DE BAÏES. — TEMPLE DE JUPITER SÉRAPIS. — SINGULIER ÉTAT DE SES COLONNES. — PREUVE D'AFFAISSEMENT ET D'EXHAUSSEMENT SUBSÉQUENT. — MARQUES D'UN SECOND AFFAISSEMENT QUI S'EFFECTUE ACTUELLEMENT. — EXHAUSSEMENT GRADUEL DE LA CÔTE DE SUÈDE. — EXPOSÉ SOMMAIRE DES PREUVES DE CE FAIT. — AFFAISSEMENT DE L'ÉCORCE TERRESTRE SUR LA CÔTE OCCIDENTALE DU GROENLAND. — RÉCAPITULATION.

Jusqu'ici, nous avons parlé des changements produits dans l'écorce terrestre dans les temps modernes, par des convulsions violentes et soudaines. Mais il est des phénomènes bien connus du géologue, dont il n'est pas possible de se bien rendre compte, à moins de supposer que la surface de la terre ait été souvent élevée et déprimée dans les temps anciens, sans aucun choc brusque, mais par un mouvement lent et presque insensible. Aussi ces ondulations entrent-elles pour une grande part dans la théorie générale de la géologie que nous avons essayé d'esquisser et de démontrer. On peut donc nous demander s'il nous est possible d'appuyer cette partie de notre système sur des exemples de phénomènes semblables datant de la période historique. En réponse à cette question, nous nous efforcerons d'établir, aussi brièvement que possible, quelques-unes des preuves que l'on a récemment découvertes sur ce sujet et qui ne nous paraissent pas moins concluantes qu'elles sont intéressantes et inattendues.

Dans la baie de Baïes, à l'ouest de Naples, deux anciennes voies romaines sont actuellement reconnaissables au-dessous des eaux qui les recouvrent perpétuellement jusqu'à une distance considérable. Dans le même voisinage se voient aussi les ruines d'un temple de Neptune et d'un temple des Nymphes, tous les deux également immergés. « Les colonnes du premier édifice reposent debout à $1^{m},50$ sous l'eau, et leurs parties supérieures atteignent juste le niveau de la mer (1). » On suppose que les piédestaux de ces colonnes sont enterrés dans la vase. De l'autre côté du golfe de Naples, près de Sorrente, « on a découvert une route avec quelques fragments de constructions romaines, à une certaine profondeur sous la mer (2) ». Dans l'île de Capri, à l'entrée de la baie de Naples, l'un des palais de Tibère est également sous l'eau. Il est donc clair que le sol s'est affaissé en cet endroit sur un espace considérable, puisque ce qui est maintenant le lit de la mer était, du temps des Romains, une terre ferme, traversée par des routes et enrichie de constructions. Que cet affaissement ait été lent et graduel, c'est ce qui résulte en partie de l'absence de tout récit et de toute tradition concernant la convulsion soudaine qui eût produit un tel changement, et en partie aussi de ce que les monuments eux-mêmes ne sont ni ébranlés, ni dérangés en aucune façon.

Mais cette conclusion, qui s'adapte si bien à notre objet, semble donner lieu à une difficulté très-sérieuse. Car, tandis

(1) *Principes de Géologie*, t. II, p. 226.
(2) *Ibid.*, p. 227.

que ces anciens monuments témoignent que le sol s'est *affaissé* dans cette localité, la structure de la côte, interprétée d'après les principes géologiques, indiquerait au contraire que l'écorce terrestre s'est *exhaussée*. Il est actuellement, tout près de la mer, dans la baie de Baïes, une étendue basse et unie de terrain fertile, et à une petite distance dans l'intérieur des terres, une haute rangée de falaises escarpées, hautes de 25 mètres et parallèles à la côte. Cette plaine fertile, située entre le rivage et les falaises perpendiculaires, est élevée de six mètres environ au-dessus du niveau de la mer et composée de dépôts régulièrement stratifiés où abondent des coquilles marines d'espèces récentes, en même temps que des produits du travail de l'homme, tels que tuiles, pavé en mosaïque, fragments de briques et ornements sculptés. Appuyé sur ces faits, un géologue prononcerait sans hésiter : premièrement, que les eaux de la mer ont baigné le pied des falaises depuis que le district de Naples est habité par l'homme ; secondement, que les strates dans lesquelles nous trouvons maintenant les coquilles marines récentes et les traces du travail humain furent formées, à cette époque, par voie de dépôt au fond de la mer, et troisièmement, que dans un temps postérieur, par suite d'un exhaussement du sol, ces strates furent relevées de manière à former cette plaine où florissent maintenant l'agriculture et les arts.

Ne semble-t-il pas qu'il y ait ici contradiction flagrante entre les conclusions de la géologie moderne et celles qui se tirent nécessairement de l'état des anciennes constructions romaines ? Sans doute, elles s'accordent sur ce point, qui est précisément celui que nous voulons démontrer, que le sol a éprouvé des changements de niveau, dans les temps récents, sur les rivages de la baie de Naples ; mais si l'on s'en tient au témoignage des temples romains, actuellement submergés, ce changement a consisté dans un mouvement *d'affaissement*, tandis que, d'après les conclusions de la théorie géologique, il y a eu *exhaussement*. Cette contradiction apparente semble réclamer un éclaircissement.

Si l'on était réduit, sur cette matière, à de simples conjectures, on pourrait présenter l'hypothèse suivante comme une solution raisonnable. On pourrait supposer que depuis l'Empire romain, il y a eu *deux mouvements successifs* de l'écorce terrestre dans le voisinage de Naples : d'abord un mouvement d'affaissement, par lequel les anciennes voies et les anciens temples romains furent plongés à une profondeur considérable sous la mer, puis un mouvement d'exhaussement, par lequel les strates marines furent relevées. Si ce second mouvement fut exactement égal au premier, il est clair que routes et édifices furent replacés à leur premier niveau. Mais supposons que l'exhaussement ait été un peu moins considérable que l'affaissement antérieur, alors ces routes et ces édifices resteront encore submergés, comme ils le sont réellement, sous quelques pieds d'eau. A l'aide de cette hypothèse, il n'y a plus contradiction, mais harmonie parfaite entre les deux classes de phénomènes.

Mais nous ne sommes pas dans la nécessité de recourir à des hypothèses. Il est maintenant démontré, en effet, par un genre de preuve extrêmement curieux, que l'écorce terrestre, à l'intérieur et aux environs de la baie de Baïes, a été successivement déprimée et soulevée depuis le troisième siècle de l'ère chrétienne ; bien plus, que l'affaissement, dans le premier cas, fut plus considérable que l'exhaussement subséquent. Près de Pouzzole, sur la plaine qui, comme nous l'avons dit, s'étend entre la mer et la haute rangée de falaises intérieures, se trouvent actuellement les ruines d'un splendide édifice romain, ordinairement appelé le temple de Jupiter Sérapis, bien que, selon quelques écrivains, ce ne fût pas un temple, mais un établissement de bains publics. Ces ruines attirèrent pour la première fois l'attention vers le milieu du siècle dernier. Trois magnifiques colonnes de marbre étaient encore debout, avec leurs parties inférieures enfouies dans les dépôts stratifiés déjà décrits, et leurs parties supérieures, qui apparaissaient au-dessus de la terre, en partie masquées par des broussailles. Lorsque le sol fut déblayé, il fut facile de reconnaître le plan originaire de l'édifice. « Il était de forme quadrangulaire et avait 21 mètres de diamètre; son toit avait dû être supporté par quarante-six majestueuses colonnes, dont vingt-quatre en granite et les autres en marbre. » Plusieurs des piliers, renversés par le temps, gisaient étendus et brisés sur le pavé. Les trois qui sont encore debout ont 12 mètres de haut, et chacun d'eux a été tiré d'un seul bloc de marbre; mais ce qu'il nous importe surtout de constater, c'est qu'ils portent, curieusement inscrites à leur surface, les marques des changements physiques auxquels ils ont pris part.

La base de ces hautes colonnes est actuellement un peu au-dessous du niveau de la mer. Leur surface est unie jusqu'à environ 3^{m},60 au-dessus de leurs piédestaux ; mais au-dessus, dans une zone de 2^{m},70, le marbre est partout perforé par une espèce de moule bien connue qui ne peut certainement vivre que dans la mer. Au delà de cette zone de perforations, les piliers présentent de nouveau une surface polie jusqu'au sommet. La première conséquence que l'on tire de ces faits, c'est que les colonnes en question ont dû avoir été submergées autrefois jusqu'à une hauteur de 6^{m},30 au-dessus des piédestaux ; autrement, elles n'auraient pu être percées à cette hauteur par des espèces animales qui n'existent que dans l'eau de mer. Il faut donc que, depuis ce temps la terre se soit élevée en cet endroit de 6^m,30. En outre, le temple de Jupiter ne fut certainement pas bâti au fond de la mer, mais sur la terre ferme ; donc, depuis que le temple a été construit, l'écorce terrestre a dû s'affaisser de 6^m,30 au moins. De plus encore, comme le pavé du temple est maintenant un peu au-dessous du niveau de la mer et qu'il n'est pas très-vraisemblable qu'il ait été ainsi construit au commencement, l'on peut en déduire qu'il est aujourd'hui plus bas qu'il n'était originairement, et, en conséquence, que l'exhaussement total n'a pas été égal à l'affaissement total. Quoique nous ne puissions pas fixer la date exacte à laquelle commença l'affaissement, il est probable qu'elle ne fut pas antérieure au troisième siècle, car il est dans l'atrium du temple une inscription qui rappelle qu'il fut orné de marbres précieux par l'empereur Septime-Sévère.

On ne peut supposer un seul instant que ces changements aient été effectués par une élévation ou une baisse du niveau de la mer, plutôt que par un mouvement de l'écorce terrestre. Un changement permanent dans le niveau de la mer, dans une localité donnée, entraînerait nécessairement un changement de niveau sur toute son étendue : dès lors, si les phénomènes qui se manifestent dans la baie de Baïes avaient une telle cause, nous rencontrerions des phénomènes du même genre sur toute l'étendue de la côte italienne. Or, nulle part ailleurs on ne constate de semblables changements de niveau. Il faut donc attribuer ceux de la baie de Baïes non à un affaissement et à un exhaussement de la mer, mais à un exhaussement et à un affaissement de la terre.

Avant de quitter ce sujet, nous ne devons pas omettre de dire qu'il est maintenant reconnu, grâce à une série d'observations faites avec soin, que le sol de cette intéressante localité est de nouveau en voie d'affaissement lent et graduel. Au commencement du siècle, la plate-forme du temple était à peu près au niveau de la mer; elle est maintenant à plus de 30 centimètres au-dessous. Ce second affaissement paraît même avoir commencé avant le siècle actuel. « En l'année 1813, » écrit un voyageur moderne, « je résidai quatre mois au couvent des capucins de Pouzzole, situé entre la route de Naples et la mer, à l'entrée de la ville. Dans les couvents de capucins, le plus vieux moine est appelé *il molto reverende*, et celui qui jouissait alors de ce titre au couvent de Pouzzole était âgé de quatre-vingt-treize ans. Il m'apprit que, lorsqu'il était jeune, la route de Naples passait entre le couvent et la mer, mais que l'on avait été obligé de la détourner par suite de l'affaissement graduel du sol. Pendant mon séjour au couvent, le réfectoire, aussi bien que la porte d'entrée, étaient recouverts de six pouces à un pied d'eau, toutes les fois qu'il régnait de forts vents d'ouest, capables de soulever les eaux de la Méditerranée. Trente ans auparavant, d'après mon vieux moine, jamais fait semblable n'avait lieu. Dans le fait, il n'est pas probable que le constructeur du couvent eût placé le rez-de-chaussée aussi bas qu'il l'est aujourd'hui, de manière à l'exposer aux inondations (1). »

Sur les rivages de la mer Baltique, nous trouvons, sur une échelle plus étendue, un autre exemple qui vient confirmer notre théorie. Il y a un siècle et demi, le naturaliste suédois Celsius exprima l'opinion qu'un remarquable changement de niveau s'effectuait le long de la côte orientale de Scandinavie, et il attribuait ce changement à l'abaissement des eaux de la mer Baltique. Cette opinion fut d'abord reçue avec une profonde incrédulité;

____

(1) Lettre de C. Hullmandel; voir Mantell, *Wonders of Geology*, Appendice G, p. 470; pour une étude complète sur le temple de Sérapis, voir aussi Lyell, *Principes de Géologie*, t. II, ch. xxv.

mais les arguments de Celsius étaient assez plausibles et assez
attrayants pour exciter une controverse, et la controverse une
fois soulevée ne s'apaisa pas aisément. Aussi, depuis ce temps,
les faits sur lesquels elle reposait ont été l'objet d'un examen
plus attentif, des difficultés ont été émises et débattues, des
faits nouveaux, en grand nombre, d'abord inconnus ou qui n'a-
vaient pas attiré l'attention, ont été révélés, et toute la question
a été rigoureusement discutée par les savants. Ce serait s'exposer
à fatiguer nos lecteurs que de faire l'histoire de cette discussion,
de développer les arguments que l'on a apportés à l'appui de la
théorie, et de retracer la multitude d'observations minutieuses et
de mesurages délicats auxquels l'on a eu recours en un grand
nombre de contrées dont nous tairons les noms à cause de leur
consonnance barbare. Mais le résultat général peut être aisément
exposé et aussi aisément compris.

Il paraît que de nombreux récifs sous-marins, bien connus
des navigateurs, sont devenus visibles au-dessus des eaux depuis
deux siècles ; que d'anciens ports sont maintenant des villes
situées dans l'intérieur des terres ; que de petites îles se sont
réunies entre elles et attachées au continent par des plaines ver-
doyantes ; que des pointes de rochers qui jadis apparaissaient à
peine au-dessus des eaux et n'offraient de refuge qu'à l'oiseau
de mer, se sont transformées en petits îlots, et que d'anciens
lieux de pêche ont été abandonnés à cause de leur peu de profondeur, et même dans quelques cas ont été complétement mis
à sec. La conséquence de ces faits est assez claire : ou l'écorce
solide du globe s'est élevée, ou les eaux de la mer ont baissé. Il
est certain, d'un côté, qu'il n'y a pas eu abaissement de la mer ;
car un tel abaissement, comme nous l'avons déjà observé, s'il
avait eu lieu quelque part, eût été général. Or, il y a plusieurs

points des rivages de la Baltique, spécialement sur les côtes du Danemark et de la Prusse, où l'on peut prouver qu'il n'y a eu, pendant des siècles, aucun changement de niveau. Il faut donc attribuer les phénomènes décrits ci-dessus à un exhaussement de l'écorce terrestre (1).

Telle est la méthode de raisonnement que l'on a suivie dans cette recherche. On peut donc maintenant considérer comme un fait établi qu'un exhaussement lent et graduel s'opère tous les jours sur les rivages de la mer Baltique, dans la mesure de 60 centimètres à 1^m,20 par siècle, et cela sur une surface d'une largeur inconnue et d'une longueur qui dépasse 1,600 kilomètres. En revanche, il paraît que la terre s'affaisse graduellement sur le rivage opposé de l'océan Germanique (mer du Nord). Nous avons déjà parlé des envahissements de la mer sur la côte de Hollande, envahissements qui ont considérablement réduit la terre ferme depuis les vingt derniers siècles; sans doute, ils sont dus en grande partie à la dénudation produite par les eaux; mais il y a de bonnes raisons de croire que l'affaissement graduel de la terre au-dessous de son premier niveau est aussi pour beaucoup dans la cause de ces phénomènes. Cette idée, émise par M. Élie de Beaumont, est appuyée sur des faits nombreux (2). Il nous suffira d'observer que, dans le voisinage de Katwik, les ruines d'une ancienne forteresse romaine bâtie par l'empereur Claude se voient au-dessous des eaux de la mer à 550 mètres du rivage (3).

Des raisons semblables ont amené à croire que la côte occidentale du Groënland s'affaisse actuellement sur une étendue de

(1) Lyell, *Principes de Géologie*, t. II, ch. XXXI.
(2) *Géologie pratique*, t. I, p. 260 et 316.
(3) Vogt, *Lehrbuch der Geologie*, t. II, p. 128.

plus de 900 kilomètres du nord au sud. « D'anciennes constructions élevées sur de basses îles rocheuses et sur le rivage du
continent ont été graduellement submergées, et l'expérience a
appris aux aborigènes groënlandais qu'ils ne devaient jamais
bâtir leurs huttes près du bord de l'eau. Plus d'une fois les
colons moraviens ont été obligés d'avancer dans l'intérieur des
terres les pieux sur lesquels étaient posés leurs bateaux, laissant
les anciens sous l'eau, où, comme des témoins muets, ils attes-
tent les changements qui se sont opérés (1). »

L'écorce terrestre n'est donc point, comme on serait porté à
le croire, une masse fixe et immobile de roche inébranlable.
Quelle que soit la force prodigieuse qui réside dans l'intérieur
du globe et qui semble se manifester d'une manière ou d'une
autre, souvent même de plusieurs manières à la fois, cette force
exerce, d'âge en âge, une influence considérable sur la forme
extérieure de notre planète. Comme le vent, elle souffle où elle
veut, et nous ne pouvons dire d'où elle vient, ni où elle va ; mais
nous pouvons l'entendre ; nous pouvons être témoin de ses
effets, soit qu'elle éclate tantôt dans une partie du monde, tantôt
dans l'autre, brisant les roches massives et vomissant avec fureur
des montagnes entières de cendres brûlantes et de minéraux en
fusion ; soit que, ne pouvant trouver d'issue, elle ébranle les fondements des collines et réduise en pièces les œuvres les plus
durables de l'homme — châteaux, temples, palais, — remplissant
tous les cœurs de terreur et d'épouvante ; soit, enfin, qu'elle
exhausse lentement le fond de la mer ou que, retirant son appui,
elle laisse l'écorce terrestre s'affaisser, avec un mouvement si

(1) Lyell, *Principes de Géologie.*

graduel et si insensible qu'il échappe à la connaissance des multitudes qui vaquent à leurs affaires dans les populeuses cités de sa surface. Que des phénomènes de ce genre aient eu lieu à tous les âges passés, c'est ce qui est universellement admis en géologie ; qu'ils se continuent encore actuellement, c'est ce que nous avons essayé de démontrer par le simple exposé des faits. Si nous y avons réussi selon notre attente, le lecteur doit être prêt à admettre que, sur ce point du moins, ce n'est pas le géologue qu'il faut accuser d'avoir recours aux inventions de son imagination, mais plutôt ceux qui, prenant pour principe que la géologie est fausse, ferment opiniâtrement les yeux sur les changements physiques qui s'opèrent autour d'eux.

DEUXIÈME PARTIE.

L'ANCIENNETÉ DE LA TERRE CONSIDÉRÉE DANS SES RAPPORTS AVEC L'HISTOIRE DE LA GENÈSE.

CHAPITRE XVIII.

ÉTAT DE LA QUESTION ET EXPOSÉ DES VUES DE L'AUTEUR.

PRINCIPES GÉNÉRAUX DE LA THÉORIE GÉOLOGIQUE ACCEPTÉS PAR L'AUTEUR. — CES PRINCIPES IMPLIQUENT MANIFESTEMENT L'EXTRÊME ANCIENNETÉ DE LA TERRE. — DÉMONSTRATION TIRÉE DE LA HOUILLE, DE LA CRAIE ET DES ARGILES A BLOCS. — CETTE CONCLUSION N'EST POINT EN DÉSACCORD AVEC L'HISTOIRE INSPIRÉE DE LA CRÉATION. — CHRONOLOGIE DE LA BIBLE. — GÉNÉALOGIES DE LA GENÈSE. — DATE DE LA CRÉATION NON FIXÉE PAR MOÏSE. — PROGRÈS DE L'OPINION SUR CE POINT. — LE CARDINAL WISEMAN, LE PÈRE PERRONE, LE PÈRE PIANCIANI. — LE DOCTEUR BUCKLAND, LE DOCTEUR CHALMERS, LE DOCTEUR PIE SMITH, HUGUES MILLER. — EXPOSÉ DES VUES DE L'AUTEUR. — RÉPONSE A L'ACCUSATION DE TÉMÉRITÉ ET D'IMPRUDENCE. — SENTIMENTS DE SAINT AUGUSTIN ET DE SAINT THOMAS.

Le lecteur a maintenant sous les yeux une esquisse générale de la théorie géologique en même temps que quelques-unes des preuves sur lesquelles on a coutume de l'appuyer. Nous n'essayerons pas d'ajouter à ces preuves par de plus amples commentaires. La logique et la rhétorique ne pourraient être que d'un faible secours pour la démonstration d'une théorie qui au fond n'a besoin que d'être bien comprise. Si elle ne force pas notre assentiment d'une manière absolue, elle se présente du moins avec un tel degré de probabilité que le doute est à peine possible.

Il n'est personne, croyons-nous, qui ait jamais hésité à admettre que les *Tours-Rondes* d'Irlande soient l'œuvre de la main des hommes. Si pourtant quelque sceptique venait à s'élever contre cette opinion commune, à n'y voir qu'une simple hypothèse et à demander des preuves, nous serions fort embarrassé pour lui répondre. Nous dirions seulement que ces monuments ont tous les caractères des ouvrages humains, et qu'il n'est à la connaissance de personne que des constructions semblables aient jamais existé autrement que par la main de l'homme. Si néanmoins notre incrédule prétendait qu'elles peuvent n'être qu'un jeu de la nature ou qu'elles ont pu être bâties au commencement par le Créateur du monde, qui pouvait certainement le faire s'il l'avait voulu, nous trouverions que cet homme est déraisonnable, et nous nous sentirions probablement peu disposé à poursuivre la discussion. Il en est de même de la théorie géologique que nous défendons. Elle ne peut être établie par une démonstration rigoureuse ; cependant, nous ne croyons pas qu'aucun homme de sens et de jugement puisse hésiter à l'accepter, au moins dans son ensemble, lorsqu'il aura connaissance des preuves sur lesquelles elle repose. Sans doute, il s'est trouvé des hommes éminents qui se sont élevés contre la géologie, mais il serait facile de montrer par leurs écrits qu'ils n'ont jamais examiné sérieusement les faits qui l'établissent et que dans leur ignorance ils essayent en vain d'expliquer d'une autre manière ou qu'ils osent nier si légèrement.

Nous avouons franchement, quant à nous, que tout en n'attachant qu'une importance médiocre aux simples conjectures et aux spéculations de certains géologues, tout en n'acceptant qu'avec défiance et soupçon maintes théories assez plausibles pourtant et aujourd'hui assez communément adoptées, tout en considérant que les découvertes des temps modernes, si merveilleuses qu'elles soient, ont donné lieu à beaucoup plus de problèmes qu'elles ne sont encore capables d'en résoudre, nous donnons néanmoins une pleine adhésion aux principes généraux que nous avons essayé de développer et de démontrer dans ce volume. Nous n'avons point, à ce sujet, de certitude métaphysique, mais nous avons une conviction ferme et raisonnable. Nous sommes bien persuadé que le grand Créateur de l'univers n'a point appelé subitement à l'existence des restes desséchés et des fragments brisés d'animaux qui n'auraient jamais vécu ; qu'il n'a point gravé sur des roches massives, enfouies dans les profondeurs de la terre, l'empreinte d'une végétation luxuriante qui n'aurait jamais existé ; enfin, qu'il n'a point créé, sous des millions de formes, des apparences trompeuses de choses qui n'auraient jamais été, et qu'il aurait répandues par le monde avec une folle profusion, sachant bien qu'après un certain nombre de siècles, elles apparaîtraient à la lumière pour égarer la raison humaine et l'induire en erreur. Cette conclusion, nous sommes évidemment tout prêt à l'abandonner dès qu'elle se heurtera contre une vérité certaine ou contre un fait bien démontré. Mais en attendant, elle nous paraît aussi bien fondée et aussi solidement établie que celles que nous sommes habitués à accepter, sans hésitation, en matière d'autres sciences ou dans la conduite ordinaire de la vie.

On nous objecte que la théorie géologique est en désaccord avec l'ordre le plus élevé de vérités, avec cette vérité qui se présente à nous appuyée sur l'autorité de Dieu lui-même. La

Bible nous dit que le monde a été créé il y a environ six ou huit mille ans; la géologie, au contraire, prétend que six ou huit mille ans sont comme un seul jour dans l'histoire des révolutions par lesquelles la terre a passé. Tel est l'argument auquel nous avons maintenant à répondre. Et il mérite toute notre attention, non pas seulement pour son importance intrinsèque, mais en raison de la nature intéressante de la discussion à laquelle il a donné lieu.

Et d'abord nous admettons pleinement que l'extrême ancienneté de la terre est une conséquence nécessaire de notre théorie. Partant de l'époque actuelle de l'existence du monde, la géologie nous porte en arrière d'âge en âge, à travers une longue succession de périodes, dont chacune s'étend au delà de plusieurs milliers d'années, jusqu'à ce que l'esprit se perde dans un passé en quelque sorte infini. On se demandera peut-être comment la géologie peut témoigner de la grande longueur de chaque période successive dans l'histoire du globe. Un exemple bien simple fournira la meilleure réponse à cette question.

Que le lecteur se rappelle ce que nous avons dit au sujet de l'origine et de la formation de la houille, et qu'il examine la structure des terrains carbonifères. Dans la grande houillère du pays de Galles, par exemple, il trouvera, dans une profondeur de 3,600 mètres, de cinquante à cent lits distincts de houille, se surmontant les uns les autres et entremêlés de couches d'argiles de plusieurs pieds d'épaisseur. Or, chacun de ces lits représente une ancienne forêt qui a dû croître, végéter et dépérir dans l'endroit, ou, du moins, une masse énorme et variée de bois flottant, transporté à distance par l'ction des cours d'eau et déposé à l'embouchure de quelque grande rivière. Dans l'un comme dans l'autre cas, un laps de temps considérable a été nécessaire pour une accumulation de matière végétale telle qu'elle pût fournir les éléments d'une simple couche de charbon. Et lorsque cette période s'est terminée, il n'y avait encore de formé qu'un seul petit étage de cette longue série : un dépôt de quelques pieds d'épaisseur s'était effectué dans cette grande formation qui, avec le temps, devait atteindre une hauteur de plus de trois kilomètres. Un nouvel ordre de choses succéda au précédent. Ce lit de matière végétale, enfoui sous les eaux, se couvrit graduellement d'un épais dépôt d'argile qui finit par émerger, devint terre ferme et donna naissance à une nouvelle forêt destinée, à son tour, à disparaître ; ou bien, lorsque la couche d'argile se fut déposée, elle fut recouverte, d'une manière quelconque, d'un second lit de matière végétale suffisant pour la formation d'une seconde couche de charbon. Les . choses durent continuer ainsi, sans doute, avec de nombreuses et longues interruptions, au moins une centaine de fois (1).

Or, il faut se rappeler que les couches carbonifères représentent une seule des nombreuses périodes du calendrier géologique, et non pas la plus longue. Avant l'époque carbonifère, l'Angleterre fut pendant des siècles au sein de la mer, pendant

____

(1) Sans doute, la formation des différentes couches de houille qui caractérisent l'étage carbonifère a dû exiger un temps considérable. Il nous semble cependant que l'on s'exagère généralement cette durée. Lorsque l'on sait, en effet, « qu'un siècle suffit pour que des plantes aussi humbles que les mousses produisent un banc de tourbe ayant trois mètres de puissance » (Vézian), comment peut-on sentir le besoin de recourir à des centaines, sinon à des milliers de siècles, pour expliquer la formation d'une couche de houille de même épaisseur, à une époque où les conditions climatériques, fort différentes des conditions actuelles, favorisaient le développement des plantes, où la température plus élevée et la présence d'une quantité considérable de vapeur d'eau et d'acide carbonique dans l'atmosphère donnaient à la végétation une activité exceptionnelle ? (*Note du trad.*)

que le vieux grès rouge se déposait lentement au fond de ses eaux. A la suite de l'âge houiller, l'Angleterre fut de nouveau submergée, et les gigantesques ichthyosaures, ainsi que leurs compagnons marins, se donnèrent leurs ébats dans les eaux qui roulaient sur ses plaines et recouvraient les sommets de ses montagnes actuelles, jusqu'à ce que, leurs courses terminées, le moment fut venu de laisser leurs restes ensevelis dans les argiles des comtés d'Oxford, de Warwick et de Dorset.

Les lits dans lesquels sont enterrés ces gigantesques fossiles furent eux-mêmes recouverts d'une couche de limon mêlé de calcaire, formant actuellement une masse solide de terrains crayeux qui atteignent souvent mille pieds d'épaisseur. Cette craie, comme nous l'avons vu, n'est pas autre chose qu'une énorme accumulation de coquilles si petites qu'on pourrait en faire tenir des millions sur la lame d'un canif et que chaque charpentier en transporte des centaines de millions dans la poche de son habit. La science ne peut pas calculer, l'imagination peut à peine concevoir combien il a fallu de générations de ces animalcules pour entasser, par l'action de leurs forces vitales, de pareilles masses de craie et combien de temps a été employé à cette œuvre gigantesque. Mais ce n'est pas tout. La craie elle-même fut suivie des diverses formations de l'époque tertiaire, et la dernière de ces formations est encore séparée de la période historique, appelée aussi époque actuelle, par le drift et les argiles à blocs (*boulder clay*) (1).

---

(1) Les Anglais appellent *boulder clay* des dépôts argilo-graveleux attribués à la période glaciaire et dans lesquels se rencontrent les blocs erratiques. Cette formation ne se trouve guère qu'au-delà du 50e parallèle dans l'hémisphère boréal et du 40e dans l'hémisphère austral.

Nous avons dit ailleurs qu'on appelle *drift* d'autres dépôts résultant de l'ac-

Ce sujet a été développé d'une façon vive et frappante par le professeur Huxley, dans une conférence récente aux ouvriers de Norwich. « A Cromer, dit-il, l'un des points les plus gracieux de la côte de Norfolk, vous verrez les argiles à blocs former une vaste couche qui repose sur la craie et qui, par conséquent, doit lui être postérieure en existence. D'énormes masses de craie sont, en réalité, renfermées dans l'argile et ont évidemment été amenées à occuper cette position de la même façon que les blocs de syénite y qui ont été amenés de Norwège.

« La craie est donc certainement plus ancienne que les argiles à blocs. Si vous me demandez de combien de temps elle leur est antérieure, je vous le dirai en vous reportant au même endroit de vos côtes. J'ai dit que les argiles à blocs et le drift reposaient sur la craie. Cela n'est pas strictement exact. Entre la craie et le drift, il y a un lit relativement insignifiant qui contient de la matière végétale. Mais ce lit est pour nous toute une histoire merveilleuse. Il est plein de troncs d'arbres conservés dans la position où ils ont vécu. On y trouve des sapins avec leurs cônes, des coudriers avec leurs noix ; on y voit encore debout des chênes et des ifs, des hêtres et des aunes. De là le nom de *Forest-Bed* ou *lit de la forêt* qu'on a donné à cette couche.

« Il est évident que la craie a dû être soulevée et transformée en terre sèche avant que les arbres aient pu y croître. Comme les troncs de quelques-uns de ces arbres ont jusqu'à un mètre de diamètre, il n'est pas moins clair que la terre sèche ainsi formée est restée dans la même condition pendant de longues périodes. Et ce ne sont pas seulement les restes de chênes élevés et de sapins gigantesques qui témoignent de la durée de cet

tion des courants et appartenant comme le *boulder clay* (argiles à blocs) à la période quaternaire ou post-tertiaire. (*N. du trad.*).

état de choses : le même fait se trouve confirmé par des restes abondants d'éléphants, de rhinocéros, d'hippopôtames et autres grands représentants du règne animal dont nous devons la découverte aux actives recherches de savants tels que le révérend M. Gunn.

« Si l'on jette les yeux sur une collection telle que la sienne, et si l'on songe que ces restes d'éléphants ont réellement eu vie et que ces terribles molaires ont vraiment appartenu aux antiques hôtes des bois ténébreux dont le *Forest-Bed* est maintenant la seule trace, il est impossible de ne pas y voir une preuve manifeste de l'immense durée des âges antérieurs.

« Ces falaises de Cromer sont comme un livre que chacun peut lire sans difficulté. Elles nous racontent avec une autorité incontestable que l'ancien lit crayeux de la mer fut soulevé, qu'il se transforma en terre ferme et fut de nouveau recouvert d'une forêt que peupla l'énorme gibier dont les dépouilles réjouissent aujourd'hui nos géologues. Nous ne pouvons dire pendant combien de temps il resta dans cet état; mais alors comme aujourd'hui, « le tourbillon du temps apporta sa revanche ». Cette terre ferme disparut aussi, avec les os et les dents des générations éteintes, mêlés aux racines noueuses et aux feuilles desséchées de ses anciens arbres. Elle s'enfonça graduellement sous une mer de glace qui la recouvrit d'épaisses masses de drift. Des animaux marins, tels que le morse, vécurent là où jadis les oiseaux avaient fait entendre leur ramage parmi les plus hautes branches des sapins. Combien de temps cet état de choses dura-t-il? Nous l'ignorons. Quoi qu'il en soit, il eut une fin, et le sol fangeux de cette mer glaciale, soulevé et durci, devint l'emplacement actuel de Norfolk. De nouvelles forêts prirent naissance, le loup et le castor remplacèrent le renne et l'éléphant, et à la longue, l'Angleterre entra dans sa période historique.

« Je pourrais ajouter d'autres exemples en nombre en quelque sorte infini, si le temps me le permettait; mais celui que j'ai donné suffit pour prouver que la terre, depuis l'époque crétacée jusqu'à la période actuelle, a été le théâtre d'une série de transformations aussi nombreuses que lentes à s'effectuer. Le sol sur lequel nous nous trouvons a été successivement terre et mer au moins à quatre reprises différentes, et il est resté dans chacun de ces états pendant une période de longue durée.

« Et ne croyez pas que ces merveilleuses transformations de la terre en mer, et réciproquement, aient été particulières à un coin de l'Angleterre. Pendant la période crétacée, le globe n'offrait encore aucun des grands traits qu'il représente actuellement. Nos grandes chaînes de montagne, les Pyrénées, les Alpes, l'Himalaya et les Andes, ont toutes été soulevées depuis le dépôt de la craie, et la mer crétacée, recouvrit autrefois l'espace qu'occupent actuellement le Sinaï et l'Ararat.

« Tout cela est certain ; car les terrains crétacés ou de date encore plus récente ont participé aux mouvements ascensionnels qui donnèrent lieu à la formation de ces chaînes de montagne, et ils se trouvent, dans bien des cas, en quelque sorte perchés sur leurs flancs, à des milliers de pieds de hauteur. Une raison d'une même force prouve que si, à Norfolk, le *Forest-Bed* repose directement sur la craie, cela a lieu, non parce que la période à laquelle il appartient a succédé immédiatement au dépôt de la craie, mais bien parce qu'un immense laps de temps, représenté ailleurs par des couches de plusieurs milliers de pieds d'épaisseur, n'est pas indiqué à Cromer.

« Et, croyez-le bien, il n'est pas moins prouvé qu'une succession encore plus prolongée de changements semblables eut lieu avant le dépôt de la craie, et nous n'avons aucune raison de penser que nous connaissions le terme de la série de ces changements. Les lits marins les plus anciens qui nous aient été conservés se composent de sables, d'argile et de cailloux empruntés à des terrains préexistants, formés dans des océans plus anciens encore (1). »

Il serait inutile de poursuivre davantage ce sujet et de multiplier les exemples. Nous pouvons rejeter la géologie si nous le voulons; mais, si nous accordons quelque créance à ses principes, nous devons croire que l'écorce terrestre a traversé des révolutions sans nombre, pendant lesquelles les terrains stratifiés se déposèrent lentement par l'action de causes naturelles. Et il serait souverainement ridicule de supposer que l'histoire de ces révolutions puisse être renfermée dans l'étroit espace de six mille ans.

Nous reportant maintenant à l'autre côté de la question, nous soutenons que l'extrême ancienneté de la terre, que nous apprend la géologie est parfaitement d'accord avec le récit historique de la Bible. La Bible, il est vrai, fixe à une époque relativement récente l'origine de la race humaine ; mais quant à la chronologie du monde lui-même, elle nous dit simplement que « au commencement, Dieu créa le ciel et la terre. » Il se peut donc que la terre ait existé des millions d'années avant que l'homme fut introduit sur la scène ; il se peut que, pendant ce temps elle ait été peuplée de ces innombrables tribus de plantes et d'animaux qui jouent un rôle si important dans les annales de la géologie. Cette manière de voir, loin d'être proscrite par l'Église,

____

(1) *Sur un morceau de craie*, conférence à des ouvriers.

est au contraire défendue actuellement par ses théologiens et ses exégètes. Nous espérons également la faire accepter de nos lecteurs dans les pages suivantes, et les convaincre ainsi que, en ce qui concerne l'ancienneté de la terre, les découvertes de la géologie ne peuvent porter aucun préjudice à nos croyances religieuses.

Et d'abord, il est de quelque importance de connaître la nature de ce système de chronologie extrait de la Bible. Nulle part dans le texte sacré, l'âge de la race humaine ne se trouve clairement indiqué. Mais différentes dates, dispersées çà et là à travers le récit historique, nous fournissent des matériaux suffisants pour supputer le nombre d'années écoulées depuis la création d'Adam, jusqu'à la naissance du Christ. Malheureusement, ces dates sont, sous quelques rapports, obscures et incertaines. Il en est résulté que différents systèmes de chronologie se sont établis même parmi ceux qui font profession de se laisser guider entièrement par l'autorité de la Bible.

Toute cette période peut se diviser en deux parties : l'une qui s'étend de la création d'Adam à la vocation d'Abraham, et l'autre, de la vocation d'Abraham à la naissance du Christ. Relativement à ce dernier intervalle, les chronologistes s'entendent assez : ils l'évaluent approximativement à deux mille ans. Il n'en est pas de même de la première période, au sujet de laquelle on rencontre une étonnante variété de chiffres, résultant de ce qu'on a lu différemment les premières versions du Pentateuque.

Les éléments du calcul sont tirés de deux listes généalogiques qui s'étendent, l'une, d'Adam à Noë (1), et l'autre, de Noë

____

(1) *Genèse*, V, 3-32.

à Abraham (1). Dans ces listes, nous n'avons pas seulement la ligne directe de descendance du père au fils, s'étendant à travers toute la période en question; nous avons de plus l'âge de chaque membre de la généalogie au temps de la naissance de son successeur immédiat dans la série. Par exemple : « Adam ayant vécu *cent trente ans, engendra un fils* à son image et à sa ressemblance, et il le nomma Seth. Et après qu'Adam eut engendré Seth, il vécut huit cents ans, et il engendra des fils et des filles. Et tout le temps de la vie d'Adam fut de neuf cent trente ans, et il mourut. Seth aussi, ayant vécu *cent cinq ans*, *engendra Enos*. Et après que Seth eut engendré Enos, il vécut huit cent sept ans, et il engendra des fils et des filles. Et tout le temps de la vie de Seth ayant été de neuf cent douze ans, il mourut. Et Enos, ayant vécu *quatre-vingt-dix ans, engendra Caïnan* (2) », et ainsi de suite. On voit par cette citation que de la création d'Adam à la naissance de Seth, il s'écoula cent trente ans; à la naissance d'Enos, cent trente ans, plus cent cinq ; à la naissance de Caïnan, cent trente ans, plus cent cinq, plus quatre-vingt dix. De cette manière, en poursuivant la généalogie du livre de la Genèse, nous pouvons aisément connaître le temps qui s'écoula de la création d'Adam à la naissance d'Abraham. Si, à cette période, nous ajoutons soixante-quinze ans, nous arrivons à l'époque de la vocation d'Abraham, car on rapporte qu' « Abraham avait soixante-quinze ans lorsqu'il sortit d'Haran » (3).

Maintenant, chacun sait que lorsqu'une longue liste de noms et de chiffres vient à être copiée et recopiée d'âge en âge, des

(1) *Genèse*, XI, 10-26.
(2) *Ibid.*, V, 3-9.
(3) *Ibid.*, XII, 4.

erreurs s'y glissent et s'y perpétuent facilement. C'est ce qui est arrivé dans le cas présent. Les trois premiers textes du Pentateuque sont le texte hébreu, le texte samaritain et la version grecque des Septante : or, il y a entre ces trois textes une telle variété, relativement à l'âge des patriarches bibliques, qu'elle constitue une différence de 1500 ans ou plus dans l'âge de la race humaine. Nous plaçons à la page suivante un tableau que nous devons principalement à l'œuvre d'un écrivain moderne (1), et qui présente sous une forme simple et très-intelligible cette diversité de leçon.

Il est évident que de ces trois textes il n'en est qu'un qui puisse représenter l'âge véritable de la race humaine à l'époque où Abraham quitta, sur l'ordre de Dieu, son pays et la maison paternelle pour se rendre dans la terre de Chanaan; mais ces temps sont si éloignés de nous qu'il est impossible de déterminer avec quelque certitude laquelle des trois leçons a le plus de droit à se faire accepter. L'Église ne s'est pas prononcée sur cette question, qui reste ainsi abandonnée aux libres discussions des exégètes. Nous n'avons point à entrer dans les détails de cette controverse; il nous suffit de savoir que, de la création d'Adam à la naissance du Christ, il n'a pu s'écouler plus de six mille ans, d'après le calcul le plus élevé, ni moins de quatre mille, en se fondant sur les chiffres les plus bas. Si l'on y ajoute les années de l'ère chrétienne, la race humaine se trouverait actuellement âgée, d'après les données de la Bible, de six à huit mille ans.

Rappelons-nous, cependant, que l'âge de la race humaine

____

(1) *The Genesis of the Earth and Man*, par Reginald Stuart Poole : Londres, Williams et Norgate, 1860.

GÉNÉALOGIE DE LA GENÈSE.

LISTE DES PATRIARCHES.	AGE DE CHACUN A LA NAISSANCE de son successeur immédiat D'APRÈS LE TEXTE		
	Grec.	Hébreu.	Samaritain.
ADAM......................	230	130	130
SETH......................	205	105	105
ENOS......................	190	90	90
CAINAN....................	170	70	70
MALALEEL..................	165	65	65
JARED.....................	162	162	62
HENOCH....................	165	65	65
MATHUSALEM (1)............	167	187	67
LAMECH....................	188	182	53
NOE.......................	500	500	500
SEM.......................	100	100	100
De la création d'Adam à la naissance d'Arphaxad, deux ans après le Déluge (2)............	2242	1656	1307
ARPHAXAD..................	135	35	135
CAINAN (3)................	130	—	—
SALÉ......................	130	30	130
HÉBER.....................	134	34	134
PHALEG....................	130	30	130
REU.......................	132	32	132
SARUG.....................	130	30	130
NACHOR....................	79	29	79
THARÉ.....................	70	70	70
ABRAHAM appelé par Dieu...	75	75	75
Du Déluge à la vocation d'Abraham..................	1145	365	1015
De la Création d'Adam à la vocation d'Abraham..............	3387	2021	2322

(1) Voir note H, fin du volume.

(2) « Sem était âgé de cent ans quand il engendra Arphaxad, deux ans après le Déluge. » Genèse, XI, 10.

(3) Les textes hébreu et samaritain ne font pas mention de ce second Caïnan.

est ainsi déterminé, non pas par la Bible elle-même, mais par un calcul appuyé sur les dates que nous fournit la Bible. Nous ne nous arrêterons pas à rechercher si ce calcul est tout-à-fait exempt d'erreur, ou si les dates sur lesquelles il est basé doivent nécessairement être tenues pour exactes. Mais on nous permettra de faire, en passant, une ou deux remarques. D'abord, quand on veut déduire la chronologie de la race humaine des données bibliques, on tient pour accordé qu'aucun anneau n'a été omis dans la chaîne directe de descendance du père au fils; or, c'est là une supposition qui n'est point démontrée. En second lieu, relativement aux dates, on voudrait tenir pour certain que les deux longues listes de chiffres insérées dans les cinquième et onzième chapitres de la Genèse sont aussi strictement exactes que si elles sortaient de la plume inspirée de Moïse; mais rien ne prouve que ces chiffres n'aient subi quelque altération de la part des nombreux scribes qui s'interposent entre l'autographe de Moïse et la plus vieille copie du Pentateuque qui nous reste encore. Il est même certain, puisque les trois versions les plus anciennes et les plus vénérables diffèrent notablement entre elles, que deux de ces versions sont erronées. Or, s'il est certain que des erreurs se sont introduites dans ces deux versions, de manière à passer dans toutes les copies que nous en avons, il n'est pas impossible que des erreurs semblables se soient glissées dans la troisième, et, en conséquence, il n'est nullement prouvé qu'aucune des trois versions donne actuellement les chiffres mêmes écrits par Moïse.

Mais nous n'avons point, il est vrai, à nous occuper maintenant de la stricte exactitude des chiffres de la Bible, pas plus que de la justesse des calculs qui appuient sur ces chiffres un système chronologique. Quels que soient le vague et l'incertitude qui règnent encore sur la chronologie biblique, nous admettons volontiers qu'il est impossible d'étendre assez ses limites pour la faire embrasser ces vastes périodes que la théorie géologique semble exiger si impérieusement pour la formation de l'écorce terrestre. Le point sur lequel nous avons réellement besoin d'insister, c'est que la chronologie de la Bible n'est point la chronologie du globe que nous habitons, mais seulement la chronologie de la race humaine elle-même, et que, en conséquence, elle n'impose aucune limite à l'ancienneté de la terre.

Pour bien établir cette vérité et en convaincre nos lecteurs, il faut reporter notre attention sur le premier chapitre de la Genèse, dans lequel se trouvent brièvement exposées l'origine et l'histoire primitive du globe depuis la création des cieux et de la terre, au commencement, jusqu'à la création de l'homme à la fin du sixième jour. Si ces deux événements étaient compris dans un espace de temps très-étroit, comme on le suppose assez fréquemment, l'âge de la terre se confondrait en quelque sorte avec l'âge de l'homme. Mais si, au contraire, entre ces deux événements, le récit sacré permet de supposer un intervalle de temps indéterminé, il en résultera clairement que l'âge de la race humaine, tel qu'on le trouve exposé dans les généalogies de la Bible, ne peut rien prouver contre l'ancienneté de la terre. La question est ainsi resserrée dans des limites très-étroites. Il s'agit simplement de prendre le premier chapitre de la Genèse et d'examiner s'il y est ou non rapporté que la création de l'homme, qui se trouve décrite à la fin du chapitre, suivit après un laps de quelques jours seulement la création du ciel et de la terre racontée au premier verset.

Pendant plusieurs siècles, cette question attira à peine l'attention des lecteurs de la Bible. On admettait généralement que, de même que les divers événements de la création sont rapportés dans une rapide succession par l'écrivain inspiré et réunis dans un récit continu, de même ils durent se suivre, dans la réalité, avec une rapidité correspondante et sans interruption. Les progrès des sciences physiques n'avaient pas encore fait voir la nécessité de supposer une longue période de temps entre la création du monde et celle de l'homme, et il n'y avait rien dans le récit qui pût suggérer une telle idée (1). On tenait généralement pour accordé que Dieu, en créant le ciel et la terre au commencement, donna à son œuvre la disposition et l'organisation nécessaires pour l'usage de l'homme ; qu'il distribua cette œuvre entre une période de six jours ordinaires ; qu'à la fin du sixième jour, il introduisit nos premiers parents sur la scène, et que dès lors, le commencement de la race humaine n'était postérieur que de six jours au commencement du monde.

Ces idées sur l'histoire de la création ont continué de régner jusqu'à ces derniers temps. Il faut observer, cependant, qu'elles ne s'appuyaient pas sur un examen attentif et scientifique du texte sacré. L'hypothèse d'une longue période antérieure à la création de l'homme fut plutôt inaperçue que rejetée de nos commentateurs. On n'avait aucune bonne raison d'appuyer sur un sujet alors purement spéculatif; aussi on ne s'en occupait pas. Mais maintenant que le monde retentit des merveilleuses découvertes de la géologie, découvertes qui, chaque jour,

____

(1) C'est, selon nous, une exagération. Le texte sacré ne s'explique bien que dans l'hypothèse des jours-périodes (Voir note J). Aussi plusieurs Pères et Docteurs de l'Église ont-ils rejeté les jours de 24 heures longtemps avant que les découvertes géologiques en eussent fait une nécessité. (*N. du trad.*)

affirment de plus en plus l'extrême ancienneté de la terre, il devient d'une impérieuse nécessité d'examiner de nouveau, avec tout le soin et la diligence possibles, le récit inspiré de la création dans ses rapports avec ce nouveau dogme des sciences physiques.

Nous ne sommes pas le premier qui nous préoccupions de ce sujet. Il a déjà attiré l'attention et excité le zèle des théologiens depuis plus d'un demi-siècle. Des hommes éminents, aussi distingués par l'étendue de leurs connaissances que par leur zèle religieux, ont chaudement protesté contre l'opinion des géologues, concernant l'ancienneté de la terre, comme ne pouvant se concilier avec l'exactitude historique de la Bible. D'un autre côté, des écrivains non moins illustres et non moins sincèrement attachés à la cause de la religion, prétendent qu'il n'y a rien dans le texte sacré qui exclue l'hypothèse d'un intervalle long et indéterminé de plusieurs millions d'années, si l'on veut, entre la première création de la matière et la création de l'homme. Il y a trente ans, cette opinion était défendue par le cardinal Wiseman, avec autant de science que de succès, dans ses fameux discours sur les *Rapports des sciences avec la religion révélée*. L'éminent jésuite romain, le père Perrone, a partagé cette manière de voir dans ses *Prælectiones theologicæ*, ouvrage depuis longtemps devenu classique dans nos écoles de théologie. La même opinion a été discutée d'une manière encore plus complète et défendue avec plus de soin et d'étendue dans un ouvrage intitulé *Cosmogonia naturale comparata col Genesi*, et publié dernièrement à Rome à l'imprimerie de la *Civilta cattolica*, par un autre jésuite distingué, le père Jean-Baptiste Pianciani. Elle a également trouvé un nombre considérable de défenseurs intelligents parmi les écrivains protestants. Elle a été soutenue par le docteur Buckland, l'éminent géologue, dans son célèbre *Traité de bridge-water*, par le docteur Chalmers, dans ses *Preuves de la révélation chrétienne*, par le docteur Pye Smith, dans ses *Dissertations* sur la géologie et l'Écriture; par l'éloquent et original Hugues Miller, dans son intéressant ouvrage sur le *Témoignage des roches*, et par une foule d'autres à peine moins distingués que les premiers.

Cette large interprétation du premier chapitre de la Genèse n'est pas restreinte à l'Italie et à l'Angleterre. Elle est défendue avec talent en France par des écrivains tels que Mgr Meignan (1), évêque de Châlons, et l'abbé de Valroger (2), prêtre de l'Oratoire; en Allemagne, par de savants théologiens et commentateurs, en tête desquels nous citerons deux professeurs de théologie : le docteur Kurtz et le docteur Reusch (3), et en Amérique, par toute une armée d'hommes éminents aussi remarquables par leurs connaissances scientifiques que par leur profond respect pour l'Écriture, entre autres par les célèbres professeurs Silliman (4) et Dana (5).

Mais ces savants écrivains ne sont plus d'accord lorsqu'il s'agit de fixer le point du premier chapitre de la Genèse où l'on peut placer ce long intervalle de temps qu'ils supposent. Quelques-uns pensent que l'on peut introduire cet intervalle entre le commencement des temps, lorsque Dieu créa le ciel et la terre, et le commencement du premier jour, lorsqu'il prépara le monde à devenir l'habitation de l'homme. L'Écriture

(1) *Le Monde et l'homme primitif selon la Bible*, Paris, 1869.
(2) *L'Age du Monde et de l'Homme d'après la Bible et l'Église*, 1869.
(3) *Bibel und Natur*, Freiburg in Breisgau, 1870.
(4) *Consistency of the Discoveries of modern geology with the Sacred History*.
(5) Voir son *Manuel de géologie*.

sainte, disent-ils, rapporte simplement ces deux événements :
1° que « au commencement, Dieu créa le ciel et la terre, » et
2° que, dans un temps postérieur, Dieu dit : « Que la lumière
soit, et la lumière fut. » Mais l'Écriture sainte ne nous dit
point combien de temps s'écoula entre ces deux grands actes de
la Toute-Puissance divine. Il ne nous a point été révélé si cet
intervalle fut d'un seul jour ou d'un million d'années (1).
D'autres, au contraire, par exemple Pianciani, préfèrent admettre
que chacun des six jours a été une période d'une durée indéterminée. Alors, entre le commencement du monde et la création de l'homme, l'histoire de la terre compterait six grands
âges, dont chacun aurait correspondu à une nouvelle manifes-
tation de la puissance divine par la création de nouveaux êtres
vivants. Ces écrivains pensent même qu'il existe une analogie
véritable entre les actes successifs de la création rapportés dans
la Genèse et le développement graduel de la vie organique manifesté dans les grandes époques géologiques.

Il nous semble que l'on peut fort bien admettre l'un ou l'autre
de ces systèmes, ou tous les deux à la fois, sans faire nullement
violence au texte de l'écrivain inspiré, et pour le dire en passant, c'est l'opinion à laquelle le cardinal Wiseman paraît s'être
attaché, il y a trente ans, dans ses *Discours sur les Rapports
des Sciences avec la Religion*. Nous maintenons donc, en
premier lieu, qu'il n'y a rien dans le récit de Moïse, lorsqu'on
l'examine avec soin, qui soit en désaccord avec l'hypothèse d'un
intervalle illimité entre la création du monde et l'œuvre des
six jours. En second lieu, nous prétendons que l'on peut parfaitement, sans s'écarter des règles d'interprétation de la sainte

(1) Voir sur cette opinion la note I, fin du volume.

Écriture, considérer les jours de la création comme de longues périodes.

Quelques-uns de nos lecteurs trouveront peut-être que la voie dans laquelle nous nous aventurons est une voie dange-reuse. Ils ont pu s'accoutumer pendant toute leur vie à ne voir l'histoire de la création qu'à travers les idées qui régnaient communément avant les découvertes géologiques, et par suite d'une longue habitude, ils en sont venus à considérer leur propre interprétation avec presque autant de respect que le texte sacré lui-même. De telles personnes seront naturellement disposées à ne voir notre entreprise qu'avec soupçon et défaveur. Elles croiront que nous nous rendons coupables d'un manque de respect envers la sainte Écriture en cherchant à modifier nos opinions relativement à son interprétation, par déférence pour les données des sciences physiques, et elles seront tentées de nous accuser de mettre en parallèle les vaines interprétations des hommes avec la parole de Dieu lui-même.

A un tel genre d'objection nous répondons que nous ne pou-vons être coupable d'irrévérence envers la sainte Écriture, lorsque nous ne faisons que nous efforcer, avec toute la sou-mission qui est due à l'autorité de l'Église, de découvrir la véritable signification d'un passage obscur et difficile, sur lequel l'Église ne s'est jamais prononcée d'une façon définitive. On ne peut non plus nous accuser de traiter légèrement la parole de Dieu, lorsque nous nous efforçons de défendre son infaillible véracité contre les assauts des écrivains infidèles. D'ailleurs, nous pourrions ajouter que s'il est dangereux de modifier l'in-terprétation reçue de certains passages de l'Écriture, lorsque le progrès des sciences permet de voir les phénomènes physiques

22

sous un nouveau jour, il l'est beaucoup plus de persister à attribuer à l'Écriture une doctrine qui, dans quelque temps, pourra être reconnue d'une fausseté si évidente que la contradiction ne sera même plus possible.

Ces sentiments ne nous appartiennent pas exclusivement. Nous les empruntons, en grande partie, à un illustre docteur de l'Église, et nous sommes heureux, avant d'entrer dans la discussion, de pouvoir abriter nos humbles efforts sous l'autorité de ce nom vénérable. Il y a aujourd'hui plus de quatorze siècles et demi que saint Augustin exposa, dans un traité de douze livres, l'interprétation littérale de la Genèse. Vers la fin du premier livre, il s'étend longuement sur la difficulté de son entreprise et sur la diversité des interprétations qui existaient déjà de son temps. De là, il prend occasion d'avertir ses lecteurs que « si nous trouvons dans les divines Écritures quelque chose qui puisse être interprété de diverses manières, sans nulle injure pour la foi, il faut se garder de s'attacher témérairement, par une assertion positive, à l'une ou à l'autre de ces opinions ; car, si plus tard l'opinion que nous avons adoptée venait à être reconnue fausse, notre foi serait exposée à crouler avec elle. On verrait alors que notre zèle avait moins pour objet la doctrine de l'Écriture sainte que la nôtre, et que nos efforts tendaient à faire de notre doctrine celle de l'Écriture, au lieu de prendre la doctrine de l'Écriture pour en faire la nôtre (1). » Et un peu plus loin il expose de nouveau l'imprudence d'un tel procédé en termes qui s'appliquent tout particulièrement à notre sujet :

« Il arrive souvent que celui qui n'est pas chrétien a des

____

(1) Appendice I.

notions certaines, appuyées sur l'expérience ou sur des preuves incontestables, au sujet de la terre, des cieux et des autres éléments de ce monde, au sujet du mouvement et des révolutions, de la grandeur et de la distance des étoiles, des éclipses de soleil et de lune, du cours des années et des saisons, de la nature des animaux, des plantes et des minéraux, et d'autres choses de ce genre. Or, c'est une chose déplorable, honteuse et qu'il faut avoir soin d'éviter, qu'un chrétien, qui traite de tels sujets sans les connaître, ose s'appuyer sur l'autorité de l'Écriture, lorsque l'infidèle qui l'entend et qui comprend l'extravagance de son erreur a peine à ne pas rire. Et le grand malheur, ce n'est pas que cet homme soit tourné en ridicule pour ses erreurs, c'est que nos auteurs sacrés passent pour avoir enseigné ces erreurs, et que dès lors ils soient condamnés comme ignorants et mis de côté, au grand détriment de ceux dont le salut nous est confié. Car lorsqu'ils entendent un chrétien affirmer des erreurs sur des sujets qui leur sont très-familiers, et qu'ils le voient renforcer son opinion sans fondement par l'autorité de nos Livres saints, comment auraient-ils confiance en ces Livres, au sujet de la résurrection des morts, de l'espoir d'une vie éternelle et du royaume des cieux, eux qui les considèrent comme erronés sur des choses qu'ils connaissent par expérience ou par des arguments invincibles? On ne saurait dire combien ces hommes téméraires et présomptueux causent de peine et de mal à leurs frères lorsque, accusés de soutenir une opinion fausse et perverse par ceux qui n'acceptent point l'autorité de nos Livres saints, ils essaient néanmoins de défendre, par ces mêmes Livres, ce qu'ils ont si légèrement et si faussement avancé, citant même quelquefois de mémoire ce qu'ils croient convenir à leur dessein, et proférant bien des mots sans bien comprendre ce qu'ils disent ni ce dont il s'agit (1).

Quelques siècles plus tard, saint Thomas, la grande lumière de l'école, s'arrête à cette sage considération de saint Augustin, qu'il applique aux circonstances de son temps. Écrivant sur l'œuvre du second jour, il dit que « dans des questions de ce genre, il y a deux choses à observer. Premièrement, la vérité de l'Écriture doit être inviolablement maintenue. Secondement, lorsque l'Écriture admet diverses interprétations, nous ne devons nous attacher à aucune avec une telle opiniâtreté que, si sa fausseté venait à être démontrée, nous persistions néanmoins à la considérer comme le sens véritable de l'Écriture; de peur d'exposer par là le texte sacré à la dérision des infidèles et de les écarter de la voie du salut (2). »

Sous le patronage de ces deux illustres saints et docteurs, nous n'hésitons pas à marcher dans la voie dans laquelle nous nous sommes engagé, c'est-à-dire à tenter de concilier le récit inspiré de la création avec la doctrine de l'ancienneté de la terre telle qu'elle est établie par les défenseurs de la géologie. Qu'on n'oublie pas cependant que nous n'entreprenons point de prouver l'extrême ancienneté de la terre par le langage de l'Écriture, mais seulement de faire voir que l'Écriture fait de l'âge de la terre une question parfaitement libre. Les géologues prétendent que notre globe a existé pendant des centaines de milliers, peut-être des millions d'années ; notre intention est de montrer que tout en maintenant cette opinion, ils peuvent néanmoins accepter la vérité historique du récit biblique.

Comme nous l'avons déjà dit, il y a deux points à discuter.

(1) Appendice II.
(2) Appendice III.

D'abord, pouvons-nous admettre qu'un intervalle d'une durée indéterminée se soit écoulé entre la création du monde et l'œuvre des six jours ? Secondement, peut-on supposer que ces jours soient de longues périodes ? Nous examinerons successivement ces deux questions avec toute l'impartialité désirable : si nous ne réussissons pas à porter la conviction dans les esprits, nous espérons au moins justifier notre droit à la tolérance.

CHAPITRE XIX.

PREMIÈRE HYPOTHÈSE. — INTERVALLE D'UNE DURÉE INDÉTERMINÉE ENTRE LA CRÉATION DU MONDE ET LE PREMIER JOUR MOSAÏQUE (1).

LE CIEL ET LA TERRE FURENT CRÉÉS AVANT LE PREMIER JOUR MOSAÏQUE. — OBJECTION TIRÉE DE L'EXODE, XX, 9-11. — RÉPONSE. — OPINION DE L'AUTEUR APPUYÉE SUR LES SAINTS PÈRES : SAINT BASILE, SAINT CHRYSOSTOME, SAINT AMBROISE, LE VÉNÉRABLE BÈDE. — LES DOCTEURS LES PLUS ÉMINENTS ONT PARTAGÉ CETTE OPINION : PIERRE LOMBARD, HUGUES DE SAINT-VICTOR, SAINT THOMAS. — COMMENTATEURS ET THÉOLOGIENS QUI L'ONT SOUTENUE : PERERIUS, PÉTAU. — NOMS DISTINGUÉS DU PARTI OPPOSÉ : CORNELIUS A LAPIDE, TOSTAT, SAINT AUGUSTIN. — CETTE OPINION N'EST PAS EN DÉSACCORD AVEC LA VOIX DE LA TRADITION. — DURÉE INDÉTERMINÉE DE LA PÉRIODE EN QUESTION. — LA TERRE A PU ALORS, COMME MAINTENANT, PORTER DES TRIBUS SANS NOMBRE DE PLANTES ET D'ANIMAUX. — EXPOSÉ ET RÉFUTATION DES OBJECTIONS A CETTE HYPOTHÈSE.

Les premiers versets de l'histoire mosaïque peuvent se traduire littéralement de l'hébreu de la façon suivante :

« 1° Au commencement Dieu créa le ciel et la terre.

« 2° Et la terre était informe et nue (2), et les ténèbres étaient

(1) Voir la note I.

(2) Les Septante traduisent : « Et la terre était *invisible et incomposée*, — *invisibilis et incomposita*, » — ce qui s'applique admirablement à l'état *gazeux* qui fut, sans doute, l'état primitif du globe. Théodotion et Symmaque disent plus encore. Selon eux, la terre était alors une *nullité*, un *rien*. Il était difficile de mieux caractériser, dans l'absence de tout terme technique, la matière extrêmement ténue et diffuse qui constituait la nébuleuse primitive. (*Note du trad.*)

sur la surface de l'abîme, et l'esprit de Dieu planait sur la face des eaux (1).

« 3° Et Dieu dit : Que la lumière soit ; et la lumière fut.

« 4° Et Dieu vit que la lumière était bonne ; et Dieu sépara la lumière des ténèbres.

« 5° Et Dieu appela la lumière *jour*, et les ténèbres *nuit*. Et il y eut soir, et il y eut matin : un jour (2). »

Il nous semble que le grand événement par lequel commence ce récit, la création du ciel et de la terre, n'est point donné comme une partie de l'œuvre des six jours. Il n'est point dit que *le premier jour*, Dieu créa le ciel et la terre, mais bien *au commencement*. Ajoutons que l'écrivain sacré emploie uniformément, dans tout le chapitre, une seule et même phrase pour introduire à l'œuvre de chaque jour successif. Décrivant les œuvres de Dieu au second jour, il commence ainsi : « *Et Dieu dit :* qu'il y ait un firmament au milieu des eaux ; » au troisième jour : « *Et Dieu dit :* que les eaux qui sont sous le ciel soient réunies dans un seul lieu ; » au quatrième : « *Et Dieu dit :* qu'il y ait des lumières au firmament du ciel, pour séparer le jour de la nuit ; » au cinquième : « *Et Dieu dit :* que les eaux produisent des animaux vivants qui nagent dans l'eau ; » au sixième : « *Et Dieu dit :* que la terre produise des animaux vivants, chacun selon

(1) Par ces *eaux*, il faut entendre, sans doute, la matière fluide de la nébuleuse primitive. Ce n'est pas le seul endroit de l'Écriture où le mot hébreu מים (*maïm*) doive se prendre dans ce sens. (*Note du trad.*)

(2) On traduit souvent en français : et du soir et du matin *se fit* le premier jour. Ce n'est pas seulement une mauvaise traduction, c'est aussi une erreur; car, comme l'auteur l'observe plus loin, un soir et un matin ne font pas un jour ; ils ne sont que des parties du jour. Dans le cas présent, nous pensons que le mot *soir* désigne la fin d'une œuvre, et le mot *matin* le commencement de la suivante. (*Note du trad.*)

son espèce. » Lorsque donc nous rencontrons ces mêmes mots pour la première fois au troisième verset : « *Et Dieu dit :* que la lumière soit, » nous pouvons raisonnablement supposer que l'œuvre du premier jour commença avec l'arrêt qui s'y trouve contenu. S'il en est ainsi, nous pouvons parfaitement admettre l'existence de la matière avant cette époque précise qui, dans le langage de Moïse, s'appelle le premier jour ; car, avant la création de la lumière, le ciel et la terre existaient déjà, et la terre était informe et nue, et les ténèbres étaient sur la face de l'abîme et l'esprit de Dieu planait sur la face des eaux.

On cite quelquefois, comme objection, les paroles de Dieu dans la promulgation du troisième commandement : « Tu travailleras pendant six jours et tu y feras tout ce que tu auras à faire. Mais le septième jour est le sabbat du Seigneur ton Dieu ; tu ne feras aucun ouvrage ce jour-là... Car le Seigneur *fit en six jours le ciel, la terre, la mer et tout ce qui y est renfermé*, et il se reposa le septième jour (1). On prétend que la création du ciel et de la terre est ici donnée comme une partie de l'œuvre de six jours, ce qui est directement contre notre opinion. Cette difficulté serait simplement insurmontable s'il pouvait être prouvé que le texte se rapporte à ce *premier acte créateur* par lequel les cieux et la terre furent tirés du néant. Nous pensons, cependant, que cette phrase peut fort bien s'interpréter en ce sens que, en six jours, Dieu *forma* le ciel et la terre, c'est-à-dire leur donna cette apparence, cette forme, ce caractère extérieur qu'ils affectent maintenant. D'après cela, ces mots s'appliqueraient non au premier acte de la création proprement dite, mais à cette série d'opérations successives qui préparèrent la terre à devenir la demeure de l'homme.

(1) Exode, xx, 9-11.

Cette interprétation est appuyée sur l'autorité de nos meilleurs commentateurs. Pererius, qui discute ce point en forme, maintient que l'on peut parfaitement dire que Dieu *fit* le ciel et la terre en six jours, bien que le ciel et la terre, en ce qui concerne la matière qui les compose, aient été créés avant le premier jour ; car ce fut seulement pendant ces six jours qu'ils furent organisés et achevés. Tostat n'est pas moins explicite. Dansce passage, dit-il, le mot *fit* est employé dans son sens véritable, car le ciel et la terre dont il est ici question et tous les êtres compris sous cette dénomination générale ont été *faits d'une matière préexistante ;* mais cette matière elle-même ne fut pas *faite,* elle fut *créée.* Petau est du même sentiment dans ses remarques sur le quatrième verset du second chapitre de la Genèse (1).

Nous pouvons ajouter que le texte hébreu vient ici confirmer cette façon d'interpréter le passage en question. Lorsqu'il est dit, dans le premier chapitre de la Genèse, que « au commencement, Dieu *créa* le ciel et la terre, » le mot qu'emploie l'écrivain sacré est בָּרָא (*bara*), qui signifie strictement *créer, faire de rien,* au lieu que, décrivant les opérations des six jours, il emploie communément le mot עָשָׂה (*hasah*), qui signifie *former, façonner,* produire quelque chose d'une manière préexistante (2). Or, dans le texte de l'Exode, nous trouvons le mot עָשָׂה (*hasah*), *façonner* ou *produire,* et non le mot בָּרָא (*bara*), *créer.* Nous n'avons pas besoin d'insister beaucoup sur cette distinction entre les deux mots בָּרָא (*bara*) et עָשָׂה (*hasah*). Nous ne nierons point non plus qu'ils échangent parfois leur signification. A cet égard, ils ressemblent assez aux mots *créer* et *faire* qui leur correspondent dans notre

(1) Appendice IV, V, VI.
(2) Voir Gesenius, sub vocibus.

langue, et l'on sait que la distinction entre ces deux mots n'est pas toujours strictement observée : ainsi, nous disons quelquefois que Dieu *fit* le monde, en ce sens qu'il le tira du néant, et nous parlons de la *création* des pairs ; et Shakspeare dit : « L'heure est venue de courir à la délivrance : un de vos regards en Écosse *créera* des soldats, fera combattre jusqu'aux femmes, pour s'affranchir de tant d'horribles maux. » (*Macbeth*, act. IV, sc. III) (1). Lorsque nous comparons deux passages tels que ceux-ci : « Au commencement, Dieu *créa* le ciel et la terre, » et « en six jours le Seigneur *fit* le ciel, la terre, la mer et tout ce qu'ils renferment », nous ne pensons nullement que ces expressions ont été choisies à dessein pour se rapporter, l'une à l'arrêt divin par lequel la matière fut tirée du néant et portée à l'existence, l'autre aux opérations subséquentes qui donnèrent à la matière sa forme actuelle.

Nous ne voyons donc aucune difficulté, en ce qui concerne le texte sacré, à supposer une période antérieure à celle des six jours. Mais comme cette opinion est la base sur laquelle repose toute notre argumentation, nous désirons montrer de plus en plus, au risque de fatiguer nos lecteurs, qu'elle a été mise en avant et défendue à toutes les époques par les écrivains ecclésiastiques les plus éminents. Parmi les anciens Pères, saint Basile, commentant le passage, « il y eut soir et il y eut matin : premier jour, » raisonne de la manière suivante : « Le soir est le terme commun du jour et de la nuit ; de même , le matin est comme un trait d'union entre la nuit et le jour. C'est pourquoi, afin de montrer qu'il appartenait au jour d'être créé le premier, l'écri-

____

(1)   Now is the time of help ; your eye in Scotland
       Would *create* soldiers, make our women fight
       To doff their dire distress. (*Macbeth.*)

vain sacré rappelle d'abord la fin du jour et ensuite la fin de la nuit, indiquant par là que *le jour fut suivi de la nuit*. Quant à l'état dans lequel se trouvait le monde *avant la formation de la lumière*, ce n'était pas la nuit, c'étaient des ténèbres ; ce nom de nuit était réservé à ce temps qui se distingue du jour et lui est opposé (1). » Ce grand docteur enseigne donc que le premier jour commença par une période de lumière appelée proprement *jour* et se termina par une période de ténèbres appelée *nuit ;* et il reconnaît un état antérieur qui ne fit pas partie du premier jour ; de même, saint Chrysostome, dans sa troisième homélie sur la Genèse, dépose que la terre fut d'abord créée à l'état de masse informe et grossière ; que *dans la suite*, la lumière fût créée, et que, *avec la création de la lumière, commença le premier jour* (2).

Dans l'Église occidentale, saint Ambroise admet la même interprétation. Il suppose que d'abord Dieu créa le monde au commencement, et qu'il l'organisa et l'orna dans la suite pendant les six jours ; absolument comme un habile ouvrier pose d'abord les fondements d'une construction, pour élever ensuite l'édifice et y ajouter les ornementations. Et ailleurs il dit que le premier jour commença au moment même où se fit entendre cette parole de Dieu : « Que la lumière soit. » Il suit de là que le monde existait avant le commencement du premier jour. Dans un autre endroit, il donne un nouveau tour à la même idée, enseignant que, au commencement, Dieu fit le monde, et qu'avec le monde commença le temps. Mais avec le temps ne commença pas le premier jour : car le premier jour n'est pas le commencement du temps ; c'est plutôt une portion du temps (3).

(1) Appendice VII.
(2) Appendice VIII.
(3) Appendice IX.

Si nous passons au moyen âge, nous trouvons notre sentiment appuyé sur l'autorité du vénérable Bède, en plusieurs endroits de ses écrits. Son opinion est que Dieu forma et façonna en quelque sorte le monde au moyen d'une matière préexistante qu'il avait créée avant le commencement des six jours : « Dieu, dit-il, fit deux choses avant les temps et les jours : la nature angélique et la matière informe. » Et ailleurs, il expose cette opinion sous forme de dialogue : — « *Le disciple.* Dites-moi dans quel ordre les choses furent faites pendant les six jours ? — *Le maître.* Tout à fait au commencement du temps, Dieu fit le ciel, la terre, l'air et l'eau. — *Le disciple.* Continuez l'ordre de la création. — *Le maître. Au commencement du premier jour,* Dieu fit la lumière; au second, il fit le firmament, » etc. (1). On ne peut trouver rien de plus clair que cette distinction entre le commencement des temps coïncidant avec la création du ciel et de la terre, et le commencement du premier jour, coïncidant avec l'apparition de la lumière.

Et si nous arrivons à des temps plus rapprochés, nous trouvons la même interprétation, reprise et défendue par les grands maîtres des écoles de théologie. Pierre Lombard, le fameux *Maître des Sentences,* dit, à l'occasion du premier verset de la Genèse, que « au commencement, Dieu créa le ciel, c'est-à-dire les anges, et la terre, c'est-à-dire cette matière confuse et informe que les Grecs appellent *chaos,* et, ajoute-t-il, *cette création eut lieu avant le premier jour.* » Hugues de Saint-Victor qui, pour sa science profonde et variée, fut appelé le second Augustin, n'est ni moins explicite, ni moins clair. Dans son exposé de l'histoire de six jours, il dit: « La première des opérations divines fut la création de la lumière. Mais la lumière ne fut pas alors créée de rien ; elle fut formée d'une

____

(1) Appendice X.

matière préexistante. Telle fut l'œuvre du premier jour. Quant à la matière de cette œuvre, elle avait été créée *avant le premier jour*. L'apparition de la lumière fut le signal du commencement du jour. Avant la lumière, il n'y avait, en effet, ni nuit ni jour, bien que le temps existât déjà (1). »

A une époque encore plus voisine de la nôtre, saint Thomas lui-même incline manifestement vers notre sentiment, lorsqu'il dit : « Il est mieux, semble-t-il, de maintenir que la création eut lieu avant le premier jour. « Et Pererius, le plus savant peut-être de tous nos commentateurs de la Genèse, soutient avec nous que le monde fut créé avant l'apparition de la lumière et avant le commencement du premier jour. Il ajoute même qu'il ne peut dire combien de temps dura ce premier état antérieur aux six jours, et il ne pense pas qu'on puisse le savoir autrement que par une révélation spéciale. Petau est aussi avec nous. Il n'accepte pas, il est vrai, notre interprétation du premier verset. Il croit que les mots : « Au commencement, Dieu créa le ciel et la terre, » n'indiquent point un acte spécial de Dieu, mais sont comme un sommaire de toute l'œuvre de la création. Nous sommes ainsi informés, dès le début, que le ciel et la terre, tels que nous les voyons aujourd'hui, sont l'œuvre de Dieu. Les diverses parties de cette œuvre immense sont ensuite décrites séparément et exposées dans l'ordre où elles furent accomplies. Selon Petau, la création du ciel et de la terre, rapportée dans le premier verset, ne fut donc pas un acte distinct des opérations des six jours, mais plutôt elle renferme toutes ces opérations et en est le résumé. Il maintient néanmoins, avec nous, que la terre, au moins, et les eaux existèrent avant la création de

____

(1) Appendice XI.

la lumière, et que, dès lors, une période quelconque a dû s'écouler avant le commencement des six jours. Plus loin, il dit, comme Pererius, qu'il est impossible de conjecturer quelle a pu être la durée de cette période (1).

Ce serait donc tout à fait à tort qu'on accuserait de nouveauté et de singularité une opinion qui a plutôt pour elle que contre elle la tradition de l'Église. Il convient toutefois de faire remarquer qu'il y a de grands noms contre nous : Cornelius à Lapide, par exemple, qui croit que le ciel et la terre furent créés au commencement du premier jour (2), et Tostat qui mentionne incidemment notre interprétation et se contente de dire qu'elle est déraisonnable. Pour lui, il semble hésiter entre deux opinions. Il pense que les ténèbres primitives, dont il est question au second verset, ont pu être la nuit du premier jour, et ce serait pendant cette nuit, qui fut probablement d'environ douze heures, que le ciel et la terre auraient été créés. Ailleurs, il regarde comme possible que le premier jour du récit mosaïque ait commencé avec la création de la lumière ; mais alors, nous devons croire, selon lui, que le ciel et la terre furent créés en même temps que la lumière (3).

Saint Augustin lui-même est contre nous, ou, du moins, nous devons nous contenter de le regarder comme neutre. S'il n'est pas l'adversaire décidé de notre opinion, il n'en est pas non plus un défenseur bien constant. Sans doute, il est souvent cité en sa faveur, et il serait facile d'extraire de ses œuvres des passages qui paraîtraient la fortifier dans les termes les plus clairs ; tel est le suivant : « Au commencement, ô mon Dieu, avant les jours (*ante*

____

(1) Appendice XIII, XIV, XV.
(2) Appendice XVI.
(3) *In Genes.*, cap. I, quæst. VIX.

omnem diem), vous fîtes le ciel et la terre (1). » Mais cette opinion est manifestement inconciliable avec l'enseignement bien connu et si singulier de saint Augustin relativement à la création du monde. Il soutenait que toutes les grandes œuvres rapportées au premier chapitre de la Genèse avaient été, dans la réalité, accomplies en un instant. Il n'y avait pas eu, selon lui, de succession réelle, dans l'ordre du temps, entre la création du ciel et de la terre, de la lumière et du firmament, du soleil, de la lune et des étoiles, des plantes, des arbres et des animaux. Dans un seul et même instant, tout cela était venu simultanément à l'existence. Quant à la description donnée par Moïse, elle est mise à la portée d'un peuple grossier, et la succession qui s'y trouve exposée n'a pas d'autre but que de faire voir les diverses parties du grand œuvre de la création de la manière la plus appropriée aux conceptions de l'intelligence humaine (2).

Cette même opinion se retrouve en divers endroits dans les nombreux ouvrages de saint Augustin, de sorte qu'il est impossible de douter qu'elle ne fût chez lui bien délibérée et parfaitement arrêtée. Quant aux passages, tels que celui que nous avons cité, dans lesquels il dit que Dieu créa le ciel et la terre *avant tout temps*, on peut soutenir que saint Augustin ne fut pas toujours d'accord avec lui-même et qu'il eut en différentes époques des opinions diverses, ou même qu'il eut, en même temps, des opinions opposées qu'il donna non comme vraies, mais simplement comme plausibles et légitimes (3).

(1) Appendice XVII.

(2) Voyez ses divers ouvrages sur la Genèse, *passim*; en particulier, *De Genesi ad litteram*, lib. I, cap. XV; lib. IV, cap. XXXIII; *De Genesi*, liber imperfectus, cap. VII et cap. IX.

(3) Ce dernier sentiment pourrait fort bien être maintenu en conformité avec

Nous pensons cependant que, dans ce cas au moins, il est resté d'accord avec lui-même. Il a, en effet, suffisamment fait voir dans quel sens ces passages devaient s'entendre. Il nous dit que nous devons distinguer deux sortes de successions : la succession dans l'ordre du temps et la succession dans l'ordre de nos conceptions. Par exemple, dans l'ordre du temps, il n'y a pas de succession entre le son de la voix de celui qui chante et la note qui est chantée ; dans la réalité, le son est la note, et la note est le son. Mais, dans l'ordre de nos idées, nous saisissons d'abord une chose selon sa substance et ensuite selon ses qualités. Nous concevons d'abord le son lui-même comme son, et ensuite nous le concevons comme jouissant de cette qualité particulière d'être une note musicale. Telle est la succession que saint Augustin semble admettre dans l'ordre de la création. Il nous dit, sans doute, que Dieu créa d'abord la matière à l'état informe, et qu'ensuite il lui donna sa forme et sa beauté, et, certes, cette manière de dire, prise en elle-même, signifierait, conformément à l'usage ordinaire du langage, une succession réelle dans l'ordre du temps. Mais, un peu plus loin, il rejette expressément l'idée d'une succession en matière de temps et dit que la priorité qu'il attribue à la matière informe n'est qu'une priorité dans l'ordre de nos conceptions. Avant de concevoir la matière avec telle ou telle forme, il faut concevoir son existence, et l'écrivain inspiré suit l'ordre de nos conceptions, afin d'adapter son récit à la faiblesse d'esprit de notre état présent (1).

Nous ne nous sommes pas occupé des opinions de saint Augus-

les principes que saint Augustin fait profession de suivre dans l'interprétation de la Genèse. V. *De Genesi ad litteram*, l. I, cap. XXI et cap. XXII.

(1) V. *De Genesi ad litteram*, lib. I, cap. XV ; *De Genesi*, liber imperfectus, cap. VII ; *Confess.*, lib. XII, cap. XXIX.

tin au point de vue de leur vérité ou de leur fausseté. Nous ne les avons considérées que dans le but de faire voir que ce saint docteur n'est point si clairement de notre côté dans la question présente que pouraient le faire croire des passages isolés de ses écrits. Il dit, il est vrai, que le monde fut créé avant la lumière et avant le commencement du premier jour; mais il nous dit aussi que c'est là une manière de parler, et qu'en réalité tout a été créé en même temps.

Quoique ces hautes autorités — Cornelius a Lapide, Tostat, saint Augustin — et quelques autres moins illustres soient défavorables à notre interprétation, nous pensons qu'elle a pour elle la majorité des meilleurs interprètes, tant dans les temps anciens que dans les temps modernes. Quoi qu'il en soit, avec tant de noms vénérables que nous avons pu citer en sa faveur, — et nous aurions pu en citer bien d'autres, — personne ne niera que nous ne soyons parfaitement autorisé à maintenir notre opinion sans crainte d'encourir la censure et sans soupçons d'erreur théologique. Ce point d'un état antérieur aux six jours de l'histoire mosaïque étant donc établi, d'autres questions se posent d'elles-mêmes. Combien de temps dura cet état ? Fut-il d'une heure, d'un jour, d'une semaine, d'un mois, d'un siècle, d'un million d'années? Nous ne pouvons le dire. A ces questions, le texte sacré ne donne pas de réponse. Il rapporte simplement que « au commencement, Dieu créa le ciel et la terre, » et que, dans la suite, il lança son décret: « Que la lumière soit, et la lumière fut. » Une chose pourtant est claire, c'est que si cette période exista, elle put tout aussi bien durer une centaine de millions d'années qu'une centaine de secondes. Ce serait de la folie que d'essayer de mesurer, conformément à notre manière de mesurer le temps, la succession des actes de Dieu lorsqu'il lui plaît de les faire se succéder. « Un seul jour est à ses yeux comme un millier d'années, et mille ans sont comme un seul jour (1). »

Il est assez remarquable que, longtemps avant que les découvertes géologiques eussent suggéré la nécessité d'admettre un long intervalle entre la création de l'univers et celle de l'homme, la sagacité de nos commentateurs les avait conduits à reconnaître que la durée de cet intervalle reste indéterminée dans le récit sacré. « Il est absolument impossible, dit Petau, de conjecturer combien de temps cet intervalle a pu durer. » Et Pererius, comme nous l'avons vu, déclare que l'on ne pourrait le savoir que par une révélation particulière. Cinq siècles auparavant, tout à fait à l'aurore de la théologie scolastique, Hugues de Saint-Victor posa la même question et exprima l'opinion qu'elle ne pouvait être résolue au moyen de la Bible. Citant le passage « au commencement, Dieu créa le ciel et la terre; » il dit : « Il résulte clairement de ces paroles que, au commencement du temps, ou plutôt avec le temps lui-même, la matière première de toutes choses reçut l'existence. Mais l'Écriture ne nous dit pas combien de temps elle resta à l'état informe et confus (2).

Nous pouvons aller plus loin encore. Si nous sommes libre d'admettre un intervalle d'une longueur indéterminée entre la création du monde et l'œuvre de six jours, il n'y a certainement rien qui nous empêche de supposer que, pendant cette période, la terre ait subi différentes révolutions et ait été peuplée de tribus sans nombre de plantes et d'animaux qui, d'âge en âge, reçurent successivement l'existence, moururent et furent remplacés par de nouvelles créations (3). Il est possible que nous ne puis-

(1) II, Pet. III, 8.
(2) Appendice XVIII, XIX, XX.
(3) C'est ici le côté faible de la théorie. L'auteur l'a bien compris. Il s'efforce

sions pas voir le but de toutes ces créations ni pénétrer les motifs que dut avoir le Créateur pour procurer, avec une telle profusion, l'existence à des êtres sans nombre. Nous en convenons. Mais nous avons étudié le texte sacré avec bien peu de profit, si nous n'avons pas encore compris cette grande vérité que, pour nos pauvres et faibles intelligences, ses jugements sont incompréhensibles et ses voies insondables. Ne plaça-t-il pas ses étoiles, inaccessibles à l'œil nu, dans les régions les plus reculées de l'espace et ne brillèrent-elles pas, pendant des siècles, sans que l'homme dût jouir de leur éclat? Et pendant des siècles aussi, la fleur solitaire ne s'épanouit-elle pas, en maint endroit favorisé de cette belle terre, sans que personne fût là pour admirer sa splendeur ou savourer son parfum? Jetons aussi les yeux sur ce merveilleux royaume de petits animalcules, en nombre presque infini, que le microscope a révélés à nos yeux surpris seulement dans ces dernières années. Ils fourmillent autour de nous dans l'air, sur la terre et dans l'eau. Des millions de ces animalcules tiendraient dans le creux de la main ; des centaines passeraient de front, sans difficulté, par le trou d'une aiguille ; d'innombrables myriades de ces animaux ont vécu sans doute, pendant des siècles,

de répondre à la difficulté par des considérations qui, dans l'état actuel de la science, pourraient être regardées par nos adversaires comme des subterfuges. Il n'y a, en effet, nullement parité entre les divers faits qu'il rapproche. Nous concevons, quoi qu'il en dise, que les étoiles brillent dans des régions inaccessibles à l'œil humain, que la fleur solitaire s'épanouisse loin de tout regard, que des myriades d'animalcules microscopiques aient travaillé au fond des mers pendant des milliers d'années à la construction de nouveaux continents, sans que l'homme en ait eu connaissance. Tout cela trouve place dans le vaste plan de la création et contribue à l'harmonie de l'ensemble. Au contraire, les faits supposés par la théorie de Buckland, loin de contribuer à l'unité du plan divin, y contredisent formellement et d'une manière inexplicable. (*Note du trad.*)

sans être ni vus ni connus de l'homme. Il nous est impossible, vu l'imperfection de notre état présent, de comprendre les motifs qui purent porter un Créateur infiniment sage à prodiguer ainsi les manifestations de sa bonté, à déployer sa puissance avec une telle magnificence. Comment donc oserions-nous dire que Dieu n'eut pas de raisons sérieuses, bien qu'au-dessus de notre portée, de peupler la terre de diverses tribus de plantes et d'animaux, pendant une longue série de siècles, avant qu'il lui plût d'en faire l'habitation de l'homme ? « Car quel est l'homme qui pourra connaître les desseins de Dieu ou qui pourra pénétrer ses volontés ? Les pensées des hommes sont timides et nos prévoyances sont incertaines, parce que le corps qui se corrompt appesantit l'âme, et cette demeure terrestre abat l'esprit par la multiplicité des soins qui l'agitent. Nous ne comprenons que difficilement ce qui se passe sur la terre, et nous ne discernons qu'avec peine ce qui est sous nos yeux. Mais qui pourra découvrir ce qui se passe au ciel (1) ? »

Nous avons entendu objecter quelquefois que les plantes et les animaux n'ont pu vivre sans lumière, et que la lumière ne fut créée que le premier jour mosaïque. Divers faits également curieux et intéressants sont apportés à l'appui de cet argument. Par exemple, on rappelle que certains animaux fossiles, appartenant aux premières époques géologiques, ont eu des yeux construits d'après les mêmes principes d'optique et appropriés aux mêmes conditions que les yeux des animaux qui ont vécu sur la terre pendant la période historique. Or, de tels yeux, ajoute-t-on, supposent évidemment l'existence de la lumière. Quelques mots suffiront pour répondre à cette objection. Nous admettons parfaite-

(1) *Sagesse*, ix, 13-16.

ment que l'hypothèse que nous défendons serait inadmissible, eu
égard aux phénomènes géologiques, si elle ne comprenait l'existence de la lumière pendant cette période, d'une durée indéterminée, que nous supposons s'être écoulée entre la première création du monde et l'œuvre des six jours. Mais il n'y a heureusement aucune difficulté à admettre que pendant cet intervalle, la
lumière, l'air et les autres conditions de la vie organique aient
existé comme maintenant, sur la terre. Après cela, à la fin de la
première période, lorsque peut-être des siècles innombrables se
furent écoulés, notre planète apparut dans l'état qui se trouve
décrit au second verset de la Genèse : « Et la terre était informe et nue, et les ténèbres couvraient la face de l'abîme. »
Alors eut lieu le commandement divin : « Que la lumière
soit : » et en même temps les ténèbres disparurent, une nouvelle
ère d'existence commença, et la terre fut dans la suite mise en
ordre et préparée d'une façon particulière à servir d'habitation à
l'homme.

Quant au soleil, à la lune et aux étoiles, ils ont pu également
exister avant le commencement de l'œuvre des six jours. Nous
lisons, il est vrai, que le quatrième jour, Dieu dit : « Qu'il y
ait des corps lumineux au firmament du ciel pour séparer le jour
de la nuit : » et un peu plus loin on ajoute : « Dieu fit deux
grands corps lumineux : l'un, plus grand, pour présider au jour
l'autre, moindre, pour présider à la nuit ; il fit aussi les étoiles ; »
mais on ne doit pas oublier que quelques-uns de nos meilleurs
commentateurs ont enseigné, sans nul rapport avec la géologie,
que, avant que cet ordre fût donné, les corps célestes existaient
déjà depuis trois jours, avec la mission de diviser le jour et la
nuit. Ils expliquent le passage en question, en disant que le
soleil, la lune et les étoiles sont représentés comme ayant été

faits le quatrième jour, non parce qu'ils furent, en effet, créés ce jour-là, mais parce que les vapeurs qui en avaient dérobé la vue à la terre disparurent alors et qu'ils commencèrent à briller visiblement au firmament du ciel. Si cette interprétation est admissible, et elle ne nous semble pas déraisonnable, nous sommes certainement libre de croire, d'accord avec le récit mosaïque, que les corps célestes ont pu être créés, en même temps que le ciel et la terre, au commencement des temps, et que le quatrième jour, ils devinrent apparents au firmament pour présider au jour et à la nuit et régler le cours des années et des saisons (1).

On objecte encore, contre notre hypothèse, que Moïse n'a pu passer entièrement sous silence, dans l'histoire du monde, une ère aussi longue et aussi remplie d'événements. L'objection serait fondée si l'Écrivain sacré avait voulu écrire une histoire complète de la terre et de toutes ses révolutions. Mais telle n'était point son but. Tout livre, sacré ou profane, doit être examiné selon la fin que son auteur s'est proposée. Or, la fin du livre de la Genèse n'était point d'instruire l'humanité sur les mouvements des corps célestes, sur les changements physiques qui avaient pu se produire à la surface de la terre ou sur les lois qui gouvernent le monde matériel. C'était, tout d'abord, de bien graver dans les esprits du peuple juif que ce monde était l'ouvrage d'un seul Dieu, distinct de toutes les créatures, créateur lui-même du soleil, de la lune, des étoiles et de tout autre objet auquel les nations païennes avaient coutume de rendre un culte; et, en second lieu, d'exposer brièvement et simplement l'histoire des relations de Dieu avec l'homme dans les premiers âges de la race humaine. D'où il suit que l'histoire des révolutions et des chan-

(1) Voir Pianciani, *Cosmogonia*, p. 384-390.

gements survenus à la surface du globe avant l'œuvre des six jours n'appartenait point à l'objet que l'Écrivain sacré avait en vue. On ne peut donc dire que, par l'omission de ces événements, il induise ses lecteurs en erreur; il les laisse simplement dans l'ignorance à ce sujet. Il dit réellement ce qu'il avait dessein de dire, et passe sous silence ce qui n'appartient pas à son sujet.

Une autre objection se tire du long intervalle de temps que nous admettons et qui, prétend-on, est incompatible avec l'usage de la particule conjonctive par laquelle les diverses parties du récit sont réunies. Le texte sacré dit, en effet : « Au commencement, Dieu créa le ciel et la terre. *Et* la terre était informe et nue; et les ténèbres recouvraient la face de l'abîme; et l'esprit de Dieu planait sur la surface des eaux. *Et* Dieu dit : que la lumière soit, et la lumière fut. » Est-il possible, nous demande-t-on, de supposer une période d'une durée indéterminée entre des événements si étroitement réunis dans le récit. Notre réponse est que, selon l'idiome de la langue hébraïque, la conjonction ו (*ve* ou *vâ*), qui est ici employée, lorsqu'elle sert à unir entre elles les parties du discours, n'implique point nécessairement la succession immédiate des événements rapportés. La signification vague et indécise de cette petite particule est bien connue de quiconque est familier avec le texte hébreu. Elle est quelquefois copulative, quelquefois adversative, quelquefois disjonctive, quelquefois causative. Bien souvent elle est simplement employée pour marquer la continuation du discours (1), et tel est,

(1) Voir Gesenius, *Lexique hébraïque et chaldaïque*, pour les livres de l'ancien Testament : *in voce*. Il donne ainsi la première signification de ce mot; « Cette conjonction est, dit-il, copulative, et sert à lier les mots et phrases, et surtout *à continuer le discours.* »

croyons-nous, le vrai sens du mot dans le passage en discussion.

On trouve au livre des Nombres (chap. XX, v. 1) un exemple qui s'applique parfaitement au cas présent : « *Et* toute la multitude des enfants d'Israël vint au désert de Sin. Ici la conjonction וְ ouvre le récit : וַיָּבֹאוּ בְנֵי־יִשְׂרָאֵל כָּל־הָעֵדָה. Le lecteur verra, s'il examine avec soin ce passage, que l'événement ainsi introduit par l'Écrivain sacré était séparé par une période de trente-huit ans de ceux qui sont rapportés au chapitre précédent. Cette conjonction n'exclut donc pas un intervalle de trente-huit ans entre les événements qu'elle réunit dans l'histoire. Cela étant, il n'y a aucune bonne raison de supposer qu'elle exclue nécessairement un intervalle d'une longueur indéterminée.

La faiblesse de cette objection devient plus manifeste encore si l'on examine les mots qui ouvrent le premier chapitre d'Ézéchiel ; וַיְהִי בִּשְׁלֹשִׁים שָׁנָה. L'idée que la conjonction וְ (*ve*) ne pouvait servir qu'à réunir des événements déjà étroitement liés dans l'ordre du temps était si peu admise qu'ici la particule *commence* le récit et se trouve être le premier mot de tout le livre. Dans la version de Douay, ce passage est assez bien rendu de la façon suivante : « *Or* il arriva que le cinquième jour du quatrième mois de la trentième année, pendant que j'étais parmi les captifs, sur la rive du Chobar, les cieux furent ouverts et j'eus des visions de Dieu. »

Nous avons achevé la première partie de notre étude. Nous nous sommes efforcé de montrer qu'il n'y a rien dans l'Écriture ni dans la tradition qui nous empêche d'admettre un long intervalle de temps entre la création du monde et l'œuvre des six jours. Il nous reste à examiner quelle a été la nature de ces six jours eux-mêmes. Furent-ils, comme le prétend saint Augustin, un moment indivisible? Furent-ils des jours de vingt-quatre heures, comme on l'admet plus communément? Furent-ils enfin de simples périodes dont la durée reste complétement indéterminée dans le texte sacré?

CHAPITRE XX.

SECONDE HYPOTHÈSE : LES JOURS DE LA CRÉATION CONSIDÉRÉS COMME DE LONGUES PÉRIODES.

———

DIVERSITÉ DES OPINIONS PARMI LES ANCIENS PÈRES, TOUCHANT LES JOURS DE LA CRÉATION. — ON N'EST PAS OBLIGÉ D'ADHÉRER A L'INTERPRÉTATION LITTÉRALE. — C'EST A CEUX QUI SOUTIENNENT CETTE INTERPRÉTATION QU'IL APPARTIENT D'APPORTER DES PREUVES. — RÉPONSE AUX ARGUMENTS QU'ILS NOUS OPPOSENT. — PREMIER ARGUMENT EN FAVEUR DE L'INTERPRÉTATION POPULAIRE : UN JOUR, DANS LE SENS LITTÉRAL, SIGNIFIE UNE PÉRIODE DE VINGT-QUATRE HEURES. — SECOND ARGUMENT : LES JOURS DE LA CRÉATION ONT UN SOIR ET UN MATIN. — TROISIÈME ARGUMENT : RAISON APPORTÉE POUR L'INSTITUTION DU SABBAT.

Quiconque prend la peine de rechercher, avec un peu de zèle et de soin, la nature des jours mosaïques, ne peut manquer d'être frappé de l'étonnante variété d'opinions qui existe à ce sujet parmi les premiers Pères de l'Église. C'est à quoi nos écrivains modernes n'ont pas toujours fait assez attention; ils s'imaginent que la signification du mot *jour* est assez claire pour ne pas laisser de place au doute ou à la controverse ; qu'un jour ne peut être autre chose qu'une période de vingt-quatre heures, marquée par la succession de la lumière et des ténèbres, et que le récit mosaïque a toujours été compris dans ce sens jusqu'à ces derniers temps, où l'on a inventé une nouvelle explication pour répondre aux exigences de la science moderne. Tout cela est loin d'être exact. L'interprétation des jours mosaïques a été, en effet, un sujet de controverse dès les temps les plus anciens. Saint Augustin nous dit que la question lui parut si difficile qu'il n'osa pas prononcer à son sujet de jugement définitif. « De quelle nature furent ces jours? Il est bien difficile, il est même impossible de le concevoir ; à plus forte raison de le dire. » Ce sont ses propres paroles (1).

Néanmoins, ce grand docteur s'étant longtemps arrêté sur ce sujet et l'ayant considéré sous toutes ses faces, n'hésite pas à exprimer sa propre opinion. Et il s'écarte tout à fait du sens littéral. Il soutient longuement (2), comme nous avons eu l'occasion de le remarquer, que Dieu créa toutes choses en un seul instant, conformément aux paroles de l'Ecclésiastique : « Celui qui vit éternellement a créé toutes choses en même temps (3). » De là il est arrivé à admettre que les six jours mentionnés par Moïse ne furent dans la réalité qu'un seul jour, et que ce jour ne ressembla pas aux jours actuels, qui sont mesurés par la révolution du soleil, car Moïse rapporte que trois jours s'étaient déjà écoulés lorsque le soleil apparut dans le ciel. Ce ne fut dans la réalité qu'un seul instant, dans lequel tout fut créé à la fois (4).

Cette opinion ne fut pas particulière à saint Augustin. A l'aurore même de l'ère chrétienne, elle fut émise par le juif Philon et reprise dans la suite par Clément d'Alexandrie et Origène. Le grand saint Athanase semble l'appuyer de tout le poids de son autorité lorsque, parlant de la création, il dit que « les choses ne furent pas faites l'une avant l'autre, mais toutes en

(1) Appendice XXI.
(2) Voir *de Genesi ad litteram*, lib. IV, cap. XXVI-XXXV, lib. V, cap. I, n. 3, et cap. III, n. 6.
(3) *Ecclésiastique*, XVIII, 1.
(4) Appendice XXII.

même temps et à un seul et même commandement. » Et après saint Augustin, la même interprétation fut défendue par saint Eucher, évêque de Lyon au cinquième siècle, et par Procope de Gaza au sixième. Au temps des grandes écoles, nous la trouvons approuvée par Albert le Grand, traitée avec respect par saint Thomas et, plus tard encore, adoptée par le cardinal Cajétan dans son commentaire sur le livre de la Genèse (1).

On dira peut-être que nous argumentons ici contre nous-même, ces éminents écrivains voulant ramener à un seul instant les jours de la création, tandis que notre dessein est de les étendre à des périodes d'une durée indéterminée. Il n'en est rien cependant : nous n'avons pas précisément pour objet en ce moment d'établir notre propre hypothèse, mais plutôt de préparer la voie pour sa discussion. Nous voulons montrer que nous sommes parfaitement libre d'abandonner l'idée populaire touchant les jours de la Genèse, s'il y a de bonnes raisons de le faire, et il nous semble que nous avons abondamment établi ce point par une longue liste d'écrivains ecclésiastiques éminents qui, sans encourir aucunement la censure, se sont écartés autant que possible, de l'interprétation commune. Sans doute ils ont abrégé le temps et nous voulons l'étendre. Mais ils s'accordent avec nous dans cette idée que les jours de la Genèse ne doivent pas se prendre nécessairement dans le sens ordinaire du mot. Saint Augustin va même plus loin : il maintient que d'après le texte sacré lui-même, ces jours ne peuvent s'entendre dans ce sens (2).

Ayant ainsi éclairci une difficulté sérieuse qui semblait

(1) Appendice XXIII, XXIV, XXV, XXVI, XXVII, XXVIII, XXIX, XXX, XXXI.

(2) Voir *de Genesi ad litteram*, lib. IV, cap. XXVI, XXVII, et lib. I, cap. X, XI, XII.

obstruer notre voie, nous pouvons en venir, sans hésitation, à l'objet direct de notre étude. Qu'on nous permette de le rappeler : ce n'est pas à nous à apporter des preuves ; c'est plutôt à ceux qui veulent absolument maintenir les jours de vingt-quatre heures. C'est à eux de prouver que ce mot jour, dans le premier chapitre de la Genèse, signifie une période de vingt-quatre heures et *ne peut signifier autre chose*. Il nous suffit à nous qu'il *puisse* être compris dans un sens plus large, tout en restant d'accord avec l'usage de l'Écriture. Nous sommes parfaitement libre d'adopter une interprétation que, d'une part, le texte sacré admet bien, et que, de l'autre, les découvertes des sciences naturelles semblent exiger impérieusement. Examinons donc les arguments qu'on a coutume d'apporter en faveur de l'interprétation populaire.

Dans tout le premier chapitre de la Genèse, le mot hébreu יום (*yom*) est employé par Moïse pour désigner les jours de la création. Or, beaucoup d'écrivains prétendent que le seul emploi de ce mot dit assez, qu'il s'agit ici de jours dans le sens ordinaire du terme. Il est clair, disent-ils, et l'Écriture le prouve, que le mot יום (*yom*) avait dans la langue hébraïque une signification fixe et certaine, et précisément la même signification que celle que nous attachons nous-mêmes au mot *jour*. Quelquefois, par opposition à la nuit, il était appliqué à la période de lumière qui s'étend du lever du soleil à son coucher ; d'autres fois, il signifiait le jour civil de vingt-quatre heures, mesuré par la révolution du soleil. Et cette signification, il l'avait certainement au temps où Moïse écrivit. Il n'a donc pu être employé par lui dans un autre sens.

Cet argument repose sur un faux principe. Sans doute, le mot

םוֹי (*yom*) fut plus communément employé dans l'un des deux sens donnés ci-dessus, c'est-à-dire pour désigner la période de lumière qui s'étend du lever du soleil à son coucher, ou cette période de vingt-quatre heures qui correspond à une révolution du soleil. Mais, pour que l'argument eût quelque valeur, il faudrait montrer que, outre ces deux sens, le mot n'en a pas d'autre dans lequel il puisse se prendre conformément à l'usage de la langue hébraïque. Or, cela n'a jamais été prouvé. Au contraire, nous savons, à n'en pouvoir douter, par l'Écriture, que le mot םוֹי (*yom*) avait une troisième signification tout à fait différente des deux autres, et qu'on l'employait fréquemment pour désigner une période beaucoup plus longue que le jour ordinaire, et généralement incertaine et d'une durée indéterminée. Nous espérons que quelques exemples intéresseront nos lecteurs.

Moïse dit au second chapitre de la Genèse (v. 4), après avoir terminé son récit de la création : « Telles sont les générations du ciel et de la terre, quand ils furent créés au *jour* (םוֹי, *yom*) où le Seigneur Dieu créa le ciel et la terre (v. 5) et avant que les plantes des champs fussent sorties de la terre et que l'herbe des champs eût poussé. » La signification précise de ce passage est bien controversée ; mais il est au moins une chose sur laquelle on s'accorde assez ; c'est que le mot םוֹי (*yom*) n'est pas employé ici pour désigner un jour de vingt-quatre heures, ni la période de lumière comprise entre le lever et le coucher du soleil, mais bien toute la période de la création.

Presque tous nos meilleurs commentateurs s'entendent sur ce point. « Il est manifeste, dit le vénérable Bède, que le mot *jour* est pris ici pour toute la durée de la création primordiale. Car ce ne fut pas dans un seul des six jours que le firmament fut créé et orné d'étoiles, et que la terre ferme fut séparée des eaux et parée d'arbres et de plantes. Mais, *selon sa manière ordinaire*, l'Écriture emploie ici le mot *jour* dans le sens du mot *temps.* » Saint Augustin attribue encore une signification plus large à ce mot, lorsqu'il dit : « On énumère plus haut sept jours et ici on n'en cite plus qu'un seul, dans lequel Dieu fit le ciel et la terre et toutes les herbes des champs ; ce qui fait bien comprendre que, sous le nom de jour, il faut entendre tout le temps. Car Dieu fit tout le temps lorsqu'il fit les créatures qui vivent dans le temps, créatures qui sont ici représentées sous les mots ciel et terre. » Molina dit, à propos du même passage : « Les docteurs disent communément que Moïse a employé ici le mot *jour* dans le sens de *temps*, comme dans le passage du Deutéronome, « le jour de perdition est proche », et dans bien d'autres endroits de l'Écriture où le jour est pris pour le temps. Bannez est aussi pour ce sentiment : « Le mot *jour*, dit-il, peut se prendre *pour une durée quelconque.* » Pererius répondant à une objection tirée de ce texte, dit que « le mot jour est placé pour le mot temps, comme cela a lieu fréquemment dans l'Écriture. » Et non-seulement Petau approuve cette interprétation, mais il s'efforce de prouver qu'elle est conforme à l'usage des écrivains grecs et latins. Il en donne un exemple tiré de Cicéron contre Verrès : « Itaque cum ego *diem* in Siciliam perexiguam postulavissem, invenit iste qui sibi in Achaiam *biduo breviorem diem* postularet (1) ». Nous avons donc un exemple dans lequel Moïse emploie le mot *jour* (יום, *yom*), non dans son sens ordinaire, mais pour désigner une longue période, pour désigner tout ce temps, quel qu'il soit, qui s'écoula du premier acte de la création à la fin des six jours.

(1) Appendice XXXII, XXXIII, XXXIV, XXXV, XXXVI, XXXVII.

Un autre exemple frappant se rencontre dans le prophète Amos : « Voilà que les jours viennent, dit le Seigneur, et j'enverrai la famine sur la terre ; non la famine du pain, ni la soif de l'eau, mais celle de la parole du Seigneur. Ils seront dans le trouble depuis une mer jusqu'à l'autre, et depuis l'aquilon jusqu'à l'orient ; ils iront chercher de tous côtés la parole du Seigneur et ils ne la trouveront point. En ce *jour* (יוֹם, *yom*), les vierges mourront de soif malgré leur beauté et les jeunes hommes avec elles (1). » Chacun comprendra, à première vue, que le mot *jour* ne signifie point, dans la dernière partie de ce passage, une durée de vingt-quatre heures. Il se rapporte évidemment à toute la période pendant laquelle les calamités prédites seront infligées au peuple juif. On peut se demander ce que fut cette période. Pour quelques-uns, c'est le temps de la captivité de Babylone ; pour d'autres, c'est l'âge actuel du monde, pendant lequel les Juifs sont errants sur la face de la terre, sans prophète ni pasteur, altérés de la parole de Dieu et la cherchant en vain. En tout cas, les premiers mots : « Voilà que les jours viennent, » montrent clairement qu'il s'agissait d'une période, non d'un jour seulement, mais de plusieurs.

Nous avons encore ces mots bien connus adressés par Dieu le Père à son Fils éternel : « Tu es mon fils, je t'ai engendré en ce *jour* (יוֹם, *yom*) (2). » Le Fils de Dieu a été engendré par le Père avant tous les temps. Le *jour* dans lequel il a été engendré ne peut donc être un jour de vingt-quatre heures, mais bien le long jour de l'éternité, sans commencement ni fin.

Ce texte, nous le savons, est quelquefois appliqué au jour de la résurrection de Notre-Seigneur et quelquefois aussi au jour

(1) Amos, VIII, 11-12.
(2) Psalm., II, 7.

de son incarnation. Nous ne prétendons pas qu'on ne puisse l'interpréter ainsi dans son sens secondaire et mystique. Mais dans son sens littéral, nous pensons qu'il se rapporte clairement à l'éternelle génération du Fils. Cette interprétation est suffisamment établie par mot *engendré*, qui ne s'applique bien qu'à cette génération, en vertu de laquelle notre divin Sauveur fut de toute éternité le Fils véritable de Dieu. C'est, de plus, le sens dans lequel ce passage est pris par saint Paul dans son épître aux Hébreux. Voulant montrer que Notre-Seigneur a reçu par héritage un nom plus excellent que celui des anges, il raisonne ainsi : « Car quel est l'ange à qui Dieu ait jamais dit : Vous êtes mon fils, je vous ai engendré aujourd'hui (1) ? » Or, il nous semble que, à moins d'entendre ces mots de la génération éternelle, l'argument de l'apôtre ne prouve absolument rien. Les anges sont quelquefois appelés dans l'Écriture les enfants de Dieu ; mais ils ne sont que ses *enfants adoptifs*, tandis que Notre-Seigneur est le *Fils véritable* de Dieu, en vertu de sa génération éternelle. En conséquence, il n'y avait que la génération éternelle qui rendît le nom de fils, appliqué au Christ, plus excellent que le même nom appliqué aux anges.

Ajoutons que c'est un usage général chez les prophètes d'employer le mot (יום, *yom*) pour désigner une époque de tribulation et de deuil, fût-elle de plusieurs jours, de plusieurs années même. C'est ce que fait Jérémie dans sa description si animée des nombreuses calamités qui menaçaient la malheureuse Babylone : « Je t'ai fait tomber dans un filet, ô Babylone ! et tu as été prise, car tu n'étais pas sur tes gardes ; tu as été surprise et saisie, parce que tu as provoqué le Seigneur. Le Seigneur a ou-

____

(1) Héb., i, 5.

vert son trésor et il en a tiré les armes de sa colère ; car le Seigneur, le Dieu des armées, en a besoin contre le pays des Chaldéens. Venez contre elle des extrémités du monde ; ouvrez, afin qu'ils puissent venir ceux qui la doivent fouler aux pieds ; ôtez les pierres des chemins et mettez-les en monceaux, et détruisez-la et qu'il n'en reste rien. Exterminez tous ses vaillants hommes ; laissez-les venir pour se faire égorger. Malheur à eux, car leur *jour* (יום, *yom*) est venu, le *temps* où Dieu doit les visiter. J'entends la voix de ceux qui fuient, de ceux qui se sont échappés de la terre de Babylone pour annoncer à Sion la vengeance du Seigneur notre Dieu, la vengeance de son temple. Annoncez à tous ceux qui tirent de l'arc qu'ils viennent en foule contre Babylone : environnez-la de toutes parts et que personne n'échappe ; rendez-lui selon ses œuvres ; traitez-la comme elle a mérité de l'être, car elle s'est élevée contre le Seigneur, contre le Saint d'Israël. C'est pourquoi ses jeunes gens tomberont dans ses rues, et tous ses hommes de guerre seront réduits au silence en ce *jour*-là (יום, *yom*), dit le Seigneur. Voici que je viens contre toi, ô prince superbe ! dit le Seigneur, le Dieu des armées, car ton *jour* (יום, *yo m*) est venu, le *temps* où je dois te visiter. Et le superbe tombera ; il sera renversé et il n'y aura personne pour le relever, et je mettrai le feu à ses cités et il dévorera tout aux environs (1). »
Et au chapitre suivant : « Voici ce que dit le Seigneur : Je susciterai comme un vent pestilentiel contre Babylone et contre ses habitants qui ont élevé leur cœur contre moi. Et j'enverrai contre Babylone des vanneurs, et ils la vanneront, et ils ravageront tout son pays, car ils fondront sur elle de toutes parts au *jour* (יום, *yom*) de son affliction (2). »

(1) Jérémie, L, 24-32.
(2) *Ibid.*,, LI, 1-2.

Dans un autre endroit, le même prophète applique le mot יום (*yom*) à toute la durée d'une longue campagne entreprise par Nabuchodonosor contre Pharaon-Nechao, roi d'Égypte. « Préparez lés armes et les boucliers et marchez au combat. Préparez vos chevaux et montez, ô cavaliers; mettez vos casques, faites reluire vos lances, revêtez-vous de vos cuirasses. Mais quoi ! je les ai vus épouvantés et tournant le dos; les forts sont tombés; ils s'enfuient à la hâte sans regarder derrière eux : la terreur est partout, dit le Seigneur. Le plus léger à la course ne fuira pas; le plus fort n'échappera pas. Ils ont été vaincus et sont tombés vers l'Aquilon, sur les rives de l'Euphrate. Qui est celui qui monte comme un fleuve et dont les eaux s'enflent comme les flots des grandes rivières? L'Égypte monte comme un fleuve et ses eaux s'enflent comme les flots, et elle a dit : Je monterai et je couvrirai la terre : je détruirai la cité et ses habitants. Montez sur vos coursiers et courez sur vos chars, et que les forts s'avancent : Lybiens et Éthiopiens, armez-vous de vos boucliers. Lydiens, prenez et tendez vos arcs, car c'est le *jour* (יום, *yom*) du Seigneur, du Dieu des armées, jour de la vengeance, jour où il punira ses ennemis : le glaive dévorera, il s'abreuvera et s'enivrera de leur sang ; car la victime du Seigneur, du Dieu des armées, est la terre de l'Aquilon, aux bords de l'Euphrate... O fille, habitante de l'Égypte, prépare-toi à aller en exil car Memphis sera désolée, délaissée et inhabitée. L'Égypte est comme une génisse belle et agréable : il viendra du Nord, son ravisseur. Les mercenaires qui étaient au milieu d'elle comme des veaux qu'on engraisse, ont tourné le dos et ils ont pris la fuite, et ils n'ont pu demeurer debout, car le *jour* (יום, *yom*) du carnage est venu pour eux, le *temps* où Dieu doit les visiter..... (1). »

(1) Jérémie, XLVI, 3-10, 19-21.

Le prophète Ézéchiel décrivant à l'avance une seconde expédition entreprise par le même prince contre l'Égypte, nous donne un exemple également frappant d'une semblable signification attribuée au mot *jour* : « C'estpourquoi, voici ce que dit le Seigneur Dieu : J'établirai Nabuchodonosor roi de Babylone, dans la terre d'Égypte, et il en prendra le peuple, et il en fera sa proie, et il en partagera les dépouilles, et ce sera le salaire de son armée. Et, pour le service qu'il m'a rendu contre cette ville, je lui ai abandonné la terre d'Égypte, parce qu'il a travaillé pour moi, dit le Seigneur Dieu. En ce *jour* (יום, *yom*), la puissance reviendra à la maison d'Israël, et je t'ouvrirai la bouche au milieu d'eux, et ils sauront que je suis le Seigneur (1). » Et un peu plus loin, il ajoute : « Car le *jour* (יום, *yom*) est proche ; il est proche ce *jour* du Seigneur, ce *jour* de nuage qui sera le *temps* des nations. Et l'épée viendra sur l'Égypte, et la frayeur saisira l'Éthiopie lorsque les blessés tomberont dans l'Égypte, et que la multitude de ses peuple périra, et que ses fondements seront détruits. Et l'Éthiopie, et la Lybie, et la Lydie, et tous les autres peuples, et Chub, et les enfants de la terre d'Alliance périront avec eux par l'épée..... Et ils sauront que je suis le Seigneur, lorsque j'aurai mis le feu dans l'Égypte et que tous ses alliés seront détruits. En ce *jour* (יום, *yom*), je ferai sortir de devant ma face des messagers qui viendront sur des vaisseaux pour détruire l'orgueil de l'Éthiopie, et il y aura de l'épouvante parmi eux au *jour* de l'Égypte, parce que ce *jour* viendra certainement (2). »

Ce mot est encore appliqué à la période de la vie de Notre-Seigneur, et même à toute la durée de l'Église chrétienne. Sopho-

(1) Ezéchiel, XXIX, 19-21.
(2) *Ibid.*, XXX, 3-9.

nie, par exemple, nous prédit, dans les termes suivants, la venue du royaume du Christ : « C'est pourquoi attendez-moi, dit le Seigneur, pour le jour à venir de ma résurrection, car j'ai résolu d'assembler les Gentils et de réunir les royaumes.... Des fleuves de l'Éthiopie viendront mes suppliants ; les enfants de mon peuple dispersé m'apporteront leurs dons. En ce *jour* (יוֹם, *yom*) tu ne rougiras plus de toutes les inventions que tu avais opposées contre moi ; j'enlèverai de ton sein les flatteurs de ton orgueil, et tu ne t'enorgueilliras plus sur ma montagne sainte..... Fais entendre des cantiques de louange, ô fille de Sion ; pousse des cris de joie, ô Israël ; tressaille d'allégresse et réjouis-toi de tout ton cœur, ô fille de Jérusalem. Le Seigneur a effacé l'arrêt de ta condamnation, il a éloigné tes ennemis : le roi d'Israël, le Seigneur, est au milieu de toi, tu ne craindras plus rien. En ce *jour* (יוֹם, *yom*) on dira à Jérusalem : Ne crains pas, et à Sion : Que tes mains ne soient pas défaillantes, le Seigneur ton Dieu est au milieu de toi ; il est le Dieu fort, il te sauvera : il mettra son plaisir et sa joie en toi, il se reposera sur ton amour, il tressaillera d'allégresse pour toi (1). »

Isaïe dit aussi : « Encore un peu de temps et le Liban deviendra le Carmel, et le Carmel une forêt déserte. En ce *jour-là* (יוֹם, *yom*), les sourds entendront les paroles de ce livre, et les yeux des aveugles passeront des ténèbres à la lumière. Et ceux qui sont doux augmenteront leur joie dans le Seigneur, et les pauvres se réjouiront dans le saint d'Israël (2). » Or, on ne peut douter que ce passage ne se rapporte au temps de l'Église chrétienne, car Notre-Seigneur l'apporte lui-même en preuve de la divinité de sa mission : « Allez et racontez à Jean ce que

(1) Sophonie, III, 8-11, 14-17.
(2) Isaïe, XXIX, 17-19.

vous avez vu et entendu. Les aveugles voient, les boiteux marchent, les lépreux sont guéris, les sourds entendent, les morts ressuscitent, l'Évangile est annoncé aux pauvres (1). »

Nous retrouvons ce mot employé dans le même sens jusque dans le Nouveau Testament. Notre-Seigneur dit aux Juifs : « Abraham votre père s'est réjoui en voyant mon *jour* : il l'a vu et il a été content (2). » Saint Paul lui-même, bien qu'écrivant en langue grecque aux Corinthiens, n'hésite pas à adopter un passage d'Isaïe qui contient ce mot avec la même signification : « Et vous aidant, nous vous exhortons à ne pas recevoir la grâce de Dieu en vain, car il dit : Je vous ai exaucé au temps favorable et je vous ai aidé au *jour* du salut. Or, voici maintenant le *temps favorable* ; voici maintenant le *jour du salut* (3). » Notre divin Sauveur, enfin, dans sa touchante apostrophe à la ville de Jérusalem, applique le mot *jour* au temps de grâce et de miséricorde. « Et quand il fut près de Jérusalem, à la vue de cette ville, il pleura sur elle, disant : Ah ! si tu savais, même en ce *jour*, ce qui peut t'apporter la paix ! Mais maintenant tout est caché à tes yeux. Car des jours viendront sur toi, et tes ennemis t'environneront de murailles, et ils t'enfermeront, et ils te presseront de toutes parts (4).

Nous ne nous étendrons pas davantage sur le premier argument. Les nombreux exemples que nous avons apportés prouvent assez que le mot יוֹם (*yom*) fut souvent employé dans le langage de l'Écriture pour désigner une période de plusieurs jours, de plusieurs années ou même quelquefois de plusieurs siècles. S'il

(1) Saint Mathieu, xi, 4-5.
(2) Saint Jean, viii, 56.
(3) II, Cor., vi, 1-2.
(4) Saint Luc, xix, 41-43.

en est ainsi, Moïse put très-bien employer ce mot dans le même sens. Le mot, pris en lui-même, n'est donc pas une preuve concluante que les jours de la Genèse aient été des jours de vingt-quatre heures. Nous pouvons y voir de longues périodes d'une durée indéterminée, sans nous départir aucunement de l'usage reconnu dans l'Écriture.

Mais l'on ajoute, et c'est le second argument qu'on nous oppose, que quelle que soit ailleurs la signification du mot יום (*yom*), il doit s'entendre, dans le premier chapitre de la Genèse, d'un jour de vingt-quatre heures. Car on ne raconte pas simplement qu'il y eut un premier jour, un second jour et un troisième jour; mais chaque jour est, en quelque sorte, analysé par l'écrivain sacré, et ses diverses parties sont exposées pour notre instruction. Et *il y eut soir et il y eut matin*, dit-il, premier jour; et *il y eut soir et il y eut matin*, second jour; et *il y eut soir et il y eut matin*, troisième jour, et ainsi de suite. Or, si le mot devait s'entendre des périodes indéterminées dont nous parlons, cette analyse ne signifierait plus rien, car il serait difficile de prétendre que chacune de ces périodes a eu seulement un soir et un matin comme un jour ordinaire. On objecte, en outre, qu'il y a dans cette phrase quelque chose de particulier qui confirme pleinement l'interprétation commune. Il était d'usage, chez les Juifs, de considérer comme jour civil l'intervalle compris entre un coucher du soleil et le suivant. Le jour civil commençait donc avec le soir. C'est pourquoi Moïse, décrivant les jours de la création, met le soir en premier lieu et dit : Et il y eut soir et il y eut matin, premier jour; et il y eut soir et il y eut matin, second jour, et ainsi pour le reste.

Tout ce raisonnement nous semble aussi peu satisfaisant que

peu concluant. En premier lieu, il n'est pas vrai, comme on semble le supposer, que le jour civil se compose d'un soir et d'un matin. Le soir et le matin ne font pas tout le jour : ils ne sont que des parties du jour. Ils ne sont pas non plus les limites du jour, car si chez les Juifs le jour civil commençait avec le soir, il ne finissait certainement pas avec le matin. Si donc par le mot *jour* Moïse entend ici le jour civil de vingt-quatre heures, comment comprendra-t-on cette phrase : « Et il y eut soir et il y eut matin, premier jour ? » Elle ne peut signifier que le soir et le matin réunis font le premier jour, car ce ne serait pas exact. Elle ne peut signifier non plus que le soir marquait le commencement du jour et que le matin marquait sa fin, car la période comprise entre un soir et un matin n'est pas un jour, mais une nuit. Que signifie-t-elle donc ?

Beaucoup d'écrivains semblent admettre que par les mots soir et matin, Moïse a voulu désigner la nuit et le jour, c'est-à-dire les deux périodes de ténèbres et de lumière qui, réunies, font le jour civil de vingt-quatre heures. Si le texte permettait cette interprétation, il s'appliquerait sans doute beaucoup mieux à la théorie des jours ordinaires qu'à celle des périodes indéterminées. Mais il *ne peut pas* être interprété de cette façon. Le soir *n'est pas* toute la période des ténèbres, *ni* le matin toute la période de lumière. Nul écrivain ne pourrait dire proprement que le jour se compose du soir et du matin. Pour la même raison, Moïse n'a pu le dire dans le premier chapitre de la Genèse, car les mots hébreux עֶרֶב (*ghereb*) et בֹּקֶר (*boker*), qu'on trouve dans le texte original, n'ont pas une signification moins fixe ni moins bien établie que les mots correspondants *soir* et *matin* dans notre langue.

Il serait sans intérêt et peut-être ennuyeux de prouver la

vérité de cette assertion par la recherche des passages de la Bible hébraïque dans lesquels ces mots ont été employés. Mais on peut arriver au même résultat d'une autre manière. Si les mots עֶרֶב (*ghereb*) et בֹּקֶר (*boker*) n'avaient pas été toujours employés pour signifier strictement le soir et le matin, mais aussi toute la période de la nuit et toute la période du jour, ce fait n'eût certainement pas échappé, dans le cours des temps, à tous les célèbres et savants auteurs de lexiques hébraïques. Nous demandons, en conséquence, s'il est un seul lexique connu qui assigne le sens de *nuit* au mot עֶרֶב (*ghereb*) et le sens de *jour* au mot בֹּקֶר (*boker*). Nous avouons, quant à nous, que nous avons consulté les meilleurs d'entre eux sans en trouver un seul qui insinuât même une telle signification.

Il se pourrait cependant que quelques-uns de nos lecteurs ne fussent pas décidés à accepter comme concluante l'autorité des lexiques sur une question de cette nature, vu que très-souvent les lexiques ne présentent qu'imparfaitement toute la force d'une langue. A ceux-là, nous indiquons un autre procédé, très-simple du reste, par lequel ils pourront démontrer l'inexactitude de notre assertion, au cas qu'elle soit inexacte. Qu'ils produisent un passage de la Bible hébraïque dans lequel les mots עֶרֶב (*ghereb*) et בֹּקֶר (*boker*) soient employés pour désigner toute la nuit et tout le jour. S'ils ne peuvent le faire, — et nous sommes bien persuadé qu'un tel passage ne saurait être découvert, — nous sommes alors parfaitement en droit de soutenir que l'interprétation qui explique ainsi ces mots dans le premier chapitre de la Genèse ne peut être tenue pour certaine, et que l'argument fondé sur cette interprétation ne peut être regardé comme concluant.

Il est un texte du huitième chapitre du prophète Daniel qui, à première vue, paraîtra peut-être militer contre nous. Le prophète eut une vision dans laquelle il lui fut représenté qu'Antiochus Épiphane viendrait et triompherait des Juifs ; qu'il profanerait le temple de Dieu et mettrait fin aux sacrifices quotidiens. Pendant la vision, il entendit un ange demander à un autre pendant combien de temps les sacrifices seraient interrompus et le sanctuaire resterait désolé. Et il lui fut répondu en ces termes : « Jusqu'au *soir-matin* (עַד עֶרֶב בֹּקֶר , *ghad ghereb boker*) deux mille trois centième ; alors le sanctuaire sera purifié (1). » Or, on entend communément ce passage dans le sens que les sacrifices quotidiens seraient interrompus pendant deux mille trois cents *jours*. Il semblerait donc que dans ce passage, *le soir et le matin* sont employés pour signifier tout le jour civil de vingt-quatre heures.

Nous ne contesterons pas l'exactitude de cette interprétation, quoique les paroles de l'ange soient expliquées dans un sens très-différent par de savants interprètes. Mais nous pensons que ce passage, même pris dans ce sens, ne peut nullement servir d'argument contre nous. Le soir et le matin ne font pas tout le jour ; mais ils se présentent une fois, et seulement une fois, chaque jour. C'est pour cela que l'on peut parfaitement représenter une période de quelques jours en indiquant combien de fois le soir et le matin ont reparu pendant cette période. L'usage de s'exprimer ainsi semble, en effet, avoir prévalu dans la plupart des langues. Le mot *fortnight* (2), en anglais, en est la preuve. Il désigne une période de quatorze nuits et de quatorze jours ; pourtant il spécifie le retour non de quatorze jours, mais de quatorze nuits. Le poëte dit aussi : « Elle était belle à voir

(1) Daniel, VIII, 14.
(2) *Quinzaine*, littéralement : *quatorze nuits*.

cette jeune fille de dix-sept *étés*. » Personne ne conclura de ces exemples que le mot *été* signifie une période de douze mois, ou que le mot *nuit* indique une période de vingt-quatre heures. De même, dans le cas en question, on peut dire que deux mille trois cents retours du soir et du matin équivalent à une période de deux mille trois cents jours, quoique le soir et le matin ne constituent pas un jour entier, mais seulement certaines parties du jour. Nous croyons même voir la raison pour laquelle l'ange de la vision s'exprima de cette manière. On l'avait interrogé au sujet de la profanation du sanctuaire et de la suppression du sacrifice quotidien. Or, c'était le soir et le matin qu'on avait coutume d'offrir le sacrifice. L'ange semble donc répondre : le soir et le matin reparaîtront deux mille trois cents fois, et il n'y aura de sacrifice ni soir ni matin. Mais après ce temps, le sanctuaire sera purifié et le sacrifice rétabli.

Nous avons jusqu'ici essayé de démontrer, par l'usage ordinaire de l'Écriture, que le soir et le matin mentionnés dans l'histoire de la création, ne peuvent signifier ni une nuit entière, ni un jour entier. Mais une objection spéciale contre cette interprétation se tire de l'histoire de la création même. Nous lisons au cinquième verset du premier chapitre de la Genèse : « Et Dieu appela la lumière jour et les ténèbres nuit. Et il y eut soir et il y eut matin, premier jour. » On rapporte, dans la première partie de ce verset, que Dieu, après avoir séparé la lumière des ténèbres, leur donna des noms pour les distinguer : il appela la lumière jour et les ténèbres nuit. N'est-il pas tout à fait peu probable que, après avoir ainsi commencé, l'écrivain sacré eût employé, dans la seconde partie du verset, des noms complétement différents, si son intention eût été de désigner la période de lumière et la période de ténèbres ?

Nous ne prétendons pas que la phrase en question — « et il y eut soir et il y eut matin, premier jour, » — ne puisse être expliquée dans l'hypothèse que les jours de la création sont des jours de vingt-quatre heures. Nous soutenons seulement qu'elle ne peut être un argument décisif en faveur de cette hypothèse, parce que, même dans cette hypothèse, la signification de cette phrase est encore douteuse et obscure. Pour nous, nous avouons franchement que dans aucun système d'interprétation nous ne voyons d'explication qui nous semble vraiment satisfaisante. Qu'on nous permette cependant d'appeler l'attention sur une opinion qui a été émise pour la première fois par saint Augustin et qui s'accorde très-bien avec notre système des jours de la Genèse, considérés comme de longues périodes : « Les distinctions de soir et de matin, dit-il, ne doivent pas s'entendre du lever et du coucher du soleil, lequel, en effet, n'existait pas avant le quatrième jour ; elles doivent plutôt s'appliquer aux œuvres même de la création. » De cette manière, le soir représentera naturellement la fin et comme l'achèvement de l'une de ces œuvres ; le matin en indiquera le commencement. Cette opinion fut, dans la suite, adoptée par saint Eucher, évêque de Lyon, qui semble même emprunter les propres paroles de saint Augustin, et par le vénérable Bède, qui s'exprime ainsi : « Qu'est-ce que le soir, si ce n'est l'achèvement de chaque œuvre ? et le matin, si ce n'est le commencement de la suivante ? » Au XIIe siècle, nous trouvons cette opinion reprise par sainte Hildegarde, que saint Bernard, aussi bien que le pape Eugène III, considéraient comme favorisée du don de prophétie (1). Cette interprétation, il est vrai, n'explique pas les

(1) Appendice XXXVIII, XXXIX, XL, XLI.

mots *soir* et *matin* selon leur signification littérale; mais le sens métaphorique qu'elle leur attribue est à la fois simple et approprié, surtout si nous prenons le mot *jour* dans le sens d'une période longue et indéterminée. Comme le matin signifie littéralement le point du jour et le soir son déclin, l'écrivain sacré put, sans difficulté, employer ces mots dans un sens métaphorique, pour représenter le commencement et la fin des diverses œuvres qui sont attribuées à chaque période successive dans l'histoire de la création.

Cette signification des mots *soir* et *matin* n'est point particulière au premier chapitre de la Genèse. Chacun se rappelle la fameuse prophétie de Jacob, dans laquelle le grand patriarche, à l'approche de la mort, jetant un regard sur l'avenir, esquisse, comme d'après une vision qui eût passé devant ses yeux, les principaux événements qui marqueront la carrière des douze tribus. Il s'adresse en dernier lieu à Benjamin, le plus jeune de ses enfants, et lui dit : « Benjamin sera rapace comme un loup; le *matin* (בֹּקֶר, *boker*) il dévorera la proie, et le *soir* (עֶרֶב, *ghereb*) il partagera les dépouilles (1). » Nous ne voulons point discuter le sens exact de ce passage, qui est pour le moins obscur et qui a donné lieu à diverses interprétations. Il suffit, pour le but que nous nous proposons, d'observer que beaucoup de Pères appliquent ces mots directement à saint Paul, qui était de la tribu de Benjamin, et qui le *matin*, — c'est-à-dire dans sa première jeunesse, — se montra un loup rapace en persécutant l'Église, pendant que le *soir*, — c'est-à-dire vers la fin de sa vie, — il distribua le pain de la doctrine chrétienne comme prédicateur de l'Évangile.

______

(1) Gen., XLIX, 27.

« Il est évident pour tous, dit saint Jérôme, que cette prophétie s'applique à l'apôtre Paul, puisque dans sa jeunesse il persécuta l'Église, et dans sa vieillesse il prêcha l'Évangile (1). » Tertullien dit aussi : « Paul me fut promis dans la Genèse. Car au milieu des bénédictions prophétiques prononcées par Jacob sur ses enfants, lorsque le patriarche s'adressa à Benjamin, il dit : « Benjamin, loup rapace, dévorera le matin, et le soir il « partagera la nourriture. » Il prévoyait que de la tribu de Benjamin naîtrait Paul, loup rapace, qui dévorerait le matin, c'est-à-dire dévasterait le troupeau du Seigneur, comme persécuteur de l'Église, dans la première partie de sa vie, et le soir partagerait la nourriture, c'est-à-dire sur la fin de ses jours, conduirait le troupeau du Christ, comme docteur des nations (2). » Les paroles de saint Augustin, bien connues probablement de plusieurs de nos lecteurs, ne sont pas moins claires : « Lorsque Jacob, bénissant ses enfants, arriva à Benjamin, il l'appela loup rapace. Pourquoi donc ? Et s'il est loup rapace, le sera-t-il donc toujours ? Non, certes; mais « le matin il se saisira de sa proie, et le soir il partagera la nourriture. » L'apôtre Paul était l'objet de cette prophétie, et c'est en lui qu'elle s'est réalisée. Voyons maintenant comment il se saisit de sa proie le matin et comment il partage la nourriture le soir. *Matin* et *soir* sont mis ici pour *d'abord* et *ensuite*. Il faut donc entendre ainsi ce passage : *D'abord* il se saisira de sa proie et *ensuite* il partagera la nourriture (3). »

Les Pères de l'Église ne voyaient donc aucune difficulté à entendre les mots *soir* et *matin* dans le sens de *commencement*

(1) Appendice XLII.
(2) Appendice XLIII.
(3) Appendice XLIV.

et de *fin*, lorsque ces mots se rapportaient à une longue période telle que la vie d'un homme. Or, puisque nous avons montré que les jours mosaïques peuvent, sans s'écarter de l'usage ordinaire de l'Écriture, être considérés comme des périodes d'une durée indéterminée, il s'ensuit que dans le premier chapitre de la Genèse, ces mots peuvent être pris pour le commencement et la fin de chaque phase successive dans la création du monde. En tout cas, en suivant l'opinion d'autorités aussi anciennes et aussi vénérables que Tertullien, saint Augustin, saint Jérôme et le vénérable Bède, on ne peut être accusé de faire violence au texte sacré pour satisfaire aux exigences de la science moderne.

Le troisième argument que l'on nous oppose est fondé sur un passage de l'Exode que nous avons eu déjà l'occasion de rapporter : « Tu travailleras pendant six jours et tu feras tout ce que tu auras à faire. Mais le septième jour est le sabbat du Seigneur ton Dieu : tu ne feras aucun travail ce jour-là, ni toi, ni ton fils, ni ta fille, ni ton serviteur, ni ta servante, ni ta bête de charge, ni l'étranger qui sera chez toi. Car en six jours le Seigneur fit le ciel et la terre et la mer et tout ce qu'ils renferment, et il se reposa le septième jour et le sanctifia (1). » Nous devons donc travailler pendant six jours et nous reposer le septième, *parce que* en six jours Dieu accomplit toutes les œuvres de la création et qu'il se reposa le septième. Il ne peut y avoir de difficulté sur le sens de ce commandement. Les six jours où il est permis de travailler sont, sans aucun doute, six jours dans le sens ordinaire du mot, six jours de vingt-quatre

(1) Exode, XX, 9-11.

heures chacun, et le septième, où il est défendu de travailler, doit évidemment s'entendre de la même manière. Or, l'exemple du travail et du repos de Dieu est donné, dans le texte, comme le modèle d'après lequel était établie la loi du sabbat. Il en résulte que les six jours dans lesquels Dieu organisa et embellit la terre ont dû être également six jours de vingt-quatre heures. Tel est l'argument que beaucoup d'écrivains donnent comme décisif.

Pour nous, au contraire, nous ne voyons rien qui nous oblige à entendre dans le même sens les jours du travail et du repos de Dieu, et les jours où il nous est enjoint de travailler et de nous reposer. Sans doute, l'exemple de Dieu est présenté dans le texte sacré comme la raison du sabbat judaïque : « Tu travailleras pendant six jours, est-il dit, et tu te reposeras le septième ; *car* en six jours le Seigneur a fait le ciel la terre et il s'est reposé le septième. » Mais, supposons pour un moment que les jours de la création aient été de longues périodes, leur signification ne sera nullement changée. De même que Dieu, dans le grand œuvre de la création, travailla pendant six périodes successives et se reposa pendant la septième, de même l'homme devra travailler pendant six des périodes successives dans lesquelles le temps est divisé et se reposer pendant la septième.

A l'appui de ce sentiment, nous pouvons observer que les Juifs avaient ordre de s'abstenir de travailler non-seulement chaque septième *jour*, mais aussi chaque septième *année*. « Tu ensemenceras ton champ six ans de suite et tu en recueilleras les fruits ; mais la septième année tu le laisseras en repos, afin que les pauvres de ton peuple s'en nourrissent et que les bêtes des champs trouvent ce qui reste ; tu feras ainsi de ta vigne et de tes oliviers. Tu travailleras pendant six jours ; mais le septième tu te reposeras, afin que ton bœuf, ton âne, le fils de ton esclave et de l'étranger se reposent (1). » Et ailleurs, nous lisons : « Quand tu seras entré dans la terre que je te donnerai, tu observeras le sabbat du Seigneur. Tu sèmeras six ans ton champ et tu tailleras six ans ta vigne, et tu en recueilleras les fruits. Mais la septième année, ce sera le sabbat de la terre, le repos du Seigneur ; tu ne sèmeras pas ton champ et ne tailleras point ta vigne. Tu ne moissonneras point ce que la terre produit d'elle-même et tu ne recueilleras point comme vendange les raisins de tes prémices ; car c'est l'année du repos de la terre : mais ce sera une nourriture pour toi et ton serviteur, ta servante et ton mercenaire, pour les étrangers qui demeurent avec toi, pour tes bêtes de charge et pour ton bétail (2). » La septième année était donc, selon le commandement divin, une année de repos chez les Juifs, absolument comme le septième jour était un jour de repos ; et il est évident que ce précepte n'était pas moins que l'autre fondé sur le grand exemple du repos de Dieu, lorsqu'il eut terminé l'œuvre de la création. Aussi sommes-nous persuadé que, quelle qu'ait été la durée des six jours pendant lesquels Dieu travailla, et du septième, pendant lequel il se reposa, son exemple peut toujours être donné comme la raison de l'institution du sabat.

On objecte cependant que, dans ce passage de l'Exode, nous avons le même mot יום (*yom*) appliqué, avec le même contexte, aux six jours de la création et aux six jours de la semaine ; or, l'on ne peut guère supposer que l'écrivain inspiré ait passé aussi brusquement d'une signification de ce mot à une autre toute différente, sans avertir le lecteur de cette transition. Si cet argument avait de la valeur, il renverserait complétement l'opinion

(1) Exode, XXIII, 10-12.
(2) Lévitique, XXV, 2-7.

de nos adversaires. En effet, au premier verset du premier chapitre de la Genèse, nous lisons : « Et Dieu appela la *lumière jour*, et les *ténèbres nuit*. Et il y eut soir et il y eut matin : premier *jour*. » Or, ceux qui rejettent la théorie des longues périodes maintiennent que par le mot *jour* dans la dernière partie de ce verset, on entend tout le jour civil de vingt-quatre heures ; au lieu que dans la première partie du verset, le même mot *jour* est évidemment appliqué à une seule partie de cette période, c'est-à-dire au temps de la lumière en opposition avec le temps des ténèbres. Ils défendent donc eux-mêmes une interprétation qui suppose que l'Écrivain inspiré emploie, dans le même verset, le mot *jour* dans deux sens différents, sans avertir le lecteur de ce changement de signification.

Mais il ne faut pas s'exagérer la valeur de cet argument. Le principe sur lequel il repose nous semble faux et en désaccord avec le témoignage des Livres saints eux-mêmes. C'est, en effet, une chose très-commune dans l'Écriture que l'écrivain passe d'une signification d'un mot à une autre signification, sans aucune indication explicite de cette transition, lorsque, comme dans le cas présent, les deux sens, quoique différents, sont analogues : l'un étant en quelque sorte la figure, le symbole ou l'image de l'autre. Quelques exemples prouveront la vérité de cette assertion. Dans la seconde épître de saint Paul aux Corinthiens, nous lisons ce qui suit : « Car la charité du Christ nous presse ; considérant que si un seul est *mort* pour tous, donc tous étaient *morts* ; or, le Christ est mort pour tous » (1). Lorsqu'il est dit, dans ce passage, que « tous étaient *morts*, » le sens est que tous les hommes sont *morts spirituellement* par le

____

(1) II, Cor., v, 14-15.

péché ; tandis que dans le membre de phrase qui précède et dans celui qui suit immédiatement, le même mot est pris dans son sens littéral pour la mort du Christ sur la croix. Ainsi, bien qu'il passe du sens littéral au sens figuré pour revenir ensuite du sens figuré au sens littéral, l'apôtre n'indique point expressément ces transitions.

Nous lisons ailleurs que l'un des disciples de Notre-Seigneur aborda le divin Maître et lui dit : « Seigneur, permettez que j'aille ensevelir mon père. » Et Jésus lui reprocha ces paroles : « Laissez, dit-il, les *morts* ensevelir leurs *morts ;* mais allez et prêchez le royaume de Dieu (1). » Il y a quelque différence d'opinion parmi les commentateurs au sujet de l'exacte signification de cette phrase. Mais quelle que soit l'interprétation adoptée, il semble évident, par le contexte, que les morts à ensevelir sont ceux qui étaient réellement morts, tandis que ceux qui doivent les ensevelir ne sont pas des morts véritables, mais ceux qui sont morts dans un sens analogue et métaphorique. On trouve un exemple semblable dans le vingtième chapitre de saint Jean. Le Christ dit à ses apôtres : « Je monte vers mon père et votre père, vers mon Dieu et votre Dieu (2). » Quand il dit : « Je monte vers mon père, » le sens est « vers celui qui m'a engendré de toute éternité ». Quand il ajoute : « Et votre père, » le sens est « vers celui qui vous a adoptés pour ses enfants ». Ici donc le mot père est pris d'abord dans le sens de père naturel et immédiatement après dans le sens d'un père par adoption, et cela sans déclaration explicite de ce changement de signification.

(1) Math., VIII, 52 ; Luc, IX, 60.
(2) Jean, XX, 17.

L'épître de saint Paul aux Romains fournit un exemple dans lequel cette transition d'une signification à une autre se présente pour le cas du mot *jour* lui-même : « La nuit est passée et le *jour* approche. Quittons donc les œuvres de ténèbres et revêtons-nous des armes de lumière. Marchons avec honnêteté comme dans le *jour* (1). » Le mot jour, dans la première partie de ce passage, est employé par saint Paul pour le jour de l'éternité qui doit suivre les ténèbres de cette vie ; dans la seconde partie, au contraire, il signifie clairement la période de lumière qui s'étend du lever du soleil à son coucher. Le même cas se représente dans la première épître aux Thessaloniciens : « Pour vous, mes frères, vous n'êtes point dans les ténèbres pour que ce jour puisse vous surprendre comme un voleur, car vous êtes tous des enfants de lumière et des enfants du jour (2). » Quiconque a quelque connaissance de la langue de l'Écriture ne peut douter que le premier *jour* ne soit ici le jour du Jugement, et il est parfaitement clair que le second n'est pas le jour du Jugement.

L'exemple suivant, plus approprié encore à notre sujet, est tiré du prophète Amos : « Et il arrivera en ce *jour*, dit le Seigneur Dieu, que je ferai disparaître le soleil en plein midi et que j'obscurcirai la terre au milieu du jour (3). » Les Pères rapportent communément cette prophétie au temps de Notre-Seigneur, lorsque la terre fut, en plein jour, plongée dans les ténèbres, à l'occasion de son crucifiement. Mais quelques autorités éminentes, saint Jérôme en tête, l'entendent de la captivité de Babylone. L'une et l'autre interprétation conviennent à notre

(1) Rom., XIII, 12-13.
(2) Thessal., V, 4-5.
(3) Amos, VIII, 9.

argument. L'écrivain sacré emploie d'abord le mot jour pour une longue période de temps, et il s'en sert ensuite dans son sens ordinaire, sans avertir expressément ses lecteurs de cette brusque transition.

Nous espérons avoir démontré que ni la raison tirée de l'institution du sabbat, ni la forme particulière des mots employés par l'écrivain sacré, n'offre d'obstacle insurmontable à l'opinion que nous défendons. Or, c'est là tout ce que nous nous sommes proposé. Nous rappelons à nos lecteurs que nous n'essayons point, en effet, de prouver par le texte sacré que cette opinion *doit* être vraie, mais seulement qu'elle *peut* être vraie. Notre but est suffisamment atteint si nous avons réussi à faire voir que l'hypothèse qui fait des jours de la Genèse de longues périodes n'est pas en désaccord avec le langage de l'Écriture.

Nous sommes tenté cependant, à l'occasion de cette objection, d'aller un peu plus loin que ne le demande strictement l'objet de notre argumentation. Le texte que nous venons de discuter met, en effet, sous nos yeux une considération de grande importance en faveur du système des longues périodes. En six jours, le Seigneur fit le ciel et la terre, et la mer, et tout ce qu'ils renferment, et il se reposa le septième jour. » Or, qu'est-ce que le septième jour, où Dieu se reposa ? Est-ce un jour ordinaire de vingt-quatre heures ? N'est-ce point plutôt une longue période d'une durée indéterminée ? Saint Augustin répond assez clairement : « Le septième jour, dit-il, est sans soir et n'a pas de coucher. » Et le vénérable Bède, se demandant pourquoi l'écrivain sacré n'a pas assigné de soir au septième jour, se fait cette réponse : « Parce qu'il n'a point de fin et qu'aucun terme ne le limite (1). »

(1) Appendice XLV, XLVI.

C'est aussi, croyons-nous, le sentiment commun des théologiens. Ils nous disent que Dieu se reposa, en ce sens qu'il mit fin à la création de nouvelles espèces, et ils conviennent que, depuis la fin du septième jour, aucune espèce nouvelle n'est apparue. Quoi qu'il en soit de cette opinion, nous pensons qu'il serait bien difficile d'en trouver une d'après laquelle Dieu se serait reposé après l'œuvre des six jours et ne se reposerait plus actuellement. S'il en est ainsi, le jour de son repos dure toujours, et ce n'est point une période de vingt-quatre heures seulement, mais une période de plusieurs milliers d'années. Or, cela ne nous justifie-t-il pas pleinement de supposer que les six autres jours dans lesquels Dieu forma et organisa le ciel et la terre furent de même des périodes de plusieurs siècles (1) ?

(1) Voir la note J, fin du volume.

CHAPITRE XXI.

APPLICATION DE LA SECONDE HYPOTHÈSE A L'HISTOIRE MOSAIQUE DE LA CRÉATION. — CONCLUSION.

SOMMAIRE DE L'ARGUMENTATION. — COMPARAISON ENTRE L'ORDRE DE LA CRÉATION, TEL QU'IL EST EXPOSÉ PAR MOÏSE, ET LES DONNÉES DE LA GÉOLOGIE. — PLAN D'ADAPTATION DES PÉRIODES GÉOLOGIQUES AUX JOURS DE LA GENÈSE. — EXAMEN DES OBJECTIONS. — CE PLAN N'EST PAS UNE THÉORIE ÉTABLIE, MAIS UNE HYPOTHÈSE ADMISSIBLE. — CHACUNE DES DEUX HYPOTHÈSES EXPOSÉES PLUS HAUT SUFFIT POUR SATISFAIRE AUX EXIGENCES DE LA GÉOLOGIE EN CE QUI CONCERNE L'ANCIENNETÉ DU GLOBE. — LE RÉCIT MOSAÏQUE DE LA CRÉATION N'A NI RIVAUX NI COMPÉTITEURS.

Nous pouvons résumer en quelques mots les résultats auxquels nous a conduit la série, trop longue peut-être, d'arguments exposés au chapitre précédent. D'abord, beaucoup d'illustres Pères de l'Église, — saint Augustin, Origène, Clément d'Alexandrie, saint Athanase et d'autres, — se sont clairement prononcés contre l'opinion que les jours de la création fussent des jours dans le sens ordinaire du mot. C'est donc une erreur de croire que cette opinion est appuyée sur la voix unanime de la tradition chrétienne. Secondement, le mot jour est fréquemment employé dans l'Écriture pour une longue période et quelquefois pour une période d'une durée indéterminée. Troisièmement, il n'y a rien dans le langage de Moïse qui nous empêche de prendre ce mot dans ce sens au premier chapitre de la Genèse. Quatrièmement, il y a au moins une grave considération, tirée de la sainte Écriture elle-même, qui conduit manifestement à cette interprétation. Les six jours de la création sont mis en opposition avec le septième, qui est le jour du repos de Dieu. Or, le septième jour du repos de Dieu est certainement une longue période d'une durée indéterminée. De tout cela, il suit que nous pouvons parfaitement adopter cette manière d'interpréter les jours mosaïques, si elle nous aide à concilier les données certaines de la science avec les vérités révélées.

Or, il y a une ressemblance frappante, sous quelques rapports, entre l'ordre de la création, tel qu'il est exposé dans les jours successifs du récit sacré, et l'ordre de la création, tel qu'il est manifesté dans les périodes successives des temps géologiques. Trois jours sont spécialement mentionnés par l'historien inspiré, comme remarquables par la création de la vie végétale et animale : ce sont le troisième, le cinquième et le sixième. Le troisième jour furent créés les arbres et les plantes; le cinquième, les reptiles, les poissons et les oiseaux; le sixième, les animaux terrestres et, vers la fin, l'homme lui-même. Les géologues, de leur côté, sans se laisser nullement influencer par le récit mosaïque, mais guidés principalement par les débris organiques que nous a conservés l'écorce terrestre, ont établi trois grandes divisions des temps géologiques : l'âge paléozoïque ou le premier de la vie organique, l'âge mésozoïque ou le second de la vie organique, et l'âge cénozoïque ou le troisième grand âge de la vie organique. Il y a ici, sans doute, une coïncidence remarquable.

Mais elle serait plus remarquable encore si nous pouvions reconnaître, dans ces trois époques géologiques, les mêmes caractères généraux de la vie organique que nous trouvons attribués par Moïse aux trois jours successifs du récit biblique.

Or, nous le pouvons, si nous voulons seulement prendre la peine d'examiner par nous-mêmes les restes organiques de ces époques géologiques, tels qu'ils gisent dispersés au sein de l'écorce terrestre ou même tels qu'ils se trouvent collectionnés et exposés dans nos musées. Le premier grand âge de la géologie est particulièrement caractérisé par ses plantes et ses arbres; le second, par ses énormes reptiles et ses grands monstres marins; le troisième, par ses immenses troupeaux de grands quadrupèdes. Ajoutons, pour compléter l'harmonie entre les annales géologiques et celle de la Bible, que de même que la création de l'homme est fixée, par l'écrivain sacré, vers la fin du sixième jour, de même les restes de l'homme et de ses œuvres se rencontrent, pour la première fois, vers la fin du dernier âge géologique, comme déposés dans les archives de la terre.

Telle est la coïncidence que d'ingénieux écrivains croient pouvoir établir entre l'histoire révélée par Dieu lui-même dans nos Livres saints, et celle qu'il a inscrite sur ses œuvres d'une façon si curieuse. Nos lecteurs aimeront peut-être à la considérer un peu plus en détail. Nous lisons au premier chapitre de la Genèse que Dieu dit le troisième jour : « Que la terre produise de l'herbe verte qui porte de la graine et des arbres fruitiers qui portent des fruits chacun selon son espèce et qui renferment en eux-mêmes leurs semences pour se reproduire sur la terre. Et cela se fit ainsi. Et la terre produisit de l'herbe verte qui portait de la graine selon son espèce et des arbres fruitiers qui renfermaient leur semence en eux-mêmes suivant leur espèce. Et Dieu vit que cela était bon (1). » Passons main-

(1) Gen., I, 11-12.

tenant à la période géologique carbonifère qui occupe un large
espace dans le grand âge paléozoïque. Tous les écrivains conviennent qu'elle fut marquée par une végétation splendide et
luxuriante, et lorsque nous contemplons la multitude des restes
d'arbres et de plantes herbacées qui sont réunis dans nos abondantes houillères et qui attirent si vivement l'attention dans les
galeries de nos musées, nous avons peine à nous empêcher de
penser que nous avons sous les yeux un commentaire pratique
du texte de Moïse. Le savant Hugues Miller, qui passe pour
un des géologues les plus expérimentés de l'école moderne, nous
donne une esquisse très-pittoresque de la flore carbonifère :
« A aucune autre époque, dit-il, le monde ne fut témoin d'une
pareille flore : la jeunesse de la terre fut particulièrement une
jeunesse verte et ombragée, une jeunesse de sombres et épaisses
forêts, de sapins gigantesques et d'énormes araucarias, de calamites et de fougères arborescentes, de sigillarias et de lepidoden-
drons. Partout où apparaissait la terre sèche, le lac marécageux
ou l'eau courante, depuis les steppes glacés de l'île de Melville,
sous l'étoile du pôle, jusqu'aux plaines arides de l'Australie, un
riche et luxuriant herbage recouvrait le sol humide et échauffé.
Pour les planètes éloignées, notre terre dut paraître, à travers
le nuage qui l'enveloppait, comme un point d'un vert tendre (1). »
Assurément un âge tel que celui-là a pu être donné dans
l'histoire comme l'âge qui vit apparaître sur la terre l'herbe
verte et l'arbre fruitier portant de la graine selon son espèce.

Quant à l'œuvre du cinquième jour, nous le trouvons décrit
de la manière suivante dans le récit sacré : — « Et Dieu dit :
Que les eaux produisent des animaux vivants, qui nagent dans

____

(1) *Testimony of the Rocks*, p. 125.

l'eau, et des oiseaux qui volent sur la terre, sous le firmament du ciel (1). Et Dieu créa les grands monstres marins et tous les animaux qui ont vie et mouvement, que les eaux produisirent chacun selon son espèce. Et il créa aussi tous les oiseaux, chacun selon son espèce. Et Dieu vit que cela était bon. ». Ici, comme dans le premier cas, nous pouvons trouver le pendant du récit biblique dans les annales de la géologie. « Le second âge des géologues, » dit l'éminent écrivain que nous avons déjà

(1) Nous donnons ici la traduction latine littérale de ce passage qui est diversement compris : *Reptificent aquæ reptile animæ viventis, et volatile volet super terram.* C'est donc une erreur de traduire, comme on le fait généralement : « Que les eaux *produisent* des animaux vivants qui nagent dans l'eau et des *oiseaux....* » Ni les poissons, ni les oiseaux n'ont été *produits* par les eaux. Le mot hébreu שָׁרַץ (*charats*) signifie *ramper* et non point *produire.* Il faudrait donc traduire littéralement « Que les eaux *rampent d'animaux rampants,* » ou, avec plus d'élégance : « Que les eaux *fourmillent* d'animaux, *abondent* en animaux vivants qui rampent dans l'eau, et que les oiseaux *volent* sur la terre. » Quelques commentateurs, préoccupés à tort des découvertes géologiques, ont cru qu'il s'agissait ici, non des poissons, mais des reptiles proprement dits. Sans doute, le mot hébreu שֶׁרֶץ (*chérets*) a les deux sens ; mais le contexte montre clairement qu'il s'agit ici des animaux aquatiques. Nous lisons, en effet, immédiatement après : « Et Dieu créa les monstres marins (*cetos magnos, belluas marinas,* d'après Gesenius), et tous les animaux vivants qui rampent dans l'eau. » Plus loin (v. 26-28), Dieu dit : « Faisons l'homme... pour qu'il domine sur les poissons de la mer, et sur l'oiseau du ciel, et sur l'animal domestique, et sur toute la terre, et sur tout reptile qui rampe sur la terre. Et Dieu créa l'homme, et il les créa mâle et femelle, et il leur dit :... Dominez sur les poissons de la mer, et sur l'oiseau du ciel, et sur toute bête qui rampe sur la terre. » Dans ces passages, les animaux sont évidemment mentionnés dans l'ordre où ils furent créés. Or, les poissons et autres animaux aquatiques viennent avant les oiseaux qui, de l'avis de tous, appartiennent au cinquième jour. Donc, les poissons furent aussi créés le cinquième jour. La création des reptiles exclusivement terrestres est renvoyée au sixième, et nous verrons (*note* K) que sur ce point, comme sur tous les autres, il y a accord frappant entre la science et la Bible. (*Note du trad.*)

cité, « eut, comme le premier, ses herbes et ses plantes ; mais elles étaient beaucoup moins luxuriantes et beaucoup moins remarquables qu'à l'époque précédente, et ne formaient plus le caractère principal, le trait dominant de la création à laquelle elles appartenaient. Cette période eut aussi ses coraux, ses crustacés, ses mollusques, ses poissons, et même, — car il y en a des exemples peu nombreux, — ses petits mammifères. Mais les grandes existences de cet âge, existences par lesquelles il dépasse toute autre création antérieure ou postérieure, furent ses énormes reptiles, ses monstres marins et aussi ses gigantesques oiseaux dont on retrouve l'empreinte des pieds gravée sur les roches. Ce fut tout particulièrement le règne des animaux ovipares ailés ou non. De prodigieux animaux, assez semblables à nos baleines, mais pourtant de la classe des reptiles, des ichthyosaures, des plésiosaures et des cétiosaures, durent s'agiter dans les profondeurs de la mer ; des lézards et des crocodiles, tels que le téléosaure, le mégalosaure, l'iguanodon, animaux dont quelques-uns dépassaient en hauteur et surtout en grosseur l'éléphant actuel, ont dû peupler les plaines et hanter par myriades les rivières de ce temps, et nous savons que l'empreinte des pieds de certains oiseaux de la même époque est au moins deux fois aussi étendue que celle du cheval ou du chameau. Il est donc manifeste que la seconde période des géologues fut particulièrement une période d'énormes reptiles marins et terrestres et de nombreux oiseaux d'une taille parfois gigantesque (1) ».

Il est écrit enfin que le sixième jour Dieu dit : « Que la terre produise des animaux vivants, chacun selon son espèce ;

____

(1) *Testimony of the Rocks*, p. 126.

les animaux domestiques, les reptiles (1) et les bêtes sauvages, selon leurs différentes espèces. Et il fut ainsi. Et Dieu fit les bêtes sauvages selon leurs différentes espèces, et les animaux domestiques, et tous ceux qui rampent sur la terre, chacun selon son espèce. Et Dieu vit que cela était bon (2). » Là encore, la géologie confirme la vérité du récit inspiré et vient compléter les détails de cette description. « La période tertiaire, continue Hugues Miller, eut aussi sa classe particulière d'existences. Sa flore ne semble pas avoir été plus remarquable que la flore actuelle ; ses reptiles jouent un rôle très-secondaire ; mais ses animaux terrestres furent alors plus développés, tant en grandeur qu'en nombre, qu'ils ne l'ont jamais été. Ses mammouths et ses mastodontes, ses rhinocéros et ses hippopotames, ses énormes dinotherium et megatherium égalèrent au moins en grosseur les plus grands mammifères de l'époque actuelle et les dépassèrent de beaucoup en nombre. Les restes de l'un de ces éléphants (*l'Élephas primigenius*) sont encore si abondants au milieu des plages glacées de la Sibérie, qu'ils ont donné lieu à ce qu'on a appelé avec assez de raison des *carrières d'ivoire*, carrières exploitées depuis plus d'un siècle. Notre propre pays a été, comme nous l'avons déjà dit, habité pendant de longs âges par cet éléphant qui y a laissé ses os et ses dents en telle abondance qu'on rencontre à peine dans le royaume un musée local qui n'en ait des échantillons extraits des dépôts post-pliocènes du voisinage. Et à cet ancien éléphant se trouvent fréquemment associés, dans la Grande-Bretagne, aussi bien que dans les régions septentrionales du globe, en général, beaucoup d'autres mammifères

(1) Voir la note K, fin du volume.
(2) Genèse, I, 24-25.

d'une taille correspondante. « Elle fut réellement grande, dit
« un naturaliste anglais, la faune des îles Britanniques en ces
« anciens jours. Des tigres aussi forts que les plus fortes es-
« pèces de l'Asie se cachaient dans les buissons ; des éléphants
« presque deux fois plus grands que ceux qui vivent actuel-
« lement en Afrique ou à Ceylan, erraient en nombreux trou-
« peaux ; au moins deux espèces de rhinocéros se frayaient leur
« chemin à travers les forêts primitives ; et les lacs et les rivières
« étaient hantés par des hippopotames qui, par leur taille et les
« défenses dont ils étaient armés, égalaient ceux d'Afrique. »
L'ours et l'hyène des cavernes , tous les deux remarquables par
leur grandeur, appartenaient à un même groupe formidable,
ainsi que deux espèces au moins de bœufs gigantesques, un
cheval de taille plus petite et un élan qui mesurait en hauteur
plus de trois mètres. Vraiment, cette époque tertiaire, — la troisième et la dernière des périodes géologiques, — fut tout particulièrement l'âge des grands « animaux sauvages, selon leurs diffé-
« rentes espèces, et des animaux domestiques, chacun selon son
« espèce (1) ».

On nous dira peut-être qu'il y a six jours d'assignés pour
l'œuvre de la création dans le récit mosaïque et que nous n'en
avons mentionné que trois. Qu'on se souvienne, cependant, que
la géologie ne prétend pas donner une histoire complète de
notre globe. Elle ne peut qu'exposer à nos yeux les événements
qui ont laissé leur empreinte indélébile gravée sur les roches
qui composent l'écorce terrestre. Les géologues ont essayé de
ramener ces événements à un système chronologique, et dans
la poursuite de ce système ils ont été guidés presque exclusi-

____

(1) *Testimony of the Rocks*, p. 127-128.

vement par les restes organiques. On ne doit donc pas s'attendre à trouver, dans la chronologie géologique, une période spéciale dans laquelle la lumière ait été créée ; une autre, dans laquelle le firmament ait été étendu sur la terre; une troisième, dans laquelle le soleil, la lune et les étoiles aient fait leur apparition à la voûte du ciel. De tels phénomènes eurent, il est vrai, une très-grande importance sur les conditions physiques de notre globe. Mais ils doivent occuper une place très-secondaire dans les annales de la géologie, si même ils y ont une place. Ce qui constitue principalement l'étude du géologue et ce qui le guide dans la distribution des temps géologiques, ce sont les restes fossiles enfermés dans ces couches et la nature même de ces couches.

Nous remarquerons de plus que le plan de chronologie des géologues nous fournit un espace abondant pour tous les jours mosaïques et pour chacun d'eux. Qu'on suppose pour un instant que la période carbonifère corresponde avec le troisième jour du récit sacré. Les périodes antérieures de l'époque paléozoïque correspondront alors au premier et au second jour de l'Écriture, et la formation permienne, qui se place entre la période carbonifère et l'époque secondaire, pourra être considérée comme correspondant au quatrième jour de l'Écriture. Le tableau placé à la page suivante rendra plus intelligible pour le commun des lecteurs cet essai d'adaptation des jours mosaïques aux périodes géologiques (1).

Le lecteur ne doit pas trouver mauvais que dans cette distribution des jours mosaïques, quatre sur six soient réunis dans une seule époque géologique, tandis que chacun des deux autres

____

(1) Voir la note L, fin du volume.

correspond à une période entière. Si les jours de la création ont été des périodes indéterminées, il n'y a aucune difficulté à supposer que l'un ait pu correspondre à un intervalle plus long, l'autre à un intervalle plus court dans l'histoire de notre planète. Du reste, notre plan de distribution n'implique même pas nécessairement que les jours mosaïques aient été des périodes d'inégale longueur. Les géologues ne prétendent pas qu'il y ait égalité même

JOURS.	PÉRIODES.	ÉPOQUES.
JOUR DU REPOS DE DIEU.	RÉCENTE.	HISTORIQUE.
SIXIÈME JOUR MOSAÏQUE.	POST-PLIOCÈNE. PLIOCÈNE. MIOCÈNE. ÉOCÈNE.	TERTIAIRE. OU AGE CÉNOZOÏQUE.
CINQUIÈME JOUR MOSAÏQUE.	CRÉTACÉE. JURASSIQUE. TRIASIQUE.	SECONDAIRE OU AGE MÉSOSOÏQUE.
QUATRIÈME JOUR MOSAÏQUE. TROISIÈME JOUR MOSAÏQUE. PREMIER ET SECOND JOURS MOSAÏQUES.	PERMIENNE. CARBONIFÈRE. DÉVONIENNE. SILURIENNE. CAMBRIENNE. LAURENTIENNE.	PRIMAIRE OU AGE PALÉOZOÏQUE.

approximative entre les différentes divisions des temps géologiques. Les trois grandes époques se distinguent l'une de l'autre en raison des différences très-marquées qu'on a observées dans le caractère des fossiles. Quant à la multiplication des périodes à chaque époque, elle paraît dépendre plutôt du degré de perfection avec laquelle les couches de cet âge ont été examinées que d'aucune conjecture touchant la longueur probable de sa durée. Ainsi, d'après sir Charles Lyell, autant que l'état actuel de la science permet de se former une opinion à ce sujet, chacune des périodes de l'âge paléozoïque aurait été aussi longue que toutes les périodes de l'âge tertiaire réunies (1).

Mais il y a une autre objection plus sérieuse contre notre hypothèse. Il a été observé plus d'une fois que les périodes géologiques ne peuvent se concilier avec les jours de la Genèse, même en ce qui regarde l'histoire de la vie organique. Selon le récit biblique, en effet, nulle vie organique n'apparut sur la terre avant le troisième jour. Or, le troisième jour de l'Écriture correspond dans notre plan à la période géologique carbonifère, et il est abondamment prouvé par les fossiles des formations dévonienne, silurienne et cambrienne, que la vie organique — végétale et animale exista sur la terre pendant de longs siècles avant le commencement de la période carbonifère. On prétend même communément maintenant, depuis la découverte du fameux *eozoon canadense* (2), le plus vieux fossile connu, que la vie existait déjà pendant le dépôt des terrains laurentiens, la plus ancienne de toutes les formations stratifiées. De plus, dans le récit mosaïque, les poissons sont représentés comme ayant été créés seulement le cinquième jour, lequel, selon nous, correspond à l'époque secondaire de la géologie; or, les archives géologiques nous montrent les poissons jusque dans la période silurienne, qui est une des premières de l'époque primaire. Ces considérations et diverses autres de même nature ont été regardées par d'éminents écrivains comme tout à fait fatales pour l'hypothèse que nous défendons.

(1) *Éléments de Géologie.*

(2) Nous avons déjà dit que l'existence de ce fossile était plus que contestable. (*Note du trad.*)

Pour nous, des différences de ce genre ne constituent point une contradiction entre les deux relations. L'écrivain sacré dit bien, sans doute, que le troisième jour, Dieu créa les plantes et les arbres, mais il ne nous dit point ni expressément, ni autrement, que, avant le troisième jour, la terre fût privée de végétation. Nous lisons encore que les reptiles, les poissons et les oiseaux furent créés le cinquième jour. Mais il n'y a rien dans le langage de l'écrivain inspiré qui conduise à croire que ces diverses classes d'animaux ne furent pas représentées avant ce temps par des espèces nombreuses et variées, bien que ce ne fut probablement que le cinquième jour qu'elles se développèrent en nombre d'une façon aussi extraordinaire et qu'elles prirent des proportions aussi gigantesques, de manière à devenir l'objet le plus remarquable de la création.

Le premier chapitre de la Genèse n'est qu'un exposé sommaire d'une série extraordinairement vaste d'événements. Ce n'est rien de plus qu'une rapide esquisse dans laquelle on découvre, comme à vol d'oiseau, les principaux faits de l'histoire de la création. Rappelons-nous aussi qu'il fut écrit dans un but particulier. Le dessein de l'écrivain sacré était manifestement de graver dans les esprits du peuple juif, naturellement enclin à l'idolâtrie, l'existence d'un Être suprême qui a fait toutes choses. On s'attend dès lors naturellement à ce que, parmi la variété infinie des œuvres de Dieu, il fasse choix de celles qui pouvaient le plus frapper l'esprit d'étonnement et de crainte et inspirer à un peuple inculte et grossier une idée de la souveraine puissance du grand Créateur. Or, les zoophytes, les graphtolites et les trilobites des périodes dévonienne et silurienne, quelque curieux et intéressants qu'ils soient pour des hommes de science, n'auraient eu qu'une bien petite signification pour le peuple juif.

Supposons que ces humbles formes de la vie animale aient de fait existé pendant le premier et le second jour du récit mosaïque, est-il étonnant que l'écrivain inspiré, guidé par le Saint-Esprit, les ait passées sous silence et ait préféré rapporter d'autres faits plus frappants : par exemple, que sur l'ordre de Dieu, la lumière jaillit du sein des ténèbres et que le bleu firmament du ciel fut étendu sur la vaste solitude des eaux ?

Nous disons donc que les événements qui sont simplement laissés de côté par l'écrivain sacré peuvent pourtant être vrais (1); qu'il nous décrit non toutes les œuvres de la création, ce qui eût été une tâche sans fin, mais seulement les objets les plus remarquables de chaque période successive, et qu'il les esquisse très-probablement tels qu'ils eussent apparu à l'œil de l'observateur, s'il y avait eu alors sur la terre quelqu'un pour les observer. Cette idée admise, on peut parfaitement, tout en restant d'accord avec l'Écriture, supposer que les plantes ont pu exister avant le troisième jour et les poissons avant le cinquième. Seulement, chaque jour se fût successivement fait remarquer de l'observateur par les événements rapportés dans le récit mosaïque. Mais chaque jour, aussi, aurait été témoin de beaucoup d'autres événements non mentionnés par Moïse et dont les vestiges se seraient conservés jusqu'à nous dans l'écorce terrestre.

Avouons-le, cependant, cette façon d'adapter et de concilier les périodes géologiques avec les jours mosaïques peut se défendre comme une hypothèse légitime, mais on ne peut la donner comme une vérité établie. Tous les travaux géologiques qui ont paru jusqu'ici ne représentent qu'un tout petit fragment de

____

(1) « Aliquid esse a Deo conditum, de quo sileat liber Genesis, nihil repugnat. » (Saint Augustin, *Confess.*, lib. XII, cap. XXII.)

l'histoire de la terre. Chaque année ajoute à la série des faits déjà accumulés. Et il n'est pas besoin de beaucoup réfléchir pour comprendre qu'une hypothèse peut très-bien être d'accord avec les connaissances que nous possédons aujourd'hui et se trouver en désaccord avec celles que nous posséderons demain. Ce que nous avons donc à faire, c'est de suspendre notre jugement et d'attendre la suite des événements. Il peut se faire que les découvertes géologiques portent à la lumière de nouveaux points d'harmonie entre les jours de la Genèse et les périodes géologiques ; il se peut aussi qu'elles démontrent qu'une telle harmonie n'existe pas. Il nous suffit à nous d'avoir montré que cette hypothèse est compatible, d'un côté, avec l'histoire de la Genèse, de l'autre, avec les découvertes actuelles de la géologie ; et que, dès lors, on peut l'adopter, dans l'état actuel de nos connaissances, comme un moyen légitime de concilier les conclusions certaines de cette science avec les vérités révélées.

Nous avons ainsi deux systèmes distincts d'interprétation, selon lesquels la prodigieuse ancienneté de la terre, affirmée par la géologie, peut très-bien se mettre en harmonie avec l'histoire de la création, rapportée dans l'Écriture. L'un place un intervalle d'une durée incalculable entre la création du ciel et de la terre et l'œuvre des six jours ; l'autre suppose que chacun de ces six jours a été lui-même une période d'une longueur indéterminée. Nous ne pouvons, il est vrai, établir la vérité de l'un ou l'autre de ces systèmes ; mais nous avons essayé de montrer que ni l'un ni l'autre n'est en opposition avec le langage du texte sacré. D'un autre côté, lorsque nous examinons les faits géologiques, nous ne voyons pas de raison décisive de préférer l'un à l'autre. Chaque mode d'interprétation semble en lui-même parfaitement suffisant pour satisfaire aux exigences actuelles de la géologie ; car, d'après l'une et l'autre. interprétation, le récit biblique permet de supposer un temps sans limite dans l'histoire du globe ; or, ce temps sans limite, c'est précisément ce que demande la géologie. Nous pouvons donc dire à ce sujet ce que disait autrefois saint Augustin, en parlant des diverses interprétations que permet le texte de la Genèse : « Que chacun choisisse de son mieux ; seulement qu'il n'affirme point témérairement comme connu ce qui est inconnu, et qu'il se souvienne qu'il n'est qu'un homme essayant de pénétrer, dans la mesure de son pouvoir, les œuvres de Dieu (1). »

Il ne faut pas supposer que, d'après nous, l'écrivain sacré, en composant son récit de la création, ait eu présentes à l'esprit ces vastes périodes géologiques dont nous avons tant parlé dans le cours de ce volume (2). Une telle opinion n'entre pas dans notre système. Nous ne voyons aucune bonne raison de croire que l'auteur de la Genèse a été spécialement éclairé du ciel au

---

(1) Appendice XLVII.

(2) Sans doute, nous ne voyons pas de nécessité à ce que Moïse ait eu une idée exacte des faits qu'il rapporte. Nous croyons cependant qu'il eut connaissance de la longue durée des jours génésiaques. Nous avons dit ailleurs pour quelle raison (*note J*). Il est probable, du reste, que les connaissances de Moïse étaient beaucoup plus étendues, et qu'il y a dans la Bible beaucoup plus de science qu'on ne l'a cru jusqu'ici. C'est l'opinion que M. l'abbé Choyer émet et soutient dans son savant opuscule intitulé la *Théorie géogénique et la science des anciens*. C'est aussi, — nous sommes autorisé à le dire, — l'idée que M. l'abbé Moigno se propose de faire ressortir dans son ouvrage impatiemment attendu, les *Splendeurs de la Foi*. Ajoutons que les progrès des sciences humaines et de l'exégèse biblique ne font que confirmer de plus en plus cette manière de voir. (*Note du trad.*)

sujet des terrains stratifiés et des restes fossiles, des soulèvements et des dénudations, de l'action volcanique et de la chaleur
souterraine. Ce sont là des matières des sciences physiques et
non des sciences religieuses, et il nous semble plus dans l'ordre
de la Providence d'abandonner la découverte de ces sortes de
choses à l'industrie et au génie de l'homme : « *Cuncta fecit bona
in tempore suo, et mundum tradidit disputationi eorum* (1). »

Nous maintenons donc simplement que l'écrivain sacré
rapporta fidèlement, en un langage approprié aux idées de son
temps, cette portion de révélation qui lui fut confiée, et que
dans l'accomplissement de sa tâche, il fit un tel choix de mots
et de phrases, sous la direction du Saint-Esprit à qui toute
vérité est présente, qu'il exposa clairement les faits qui lui
furent révélés sans commettre d'erreur au sujet de ceux qu'il
ignorait. Le langage est le langage des hommes, mais la voix
qui parle est la voix de Dieu. Et c'est ainsi qu'il arrive que cette
histoire mosaïque, lorsqu'on l'examine de près et suivant les
règles ordinaires du langage, se trouve à tous les âges s'accom-
moder, avec une simplicité tout à fait inattendue, à ces nouvelles
et merveilleuses manifestations de la toute-puissance divine que
chaque science humaine met à son tour en lumière.

Avant de quitter notre sujet, nous voulons faire part à nos
lecteurs d'une simple réflexion que l'on perd quelquefois de vue
dans le cours de la discussion. Le récit mosaïque de la création
est seul resté debout. Il n'a ni rivaux ni compétiteurs. Tout autre
essai relatif à l'explication de l'origine du monde et de la race
humaine se trouve réfuté par son extravagance intrinsèque et son
absurdité. Les nations les plus sages de l'antiquité ne purent

____

(1) Ecclésiaste, III, 11.

découvrir cette grande vérité fondamentale que l'on remarque en tête du premier chapitre de la Genèse , qu'il y a un Dieu qui a fait toutes choses. Les philosophes de la Chaldée furent familiers avec le cours des astres et purent prédire les éclipses de soleil (1) et de lune. Mais les philosophes de la Chaldée ne surent pas s'élever de la contemplation des créatures à la connaissance du Créateur : les créatures elles-mêmes furent les dieux auxquels la Chaldée rendit un culte. L'Égypte eut assez de grandeur d'esprit pour concevoir l'idée des pyramides, d'habileté pour former le plan de leur construction, et de force de bras pour élever en piles immenses d'énormes blocs. Mais l'Égypte éleva des temples à la rivière qui arrose sa plaine et offrit des sacrifices à l'animal qui rampe sur la terre et à la bête qui paît dans les champs. En Grèce, l'esprit humain prit son vol le plus haut et domina les plus beaux et les plus larges champs de la pensée. Sans égale parmi les nations, la Grèce fut la maîtresse des arts, la source du goût le plus raffiné, le centre de la puissance intellectuelle, la grande nourrice du génie humain. Ses écoles de philosophie ont influencé et conduit à une merveilleuse extension les pensées et les spéculations de tous les temps postérieurs. Le chant de son immortel barde a enflammé l'imagination du poëte à chaque génération et enrichi son esprit d'éclatantes images. Les orateurs et les hommes d'État aiment encore à copier les sentiments élevés, la gracieuse diction, les périodes coulantes de sa riche éloquence. Les artistes de tout climat s'extasient de-

____

(1) C'est une erreur. La science des Chaldéens n'alla point jusqu'à préd re les éclipses de soleil. M. Th. H. Martin l'a démontré dans l'un de ses savants mémoires qui lui ont ouvert les portes de l'Institut. — Voir spécialement son *Mémoire sur la Précession des équinoxes* dans l'antiquité. (Acad. des sc. mor., 1869.)

vant la beauté et la majesté de ses marbres sculptés. Mais la Grèce, la noble Grèce ne connaissait pas le Dieu qui lui donnait tous les biens dont elle était si hautement favorisée. Elle se forma des dieux et des déesses à sa fantaisie et leur partagea l'univers. Jupiter lança ses foudres du sein des nuages : Neptune gouverna la mer; Pluton brandit le sceptre des régions infernales; Minerve fut la déesse de la sagesse; Vulcain fut le dieu du feu; Apollon, le Dieu de la musique. Bien plus, les infirmités et les vices de la nature humaine furent personnifiés sous des noms de divinités et honorés d'un culte dans le panthéon des dieux. Rome aussi, la dominatrice du monde, eut ses philosophes, ses orateurs, ses poëtes et ses sculpteurs, dont les œuvres charment et instruisent encore l'humanité. Rome, pourtant, ne fit pas exception à l'état général du monde païen. Comme la Grèce, elle eut sa longue série de dieux et de déesses, avec leurs mesquines jalousies, leur humeur vindicative, leurs passions abjectes. Seule, parmi toutes les mythologies et toutes les cosmogonies des nations anciennes, l'histoire du législateur hébreu s'élève au-dessus des sottes et grossières spéculations des hommes. Elle seule proclame à l'humanité ce que la philosophie et la science, abandonnées à elles-mêmes, n'ont jamais pu enseigner : que, au commencement, Dieu créa le ciel et la terre ; que les plantes et les animaux, l'océan et les éléments, le soleil, la lune et les étoiles, l'homme lui-même et tout ce qui réjouit l'œil, charme l'oreille et remplit l'esprit, sont ses créatures, et qu'il n'est point d'autre Dieu que lui. Comment supposer, dès lors, que ce récit sacré, si évidemment marqué au coin de son divin auteur, puisse se trouver en contradiction avec les vérités de la science, ou plutôt, disons-le, avec ces minces fragments de vérité, ces miettes de connaissance tombées de la table de notre Père céleste, qu'il est donné à l'homme de recueillir ici-bas avec beaucoup de peine et qui excitent ses désirs sans satisfaire sa faim?

Nous devons nous arrêter ici, pour le moment. Une autre fois, peut-être, si les circonstances le permettent, nous reviendrons sur ce sujet, et reprenant la seconde branche de la controverse, nous examinerons les découvertes récentes de la géologie dans leur rapport avec l'enseignement de la Bible en ce qui regarde l'ancienneté de la race humaine.

NOTES DU TRADUCTEUR

NOTE A. — p. 17.

La pression exercée par les couches supérieures sur la masse interne
ne nous semble pas constituer une objection sérieuse à l'hypothèse du
feu central. Cette pression peut bien, il est vrai, hâter la solidification
de la matière incandescente en élévant, dans une certaine limite, son
point de fusion, mais elle ne saurait lutter longtemps contre la température qui, à une profondeur de 60 kilomètres, doit être déjà de
2,000°, en supposant qu'elle s'accroisse constamment d'un degré par
30 mètres. Or, cette température est plus que suffisante pour opérer la
fusion de toutes les roches connues, même en tenant compte de la pression. On a calculé, en effet, que le point de fusion s'élève de 4° environ par pression de cent atmosphères. On sait, d'autre part, que le
granite se liquéfie à la surface du sol à une température qui ne dépasse
pas 1,300°. Il suffit dès lors d'un calcul bien simple pour démontrer
que le granite doit entrer en fusion vers 60 kilomètres de profondeur,
en supposant que la densité moyenne des roches qui composent l'écorce
terrestre soit trois fois celle de l'eau.

Il est une autre difficulté plus spécieuse, sinon plus sérieuse. On objecte que la lune et le soleil devraient agir sur la masse fluide qui constitue le noyau terrestre, comme ils agissent sur les eaux de nos mers ;
qu'ils devraient y déterminer des marées, et que ces marées ne pourraient manquer de briser l'écorce du globe. — Nous avouons qu'il y a
des marées à l'intérieur de la terre. La coïncidence fréquente (est-ce
assez dire?) des tremblements de terre avec les syzygies vient confirmer cette hypothèse. Mais nous nions qu'elles puissent produire l'effet qu'on leur attribue. On a calculé que l'attraction combinée du soleil
et de la lune peut déterminer dans la masse en fusion une élévation ou
un déplacement d'un mètre au plus. Or, la densité moyenne du liquide
étant évaluée à 5 1/2, c'est une pression de 5,500 kilogrammes par
mètre carré qui est ainsi exercée sur l'écorce solide, pression tout à
fait insuffisante pour briser l'enveloppe terrestre. Il est vrai que cette
enveloppe n'a pas toujours eu son épaisseur actuelle ; mais si elle était

à l'origine moins épaisse et moins solide, elle était aussi plus souple et plus flexible. Elle pouvait se plier plus aisément, sans se rompre tout à fait, aux ondulations de la masse interne. L'irrégularité que l'on observe dans les terrains primitifs nous dit assez cependant que les brisements et les ruptures de la croûte solide durent être alors extrêmement fréquents.

L'hypothèse du feu central ou de l'incandescence du noyau terrestre rend compte de tous les faits et répond à toutes les objections. L'auteur a eu raison, néanmoins, de faire ses restrictions et de ne pas la donner comme une vérité établie. Il est, en effet, une autre théorie, bien moins connue, il est vrai, et bien moins communément adoptée, quoiqu'elle ait pour elle toute l'autorité de Davy et d'Ampère : c'est celle qui attribue les phénomènes cosmologiques des volcans et des tremblements de terre à l'action des forces chimiques, à un grand travail d'oxydation qui se ferait lentement à l'intérieur du globe. Nous ne voulons ni exposer, ni apprécier cette hypothèse. Disons seulement que si elle explique admirablement les éruptions volcaniques, elle ne rend pas facilement raison des grands soulèvements.

———

Note B. — p. 76.

—

L'existence de la période glaciaire étant aujourd'hui un *fait* universellement admis, il est intéressant de rechercher quelle a pu en être la cause.

Quelques géologues l'ont attribuée à de simples modifications dans l'état hygrométrique de l'air, à l'abondance de la vapeur d'eau répandue dans l'atmosphère, et ils ont expliqué cet excès d'humidité par la présence d'une vaste mer qui eût recouvert en grande partie l'Afrique septentrionale. Dans cette supposition, en effet, les vents qui nous arrivent aujourd'hui de cette région plus ou moins desséchés nous seraient alors parvenus chargés d'humidité : de là les neiges et les glaces de l'époque quaternaire. Mais cette cause, suffisante peut-être pour expliquer le développement des glaciers dans une contrée restreinte, ne saurait rendre compte de l'immense extension qu'ont acquise ceux qui ont donné leur nom à la dernière période de l'histoire du globe. Ici, en effet, ce n'est pas une seule contrée qui est envahie par les glaces;

c'est l'Europe septentrionale tout entière, c'est l'Amérique du nord elle-même, ou, pour mieux dire, c'est tout l'hémisphère boréal. Or il est difficile d'admettre qu'une aussi faible cause puisse produire des effets aussi étendus. C'est l'avis de M. de Quatrefages. « Elle ne rend nullement compte, dit le savant naturaliste, de la présence dans les anciennes mers de l'Angleterre et de la Suède méridionale de mollusques qui ne vivent actuellement que dans les mers polaires (1). » Il faut donc chercher ailleurs une cause plus générale. Or cette cause ne saurait consister que dans un abaissement réel de la température.

Il n'est pas besoin du reste pour expliquer les phénomènes de l'époque glaciaire de recourir à un refroidissement bien considérable. La prodigieuse extension des anciens glaciers semble accuser au premier abord un climat extraordinairement rigoureux, une période de froid extrêmement intense. Il n'en est rien cependant. S'il faut en croire un savant météorologiste français, M. Charles Martins, un abaissement de quatre degrés dans la température moyenne suffirait pour expliquer tous les phénomènes glaciaires des Alpes. Dans ces conditions, en effet, les glaciers qui descendent aujourd'hui à 1,150 mètres d'altitude aux environs de Chamounix recouvriraient toute la plaine suisse, de façon à venir butter contre le Jura et à déposer sur ses flancs les blocs et détritus de toute nature qui constituent les *moraines.* Il n'est donc nullement besoin, on le voit, pour expliquer le transport des *blocs erratiques* du Jura, d'avoir recours, comme l'ont fait quelques géologues, à l'action des glaces flottantes. Il s'explique par un léger abaissement de la température. Mais si léger qu'il soit, ce refroidissement, qui s'est étendu à tout un hémisphère, a eu sa *cause* qu'il n'est peut-être pas impossible de retrouver.

Sans entrer ici dans tous les détails que comporte cette question, nous dirons cependant que cet abaissement de la température nous semble devoir être attribué à un phénomène astronomique, au déplacement lent du périhélie de la terre, déplacement qui a pour cause *principale* la précession des équinoxes et pour résultat l'inégalité dans la durée des saisons. Actuellement, en effet, les étés (2) de notre hémisphère septentrional, coïncidant avec la plus grande distance du soleil

(1) *Journal des savants*, 1871.

(2) Par ce mot nous entendons ici la *saison chaude*, c'est-à-dire le printemps et l'*été* proprement dit, de même que par le mot *hiver* nous entendons toute la *saison froide*, c'est-à-dire l'espace de temps qui sépare l'équinoxe d'automne de l'équinoxe du printemps. Ainsi compris, l'été de notre hémisphère est aujourd'hui plus long de 7 jours et 8 heures que l'hiver. Il l'était davantage encore en l'an 1248 de notre ère, époque où le périhélie de la terre coïncidait avec le solstice d'hiver.

ou l'aphélie, sont de quelques jours plus longs que nos hivers ; — car la terre est animée d'un mouvement d'autant plus rapide qu'elle est plus rapprochée du soleil. — Il en résulte que la chaleur s'accumulant pour ainsi dire d'année en année dans nos régions, la température y est beaucoup plus élevée, indépendamment de toute autre cause, qu'elle ne l'est à la même latitude de l'hémisphère méridional. Mais il y a quelque dix mille ans, c'était tout le contraire qui avait lieu. Le périhélie de la terre coïncidait alors avec notre été ; la saison des chaleurs avait en conséquence moins de durée : de là un abaissement notable de la température qui eut pour résultat l'accumulation des neiges et des glaces. Cet immense hiver, que l'on pourrait appeler *équinoxial*, par allusion à sa cause, et qui n'est autre, selon nous, que la période glaciaire, a dû se terminer par la fusion lente des glaces dans les siècles qui ont précédé notre ère. C'est du moins à cette date que l'on est conduit si l'on assimile, d'une part, l'immense révolution causée par le déplacement du périhélie de la terre à notre année ordinaire, et, de l'autre, la fonte des neiges de la période glaciaire à la fonte annuelle des neiges de nos montagnes.

— Les lignes qui précèdent, insérées dans la première édition de ce livre, nous ont valu d'honorables critiques. L'un de nos contradicteurs, — savant bien connu, membre éminent de l'Institut, — s'appuie pour combattre notre explication de la période glaciaire par le déplacement du périhélie de la terre, sur les deux raisons qui suivent et que nous reproduisons *in extenso*, telles qu'il a bien voulu nous les communiquer :

« 1. Lorsque la terre passait à son périhélie pendant notre été et à son aphélie pendant notre hiver, la température moyenne en nos contrées ne devait pas être plus basse que maintenant, du moins pour cette raison ; car si nos hivers plus longs de très-peu de jours seulement que nos étés à cette époque devaient en même temps être plus rigoureux qu'aujourd'hui à cause de la distance du soleil plus grande alors en cette saison, en revanche, nos étés, plus courts alors de très-peu de jours seulement que nos hivers, auraient dû être plus chauds que maintenant, à cause de la distance moindre du soleil, dont la puissance calorifique sur une surface donnée est en raison inverse du carré de sa distance. Ainsi les chaleurs plus fortes des étés auraient dû fondre l'excès de glace produit par la rigueur plus grande des hivers. — 2. Si l'explication proposée était vraie, au lieu d'une époque glaciaire pour nos contrées, il aurait dû y en avoir autant que de périodes de 20,900 ans environ, périodes très-courtes par rapport à l'immense durée du dernier seulement des âges géologiques, de l'âge tertiaire, physiquement analogue à l'âge actuel. Si cette même explication était vraie, elle donnerait pour les âges géologiques un chronomètre exact. Mais ce chronomètre me paraît aussi chimérique que ceux qu'on a demandés à l'hypothèse d'après laquelle les causes actuelles et leurs effets auraient agi avec une intensité toujours constante et uniforme pendant les âges géologiques comme pendant les époques historiques (hypothèse si bien réfutée dans la note D du traducteur). »

Telles sont les considérations que fait valoir notre éminent contradicteur pour rejeter notre explication de la période glaciaire. Elles peuvent au premier abord paraître assez convaincantes. Cependant, si on les examine de près, l'on s'aperçoit bientôt que loin de rien ôter à la valeur de notre explication, elles ne font que la confirmer. Aussi persistons-nous à la maintenir, sinon comme vraie, du moins comme plus acceptable que toutes celles qui ont été proposées jusqu'ici pour rendre compte de l'extension des anciens glaciers.

Nous répondrons d'abord à la première objection, la seule sérieuse.

Pour établir que le déplacement du périhélie de la terre et sa conséquence, la variation dans la durée des saisons, ne sont point sans influence sur la température moyenne d'une contrée, il suffirait de citer l'état actuel de la température dans l'hémisphère méridional. Là, en effet, les conditions sont celles qui existaient pour nos contrées il y a dix mille ans. L'été est la saison la plus courte et il coïncide avec le périhélie de la terre, c'est-à-dire avec le moment où le soleil est le plus rapproché de notre planète. Aussi trouvons-nous dans cet hémisphère une température moyenne généralement fort inférieure à celle que nous constatons dans le nôtre aux mêmes latitudes. Nous pouvons citer comme exemple, dans l'Amérique méridionale, la Patagonie qui, quoique située à la même latitude moyenne que la France, est renommée pour son climat extraordinairement plus froid. Personne n'ignore en outre que le pôle sud est environné par les glaces à une distance beaucoup plus grande que le pôle nord ; c'est même à cette circonstance qu'il doit d'être tout spécialement inaccessible. N'y a-t-il là qu'une coïncidence fortuite, ou bien faut-il voir dans ce froid relatif, particulier à l'hémisphère méridional, un effet de la moindre durée de l'été dans cette moitié du globe ? C'est une question que nous n'essayerons pas de résoudre. Nous préférons passer immédiatement à une réfutation plus directe de l'objection posée.

A l'époque où, contrairement à ce qui a lieu aujourd'hui, l'aphélie de la terre coïncidait avec notre hiver et le périhélie avec notre été, la quantité de chaleur (si l'on peut parler ainsi) versée *journellement* sur nos contrées, pendant cette dernière saison, était, il est vrai, plus considérable qu'elle ne l'est actuellement, en raison de la proximité alors plus grande du soleil. Mais cette élévation de la température se trouvait contrebalancée, au moins en partie, par la moindre durée de la saison chaude ; de sorte que la somme totale de chaleur reçue par notre hémisphère pendant un été devait être, à cette époque, *à peu près* ce qu'elle est de nos jours. Quant à l'hiver, il y avait entre sa température moyenne à cette époque et sa température actuelle une différence considérable que notre contradicteur reconnaît lui-même. Il était beaucoup plus froid qu'il ne l'est actuellement et cela pour deux raisons : 1° parce qu'il était plus long de quelques jours ; 2° parce que le soleil était en cette saison plus éloigné de notre globe. Il devait évidemment en résulter une différence notable dans la température moyenne de l'année. Or cette différence, se reproduisant tous les ans pendant des milliers d'années, n'a pu manquer de produire, à la longue, un refroidissement considérable qui a eu pour conséquence, selon nous, l'immense extension des glaciers de l'époque quaternaire.

Loin d'être une difficulté pour notre théorie, la proximité du soleil pendant l'été de la période glaciaire ne tend au contraire qu'à la confirmer. La chaleur, en effet, n'est pas moins indispensable que le froid pour la formation des glaciers. C'est elle qui fournit la vapeur d'eau nécessaire pour les alimenter. « Pour se produire, a dit Tyndall, la neige a besoin de sa matière première, et cette matière première, la vapeur aqueuse de l'air, est le produit direct de la chaleur (1) ». Sans chaleur il n'y aurait donc pas de vapeur d'eau, et sans vapeur d'eau il n'y aurait pas de neige et, par suite, pas de glacier. On voit comment l'objection faite à notre hypothèse tourne à son avantage.

L'élévation de la température pendant les étés de la période glaciaire dut, il est vrai, amener la fusion annuelle d'une partie des glaces. Mais cette conséquence, loin de constituer une difficulté, nous est encore favorable ; car nous savons que la période glaciaire n'a pas été caractérisée seulement par l'abaissement de la température ; elle l'a été aussi et surtout peut-être par l'abondance de ses eaux et la fréquence de ses inondations. C'est de cette époque, en effet, que datent nos dépôts diluviens et nul doute qu'ils ne doivent être attribués en grande partie

---

(1) *La chaleur considérée comme mode de mouvement,* traduction française de M. l'abbé Moigno.

aux inondations provoquées par la fusion annuelle des glaces qui recouvraient alors les régions montagneuses. Or ces phénomènes de l'époque quaternaire s'expliquent admirablement par les conditions climatériques que suppose le déplacement du périhélie de la terre. Des hivers très-froids, des étés relativement chauds : telles sont au dire des météorologistes les conditions requises pour la production rapide des glaciers. Or, ces conditions, elles ont dû exister pendant les quelques milliers d'années qui ont précédé notre ère, comme conséquence du phénomène astronomique sur lequel nous avons attiré l'attention.

Les considérations qui précèdent devraient suffire, semble-t-il, pour établir la légitimité de notre hypothèse. Qu'on nous permette cependant d'y ajouter deux mots qui feront sentir d'une façon plus saisissante peut-être la faiblesse de l'objection que l'on y fait.

Quatre raisons devaient contribuer à modifier à peu près dans un égal degré la température moyenne de nos contrées à l'époque dont il est question : 1° la durée plus considérable des hivers ; 2° la distance plus grande du soleil pendant cette saison ; 3° la moindre durée des étés ; 4° la proximité relative du soleil pendant cette dernière partie de l'année. Or de ces quatre raisons, les trois premières concouraient à abaisser la température ; la quatrième seule tendait à l'élever. Est-il admissible qu'elle ait pu contrebalancer les trois autres ? Elle a dû en contrebalancer une, il est vrai, mais une seule, la seconde ; car ces deux causes sont corrélatives. Restent donc les deux autres.

Comme la précédente, la seconde objection que l'on nous fait vient confirmer notre théorie au lieu de l'ébranler. « Si l'explication proposée était vraie, nous dit-on, au lieu d'une époque glaciaire pour nos contrées il aurait dû y en avoir autant que de périodes de 20,900 ans. » C'est en effet ce que les découvertes récentes de la géologie tendent à établir. On a signalé dans ces derniers temps les traces de deux périodes glaciaires contemporaines de l'époque quaternaire. On a cru reconnaître des vestiges semblables dans les dépôts plus anciens des temps éocènes et miocènes et même antérieurs à l'époque tertiaire. Sans vouloir attacher trop d'importance à de telles découvertes dont la signification et la véritable valeur sont difficiles à établir, on ne peut nier qu'elles ne soient favorables à l'hypothèse des périodes glaciaires *périodiques*. On comprend, du reste, combien doivent être obscures les traces laissées par de semblables phénomènes aux époques géologiques. Les roches sur lesquelles les glaciers auraient pu laisser leur empreinte sont presque toujours enfouies à une grande profondeur, ou, si on les rencontre au niveau du sol, elles ont été tellement altérées à leur surface, soit par les agents atmosphériques, soit par l'action des eaux, que les stries, sillons et autres marques vraiment caractéristiques des glaciers ont dû presque toujours disparaître.

Il convient d'ajouter que la cause à laquelle nous attribuons notre période glaciaire n'a pas dû produire dans tous les temps des effets aussi marqués, des phénomènes aussi sensibles qu'à l'époque quaternaire. Plus on remonte en effet la série des âges géologiques et plus faible devient l'action du soleil sur notre planète. Il est probable, par exemple, que jusqu'à la fin de l'époque secondaire la température, alors fort élevée, qui régnait sur la terre dut avoir sa source principale dans le globe lui-même. Il ne faudrait donc pas chercher dans les terrains de cet âge, et moins encore dans ceux de l'âge antérieur, des traces d'une période glaciaire due au déplacement du soleil. L'action calorifique exercée pas cet astre sur la terre était alors trop faible pour qu'il pût, par ses diverses positions, y déterminer des modifications notables dans la température moyenne.

Telles sont les principales raisons que l'on peut alléguer pour la défense de notre hypothèse. Nous espérons qu'elles convaincront nos contradicteurs comme elles nous ont convaincu nous-même.

Pour nous résumer et conclure, nous dirons : 1º que la moindre distance du soleil pendant l'été de la période astronomique en question dût se trouver exactement contrebalancée dans ses effets calorifiques par la distance plus grande de cet astre en hiver, et, conséquemment, qu'il ne résulta *de ce fait* aucune modification dans la température moyenne de l'année ; 2º que, dès lors, il nous était loisible de négliger cette distance, comme nous l'avions fait tout d'abord, pour arriver à connaître le climat de nos contrées pendant cette période ; 3º que pour atteindre ce but la durée seule des saisons devait être prise en considération ; 4º que cette durée moindre pour l'été, plus grande pour l'hiver, dut amener un refroidissement progressif ; 5º que la température relativement élevée des étés, loin d'être une difficulté pour notre théorie, ne fait au contraire que la confirmer, puisque, au dire des météorologistes, les alternatives de chaud et de froid sont des conditions indispensables pour la formation rapide des glaciers ; 6º enfin, que la périodicité des époques glaciaires, difficile à établir par la géologie, est néanmoins confirmée autant qu'elle peut l'être par un certain nombre de découvertes récentes.

En terminant cette trop longue note, qu'il nous soit permis de remer-

cier notre illustre contradicteur aussi bien de ses observations critiques
que des éloges flatteurs qu'il a bien voulu donner à notre travail.

Note C. — p. 192.

Ne pourrait-on pas déduire de ces dimensions considérables des yeux
de l'ichthyosaure que la lumière n'avait pas, à l'époque jurassique, l'intensité qu'elle a maintenant à la surface de la terre? Dans cette hypothèse, à quoi tenait cet obscurcissement? Sans doute à ce que l'air
n'était pas encore purifié, à ce que l'atmosphère était chargée de nuages
épais qui, peut-être, ne permettaient le plus généralement aux rayons
solaires d'arriver sur la terre qu'à l'état de lumière diffuse. Il est fort
probable, du moins, que notre planète ne fut pas éclairée autrement
pendant toute la période carbonifère. La haute température qui régnait
alors retenait, sans doute, à l'état gazeux beaucoup de matières actuellement condensées. Il en résultait des nuages extrêmement épais
qui enveloppaient tout le globe sans permettre jamais à ses habitants
de jouir directement de la vue du soleil. Cet état de choses, dont nos
plus sombres journées d'hiver peuvent nous donner une faible idée,
dut se prolonger jusqu'à la fin de la période carbonifère, c'est-à-dire
jusqu'à ce que la luxuriante végétation qui caractérise cette époque eût
épuré l'air atmosphérique en lui enlevant tout l'acide carbonique dont
elle avait besoin pour se développer. Ce ne fut qu'alors que le disque
solaire devint visible pour la terre, et c'est en ce sens, croyons-nous,
que la Bible place au quatrième *jour* seulement, c'est-à-dire à la quatrième période de la création, l'*apparition* du soleil à la voûte du firmament. Cet astre existait auparavant, et c'est de lui, sans doute, que
venait cette lumière pâle et tamisée qui présida au développement de
la faune et de la flore des premiers âges. Mais son disque ne se montra
que dans la période suivante, et probablement à de rares intervalles,
jusqu'à ce que l'épais nuage qui le masquait se fût lentement dissipé.
On conçoit dès lors que les yeux des animaux qui, comme l'ichthyosaure
et le plésiosaure, vécurent à cette époque, aient été disposés de façon
à absorber la plus grande quantité possible de cette lumière diffuse.

Note D. — p. 244.

La *vieille théorie* relative aux soulèvements est loin d'être aussi complétement abandonnée que l'auteur le suppose. Sans doute, on n'admet plus avec d'Orbigny et l'ancienne école géologique que chaque formation a été précédée et suivie d'un cataclysme tellement brusque et universel que toutes les espèces animales ont été détruites sans qu'aucune ait pu passer à la période suivante. Mais en réagissant contre cette exagération, on est tombé dans un excès opposé. On est allé jusqu'à nier toute déformation instantanée, toute dislocation subite de l'écorce terrestre. Le soulèvement des montagnes ne serait plus alors que le résultat d'un mouvement lent et continu, analogue à celui qui produit l'exhaussement de la côte de Suède.

Cette théorie, qui est celle de Lyell et de l'école géologique moderne, nous semble absolument en opposition avec les faits. Pour s'en convaincre, il suffit d'observer la disposition des couches au pied des montagnes. Si le soulèvement avait été aussi lent qu'on le prétend, les couches passeraient insensiblement de l'état horizontal à une inclinaison plus ou moins prononcée. Or, il n'en est rien. On remarque, en effet, qu'elles sont en *stratification discordante*, c'est-à-dire qu'elles sont inclinées brusquement les unes sur les autres de manière à former un angle entre elles. On répond, il est vrai, à cette objection qu'il a pu y avoir interruption dans la formation des couches, de sorte qu'aucune strate ne se fût déposée pendant le soulèvement de la montagne. Mais il n'est pas toujours possible de résoudre ainsi la difficulté; car il y a des cas où les couches en stratification discordante se succèdent immédiatement dans l'ordre chronologique. Pour s'en convaincre, il suffit de les suivre jusqu'à une certaine distance du point où elles ont été dérangées de leur position primitive; on verra bientôt la concordance de stratification se rétablir complétement et souvent même l'on trouvera ces couches tellement unies entre elles par des passages graduels qu'il sera impossible d'en nier la succession immédiate. C'est ce que l'on observe notamment dans les Vosges. Le *système du Rhin* qui a eu pour effet de redresser le *grès vosgien*, dernier étage de la formation *permienne* n'a aucunement affecté le *grès bigarré* qui ouvre la période *triasique;* et pourtant, à une faible distance, ces dépôts sont si étroitement liés ensemble que l'on ne sait ni où l'un commence ni où l'autre finit.

La théorie des *causes actuelles* se heurte encore à d'autres difficultés. Comment expliquer, par exemple, dans cette hypothèse, nos immenses et universels dépôts d'alluvions et de cailloux roulés? Ils ne peuvent résulter que de courants impétueux causés eux-mêmes par un brusque soulèvement.

Un simple coup d'œil jeté sur la carte géologique de France devrait achever de convaincre le lecteur de la fausseté de cette théorie. Si l'exhaussement et la formation des continents avaient eu la lenteur qu'on leur attribue, il n'y aurait pas entre les terrains du bassin parisien et ceux du massif breton, par exemple, la brusque transition qu'on y remarque. La mer ne se fût pas retirée avec cette soudaineté des pays primitivement occupés par elle et les périodes qui séparent la formation silurienne de la formation jurassique seraient sans doute représentées.

La théorie des causes actuelles ne repose du reste sur aucun argument sérieux. On invoque pour l'appuyer des raisons de vraisemblance fondées sur l'invariabilité des lois de la nature; on prétend, en vertu de cette invariabilité, que les phénomènes dont notre globe est aujourd'hui le théâtre s'y sont manifestés à toutes les époques de son histoire et dans un égal degré. C'est là, selon nous, un faux raisonnement. Que la nature soit régie par des lois immuables, que notre globe ait été soumis depuis son origine à des forces constantes, nous l'admettons volontiers. Mais ce qu'il nous répugne d'admettre, c'est que ces forces aient agi dans tous les temps avec une égale intensité, un même degré d'énergie.

Le globe, en effet, peut être assimilé dans une certaine mesure à un être vivant. S'il n'est pas doué d'une vie réelle il est du moins, comme lui, soumis à des lois qui tendent constamment à le modifier, le renouvellent pour ainsi sans cesse, le font passer par des états divers et finalement, sans doute, amèneront sa destruction. On a dit, en effet, des forces inorganiques auxquelles il est assujetti, qu'après avoir produit le globe en groupant les matériaux hétérogènes qui le composent, elles finiraient par le dissoudre en isolant et dispersant dans l'espace ces mêmes matériaux, absolument comme la mort désunit dans l'être organisé les éléments qui s'y étaient condensés sous l'influence vitale. Sans aller jusque-là, l'on doit au moins reconnaître que la terre, en vertu des lois qui régissent le monde inorganique, a parcouru des phases diverses correspondant aux divers âges de son histoire, en un mot qu'elle a son *évolution* propre. Or chez l'être vivant les phénomènes diffèrent avec l'âge. Ceux de la vieillesse ne sont pas ceux de l'enfance. Quoique soumis à des lois constantes, l'animal et le végétal traversent des phases différentes, et les mêmes forces organiques qui font la vie se développer et s'épanouir en provoquent plus tard l'extinction. Pourquoi en serait-il autrement dans le monde inorganique ? Pourquoi les lois qui le régissent seraient-elles plus uniformes dans leurs effets ? Ce qui se passe dans un cas doit se passer aussi dans l'autre. A des âges distincts doivent correspondre des phénomènes distincts, et, vouloir juger du passé du globe par son état actuel, ce serait vouloir juger de l'enfance de l'homme par son âge mûr, ce serait vouloir assimiler l'une à l'autre ces deux périodes de la vie humaine. Or nous savons combien elles diffèrent ; nous savons que chez l'animal les débuts de l'existence en sont aussi les moments les plus critiques. Est-ce donc aller trop loin que de prétendre, en raisonnant par analogie, que la terre, elle aussi, a été soumise, dans ses commencements, à des crises plus nombreuses et plus redoutables que celles qu'elle subit aujourd'hui ? La constance et l'invariabilité des *lois* de la vie n'entraînent ni la constance ni l'invariabilité des *phénomènes* vitaux. Il doit en être de même pour les lois naturelles qui régissent le monde inorganique, et puisque nos adversaires invoquent à l'appui de leur thèse des raisons de vraisemblance il nous est bien permis de faire observer que la vraisemblance est ici pour nous.

Nous ajouterons que les phénomènes violents, que les perturbations soudaines qui ont dû caractériser les premiers âges du globe, n'ont pas encore totalement disparu. Les tremblements de terre, si fréquents dans certaines contrées, ne nous rappellent-ils pas les grandes catastrophes des âges antérieurs ? Il n'est pas nécessaire de remonter bien haut dans l'histoire pour y constater de ces phénomènes *brusques* dont le résultat a été de modifier dans une certaine mesure le relief du globe. Les chapitres XVᵉ et XVIᵉ de cet ouvrage en contiennent d'assez nombreux exemples. Une colline de plus 130 mètres de haut, le *Monte-Nuovo*, a été formée en une seule nuit dans le voisinage de Naples. Le *Jorullo*, autre colline volcanique plus élevée encore, a surgi au Mexique dans le même laps de temps, en 1757. En une seule éruption, le volcan de l'île de Sumbawa, dans l'archipel indien, a vomi, au dire d'Herschell, une quantité de matière suffisante pour constituer trois montagnes comme celle du Mont-Blanc, en même temps qu'il a déterminé l'affaissement soudain d'une portion considérable de la côte. En 1783, l'île *Nyoë* surgit brusquement dans le voisinage de l'Islande. Une autre apparut de la même façon, en 1811 au milieu des Açores. Une troisième plus connue, l'île *Julia*, qui fit son apparition non loin de la Sicile, en 1831, atteignit en moins d'un mois une hauteur totale de 250 mètres. Le groupe des îles Santorin a été à diverses reprises le théâtre de phénomènes semblables. Le fond de la mer, dans le voisinage du Chili, a été exhaussé plus d'une fois : il l'a été spécialement en 1822 sur une surface égale à la moitié de la France. Il a été relevé encore de quelques mètres en 1837. Un double mouvement d'exhaussement et d'affaissement s'est produit aussi à l'embouchure de l'Indus, en juin 1819, sur une étendue de 5,000 kilomètres carrés. Le tremblement de terre de Lisbonne eut pour effet des changements de niveau non moins remarquables ni moins subits : l'un des quais de cette ville s'enfonça tout à coup sous la mer qui mesure aujourd'hui plus de 150 mètres de profondeur en cet endroit.

Tous ces faits, rapidement énumérés, montrent assez que le temps des convulsions subites, entraînant à la surface du sol des modifications considérables, n'est pas encore tout à fait passé pour le globe. Les géologues de la nouvelle école auraient donc tort de s'appuyer sur les faits actuels pour nier les cataclysmes des âges géologiques. C'est à une conclusion toute contraire que l'étude de ces faits devrait les conduire. Les phénomènes violents, observés dans l'espace de moins d'un siècle, devraient leur donner une idée de ceux qui ont dû se produire pendant les milliers de siècles qui nous ont précédés, alors que la terre, en voie de formation, n'avait pas pour résister à l'action des feux internes la force qu'elle possède aujourd'hui.

Ne serait-ce pas, du reste, sous l'empire de préoccupations un peu étrangères à la science que les auteurs de cette théorie auraient conçu et défendu leur système? On sait, en effet, que Lyell est l'un des partisans les plus décidés de l'extrême ancienneté de l'homme, et les raisons qu'il apporte à l'appui de sa thèse reposent toutes, au fond, sur l'hypothèse des soulèvements lents de l'écorce terrestre.

Ces quelques considérations nous semblent suffire pour prouver qu'il y a eu de véritables cataclysmes dans les âges géologiques, et que, par conséquent, il a pu y avoir parfois destruction subite d'un grand nombre d'espèces. Du reste, l'auteur semble le reconnaître lui-même en divers endroits de son livre.

Note E. — p. 275.

L'auteur n'expose pas la théorie des phénomènes volcaniques. Quelques mots combleront cette lacune.

On a longtemps admis, et nous lisons encore dans quelques ouvrages contemporains, que les volcans sont en communication directe et immédiate avec les matières liquides vraisemblablement contenues dans l'intérieur du globe. Mais c'est, selon nous, expliquer un bien petit effet par une grande cause. Qu'est-ce, par exemple, que la faible quantité de matières volcaniques vomies par un cratère, auprès de l'immense étendue du noyau central? Et pourtant, sous la pression exercée sur elles par l'écorce solide du globe, les matières liquides qui composent ce noyau devraient, semble-t-il, jaillir sans discontinuer par l'orifice qui les met en communication avec la surface, jusqu'à ce que le vide se fût produit à l'intérieur. La théorie vulgaire des volcans ne saurait, croyons-nous, résister à cette simple objection.

Mais il est, dans l'hypothèse du feu central, une autre théorie qui permet d'expliquer les phénomènes volcaniques sans avoir recours à une communication directe du cratère avec le noyau liquide incandescent. La partie inférieure de l'écorce terrestre se contracte en se solidifiant : on croit qu'elle perd environ un dixième de son volume. Il en résulte, naturellement, de longues et profondes fissures que vient remplir aussitôt la matière pâteuse. Que les eaux supérieures, pénétrant par des fissures correspondantes, viennent à se mettre en contact avec cette pâte incandescente, elles seront aussitôt transformées en vapeur, peut-être décomposées. Il est facile de se faire une idée de la force d'expansion que doit provoquer une explosion aussi soudaine. Le sol en est ébranlé, et si les roches supérieures ne présentent qu'une faible résistance, elles sont violemment brisées. On a alors le spectacle d'une éruption volcanique.

Plusieurs faits semblent confirmer cette hypothèse : 1° La plupart des volcans sont situés dans le voisinage des mers, sinon au sein même des eaux ; 2° les matières gazeuses vomies par les volcans contiennent tous les éléments de l'eau de mer et en contiennent peu d'autres ; 3° il arrive souvent que de deux volcans rapprochés, l'un est en repos pendant que l'autre est en éruption ; cette circonstance ne doit pas surprendre, si l'on admet [que les deux cratères sont en communication avec deux fissures ou filons distincts ; elle ne se comprendrait pas s'ils communiquaient directement avec la masse fluide interne ; 4° il est remarquable que les volcans sont pour la plupart situés dans le voisinage de chaînes de montagnes et de continents récemment soulevés ; or, c'est là précisément ce qui devrait arriver dans notre théorie ; un soulèvement doit, en effet, être accompagné de déchirures ou de *failles* dans lesquelles s'injecte la matière fluide.

C'est à des causes semblables que nous devons nos minerais et nos eaux minérales. L'eau pénètre dans les profondeurs de la terre, atteint quelque filon, décompose sous l'influence de la chaleur quelques-unes des matières qu'il recèle, s'en imprègne et vient les déposer à la surface du sol ou le long de son parcours à mesure qu'elle se refroidit.

Note F. — p. 292.

Les tremblements de terre purement locaux ont sans doute la même cause que les phénomènes volcaniques. Quant aux grands soulèvements qui aux divers âges géologiques ont considérablement modifié la distribution des terres et des mers et donné au globe son relief actuel, on leur attribue une autre origine dans la théorie du feu central. On les explique par un plissement de l'écorce terrestre. La masse liquide incandescente diminue de volume en se solidifiant ; il en résulte que le vide tend à se faire entre elle et la croûte solide. Mais on démontre mathématiquement que ce vide *ne peut pas* exister. Il est impossible que l'écorce du globe se soutienne par elle-même, sans nul appui. Le porphyre, la roche qui présente le plus de résistance, s'écrase sous une pression de 24 kilogrammes par millimètre carré. Or, dans le cas en question, la pression serait de 6,360 kilogrammes, c'est-à-dire que la roche, pour ne pas s'écraser, devrait avoir une résistance 265 fois supérieure à celle du porphyre. L'écorce terrestre repose donc partout et toujours sur le noyau liquide. Mais elle ne peut le faire, elle ne peut continuer d'adhérer à la masse incandescente qui sans cesse diminue de volume, sans se *plisser*. Ces *plissements* ne sont autre chose que nos chaînes de montagnes.

Il est un fait d'observation qui vient confirmer cette théorie, c'est que les montagnes les plus élevées, l'Hymalaya, les Andes, les Alpes, par exemple, sont aussi les plus récentes. On devait s'y attendre dans notre hypothèse. L'épaisseur de la croûte solide va, en effet, toujours en augmentant; ses plissements doivent donc aussi devenir de plus en plus sensibles.

Note G. — p. 305.

Des représentants autorisés de la science géologique en France ont reproché à l'auteur de ce livre son silence sur les travaux d'Élie de Beaumont concernant le soulèvement des montagnes. Nous essayerons de combler cette lacune par quelques mots qui compléteront la note précédente déjà relative au même objet.

Notre globe, il est à peine besoin de le dire, n'avait pas, au sortir des mains du Créateur, son relief actuel. Les montagnes qui le sillonnent ont surgi du sein des eaux aux diverses périodes de son histoire. Pour s'en convaincre, il suffit d'étudier, comme l'a fait E. de Beaumont, les couches qui les revêtent ou constituent une partie de leur masse. La présence de coquilles marines au sein de ces couches prouve assez qu'elles ont été, comme celles de la plaine, déposées primitivement au fond des mers. L'on est tout surpris d'apprendre aujourd'hui qu'une vérité aussi peu contestable ait eu tant de peine à s'établir. Les esprits en apparence les moins accessibles aux préjugés en doutaient encore au siècle dernier. Il est vrai qu'ils avaient leurs raisons pour cela. Voltaire, par exemple, craignait qu'on ne vît dans ces coquilles une preuve du déluge mosaïque, et, plutôt que de s'incliner devant un témoignage favorable aux idées traditionnelles, il préféra rejeter la géologie dans ce qu'elle a de plus fondé. Il prétendit *sérieusement*, au mépris de toute vraisemblance, que les coquilles marines recueillies sur le mont Cénis, étaient tombées du chapeau des pèlerins se rendant à Rome (1).

Cette explication, on le conçoit, ne dut satisfaire personne, pas même son auteur. L'union intime des coquilles avec les couches qui les recèlent et la profondeur de ces couches ne permettent guère, en effet, d'élever des doutes sur la contemporanéité des unes et des autres.

L'étude des terrains constitutifs des montagnes n'établit pas seule-

____

(1) *Physique : Des singularités de la nature*, ch. XV.

ment leur origine marine, au même titre que ceux des plaines, elle nous montre de plus que primitivement déposés au sein des eaux sur une surface horizontale, ou voisine de l'horizontale, ces terrains ont été redressés plus tard, par suite de l'exhaussement du fond de la mer. On rencontre, en effet, dans les régions montagneuses, des couches qui affectent une inclinaison extrêmement prononcée ; parfois même elles sont complétement verticales. Or, il est de toute impossibilité qu'elles se soient formées dans de telles conditions. Pour prétendre le contraire, on ne saurait effectivement s'appuyer sur ce fait, que les parois entièrement verticales des vases contenant certaines substances en dissolution se couvrent parfois de couches assez épaisses de matière solide ; car il s'agit ici d'une *précipitation chimique*, tandis que les couches de nos montagnes résultent le plus souvent, non d'une précipitation analogue, mais du simple dépôt des éléments divers, argiles, sables ou graviers, tenus en suspension dans l'eau. Or, conçoit-on que ces matériaux, d'une densité souvent considérable, puissent se maintenir dans des conditions d'un équilibre aussi instable, que des galets roulés, par exemple, puissent reposer sur leurs petites extrémités comme le ferait un œuf sur sa pointe ?

Il n'est pas besoin, pensons-nous, de recourir à d'autres arguments. Cette seule observation doit suffire pour convaincre les plus incrédules de la réalité du soulèvement des montagnes.

Voilà donc déjà deux faits acquis : 1° la formation au sein des eaux marines, et à l'état de couches horizontales, des terrains qui constituent, sinon la masse, du moins la partie superficielle de nos montagnes; 2° le redressement ultérieur de ces terrains par suite du soulèvement de la portion sous-jacente de l'écorce terrestre. Mais ce n'est pas tout. L'étude des montagnes est une mine féconde qui nous a livré d'importants documents sur les principaux épisodes de l'histoire du globe. Élie de Beaumont, qui compare l'écorce terrestre à un vaste manuscrit, considère les montagnes comme les majuscules de cet immense ouvrage. Aussi en a-t-il fait l'étude de toute sa vie, étude fructueuse à laquelle nous devons les beaux travaux dont nous analysons en ce moment les conclusions.

Le troisième document que nous ait livré l'étude des montagnes est leur âge relatif. Toutes ces rides immenses, qui accidentent le globe, ne sont pas le fait d'un même jour. Elles se sont produites successivement et à des dates généralement fort distantes les unes des autres. N'est-ce pas là encore, pour le dire en passant, une nouvelle preuve de l'extrême ancienneté de la terre et une terrible difficulté pour ceux qui voudraient toujours renfermer l'histoire du globe dans les six ou huit mille ans de la tradition?

Mais il faut s'expliquer sur ce que nous entendons ici par *âge relatif* des montagnes. Il ne s'agit pas seulement, en effet, de l'ordre chronologique dans lequel elles ont apparu; il s'agit de plus de leur âge par rapport aux principales périodes de l'histoire du globe. Nous ne savons pas seulement, par exemple, que le soulèvement de la Côte-d'Or a précédé celui des Pyrénées, et celui-ci, le soulèvement de la chaîne principale des Alpes; nous savons encore que le premier a clos la période *jurassique* et ouvert la période *crétacée,* que le second s'est produit aux débuts de l'époque *tertiaire* et que le troisième l'a terminée.

Il est facile de se rendre compte de la façon dont on peut acquérir des connaissances si précieuses pour l'histoire de la terre. Si l'on pratique une tranchée suffisamment profonde dans les terrains de sédiment situés au pied des montagnes, on observera que les couches y sont en *stratification discordante,* c'est-à-dire qu'au lieu d'être parallèles entre elles, elles viennent se rencontrer sous un angle quelconque. Les unes, les inférieures, seront inclinées, sinon verticales; les couches supérieures, au contraire, auront conservé leur horizontalité primitive. Que faudra-t-il conclure de là? Évidemment que la montagne a surgi dans l'intervalle compris entre la formation des deux groupes de strates. Les première existaient déjà lorsque le sol sur lequel elles reposaient s'est exhaussé et, naturellement, elles ont participé à cet exhaussement. Les autres n'ont été formées qu'après le soulèvement de la montagne, et, dès lors, elles ont pu conserver leur position horizontale primitive.

Pour savoir à quelle date géologique se rapporte la formation d'une montagne, il suffit donc de connaître et de comparer, d'une part, l'âge des dernières couches qu'elle a relevées, et, de l'autre, celui des premiers et des plus anciens dépôts dont elle n'a pas modifié la position. C'est entre ces deux âges que se sera produit le soulèvement en question. Au pied de la Côte-d'Or, par exemple, on trouvera relevés les calcaires du Jura, tandis que les plus anciens dépôts crétacés auront conservé leur première position; ce qui veut dire que ces monts ont été soulevés à la fin de la période jurassique. Au pied des Pyrénées, ce ne seront plus seulement les terrains appartenant à cette période qui seront redressés; les terrains crétacés eux-mêmes auront pris part au mouvement du sol. L'on en conclura que le soulèvement des Pyrénées est postérieur à l'époque secondaire. Enfin si l'on observe les formations situées à la base de la chaîne principale des Alpes, du Saint-Gothard, par exemple, on les y trouvera toutes redressées; seules les alluvions

quaternaires seront restées dans leur situation primitive. La conséquence sera que ces montagnes ont surgi entre l'époque tertiaire et la
suivante.

Ces exemples suffiront pour montrer comment É. de Beaumont est
arrivé à déterminer l'âge géologique de la plupart des montagnes de
l'Europe. Mais, en poursuivant ses études, l'éminent géologue a été
conduit à d'autres résultats non moins importants, s'ils étaient également incontestables. Il s'est aperçu tout d'abord qu'il y avait accord
constant entre l'âge des montagnes et leur direction, en ce sens que
toutes celles qui remontent à une même période sont parallèles entre
elles ; puis, basant sur ce parallélisme sa classification des chaînes de
montagne, il a réuni en un même groupe toutes celles dont l'âge et conséquemment la direction étaient identiques, et il en a fait un *système*. A
chacun de ses systèmes il a donné le nom de l'un des accidents orogra-
phiques les plus importants qui le constituent. C'est ainsi que le *système
des Pyrénées* comprend, outre les Pyrénées elles-mêmes, les Apennins,
en Italie, les Karpathes, en Hongrie, les Alleghanis, dans l'Amérique
du Nord, le Zagros de Perse et les Ghates de Malabar, montagnes qui
ont toutes une même direction (O.-18° S.).

Élie de Beaumont est ainsi arrivé à constituer un certain nombre de
systèmes qui partagent la sphère parallèlement à divers grands cercles,
de même que, dans l'ordre du temps, ils partagent en des périodes distinctes l'histoire du globe depuis la première formation de l'écorce terrestre jusqu'à nos jours. Or, tous ces systèmes ne s'entre-croisent pas
irrégulièrement et sans ordre. S'il faut en croire É. de Beaumont, les
positions relatives qu'ils occupent sur la sphère divisent celle-ci en un
certain nombre de zones, qui affectent la forme de figures géométriques
régulières. La terre serait ainsi comme un immense cristal dont chaque
facette serait limitée par un accident orographique quelconque.

En se contractant, nous dit-on, le globe a dû, conformément aux lois
générales de la cristallisation, affecter de préférence certaines formes.
Or il n'est pas sans intérêt de rechercher quelles ont pu être ces formes.

Un principe généralement admis dans les sciences de la nature, c'est
que, dans leur domaine, tout s'accomplit avec la plus grande économie
possible de force mécanique. C'est pour cela, par exemple, que le basalte,
en se solidifiant, se fractionne en prismes *hexagonaux ;* car l'hexagone
est de toutes les figures géométriques celle qui, tout en épuisant entièrement l'espace sur un plan donné, se rapproche le plus du cercle et,
par conséquent, embrasse la plus grande surface avec le moindre péri-
mètre. Sur une sphère, ce n'est plus l'hexagone qui réalise ces condi-

tions, ce rôle est réservé au triangle équilatéral et au pentagone régulier. Cette dernière figure étant la plus voisine du cercle, et, par conséquent, celle qui nécessite la moindre dépense de force, il semble que la nature ait dû la copier, de préférence, dans la production des fissures qui divisent l'écorce terrestre. Aussi a-t-elle été tout spécialement l'objet de l'attention de M. É. de Beaumont.

A l'aide de 15 grands cercles convenablement disposés et se coupant sous des angles de 36°, le savant géologue a constitué un réseau de douze pentagones enveloppant la sphère terrestre de façon à en faire une sorte de dodécaèdre régulier. Tel est en résumé le *réseau pentagonal*.

Si le système d'É. de Beaumont est vraiment fondé, nous devons en trouver l'application dans l'orographie du globe. Les mailles de son immense réseau doivent y être représentées, sinon toujours par des chaînes de montagnes, du moins par des failles ou des fissures, sous quelque forme qu'elles se manifestent. En est-il réellement ainsi ? Le *réseau pentagonal* est-il vraiment l'expression d'une loi naturelle ?

Il serait difficile aujourd'hui encore de se prononcer absolument sur cette question. Cependant si l'on s'en tient aux grandes lignes du réseau, aux cercles primitifs, par exemple, l'on constate entre l'hypothèse et les faits une harmonie vraiment frappante. Il faudrait, selon l'expression d'É. de Beaumont lui-même, une bien étrange conspiration des causes fortuites pour produire une semblable coïncidence. Peut-être même cette coïncidence s'étend-elle plus loin, peut-être arrivera-t-on à la constater jusque dans les détails de la théorie, lorsque l'on aura davantage exploré le globe ; mais il serait téméraire de rien affirmer aujourd'hui à ce sujet. Si le *réseau pentagonal* a été accueilli par quelques-uns avec un enthousiasme peut-être exagéré, il est surtout vrai de dire qu'il a été l'objet d'attaques passionnées et de critiques fort injustes. Les services rendus à la science par son auteur auraient dû lui assurer, du reste, un accueil plus respectueux.

Nous ne voulons point insister sur cette partie purement spéculative des travaux d'Élie de Beaumont. Quoi qu'il en soit des lois plus ou moins fixes qui ont présidé à la formation du relief du globe, et de la régularité plus ou moins réelle qu'il est permis de constater dans son orographie, il reste établi du moins : 1° que les terrains de sédiment qui recouvrent les flancs des montagnes ont été déposés primitivement en couches horizontales au fond des mers ; 2° que ces couches ont été redressées dans des temps postérieurs par suite du soulèvement de la portion de l'écorce terrestre sur laquelle elles reposaient ; 3° que le soulèvement des montagnes n'a pas été simultané, qu'il s'est produit successivement pour chaque *système* et à des époques que l'étude des terrains affectés par chaque soulèvement a permis de fixer.

On trouvera dans le *Tableau des terrains de sédiment* que nous donnons plus loin les résultats de ces magnifiques travaux de notre grand géologue français. On y verra, rapportés à l'époque où ils se sont produits, les soulèvements des principaux *systèmes* qui sont venus accidenter le globe depuis son origine. Est-ce à dire qu'il n'y ait aucun doute sur l'âge relatif soit des étages composant la série des terrains, soit des soulèvements qui de temps à autre en ont interrompu la formation ? Loin de le prétendre, nous sommes convaincu, au contraire, qu'il y aura lieu dans la suite de modifier ce tableau. Toute classification *détaillée* des terrains est évidemment sujette à erreur. Si l'on peut affirmer, en effet, sans trop de chance de se tromper, que les grandes formations géologiques se sont vraiment succédé dans l'ordre indiqué, l'on ne saurait en dire autant des étages ou sous-étages que chaque auteur classe un peu à sa guise, d'après les fossiles qu'ils renferment. Poussée jusqu'à ce point, la répartition des terrains *n'a plus*, pour ainsi dire, *de valeur chronologique*. On ne saurait trop le répéter, en effet, toute classification appuyée uniquement sur les fossiles doit être considérée comme destinée plutôt à mettre de l'ordre dans les idées, qu'à renseigner sur l'âge réel d'un terrain. Tel est aussi le but que nous nous sommes proposé lorsque, par exemple, nous avons réuni dans un même étage deux lambeaux de terrains séparés par des distances considérables.

Si imparfait qu'il soit, nous espérons cependant que notre tableau aura quelque utilité. Il sera pour le lecteur comme le résumé des connaissances géologiques de notre temps, il lui fera saisir d'un seul coup d'œil l'ensemble et l'ordre de succession des terrains qui se sont formés aux diverses époques de l'histoire du globe, il lui montrera les animaux qui ont caractérisé chacune de ces époques ; enfin, à celui qui ne serait pas déjà initié aux connaissances géologiques, il facilitera par sa *synonymie* l'intelligence des travaux publiés sur cette matière.

Nous avons consigné dans les notes qui suivent certaines observations destinées soit à compléter, soit à justifier notre classification sur quelques points principaux.

1. On appela d'abord terrains *primaires* ceux que l'on appelle aujourd'hui *primitifs*, c'est-à-dire les roches granitiques et métamorphiques. Les terrains *secondaires* comprenaient alors toutes les couches fos-

silifères. Werner le premier admit un troisième terme, celui de terrains *de transition* qu'il appliqua aux dépôts antérieurs à la formation *carbonifère*. Enfin l'étude géologique du bassin de Paris, où l'on découvrit des dépôts plus récents que tous ceux observés jusque-là, fit passer un quatrième terme, celui de terrains *tertiaires*. Cette dénomination seule a conservé son sens primitif. La signification des trois autres s'est trouvée considérablement modifiée. Les terrains *primaires* sont devenus nos terrains *primitifs;* les terrains *de transition,* appelés également aujourd'hui terrains *primaires,* se sont étendus aux formations *carbonifère* et *permienne,* qui ont été ainsi enlevées aux terrains *secondaires.*

2. Un célèbre géologue anglais, M. Sedgwich, s'est le premier servi du terme *cambrien* en mémoire des *Cambres,* peuplade celtique qui habita jadis une partie du pays de Galles. Plus tard Élie de Beaumont remplaça ce terme par celui de *Cumbrien,* qu'il faisait dériver de *Cumberland,* province anglaise où le terrain ainsi désigné se montre sur une grande étendue. Le premier terme n'en est pas moins resté le plus en usage. — Sous ce nom nous comprenons, il est bon de le dire, tous les terrains de sédiment antérieurs à l'étage silurien, aussi bien les gneiss, talcschistes, micaschistes et autres terrains *métamorphiques* que ceux qui n'ont été aucunement modifiés. Les terrains métamorphiques ne constituent pas, en effet, un étage isolé et distinct dans la série chronologique. Quoique rentrant plus généralement dans la première et la plus ancienne formation, ils peuvent appartenir à tous les âges. Nous ne voyons donc pas de raison pour en faire, comme le plus grand nombre des auteurs, un groupe à part, antérieur à la formation cambrienne.

3. Nous réunissons les quatre premiers soulèvements immédiatement avant la formation silurienne parce qu'ils sont tous les quatre antérieurs à cette formation. Ils ont dû se produire dans l'ordre indiqué à diverses époques de la période cambrienne; mais l'obscurité qui enveloppe encore cette période ne nous permet pas de préciser davantage.

4. Murchison, qui le premier a étudié les terrains *siluriens,* a fait dériver leur nom d'une ancienne peuplade, les *Silures,* qui habitaient autrefois le pays de Galles, contrée où ces terrains sont le mieux représentés.

5. L'étage *dévonien* doit son nom au *Devonshire* (Angl.), où Murchison l'a spécialement étudié.

6. Avec M. de Verneuil (1), qui voyait dans les calcaires et schistes de Néhou (Manche), de Gahard (près Rennes), d'Izé (près Vitré), de

____

(1) *Bulletin de la Soc. géolog.,* 11ᵉ série, t. IV, 1846.

la Baconnière (Mayenne), etc., les représentants du calcaire de l'Eifel (Belgique) et du groupe Hamilton (Amér.), nous rangeons ces terrains dans le *dévonien moyen*. Ce n'est pas cependant sans quelque hésitation. Si quelques fossiles, par exemple, la *Calceola sandalina* trouvée à Néhou les rapproche de cet étage, d'autres au contraire les en éloignent ; tels sont le *Spirifer macropterus*, la *Terebratu la Archiaci* recueillis dans la même localité. Peut-être, du reste, ces terrains représentent-ils dans l'ouest de la France la série dévonienne tout entière.

7. Nous rattachons au dévonien supérieur les deux groupes de la Famenne et du Condros, parce qu'ils contiennent en grande abondance deux espèces caractéristiques de cet étage en Angleterre, le *Spirifer disjunctus* et le *Pharops latifrons*.

8. Les trois étages du groupe carbonifère sont vraisemblablement synchroniques. Ce n'est que pour nous conformer à l'usage que nous les avons distingués dans notre tableau.

9. Contrairement à un certain nombre de géologues contemporains qui confondent le *grès vosgien* avec le *grès bigarré* de la période triasique, nous persistons avec É. de Beaumont à rapporter cet étage à la formation permienne. Il est, en effet, à peine distinct du *grès rouge* qui constitue le premier étage permien dans les Vosges ; tandis qu'une discordance de stratification caractérisant le *système du Rhin* le sépare nettement de la formation supérieure. Si donc il devait être confondu avec un autre étage, ce devrait être plutôt avec le grès rouge, situé immédiatement au-dessous, qu'avec le grès bigarré qui le surmonte. Il est possible encore qu'il représente dans les Vosges le *zechstein* d'Angleterre ; ce qui réduirait à deux les divisions principales du groupe permien et justifierait ainsi le nom de *dyas* qu'un géologue français lui a donné.

10. Le X⁰ *système* n'est pas nettement distinct du précédent au point de vue chronologique. Il se confondrait même tout à fait avec lui, si, comme nous l'avons observé, le *grès vosgien* était vraiment synchronique du *zechstein* des Anglais.

11. Le trias doit son nom aux trois étages qui le composent. Le terme *muschelkalk* qui désigne l'un de ces étages est dérivé de deux mots allemands (*muschel*, coquille et *kalk*, chaux) qui rappellent sa composition minéralogique et l'abondance de ses fossiles.

12. L'existence de ce mammifère (le *Microlestes*), le plus ancien que l'on connaisse, repose sur la découverte de quelques dents recueillies dans le Wurtemberg d'une part et de l'autre en Angleterre dans le comté de Somerset. Il est bien permis de concevoir des doutes au

sujet de la véritable nature de l'animal auquel ont appartenu ces rares débris. Les auteurs ne s'entendent, du reste, ni sur l'ordre de mammifères dont il fit partie, ni sur l'âge du terrain dans lequel il a été trouvé. Lyell voit dans cet animal un *herbivore* de l'ordre des marsupiaux et le fait remonter à la période triasique ; d'Archiac, au contraire, d'accord avec le professeur Plieninger qui lui a donné son nom, y voit un petit animal de proie (μιχρός, λησσής), un *insectivore*, et rapporte à la période suivante, à la formation liasique, la brèche où il a été découvert.

13. Les *schistes de Stonesfield* tiennent le milieu entre l'étage de la *terre à foulon* et le suivant. On pourrait donc les rattacher indifféremment à l'un ou à l'autre. Mais, quoi qu'en pensent certains géologues qui les rangent dans la grande oolithe, il nous semble qu'ils se rapprochent davantage par leurs fossiles de l'étage sous-jacent. Deux de ces fossiles surtout, l'*Ostrea acuminata* et le *Belemnites canaliculatus*, sont considérés comme caractéristiques de ce dernier étage. — Les schistes de Stonesfield sont restés célèbres par la découverte qu'on y a faite de débris de mammifères, les premiers qui aient été trouvés dans les terrains secondaires. Longtemps la nature réelle des animaux représentés par ces débris a été contestée. Aujourd'hui cependant les géologues sont assez unanimes à reconnaître qu'ils ont appartenu à de petits mammifères didelphes et qu'ils représentent les trois genres *Amphitherium*, *Phascolotherium* et *Stereognathus* (1).

14. Le groupe *séquanien*, comprenant les marnes et calcaires à astartes, est rangé par quelques auteurs dans le terrain oolithique *supérieur*. L'on y trouve, en effet, la *gryphée virgule* qui appartient spécialement à ce terrain. Mais l'on y trouve, en plus grande abondance encore, l'*Astarte minima* qui semble caractéristique de l'étage *corallien*. C'est pour cette raison que nous l'avons rattaché de préférence à ce dernier étage. En réalité, le groupe séquanien peut être considéré comme intermédiaire entre l'oolithe inférieur et l'oolithe supérieur. Il prouve une fois de plus qu'il ne faut pas s'attendre à rencontrer *toujours* une transition *brusque* entre deux étages consécutifs.

15. L'étage *purbeckien* tire son nom de la presqu'île de Purbeck (Angl.) où il est spécialement représenté. Il comprend les formations lacustres ou fluvio-marines qui terminent presque partout la série jurassique.

16. C'est pour nous conformer à l'usage le plus général que nous avons séparé le groupe wealdien du groupe néocomien proprement dit. Au point de vue chronologique cette formation exclusivement d'eau douce

_____

(1) Lyell, *Eléments de Géologie*, I, 628.

peut être considérée comme l'équivalent de l'étage suivant ou valengien. Pendant que l'un se formait dans les lacs l'autre sans doute s'effectuait lentement au sein des mers de la même période.

17. Les *rudistes* constituent une famille de brachiopodes spéciale à la période crétacée et répartie en cinq genres : *Hippurites*, *Caprina* ou *Chama*, *Caprinula*, *Radiolites* et *Caprotina*. Les rudistes sont représentés presque à chaque étage de la période crétacée, mais par des espèces diverses : de là des *niveaux* ou des *horizons* distincts qui, fixés à quatre par d'Orbigny, ont été portés à huit par M. Coquand.

18. La plupart des géologues contemporains réunissent et confondent la craie *tuffeau* et la *craie marneuse*. Si, dans notre classification, nous en avons fait deux étages à part, ce n'est pas que nous considérions ces deux assises comme nettement distinctes tant au point de vue paléontologique qu'au point de vue chronologique, Elles se confondent le plus souvent. Sur quelques points cependant, dans le Dauphiné par exemple, on les a trouvés en stratification discordante. Or, cette discordance de stratification résulte, suivant Élie de Beaumont, du soulèvement du mont Viso, soulèvement qui, au dire du même géologue, eût séparé la formation des terrains crétacés inférieurs de celle des terrains crétacés supérieurs. Il nous a semblé que nous devions tenir compte dans notre classification d'un phénomène aussi remarquable. C'est pour cela que, tout en réunissant sous le même titre général la craie tuffeau et la craie marneuse, nous n'avons pas cru pouvoir confondre entièrement ces deux groupes.

19. La craie de Maëstricht est rattachée par d'Orbigny à l'étage de la craie blanche (sénonien). Elle s'en rapproche, en effet, au point de vue paléontologique ; de même que le calcaire pisolithique des environs de Paris tend à se confondre, au même point de vue, avec les terrains tertiaires. Ce dernier rapprochement est devenu plus sensible encore depuis la découverte du calcaire de Mons, que les géologues sont unanimes à considérer comme tertiaire, quoique, sous le rapport des fossiles, il s'éloigne fort peu du calcaire pisolithique. Il n'y a pas lieu d'être surpris de cette absence de ligne de démarcation bien précise entre la formation crétacée et les assises supérieures, s'il est vrai, comme on l'enseigne aujourd'hui, que le soulèvement des Pyrénées, au lieu de remonter à cette époque, s'est produit seulement pendant le cours et vers la fin de la période éocène.

20. En rapportant à l'*éocène moyen* le terrain nummulitique supérieur, nous avons suivi la classification des géologues contemporains, spécialement celle de M. Hébert. Il y a lieu cependant de faire quelques ré-

serves à ce sujet. M. Hébert, en agissant ainsi, s'est appuyé sur l'analogie que présente la forme de ce terrain avec celle des sables de Beauchamps. Nous sommes loin de nier l'importance du caractère paléontologique au point de vue de la classification des terrains ; c'est même ce seul caractère qui nous a fait considérer l'étage nummulitique inférieur des Corbières comme l'équivalent des sables supérieurs du Soissonnais. Cependant l'étude des fossiles ne doit pas faire oublier celle de la stratigraphie. Or, c'est en se basant sur ce dernier caractère, celui de la superposition des terrains, que Dufrénoy et É. de Beaumont ont été portés à rattacher à l'époque secondaire le terrain nummulitique. Ils l'ont trouvé, en effet, recouvert en stratification discordante par un terrain qu'ils considèrent comme l'équivalent du calcaire grossier de Paris. S'il en était ainsi, le terrain nummulitique serait évidemment antérieur à l'étage *parisien*. La nature de sa faune ne doit pas du reste empêcher d'admettre cette conclusion. Les mêmes fossiles peuvent caractériser des terrains chronologiquement fort distincts. M. Vogt va même plus loin. Pour lui la présence d'une même faune dans deux terrains séparés par des distances considérables prouve le non-synchronisme de ces terrains. C'est répondre à une exagération par une autre exagération. Le caractère paléontologique a sa valeur, bien qu'il ne vienne qu'après le caractère stratigraphique. Nous n'avons, dans la circonstance présente, aucune raison de préférer l'un à l'autre, vu que l'âge des terrains superposés à l'étage nummulitique n'est pas nettement déterminé. Nous laisserons donc cet étage dans l'éocène moyen où M. Hébert l'a placé et, conséquemment, nous renverrons à la fin de la sous-période correspondante le *soulèvement des Pyrénées* considéré universellement comme postérieur à la formation nummulitique.

21. On partage communément le terrain *miocène* en deux étages, dont l'un, le miocène inférieur, se termine avec le calcaire de Beauce, et l'autre, le miocène supérieur, comprend la molasse marine de Suisse et les faluns de la Touraine. Notre division nous semble plus en rapport avec les trois principales assises qui constituent le groupe miocène, grès de Fontainebleau, calcaire de Beauce et faluns. Elle a de plus l'avantage de correspondre avec la série des soulèvements rapportés à cette époque par Élie de Beaumont. Cependant si, avec un certain nombre de géologues, on plaçait les grès de Fontainebleau au sommet de l'éocène, il n'y aurait plus de raison de partager en trois assises la formation suivante.

22. La formation *pliocène* n'est représentée que par de rares lambeaux de terrains, d'origine diverse, dispersés sur la surface du globe ; encore

n'est-il pas absolument certain que ces lambeaux isolés ne puissent, dans tous les cas, être rapportés soit à l'étage miocène, soit à la formation suivante ou quaternaire. Le caractère paléontologique, le seul sur lequel repose la réunion en un groupe distinct des terrains pliocènes, ne saurait suffire, nous l'avons déjà observé, pour fixer d'une façon certaine l'âge d'un terrain. Le caractère stratigraphique est indispensable. Or il ne semble pas qu'il puisse être invoqué dans le cas présent, car nulle part, croyons-nous, l'on n'a rencontré le terrain pliocéne nettement interposé entre les formations miocène et quaternaire bien caractérisées. Il est donc permis de concevoir quelque doute *sur l'existence même* d'une période pliocène.

23. L'âge géologique des sables et graviers de Saint-Prest (près Chartres) est fort difficile à déterminer. *Stratigraphiquement* ils pourraient appartenir indifféremment aux époques tertiaire et quaternaire. *Minéralogiquement*, ils se rapportent davantage par leur nature sablonneuse aux terrains de transport de la dernière de ces époques. Mais c'est *au point de vue paléontologique* qu'ils s'en rapprochent le plus. Ils ne contiennent en effet aucune espèce caractéristique des terrains tertiaires; on y trouve, au contraire, un genre essentiellement quaternaire, semble-t-il, le genre *éléphant*.

24. Avec le dernier soulèvement, celui du Ténare (et probablement des Andes), se termine selon nous l'époque *quaternaire* ainsi que la série des terrains géologiques; car nous n'appelons pas de ce nom les dépôts de l'époque actuelle. Est-ce à dire que tous les terrains réputés quaternaires soient vraiment antérieurs à ce dernier soulèvement? Nous avons peine à le croire. Il nous semble, par exemple, que les dépôts d'eau douce connus sous le nom de *lehm* ou de *loess*, sont généralement postérieurs à ce soulèvement, appartiennent par conséquent à l'époque actuelle et dès lors sont étrangers à la série géologique.

TABLEAU GÉNÉRAL DES TERRAINS DE SÉDIMENT

MONTRANT L'ORDRE CHRONOLOGIQUE DANS LEQUEL ILS SE SONT
DÉPOSÉS, LES NOMS QU'ILS ONT PORTÉS OU PORTENT ENCORE,
L'ÉPOQUE RELATIVE DES SOULÈVEMENTS ET LES PRINCIPAUX
FOSSILES QUI CARACTÉRISENT CHACUNE DES FORMATIONS.

I. — TERRAINS PRIMAIRES (*paléozoïques* ou *de transition*) (1).

TERRAINS.	SYNONYMIE. — ÉTAGES SYNCHRONIQUES. — SOULÈVEMENTS.	FOSSILES PRINCIPAUX.
I. CAMBRIEN ou *Cumbrien* (2).	Terrain de transition *inférieur* d'Élie de Beaumont; cambrien *inférieur* de Lyell ou *groupe de Longmynd et de Bangor* représenté en Angleterre par le *grès d'Harlech* et par les *ardoises de Llanberis;* séries *laurentienne* et *huronienne* d'Amérique; étages *A* et *B* de M. Barrande (Bohême); schistes et grauwakes du nordest de la Bretagne.	Terrains généralement *azoïques;* rares *graptolites* (pennatules fossiles?)*annélides* assez communes en Angleterre : *Arenicolites sparsus*, etc.; deux espèces d'*Oldhamia* (Zoophytes).

I. — Système de la Vendée, direction : N.-N.-O.
II. — Système du Finistére, E.-20° N.
III. — Système du Longmynd, N.-30° E.
IV. — Système du Morbihan, E. 38° S. (3).

II. SILURIEN (4).	Terrain de transition *moyen* (É. de Beaumont); étages *phylladique* et *ampélitique* de Cordier; formations *snowdonienne* et *caradocienne* ou *terrains schisteux* de Huot; cal-	Règne des *trilobites*, famille de crustacés aujourd'hui disparue; nombreux *mollusques céphalopodes*

(1) Pour tous les renvois du *Tableau* voir les notes ci-dessus.

TERRAINS.	SYNONYMIE. — ÉTAGES SYNCHRONIQUES. — SOULÈVEMENTS.	FOSSILES PRINCIPAUX.
II. SILURIEN (4).	caire de transition de Léonhardt ; *terrain ardoisier* de d'Omalius d'Halloy, *groupe fossilifère inférieur* et *groupe de la grauwacke* de la Bèche ; partie des *terrains hémilysens* de Brongniart ; *terrains ardennais* ou systèmes *devillien, revinien* et *psammien* de Dumont.	et *brachiopodes* ; quelques *poissons* dans l'étage supérieur.
a. — *S. primordial.*	Cambrien *supérieur* de Lyell ; *stiper-stones* et *schistes gris foncé* du Shropshire (Angleterre) ; *grès de Trémadoc* et *dalles à lingules* du pays de Galles ; étage *c, à faune primordiale,* de M. Barrande ou *schistes de Ginetz* et *de Skrey* (Bohême) ; partie du silurien *inférieur* de plusieurs auteurs ; *roches taconiques* et *grès de Potsdam* (États-Unis) ; *grès à bilobites* et *schistes rouges* de Bretagne.	*Bilobites* et *lingules ;* trilobites déjà nombreux en Bohême (27 espèces) : *Paradoxides Bohemicus, Agnostus integer,* etc.
b. — *S. inférieur.*	*Groupe de Llandeilo* (dalles schistoïdes, ardoises et grès), *grès de Caradoc* et *calcaire de Bala* (Angl.) ; étage *D* (*faune seconde*), de M. Barrande ou *quartzites de Wéséla* (Bohême); *schistes* d'Angers et de Vitré.	Grand développement des trilobites : *Asaphus tyranus, Trinucleus Pongerardi, Calymene Arago,* etc.; *Orthisredux* (moll.)
c. — *S. moyen.*	*Groupe de Llandovéry,* grès de May-Hill et schistes de Tarannon (Angl.) ; partie des *grès du Niagara* (Amérique).	*Pentamerus lævis* (mollusque brachiopode).

TERRAINS.	SYNONYMIE. — ÉTAGES SYNCHRONIQUES. — SOULÈVEMENTS.	FOSSILES PRINCIPAUX.
d. — *Silurien supérieur*.	Étage *murchisonien* de d'Orbigny ; *groupe de Wenlock* (calc. de Woolhope et de Dudley) et *groupe de Ludlow* (calc. d'Agmestry et *tile-stone*), en Angleterre ; étages *E, F, G* et *H*, ou *faune troisième* de M. Barrande (Bohême) ; *grès du Niagara* (une partie) et partie inférieure des *grès d'Eldeberg* (Amérique).	Trilobites : *Calymene Blumenbachii*, etc. ; mollusques nombreux : *Rhynconella Wilsonii*, etc.

V. — Système du Westmoreland et du Hundsrück, E.-31° N.

III. DÉVONIEN (5).	*Old red sandstone* ou *vieux grès rouge* des Anglais ; terrain de transition *supérieur* d'É. de Beaumont ; *terrain anthracifère* de d'Omalius ; étage des *grès pourprés* de Cordier ; formation *paléopsammirythrique* de Huot ; partie inférieure du *groupe carbonifère* de la Bèche ; partie moyenne des *terrains hémilysiens* de Brongniart.	Encore quelques trilobites ; règne des *spirifères* (moll.) ; première apparition des reptiles ; nombreux poissons (74 espèces).
a. — *D. inférieur*.	*Terrain rhénan* de Dumont : systèmes *gédinien, coblentzien* et *ahrien* ; *groupe d'Anor* et partie inférieure du *groupe de Burnot* (Belgique) ; *vieille grauwacke* du Rhin ; *spirifer sandstein* ou *grès à spirifères* des Allemands, *grès de Torbay* et *corstones* ou calcaire impur concrétionné d'Angleterre ; partie supérieure des *grès d'Helderberg* (Amérique).	Trilobites : genre *Homanolotus ;* mollusques : *Leptœna Murchisoni, Spirifer macropterus* et *speciosus, Terebratula Archiaci ; Pleurodyctium problematicum* (polypier).

TERRAINS.	SYNONYMIE. — ÉTAGES SYNCHRONIQUES. — SOULÈVEMENTS.	FOSSILES PRINCIPAUX.
b. — *Dévonien moyen.*	*Système eifélien* de Dumont ; partie supérieure du *groupe de Burnot* (Belgique) : *schistes à calcéoles ; calcaire de Givet* appelé aussi *calcaire de l'Eifel, calcaire métallifère, calcaire à strigocéphales ;* calcaire de Plymouth et d'Ilfracombe (Angl.) ; *groupe Hamilton* (Amérique) ; schistes et calcaires de Néhou (Manche), de Gahard et d'Izé (Ille-et-Vilaine) (6).	Mollusques: *Calceola sandalina, Spirifer subcuspidatus ;* polypiers abondants en Angleterre : *Favosites polymorpha,* etc.
c. — *D. supérieur.*	*Système condrusien* de Dumont ou *groupes de la Famenne* et *du Condros* (Belgique) (7) ; grès de Marwood, schistes de Barnstaple et Petherwin, groupe de Pilton (Angl.) ; calcaires et argiles du bas Boulonais ; *groupe Catskill et Chemung* de New-York.	*Clymenia linearis, Cypridina serrato-striata, Terebratula cuboïdes, Spirifer disjunctus* ou *Verneuilli* (moll.) ; *phacops latifrons* (trilob.).

VI. — Système des Ballons des Vosges, O.-16° N.

TERRAINS.	SYNONYMIE. — ÉTAGES SYNCHRONIQUES. — SOULÈVEMENTS.	FOSSILES PRINCIPAUX.
IV. CARBONIFÈRE (8). a. — *Calcaire carbonifère.*	*Mountain limestone* ou calcaire de montagne ; calcaire inférieur d'Angleterre ; *grès calcifère* d'Écosse ; *terrain anthraxifère* de Sablé (Sarthe) ; *Kiesel-schiefer* (caillou-schiste) et *nouvelle grauwacke* d'Allemagne.	*Euomphalus pentangulatus, calyx ; Productus semi-reticulatus, giganteus ;* genres *Retepora* et *Amplexus.*

VII. — Système du Forez, N.-15° O.

TERRAINS.	SYNONYMIE. — ÉTAGES SYNCHRONIQUES. — SOULÈVEMENTS.	FOSSILES PRINCIPAUX.
b. — *Millstone-grit.*	*Grès à meules ; Flötz lehrer sandstein* des Allemands ; schistes alunifères de Belgique ?	*Productus carbonarius, Goniatites diadema.*

TERRAINS.	SYNONYMIE. — ÉTAGES SYNCHRONIQUES. — SOULÈVEMENTS.	FOSSILES PRINCIPAUX.
c. — *Terrain houiller.*	*Coal measures* des Anglais ; *Stein-Kohle* des Allemands ; mélange de grès, argiles, conglomérats, psammites (grès micacés) et *houille.*	Cryptogames acrogènes et dycotilédones gymnospermes : *Calamites Suckovii, Annularia longifolia.*

VIII. — Système du nord de l'Angleterre, N.-5° O.

TERRAINS.	SYNONYMIE. — ÉTAGES SYNCHRONIQUES. — SOULÈVEMENTS.	FOSSILES PRINCIPAUX.
V. PERMIEN.	Terrain *pénéen* (πένης, pauvre *en fossiles*) ; *grès rouge* moyen ; *dyas* (Marcou).	Apparition des g. *Ostrea, Panopœa,* etc.
a. — *Pséphites.*	Permien (de Perm, en Russie) *inférieur; Rothe-todte liegende* ou *fond stérile rouge* des Allemands ; *conglomérat rouge* de la Bêche ; *formation psammérythrique* de Huot ; sables, grès rouges et schistes de Mansfeld (Thuringe).	Conifères, fougères, calamites.
b. — *Zechstein.*	*Calcaire alpin* ou *magnésien;* calcaire *bitumineux* de Thuringe ; *schistes cuivreux et rauwacke* d'Allemagne, *formation magnésifère* (Huot).	*Productus horridus, Panopœa lunula, Spirifer undulatus.*

IX. — Système du Hainaut et des Pays-Bas, E.-5° S.

TERRAINS.	SYNONYMIE. — ÉTAGES SYNCHRONIQUES. — SOULÈVEMENTS.	FOSSILES PRINCIPAUX.
c. *Grès vosgien* (9).	*Grès des Vosges;* grès bigarré *inférieur* de Saxe et de Thuringe (?).	*Calamites arenaceus.*

X. — Système du Rhin, N.-21° S. — (10).

II. — TERRAINS SECONDAIRES (ou *mésozoïques*).

1. — Période triasique.

Terrains.	Synonymie. — Étages synchroniques. — Soulèvements.	Fossiles principaux.
VI. Trias (11).	*Nouveau grès rouge* des Anglais ; étages *conchylien* et *saliférien* de d'Orbigny ; partie supérieure de la *formation salino-magnésienne* de Cordier ; partie moyenne des *terrains yzémiens abyssiques* de Brongniart.	Première apparition des *ammonites;* nombreux végétaux ; calamites, conifères, cycadées, fougères.
a. — *Grès bigarré.*	*Bunter-sandstein* des Allemands ; partie inférieure de l'étage *conchylien* (d'Orb.) ; formation *pœcilienne* (ποικίλος, varié) ; *grès rouge* (de la Bèche) ; grès quartzeux, rougeâtre, à gros éléments, des Vosges.	*Cheirotherium* ou *labyrinthodon* (empreintes); *Woltzia brevifolia* (conifère).
b. — *Muschelkalk.*	*Calcaire coquillier ;* partie supérieure de l'étage *conchylien* (d'Orb.) ; *calcaire de Guttenstein* (Tyrol) ; *anhydrite, calcaire ondulé, calcaire de Friedrichsall* ou *calcaire à trochites* et *argiles charbonneuses* du Wurtemberg.	Mollusques très-abondants : *Ammonites nodosus, Avicula socialis ;* beaucoup d'encrines, spécialement l'*Encrinus liliiformis.*
c. — *Marnes irisées.*	Étage *saliférien* de d'Orbigny ; *keuper* des Allemands ; *red marl* des Anglais ; *argiles irisées ;* trois assises : 1, sel gemme et gypse ; 2, sables, houille, grès et dolomie ; 3, marne compacte et gypse.	Nombreux végétaux ; *Avicula subcostata* (moll.) ; *Microlestes*, mammifère didelphe (12).

XI. — Système du Thuringerwald et du Morvan, E.-40° S.

2. — Période jurassique.

Térrains.	Synonymie. — Étages synchroniques. — Soulèvements.	Fossiles principaux.
VII. Lias.	*Grès du lias* et *calcaire à bélemnites* de Beudant ; *jura noir* du Wurtemberg ; étages *sinémurien, liasien* et *toarcien* de d'Orbigny ; partie supérieure des *terrains yzémiens abyssiques* de Brongniart.	Règne des *ichthyosaures* et *plésiosaures;* apparition du genre *bélemnite* (moll.) et des poissons osseux.
a. — *Infralias.*	*Lias blanc ; grès du Luxembourg* (d'Omalius) ; étage *rhétien; bone-bed* ou *lit à ossements* d'Angleterre ; *grès de Kédange* (Moselle) ; sinémurien inférieur (d'Orb.) ; *lumachelles, grès, arkoses liasiques* ou *infraliasiques.*	Mollusques : *Avicula contorta, Terebratula gregarea,* etc.
b. — *Lias inférieur.*	*Lias bleu; calcaire à gryphées arquées* (É. de Beaumont); *calcaire à gryphites; calcaire de Valognes* (Caumont); *grès de Hettange* (Moselle) ; *calcaire magnésien ; calcaire foie de veau* de la Côte-d'Or ; sinémurien *supérieur* de d'Orbigny; *troisième étage du lias* (d'Archiac).	*Gryphea* ou *Ostrea arcuata ; Ammonites Bucklandi, Burgondiæ, planorbis, angulatus,* etc.
c. — *Lias moyen.*	Étage *liasien* de d'Orbigny ; partie des *marnes supraliasiques* de Dufrénoy; partie du *lias supérieur* de Gressly ; *marnes grises micacées, marnes grasses, marnes feuilletées* (Terquem); *macigno d'Aubange* (Dumont);	*Gryphea cymbium, Ammonites Davœi, margaritatus, Belemnites acutus, umbilicatus, niger* (moll.) ; *Ichthyosaurus, Plesio-*

TERRAINS.	SYNONYMIE. — ÉTAGES SYNCHRONIQUES. — SOULÈVEMENTS.	FOSSILES PRINCIPAUX.
c. — *Lias moyen.*	*deuxième étage du lias* (d'Archiac) ; *marnes à plicatules* ; *calcaire à bélemnites* ; *calcaire à gryphée cymbium* ; *marlstone* des Anglais.	*saurus, Pterodactylus* (reptiles).
d.—*Lias supérieur.*	Étage *toarcien* (Thouars, *Toarcium*) de d'Orbigny ; partie du *grès* et des *marnes supraliasiques* ; *premier étage du lias* (d'Archiac) ; *schistes de Boll* (Wurtemberg) ; *schistes bitumineux* et *marnes à trochus* du Jura ; *marnes à posidonies* ; *oolithe ferrugineuse* de Thurmann ; *marnes supérieures du lias* (Dufrénoy) ; *upper lias shale* ou *alum shale* des Anglais.	*Ammonites bifrons* ; *Posidonia liasica* ; *Belemnites tripartitus, compressus* ; *Trochus duplicatus.*
VIII. OOLITHE INFÉRIEURE.	*Jura brun* (Wurtemberg) ; *groupe de la grande oolithe* de Beudant (plus l'étage *callovien*) ; étages *bajocien* et *bathonien* de d'Orbigny.	Grands reptiles sauriens : *téléosaure, mégalosaure,* etc.
a. — *Oolithe inférieure* (proprement dite).	Étage *bajocien* (Bayeux, *Bajoce*) de d'Orbigny ; *calcaire à entroques* de Bourgogne ; *oolithe ferrugineuse* des Normands ; *oolithe de Bayeux* (Simon) ; *calcaire lédonien* (Lons-le-Saulnier, *Lédo*), *calcaire à polypiers* et *marnes vésuliennes* (Vesoul, *Vesulium*) ; *malière* et *oolithe blanche* de Normandie ; *calcaire sableux* de la Sarthe ; *calcaire à astrées* et *calcaire oolithique* d'Angleterre.	Mollusques : *Ostrea Buckmani, Trigonia navis, Ammonites Murchisonœ, Belemnites gladius, perturbatus, sulcatus* ; *Terebratula sphœroidalis.*

TERRAINS.	SYNONYMIE. — ÉTAGES SYNCHRONIQUES. — SOULÈVEMENTS.	FOSSILES PRINCIPAUX.
b. — *Terre à foulon.*	*Fullers-earth*, *argile bleue*, *lower-rays* et *schistes de Stonesfield* (Anglet.) (13); *argile de Port-en-Bessin* et *calcaire de Caen* (Normandie); *calcaire blanc jaunâtre* de Bourgogne; étage *bathonien* inférieur de d'Orbigny.	*Ostrea acuminata, Lima probosciäea, Belemnites canaliculatus;* mammifères didelphes de Stonesfield?
c.—*Grande oolithe.*	Partie principale de l'étage *bathonien* (de Bath, ville d'Angleterre); *great oolith, Bradford clay, Forestmarble* et *Cornbrash* des Anglais; *caillasse de Ranville* (Normandie); *oolithe miliaire* et *dalles nacrées* de Bourgogne; *calcaire roux sableux* (Thurmann).	*Terebratula digona; Trigonia costata; Ammonites arbustigerus.*
IX. OOLITHE MOYENNE.	*Jura blanc;* étages *callovien, oxfordien* et *corallien* de d'Orbigny.	Ptérodactyles; insectes; polypiers.
a. — *Callovien.*	*Oxfordien inférieur* ou *oolithe inférieure* de quelques auteurs; *argile de Dives* (Normandie); *marnes oxfordiennes avec oolithe ferrugineuse* (Thurmann); *calcaire ammonitifère* (Pasini); *oolithe ferrugineuse de l'Oxford clay* (Gressly); *Kelloway-rock* (Philips); *fer sous-oxfordien* du Jura.	*Ammonites Jason, anceps, macrocephalus; Belemnites latesulcatus.*
b. — *Oxfordien.*	*Oxford clay* (argile d'Oxford) et *calcareous-grit* des Anglais; étage *argovien* (Marcou); *calcaire à scyphéa* (Quenstedt); *Oxfordien supérieur* et *terrain à chailles* (Thurmann); *Coral-rag* de Sowerby.	*Ammonites cordatus, Lamberti; Belemnites hastatus; Ostrea gregarea, dilatata, Marshii.*

Terrains.	Synonymie. — Étages synchroniques. — Soulèvements.	Fossiles principaux.
c. — *Corallien.*	*Coral-rag ; calcaire à nérinées* et *calcaire à astartes* (Thurmann) ; groupe *séquanien* (Marcou) (14) ; *oolithe de la montagne de Lisieux* (Desnoyers) ; *pisolithe* (Smith) ; *couches à cidaris florigemma, calcaire à polypiers* et *calcaire à dicérates* de M. Hébert.	*Diceras arietina, Astarte minima* (moll. acéphales) ; *nérinées* (g. de moll. gastéropodes) ; nombreux crinoïdes et polypiers.
X. Oolithe supérieure. a. — *Kimméridgien.*	*Kimmeridge-clay* ou argile de Kimmeridge ; calcaire à *gryphées virgules ; marnes à ptérocères* du Jura ; argiles de Honfleur (Dufrénoy) ; marnes et calcaire de Banné (Thurmann) ; terrain *portlandien* de Gressly.	*Ostrea (gryphea* ou *exogyra) virgula, deltoidea.*
b. — *Portlandien.*	*Portlandstone* ou *pierre de Portland* des Anglais ; *calcaire à tortue* de Soleure (Gressly) ; sables et grès du bas Boulonais ; *calcaire compacte supérieur* (Royer) ; *oolithe vasculaire, calcaire verdâtre inférieur* et *calcaire tacheté* (Cornuel).	*Perna suessii, Trigonia gibbosa, Ostrea expansa, Ammonites gigas, Pecten portlandicus.*
c. *Purbeckien* (15).	*Dirt-bed* ou *lit de boue* des Anglais ; *marnes bleues* de Bourgogne ; *calcaire à cypris* et *marnes à serpules* du bas Boulonais.	*Cypris, paludines, unios* et autres coquilles d'eau douce ou saumâtre.

XII. — Système du mont Pila et de la Côte-d'Or, E.-40° N.

3. — Période crétacée.

Terrains.	Synonymie. — Étages synchroniques. — Soulèvements.	Fossiles principaux.
XI. Néocomien.	*Système crétacé inférieur* (Vézian) ; étages *néocomien* et *aptien* (d'Orb.) ; étage des *sables ferrugineux* (Cordier).	*Ammonites flexuosus, Belemnites dilatatus ; Iguanodon* (rept.).
a. — *Wealdien.*	*Néocomien inférieur* de quelques auteurs ; sables de Hastings et argile de Weald (Angl. (16).	*Iguanodon Mantelli ; Cypris.*
b. — *Néocomien* (propr. dit).	Étage *néocomien* (de *Neocomium*, Neufchâtel en Suisse) de d'Orbigny ; *néocomien moyen* de quelques auteurs ; *grès vert inférieur* des Anglais. — Deux étages : 1° Étage *valengien* (Suisse); *biancone* des Italiens ; *Hils-conglomerat* (Rœmer) ; *calcaire à spatangues ;* limonite de Métabief, marne d'Hauterive, roches de l'Écluse, calcaire jaune de Neufchâtel, sables ferrugineux de Vassy (bassin du Jura). 2° Étage *urgonien* (*Orgon*, Bouches-du-Rhône) ; *argile ostréenne* (Cornuel ; *Hilsthon* (Rœmer) ; *premier horizon des rudistes* (17) ; *calcaire de Noirvaux* (Jura).	*Belemnites latus, dilatatus, Crioceras Duvalii, Perna Mulleti, Exogyra Couloni, Spatangus* ou *Toxaster retusus, complanatus.* *Chama* (*caprotina* ou *Sequienia*) *ammonia ; Radiolites neocomiensis, Lonsdalii ; Ostrea Leymerici.*

TERRAINS.	SYNONYMIE. — ÉTAGES SYNCHRONIQUES. — SOULÈVEMENTS.	FOSSILES PRINCIPAUX.
c. — *Aptien.*	*Néocomien supérieur;* étage *aptien* (Apt, Vaucluse) de d'Orbigny; étage *rhodanien* (Rénevier); *argile à plicatules* (Cornuel); *gault inférieur* de quelques auteurs; *sables d'Atherfield* (Angl.).	*Ostrea aquila, sinuata; Ammonites nisus; Plicatula placuncea; Terebratula sella.*
XII. GAULT.	Étage *albien* (Aube, *Alba*) de d'Orbigny; *argiles tégulines* (en partie) de Leymerie; *grès vert* de Beudant; système *aachénien* de l'Aisne (Dumont); *sable jaune et sable vert* (Cornuel); *glauconie sableuse* et *glauconie crayeuse; marnes bleues calcaires* (Mantell); partie du *système crétacé moyen* (Vézian).	*Ammonites Deluci, splendens, mamillaris, Beudanti, Lyelli; Inoceramus concentricus, sulcatus; Ostrea carinata; Trigonia aliformis.*
XIII. CRAIE GLAUCONIEUSE.	Étage *cénomanien* (le Mans, *Cenomanum*) de d'Orbigny; *grès vert supérieur; craie chloritée; glauconie crayeuse; craie de Rouen; sables du Mans; marnes à ostracées* (d'Archiac); *argiles lignitifères* (île d'Aix); partie du *quadersandstein* (grès pierre de taille) des Allemands; *deuxième horizon des rudistes; grès vert du Maine; craie verte* de Beudant; *craie marneuse micacée* et *grès et sables ferrugineux* de d'Archiac; *tourtia* de Tournay; systèmes *kervien* et *nervien* de Dumont; *planerkalk inférieur* de Saxe; étage *carentonien* (Coquand).	*Ostrea columba, biauriculata, conica; Ammonites varians, rothomagensis; Pecten asper; Scaphites æqualis; Turrilites tuberculatus; Caprina adversa; Sphærulites* (*Radiolites*) *agariciformis* ou *foliaceus.*

29

TERRAINS.	SYNONYMIE. — ÉTAGES SYN-CHRONIQUES. — SOULÈVE-MENTS.	FOSSILES PRINCI-PAUX.
XIV. — CRAIE TUFFEAU ou *craie marneuse* (18).	1. *Craie tuffeau ;* étage *tu-ronien* (Touraine, *Turonia*) de d'Orbigny ; *craie de Touraine ; sables et grès d'Uchaux ; lower-chalk* (craie inférieure) des An-glais ; *planer-kalk supérieur* des Allemands ; *troisième hori-zon* des rudistes.	*Ammonites pa-palis, peremptus Inoceramus labia-tus, problematicus (mytiloïdes); Radio-lites cornupastoris, lumbricalis ; Sphœ-rulites Ponsiana.*
	XIII. — Système du mont Viso, N.-N.-O.	
	2. *Craie marneuse ;* étage *provencien ; terrain hippuritique* du midi de l'Europe ; partie du *lower-chalk* des Anglais ; *qua-trième horizon* des rudistes ; partie de l'étage *turonien* de d'Orbigny ; *craie à hippurites* de la Provence; terrain *crétacé su-périeur* (partie inférieure.)	*Hippurites orga-nisans, cornuvacci-num, . bioculatus ; Caprina Aquilloni ; Sphœrulites Mou-linsi.*
XV. — CRAIE BLANCHE.	Terrain *crétacé supérieur* (en partie) ; *chalk* de Philips ; *obere Kreide* (craie supérieure) des Al-lemands ; terrain *yzémien péla-gien* de Brongniart.	*Belemnitella mu-cronata ; Baculites Faujasii ; Ostrea auricularis, vesicu-laris.*
a. — *Craie blanche* (proprt. dite).	Étage *sénonien* (Sens, *Senones*) de d'Orbigny ; *cinquième hori-zon* des rudistes (*quatrième*) selon d'Orb.) ; *upper-chalk* (craie supérieure) des Anglais ; *craie supérieure à silex noirs* et *calcaire jaunâtre* de Meudon ; *sables argilo-calcaires* d'Angou-lême et *craie* de la Valette (Charente), ou étages *coniasien* et *santonien* de M. Coquand ; craie de Villedieu.	*Micraster cor tes-tudinarium, cor an-guinum ; Ananchi-tes ovata ; Inocera-mus Cuvieri ; Sphœ-rulites sinuatus, Hœninghausi ; Ra-diolites craterifor-mis.*

TERRAINS.	SYNONYMIE. — ÉTAGES SYNCHRONIQUES. — SOULÈVEMENTS.	FOSSILES PRINCIPAUX.
b. — *Craie supérieure.*	Étage *danien* (Danemark) de d'Orbigny; deux assises : 1° *craie de Maëstricht* (19); *sixième horizon* des rudistes; *craie d'Aubeterre* (Charente); *calcaire à baculites* du Cotentin; — 2° *calcaire pisolithique; calcaire de Faxoë* (Danemark); étage *dordonien* de M. Coquand; calcaire de Laversines (Graves).	*Nautilus danicus, Hippurites radiosus, Radiolites Jouanneti, Sphærulites cylindraceus; Mosasaure* (rept.).

III. — TERRAINS TERTIAIRES (*néozoïques* ou *cénozoïques*).

XVI.—EOCÈNE.	*Terrain tertiaire inférieur;* partie des terrains *yzémiens thalassiques* de Brongniart; étage *paléothérique* de Cordier; terrain *supercrétacé inférieur* de Huot; étages *suessonien* et *parisien* (d'Orb.); *série nummulitique* (Vézian).	Première apparition certaine des mammifères monodelphes; règne des genres *palæotherium* et *anoplotherium.*
a. — *Eocène inférieur.*	Partie de l'étage *suessonien* (de Soissons, *Suessones*) de d'Orbigny; étage *infra-nummulitique* ou *montserrien* et *groupe d'Alet* (d'Archiac); *sables de Thanet* et *couches de Woolwich* (Angl.); étage *nummulitique inférieur* des Corbières ou ét. *castellien* de la Catalogne; terrain *heersien* et *landénien* de Belgique; quatre assises dans le bassin de Paris : 1° *sables blancs de Rilly* et *marnes à physes;* 2° *sables inférieurs du Soissonnais* ou *de Bracheux;* 3° *argiles à lignites* comprenant : conglomérat de Meudon, argile plastique, li-	1° *Physa gigantea, Helix hemispherica;* 2° *Cyprina scutellaria, Pholadomya cuneata;* 3° *Coryphodon* (mamm.), *Gastornis parisiensis* (oiseau), *Cyrena cuneiformis, antiqua, Teredina personata, Melania inquinata, Ostrea bellovacina, sparnacensis, Cerithium turbinatum;* 4° *Rostellaria sublævigata, Ovula tuberculosa,*

TERRAINS.	SYNONYMIE. — ÉTAGES SYNCHRONIQUES. — SOULÈVEMENTS.	FOSSILES PRINCIPAUX.
a. — *Eocène inférieur.*	gnites, calcaire lacustre, dépôt de Sinceny, bancs d'huîtres, grès et poudingues; 4° *sables supérieurs du Soissonnais* ou *de Cuise-la-Motte* formant deux assises, l'une *inférieure* et *siliceuse*, l'autre *supérieure* et *glauconieuse*.	*Melania Cuvieri, Nummulites planulata.*
b. — *Eocène moyen.*	Partie des étages *suessonien* et *parisien* de d'Orbigny; groupe *fucoïdien, flysch, grès moucheté* et *macigno à fucoïdes* des Alpes; *grès de Carcassonne* ou *molasse lacustre*; argile de Londres, couches de Bagshot et de Bracklesham, argile de Barton et sables de Headon-Hill (Anglet.); couches de Claiborne et d'Alabama (États-Unis); dépôts de Laeken et calcaire de Bruxelles (Belgique). — Cinq assises : 1° *calcaires grossiers* : inférieurs (*glauconie grossière, calcaire à nummulites* ou *pierres à liards, calcaire à miliolithes*) et supérieurs (*calcaire à cérithes, calcaires fragiles et crayeux* ou *caillasse, tripoli*); 2° *sables de Beauchamp* ou *sables moyens*; 3° *terrain nummulitique supérieur* (20), étages *igualadien* et *manrésien* de Vézian; 4° *calcaire de Saint-Ouen, travertin inférieur, calcaire siliceux, calcaire lacustre* ou *d'eau douce*; 5° *marnes à pholadomyes*.	1° *Eupsammia trochiformis, Cerithium giganteum, Nummulites lævigata, Ancillaria buccinoïdes, Voluta muricina, Cerithium interruptum, Natica parisiensis, Lophiodon* (mamm.); 2° *Cerithium tricarinatum*; 3° *Nummulites Leymeriei, Ramondi*; 4° *Limnæa longiscata*; 5° *Pholadomya ludensis.*

XIV. — Système des Pyrénées, E.-18° S.

TERRAINS.	SYNONYMIE. — ÉTAGES SYN-CHRONIQUES. — SOULÈVE-MENTS.	FOSSILES PRINCIPAUX.
c. — *Eocène supérieur.*	Partie de l'étage *parisien* de d'Orbigny et de l'*oligocène* de quelques auteurs ; groupe *proïcène* de M. P. Gervais ; *faluns à nummulites de Gaas* (Landes) ; *premier terrain sidérolithique* (Suisse) ; séries de Headon, d'Osborne et de Bembridge (île de Wight) ; gypse de Castelnaudary (Vézian) ; *argile à tuiles* de Berlin ; partie du *lignite* d'Allemagne ; en France, quatre assises : 1° *Travertin de de Champigny* ; 2° *gypse de Montmartre* ; 3° *marnes à limnées* ; 4° *formation lacustre* d'Aix et d'Auvergne (marnes gypseuses, calcaire à *induses*, couches de sables).	Nombreux mammifères : *Paléotherium medium, crassum, latum, magnum, curtum;Anoplotherium commune, secundarium; Xiphodon gracile; Dichobune leporinum; Chœropotamus Cuvieri, parisiensis ; Viverra parisiensis; Canis parisiensis.*

XV. — Système des îles de Corse et de Sardaigne, N. à S.

| XVII. — MIOCÈNE (21). | *Terrain tertiaire moyen ; terrain de molasse ;* étage *falunien* (d'Orb.) ; *crag inférieur, blanc ou à bryozoaires* (Angl.). | Apparition des *proboscidiens.* |
| a. — *Miocène inférieur.* | Sous-étage *tongrien* (Tongres, en Belgique) de d'Orbigny ; partie supérieure de l'*oligocène* et de l'*éocène* de quelques auteurs ; *sables et grès supérieurs ; bassin de Mayence ; marnes à cythérées ou à cyrènes ; dépôts du Limbourg* (Belgique) ; *calcaire de Brie* (travertin moyen) et *meulières ; sables* et *grès de Fontainebleau ; calcaire à astéries* (Gironde) ; étage *bormidien* (Italie) ; *conglomérats infra-mio-* | *Leda Deshayesiana, Cyrena convexa, Cerithium plicatum, Lamarckii, cinctum, Ostrea longirostris, Natica crassatina; Anthracotherium* (mamm.). |

TERRAINS.	SYNONYMIE. — ÉTAGES SYNCHRONIQUES. — SOULÈVEMENTS.	FOSSILES PRINCIPAUX.
a. — *Miocène inférieur*.	*céniques* (littoral méditerranéen) ; *calcaire* et *faluns bleus* de Gaas (Landes) ; *groupe de Hempstead* (île de Wight) ; étage *stampien* (Rénevier).	

XVI. — Système de l'île de Wight et du Tatra, E.-5° S.

TERRAINS.	SYNONYMIE. — ÉTAGES SYNCHRONIQUES. — SOULÈVEMENTS.	FOSSILES PRINCIPAUX.
b. — *Miocène moyen*.	*Calcaire de Beauce* ou *calcaire lacustre supérieur ; argiles à meulières ; calcaire à hélix* du Loiret ; *marnes miocéniques* de Montpellier ; *meulières de Montmorency ; faluns de Bazas ; sables et graviers de l'Orléanais ; argile de Boom* ou étage *rupélien* (Belgique) ; étage *langhien* d'Italie ; *falunien* inférieur (d'Orb.) ; étage *aquitanien*.	*Potamides Lamarckii, Planorbis cornu, Helix Lemani, Tristani ; Mastodon angustidens, tapiroides, Dinotherium Cuvieri, Anchitherium aurelianense, Hylobates antiquus* (singe).

XVII. — Système de l'Érymanthe et du Sancerrois, N.-69° E.

TERRAINS.	SYNONYMIE. — ÉTAGES SYNCHRONIQUES. — SOULÈVEMENTS.	FOSSILES PRINCIPAUX.
c. — *Miocène supérieur*.	*Faluns de Touraine ; faluns* et *molasse de Bordeaux* et de *Dax ; faluns de Vienne ;* étage *falunien supérieur* (d'Orb.) ; *molasse coquillière ; muchelsandstein* (grès coquillier), *molasse marine, nagelflue,* calcaire d'Œningen et lignite de Kœpfnach (Suisse) ; *calcaire moellon* (Marcel de Serres) ; étage *perravallien* (Italie) ; *calcaire miocénique* méditerranéen ; gisements de *Sansan* (Gers), du *mont Lébevon* (Vaucluse) et de *Pikermi* (Grèce) ; *sables d'Edeghem,* de *Diest* et de *Bolderberg* (Belgique).	*Halitherium fossile, Dinotherium bavaricum, Cuvieri ; Mastodon turicensis, Rhinoceros brachyurus, Hipparion, Helladotherium ; Trochus incrassatus, Turritella Linnæi, Cypræa affinis, Lima squamosa, Pecten striatus, Arca diluvii, Conus Mercati.*

XVIII. — Système des Alpes occidentales, N.-26° E.

TERRAINS.	SYNONYMIE. — ÉTAGES SYNCHRONIQUES. — SOULÈVEMENTS.	FOSSILES PRINCIPAUX.
XVIII. — PLIOCÈNE (22).	Étage *subapennin;* terrain tertiaire *supérieur; vieux pliocène* de Lyell ; *crag* des Anglais; étage *astien* de Rouville ; étages *tortonien* et *astien* de Pareto (Italie) ; *sables marins supérieurs* de Montpellier ; *alluvions anciennes de la Bresse ; sable des Landes ; sables d'Anvers ; crag corallin* et *crag rouge* d'Angleterre ; *collines subapennines* et *collines romaines* (Italie).	*Mastodon brevirostris, Borsoni; Rhinoceros megarhinus, Tapirus minor, Ursus minutus, Felis Christolii; Voluta Lambuti, Fusus contrarius, Ostrea undata, Panopœa Faujasii, Conus Brochii.*

XIX. — Système de la chaîne principale des Alpes, E.-16° N.

IV. — TERRAINS QUATERNAIRES (ou *post-tertiaires*).

XIX. — QUATERNAIRE.	1. *Nouveau pliocène* de Lyell ; *crag marin de Norwich* (Angl.); *calcaire de Girgenti* (Sicile) ; *tufs d'Ischia, cône du mont Somma,* dépôts lacustres du *val d'Arno* (Italie); *sables de Saint-Prest* (Eure-et-Loir) (23).	*Mastodon arvernensis, Elephas meridionalis, Hippopotamus major, Rhinoceros leptorhinus.*
	2. *Postpliocène* (Lyell); étage *diluvien : diluvium gris, diluvium rouge* et *lehm* ou *lœss; couches marines* de Sardaigne; *argiles à blocs* ou *boulder-clay* des Anglais ; *drift glaciaire; blocs erratiques ; cavernes à ossements* et *brèches osseuses ; alluvions anciennes ; limon des pampas* (Amér. mérid.).	*Ursus spelœus, Elephas primigenius* (mammouth), *Rhinoceros tichorhinus, Hyœna spelœa, Felis spelœa, Bos primigenius, Cervus tarandus* (renne).

XX. — Système du Ténare, N. — 20° O.-(24).

Note H. — p. 330.

Dans un cas, du moins, la chronologie des Septante est évidemment dans l'erreur. Mathusalem ayant vécu 969 ans, s'il n'en avait eu que 167 à la naissance de son fils, il s'ensuivrait qu'il eût survécu de 14 ans au Déluge. Le nombre exact est probablement celui du texte hébreu, c'est-à-dire 187. C'est celui que donnent Josèphe et Jules l'Africain qui, en cet endroit, copient évidemment les Septante. L'erreur retombe donc sur les copistes et non sur les Septante eux-mêmes. On doit en dire autant des 188 ans attribués à Lamech à l'époque de la naissance de son fils. Nous pensons que le vrai chiffre est 182. C'est celui du texte hébreu et de la Vulgate : c'est aussi celui que donne Josèphe qui, sans doute, l'avait également emprunté aux Septante. Ces deux corrections faites, il est assez remarquable que les nombres adoptés par les Septante coïncident avec ceux du texte hébreu ou en diffèrent exactement d'une centaine. Cette différence d'une centaine s'appliquerait même à tous les cas, si l'on remplaçait les quelques nombres du texte hébreu qui se trouvent identiques avec ceux des Septante par leurs correspondants du texte samaritain. Cette observation émise tout récemment et pour la première fois, sans doute, par un des pères de la Compagnie de Jésus (*Études religieuses*, février 1872), conduirait à admettre que l'hébreu antique était dans l'usage de supprimer 100 dans toutes les dates des naissances dès que la suppression était possible. Ce serait alors les nombres donnés par les Septante qu'il faudrait accepter, en tenant compte toutefois des deux rectifications faites plus haut. On aurait ainsi 2256 années pour le premier âge du monde. C'est, précisément, le nombre donné par Josèphe. La durée du second âge, c'est-à-dire de la période qui s'étend du Déluge à la vocation d'Abraham, donne lieu à la même observation. La théorie précitée s'y applique admirablement, si l'on remplace par 129 les 179 années attribuées à Nachor et si l'on supprime les 130 années de Caïnan, patriarche emprunté peut-être par erreur à la liste précédente et dont ne parle ni Josèphe, ni les textes hébreu et samaritain, ni les versions syriaque, arabe, chaldaïque, etc. (V. cep. S. Luc, III, 36.) On aurait alors pour le second âge 1067 ans.

NOTE I. — P. 336.

Cette hypothèse, qui rejette avant le chaos de la Genèse toutes les époques géologiques et fait du récit des six jours celui de la réorganisation de notre planète, lors du dernier cataclysme universel et de la création de l'homme, cette hypothèse, disons-nous, est tout à fait inacceptable. Elle a l'avantage, il est vrai, de rendre impossible tout contact et dès lors toutes luttes entre la Bible et la science géologique, et c'est probablement ce qui lui a valu l'empressement avec lequel elle a été accueillle. Mais elle se heurte, il est facile de s'en convaincre, à des difficultés sans nombre.

Sans doute, plusieurs Pères ont admis que le premier jour génésiaque avait commencé par l'apparition de la lumière, plaçant ainsi la création de la matière en dehors des six jours. Quelques-uns même ont pu reconnaître, quoique généralement ils se taisent sur ce point, que la matière, une fois créée, resta longtemps à l'état de masse informe et confuse, décrit dans la Genèse. Mais il y a loin de là à admettre que pendant cette période antérieure au premier jour se développèrent et vécurent tous les végétaux et tous les animaux dont nous rencontrons actuellement les restes ensevelis dans les profondeurs du sol. Il est difficile de se faire une idée d'une révolution qui ait suffisamment bouleversé la terre pour anéantir plantes et animaux, pour faire disparaître complétement la lumière, enfin pour qu'on ait pu dire de notre globe que c'était une masse *informe et vide*, ou mieux encore *invisible et confuse* (*invisibilis et incomposita*), car c'est ainsi que traduisent les Septante.

Et puis, ne répugne-t-il pas qu'un Dieu infiniment sage poursuive son œuvre par un développement progressif pendant des siècles sans nombre, pour l'anéantir ensuite, avant l'apparition de celui qui en devait être l'achèvement et le roi?

Mais supposons pour un moment qu'un cataclysme quelconque ait pu anéantir à ce point la vie à la surface du globe et réduire la terre à l'état de masse confuse, ténébreuse et informe qui se trouve décrit au second verset de la Genèse. Les mêmes lois présideront sans doute au développement de la nouvelle création. Dieu est un et immuable, et l'image de ses attributs divins est manifestée dans la création par l'unité du plan providentiel et la stabilité des lois de la nature. Sans doute, la dérogation à ces lois est possible, mais personne n'a le droit de l'affirmer avant la création de l'homme, à moins d'une révélation spéciale. Or, les auteurs de la théorie que nous combattons reconnaissent avec nous que les végétaux que nous retrouvons à l'état fossile parurent graduellement et se développèrent lentement pendant les longs âges qui précédèrent l'apparition de l'homme sur la terre. Pourquoi n'en eût-il pas été de même de la nouvelle création? Pourquoi son développement, si lent dans le premier cas, se fût-il effectué cette fois en six jours de vingt-quatre heures?

Il n'est pas facile assurément de trouver des réponses satisfaisantes à ces questions.

Il en est une autre qui n'est pas moins embarrassante. Si l'histoire du globe se partage en deux grands âges, l'un totalement étranger au récit biblique, l'autre décrit dans la Genèse, pourrait-on nous dire à quelle époque de cette histoire s'est terminé le premier pour faire place au second? Sera-ce à la fin de ce que l'on est convenu d'appeler les *temps géologiques*, à la fin de l'époque quaternaire? Mais, s'il faut en croire les découvertes récentes, l'homme a vécu à cette époque. On ne saurait douter, en effet, qu'il n'ait été contemporain du mammouth et des autres espèces éteintes considérées comme caractéristiques des temps quaternaires. L'homme serait donc *antigénésiaque;* il eût fait partie de l'ancien monde, aussi bien, du reste, que la plupart des animaux qui vivent aujourd'hui et dont les débris gisent associés avec ceux du mammouth dans les dépôts diluviens. Nos adversaires reculeront sans nul doute devant cette conséquence.

Prétendront-ils que leur *rénovation* du monde s'est opérée à la fin de l'époque tertiaire? Alors, il est vrai, l'homme n'existait pas; mais une autre difficulté se présente. La plupart des espèces tertiaires ont passé à la période suivante; plusieurs même vivent encore aujourd'hui. On ne saurait donc admettre qu'il y ait eu à la fin de cette période un grand cataclysme, dont le résultat ait été l'anéantissement total des êtres antérieurement existants; et, dès lors, rien ne permet de considérer cette date comme celle de la transformation complète du globe et comme le point de départ de l'ère nouvelle.

Ce serait en vain que l'on s'efforcerait de remonter plus haut encore dans la série des âges géologiques. Nulle part on ne trouvera cette ligne de démarcation que l'on prétend exister entre le monde actuel et le monde antérieur. Ni la faune ni la flore qui caractérisent une époque ne disparaissent *totalement* avec cette époque. Il ne semble donc pas qu'il y ait jamais eu depuis les origines du globe de cataclysme assez violent et assez

universel pour anéantir entièrement la vie sur la terre et motiver une
réorganisation du monde *aussi complète que celle que l'on suppose.* Un tel
cataclysme fût-il du reste admissible, dût-on reconnaître qu'il a eu
lieu et qu'il a été suivi d'une réorganisation totale du globe, que l'hypothèse *antigénésiaque* prise dans son ensemble devrait encore être rejetée. Cet événement, en effet, n'aurait pu se produire qu'à une époque
géologique assez reculée ; car nous possédons sur les âges récents,
postérieurs par exemple à la formation secondaire, des notions si précises qu'elles excluent jusqu'à l'idée d'une pareille catastrophe. Or,
pour se rendre compte du développement de la vie dans les temps postérieurs à cette réorganisation, force serait encore de recourir à de
longues périodes, les jours de vingt-quatre heures étant aussi insuffisants
pour représenter une seule période que pour représenter l'histoire du
globe tout entière.

Nous pourrions avoir recours à des arguments d'une autre nature.
Buckland et les partisans de sa théorie surannée prétendent que la
Bible leur est favorable. Il est assez visible cependant qu'elle est plutôt
contre eux que pour eux. Partout la création est donnée comme faisant
partie de l'œuvre des six jours. Moïse ne proclama-t-il pas que « le
Seigneur a fait en six jours le ciel, la terre, la mer et tout ce qu'il
renferment ? *Sex enim diebus fecit Dominus cœlum et terram, et mare, et
omnia quœ in eis sunt* (Exode, xx, 11 ; xxxi, 17). Ne dit-il pas après avoir
décrit l'œuvre des six jours que ce sont là les générations du ciel et de
la terre *lorsqu'ils furent créés, au jour où Dieu les fit ?* Istæ sunt generationes cœli et terræ quando creata sunt (ou plus exactement *in creatione
eorum*), in die quo fecit Deus cœlum et terram (Gen. ii, 4). Il serait
difficile assurément de trouver un texte plus formel que ce dernier.
Il contient une réponse directe à la question posée. Nos adversaires
affirment que le monde a été organisé à deux reprises ; une première
fois immédiatement après la création de la matière et pendant l'ère des
temps géologiques ; une seconde fois lors de l'apparition de l'homme.
Ils prétendent que cette dernière organisation, non accompagnée de la
création, est seule décrite par Moïse. Or celui-ci leur répond par un
démenti formel. Il leur dit que les *générations* qu'il vient de rapporter
comme étant l'œuvre de six jours sont celles qui eurent lieu *lorsque le
ciel et la terre furent créés,* ou, pour traduire plus littéralement, *dans
leur création.* Est-il possible d'être plus explicite ?

L'on n'objectera pas, en effet, que le sens du mot *créer* est ici douteux.
C'est bien ce mot בָּרָא (*barah*) si rarement employé par Moïse et
toujours, semble-t-il, à dessein, par opposition au mot עָשָׂה (*hasah,*

faire) ; c'est ce même mot par lequel l'écrivain sacré annonce, au début de son livre, que le ciel et la terre ont été tirés du néant ; c'est ce même mot qu'il emploie ensuite pour qualifier l'apparition successive de l'animal et de l'homme lui-même, créatures essentiellement distinctes de toutes les autres par le principe simple qui les anime, et qui, pour cela, ne pouvaient devoir leur existence qu'à un acte spécial de Dieu et non aux seules forces de la nature.

On voit que la théorie de Buckland n'a pas seulement contre elle la raison et les sciences ; elle est encore contredite par la Bible elle-même. Aussi y a-t-il lieu d'être surpris qu'elle rencontre encore aujourd'hui des adeptes. Le nombre, il est vrai, en est de plus en plus restreint, du moins en France ; car en Angleterre la vogue dont elle a joui, en raison sans doute de la haute réputation de savoir de son auteurs, lui a assuré une existence plus durable. A ce titre, l'auteur de ce livre ne pouvait guère manquer de lui donner place dans son ouvrage. Il l'a accompagnée, du reste, d'une autre hypothèse, celle des *jours-périodes*, hypothèse destinée, croyons-nous, à survivre à toutes les autres, parce que c'est la seule qui réponde à toutes les difficultés.

Note J. — p. 390.

L'auteur aurait pu apporter d'autres arguments à l'appui de sa thèse. Et d'abord les partisans des jours de vingt-quatre heures pourraient-ils nous dire de quelle nature furent les trois premiers de ces jours ? Un jour se mesure habituellement par le lever et le coucher du soleil. Or, le soleil apparut seulement le quatrième jour. On voit à quelle difficulté se heurte l'hypothèse prétendue la plus naturelle et la seule acceptable. Nous dira-t-on que les trois premiers jours sont mesurés par la durée de la rotation de la terre sur elle-même ? Mais alors ce seront des jours sans nuit, et les mots *soir* et *matin*, auxquels on prétend attribuer une signification propre et littérale, devront se prendre dans le sens figuré, aussi bien que dans l'hypothèse des jours-périodes. Ajoutons que ces jours auront plus de vingt-quatre heures. On sait, en effet, que la durée de la rotation d'un corps céleste sur lui-même diminue avec son volume. Or, d'après une théorie presque universellement acceptée, théorie que tout confirme, même le texte de la Genèse (*terra erat invisibilis et incomposita*), notre globe fut primitivement à l'état gazeux. Il y eut une époque où sa surface s'étendait jusqu'à l'orbite lunaire actuel et au delà. Car la lune, dans le système de Laplace, n'est qu'un fragment de la nébuleuse terrestre détaché de sa périphérie et condensé dans la suite. A cette époque, la terre mettait à tourner sur elle-même le temps que notre satellite emploie maintenant à accomplir sa révolution autour de notre globe, c'est-à-dire un peu plus de vingt-sept jours. Les jours génésiaques, même dans l'hypothèse que nous combattons, furent donc fort différents des jours actuels. C'est la négation même de cette hypothèse.

Il y a plus. Au second chapitre de la Genèse (v. 5 et 6), Moïse nous explique comment la végétation du troisième jour avait pu se développer au moyen d'une abondante vapeur qui suppléait au manque d'eau, « parce que le Seigneur n'avait pas encore fait pleuvoir sur la terre, » — *non enim pluerat Dominus Deus super terram.* — Nous prétendons que ce passage est complétement inintelligible, si nous supposons des jours de vingt-quatre heures. Ce ne fut que le troisième jour, en effet, que la terre ferme apparut et que les eaux se réunirent pour former les mers. Or, s'il n'y avait pas encore vingt-quatre heures que les eaux s'étaient retirées, le sol devait avoir conservé assez d'humidité pour servir au développement des plantes. La vapeur, aussi bien que la pluie, étaient plus qu'inutiles, et l'on pourrait plutôt se demander comment la terre était déjà suffisamment desséchée pour donner naissance aux végétaux.

On se demande parfois si Moïse eut connaissance de la nature des jours qu'il décrivait. Ce passage nous ferait croire qu'il ne l'ignorait pas. Cette difficulté, qui semble avoir échappé à tous nos commentateurs, n'a pu manquer d'être aperçue de l'auteur même du récit (1).

Remarquons, à l'occasion de ce passage, l'admirable accord de la science et des Livres saints. La géologie nous apprend qu'une chaleur intense a régné sur le globe dans les premiers âges de son existence, et que cette haute température, qui maintenait à l'état de vapeur une grande quantité d'eau et de matières aujourd'hui condensées, a concouru d'une manière spéciale au développement de la végétation qui caractérise la période carbonifère. Or, il y a plus de trois mille ans que Moïse nous a appris ce que la science nous révèle aujourd'hui. Il nous

---

(1) Les quelques idées qui précèdent sont empruntées à un remarquable ouvrage manuscrit de M. l'abbé Guitton sur la création et les six jours.

parle, en effet, d'une « vapeur qui arrosait toute la surface de la terre »,
et contribuait ainsi au développement des plantes qui marquent spécialement le troisième jour de la création.

Note K. — p. 397.

Le terme hébreu traduit par *reptile* est différent de celui du cinquième
jour. C'est le mot רֶמֶשׂ (*rémesh*). Quelques-uns veulent qu'il désigne
ici tous les petits mammifères terrestres, tels que le lièvre, la
marte, etc. D'après Génésius, il signifie tantôt les animaux terrestres,
tantôt les animaux aquatiques, tantôt enfin, et le plus souvent, tout ce
qui rampe sur la terre. C'est le sens qu'il lui attribue dans le passage
en question. Tout prouve, en effet, qu'il s'agit ici des reptiles proprement dits. S'il en était autrement, ils ne seraient pas mentionnés
une seule fois dans le récit mosaïque; et une telle omission sur-
prendrait.

D'un autre côté, nous savons que la période secondaire, qui correspond au cinquième jour de la Genèse, est par excellence l'époque des
reptiles. Il semble donc, à première vue, qu'il y ait là une difficulté insurmontable et que l'accord de la science avec la Bible soit impossible.
Il n'en est rien cependant.

Parfaitement convaincu de la vérité du récit génésiaque, et d'autre part,
intimement persuadé que le cinquième jour de Moïse n'était autre que
l'époque secondaire de la géologie, nous avons étudié dans le détail la
faune de cette époque. Or, nous n'y avons pas rencontré un seul animal
que l'on dût ranger nécessairement dans l'ordre des Ophidiens ou serpents. Les Chéloniens (tortues), les Sauriens (lézards) et les Batraciens
(grenouilles) abondent, il est vrai, dans ces terrains; mais l'on sait
que ces trois ordres sont rangés assez arbitrairement dans la classe des
reptiles et qu'ils ressemblent fort peu aux serpents, les animaux-types
de la classe. Les serpents, c'est-à-dire ces animaux qui sont complète-
ment dépourvus de membres, sont, au fond, les seuls que l'on s'en-
tende et que l'on se soit toujours entendu à appeler reptiles. Or, Moïse
parlait la langue du peuple; il n'était pas tenu d'adopter les classifica-
tions plus ou moins naturelles des savants modernes.

Il y a plus. Nous croyons que tous les Chéloniens, Sauriens et Batraciens découverts dans les terrains secondaires sont des espèces plus ou moins aquatiques.

Il ne peut y avoir de difficulté au sujet des Batraciens. Ils sont presque tous amphibies et tous respirent par des branchies pendant les premiers temps de leur vie. Ils ne sont donc pas, à proprement parler, des animaux exclusivement terrestres. Ils sont, du reste, fort rares dans les terrains secondaires. Ajoutons que la plupart des naturalistes en font une classe à part et les placent ainsi en dehors des reptiles.

Quant aux Chéloniens ou tortues, on peut dire qu'ils confirment de la façon la plus remarquable l'exactitude du récit mosaïque. Les tortues marines, fluviatiles et palustres abondent dans les terrains secondaires ; mais on n'en a pas découvert une seule qui soit certainement et exclusivement terrestre.

Les Sauriens retrouvés dans les mêmes terrains sont également aquatiques. Il n'y a de difficulté qu'au sujet de deux espèces, le Mégalosaure et l'Iguanodon, sorte de lézard gigantesque qui caractérise la formation wealdienne. Ces deux espèces étant intermédiaires entre les lézards et les crocodiles, il est difficile de savoir exactement quel était leur régime. S'ils n'étaient pas exclusivement marins, il est à croire cependant qu'ils fréquentaient les eaux. Ils appartiennent donc au cinquième jour génésiaque, et leur présence dans les couches secondaires ne doit plus surprendre.

Disons cependant que lors même que l'on parviendrait à découvrir quelque reptile exclusivement terrestre ailleurs que dans les terrains tertiaires où ils abondent, il n'en résulterait rien contre l'exactitude du récit mosaïque. Cette époque serait toujours par excellence l'époque des mammifères et des reptiles, et, par conséquent, répondrait à la description que Moïse nous a laissée du sixième jour de la création.

NOTE L. — P. 399.

Nous admettons parfaitement, avec l'auteur, que les troisième, cinquième et sixième jours de la Genèse correspondent aux trois grandes époques géologiques. Il y a entre ces jours et ces époques un accord frappant qui ne peut échapper à personne. L'époque primaire de la géologie et le troisième jour de la Genèse sont réellement caractérisés par le développement de la végétation. L'époque secondaire et le cinquième jour sont également remarquables par leurs animaux aquatiques et leurs oiseaux ; et ce qui distingue l'époque tertiaire aussi bien que le sixième jour de Moïse, ce sont les animaux terrestres. Nous admettons encore que le quatrième jour de la Genèse, c'est-à-dire l'apparition du soleil, de la lune et des étoiles, doive s'intercaler entre la formation carbonifère et le commencement de l'époque secondaire. Mais il est un point sur lequel nous ne pensons plus comme l'auteur : c'est au sujet des deux premiers jours.

La géologie ne prétend pas nous retracer l'histoire entière de la terre. La Genèse, au contraire, nous donne une idée des divers états par lesquels elle a passé depuis qu'elle est sortie des mains du Créateur. Or, si nous nous en tenons à l'hypothèse de Laplace, la terre fut primitivement à l'état gazeux. Elle formait à l'origine, avec tous les autres corps de notre système planétaire, une immense nébuleuse, masse fluide détachée elle-même d'une autre nébuleuse dont firent partie, sans doute, avec leurs cortéges de planètes, toutes les étoiles qui brillent maintenant au firmament. La nébuleuse solaire, qui tournait sur elle-même d'occident en orient (1), était soumise à la loi de l'attraction ou de la pesanteur. De là une diminution de volume et une tendance des molécules à se condenser. Ces molécules durent évidemment se précipiter vers le centre, comme la goutte d'eau se précipite vers le sol. Or, en raison du mouvement de rotation dont la masse gazeuse était animée, chaque molécule devait tomber un peu à l'est de la verticale menée par son point de départ. De là une accélération du mouvement; de cette accélération du mouvement, il résulta que la force centripète et la force centrifuge, jusque-là en équilibre, cessèrent de se neutraliser. La force centrifuge l'emporta, c'est-à-dire qu'un anneau se détacha de l'équateur de la nébuleuse et resta isolé dans l'espace. D'autres anneaux succédèrent au premier; mais ils ne pouvaient se maintenir en cet état. Ou bien ils se partagèrent en divers tronçons pour former plusieurs petites planètes qui maintenant parcourent l'espace dans des orbites presque semblables : telles sont les nombreuses planètes télescopiques situées entre Mars et Jupiter ; tels sont les astéroïdes beaucoup plus nombreux encore qui constituent probablement l'anneau de Saturne. Ou bien chaque anneau de la nébuleuse solaire

(1) Il est à peine besoin de faire observer que ce mouvement n'avait pu lui être imprimé que par le Créateur lui-même. Toute explication *naturelle* des phénomènes cosmogoniques aboutit nécessairement à cette *impulsion initiale*.

s'aggloméra de façon à former une nouvelle nébuleuse qui reproduisit sur une moindre échelle les phases de la première. Il put s'en détacher de nouveaux anneaux qui donnèrent naissance aux satellites. La lune n'a pas été formée autrement : elle n'est qu'un anneau détaché de la nébuleuse terrestre, comme la terre n'est qu'un anneau détaché de la nébuleuse solaire.

Telle est, en résumé, la théorie de Laplace. Nous ne donnerons pas les raisons sur lesquelles elle s'appuie. Disons seulement qu'elle rend compte des divers mouvements des planètes, de leur état actuel, de la durée de leur révolution, de la nature même du soleil, de la lumière zodiacale ; en un mot, de la plupart des phénomènes cosmiques. Il en est quelques-uns cependant qu'elle ne peut expliquer, par exemple le mouvement rétrograde des satellites de Saturne. Aussi beaucoup de savants hésitent-ils à se prononcer sur cette théorie. Mais il est un point sur lequel on s'entend assez : c'est que la matière qui compose la terre et les corps célestes a été primitivement à l'état gazeux et puis à l'état liquide ou pâteux. De là vient la forme ellipsoïdale de notre planète, c'est-à-dire son aplatissement aux pôles et son renflement à l'équateur.

On ne dira pas que cette hypothèse soit en désaccord avec le récit biblique, car, nous l'avons déjà observé, elle seule rend raison des mots *invisibilis* et *incomposita* appliqués à l'état originel du globe. Elle s'harmonise, du reste, complétement avec l'idée que Moïse nous donne des deux premiers jours de la Genèse. Le *premier* jour comprend, selon nous, tout le temps pendant lequel la terre resta à l'état gazeux. Il est donc entièrement en dehors des périodes géologiques. L'apparition de la lumière qui le caractérise doit être attribuée, sans doute, à la condensation des molécules et à l'action des forces chimiques de quelque astre voisin, qui, en raison de sa masse moins considérable, passa plus rapidement de l'état gazeux à l'état liquide , et de ce dernier à l'état solide. La rapidité du développement de chaque corps céleste est, en effet, en raison inverse de la masse totale de cet astre. C'est pour cela, croyons-nous, que le soleil, dont le rayon est 350,000 fois plus considérable que celui de la terre, est quatre fois moins dense que notre planète, et par conséquent beaucoup moins avancé dans son passage à l'état solide. Mais quelle que soit la lenteur avec laquelle s'effectue ce passage, il est probable qu'il viendra un jour où, sa solidification étant complète et les combinaisons chimiques ne s'opérant plus à sa surface, il cessera de verser sur notre globe ses rayons de chaleur et de lumière. Il est à croire, cependant, que longtemps encore il continuera son action bienfaisante ; car on n'a pas remarqué qu'il ait rien perdu de son volume ou que sa température ait baissé depuis 2,000 ans, et l'on a calculé qu'une diminution d'un millième dans son diamètre suffirait à maintenir sa radiation actuelle pendant 21,000 ans (Guillemin, *Le Soleil*). Il semblerait néanmoins que la vie fût destinée à s'éteindre sur la terre par le manque de chaleur ; mais il est probable que Dieu ne laissera pas à l'homme le temps de voir le soleil *s'encroûter,* et qu'un cataclysme géologique plus terrible encore que les précédents, parce que l'écorce terrestre aura alors acquis plus d'épaisseur, viendra anéantir la vie à la surface du globe. Ajoutons, puisque nous sommes dans le domaine des hypothèses, que Dieu ne manque point d'autres moyens, même conformes aux lois naturelles, pour détruire son œuvre. On sait que le soleil est entraîné dans l'espace, avec tout son cortége de planètes, vers un point situé dans la constellation d'Hercule. Que dans ce mouvement de translation, la terre vienne à heurter quelque corps céleste considérable, ce qui n'est pas absolument impossible, aussitôt elle redeviendra nébuleuse par suite de la transformation de son mouvement en chaleur. Encore une hypothèse : il se peut que la masse du soleil aille sans cesse en augmentant, soit par la chute à sa surface de corps célestes, comètes ou aérolithes, qui, après avoir parcouru l'espace, pénètrent dans sa sphère d'attraction et vont contribuer à entretenir sa chaleur, soit peut-être aussi par la condensation lente de l'immense atmosphère vaporeuse qui l'entoure, en donnant lieu au phénomène de la lumière zodiacale, et qui ne serait qu'un reste de la nébuleuse dont il est formé. Or, si sa masse augmente, sa puissance d'attraction doit s'accroître avec elle. Il ne serait donc pas impossible que cet astre finît par attirer à lui toutes les planètes qui l'accompagnent. Ce ne sont là évidemment que des conjectures ; mais, en semblable matière, peut-on aller au delà des conjectures ?

Il paraît donc certain que la terre et toutes les planètes, obéissant à des lois naturelles, physiques et chimiques, établies par le Créateur, ont été primitivement des masses fluides, lumineuses par elles-mêmes, comme le soleil l'est actuellement. Les premières qui ont dû passer par cet état sont les plus petites, ou à égalité de masse, celles qui se détachèrent les premières de la nébuleuse solaire. Aussi est-il remarquable que les deux plus considérables des planètes, Jupiter et Saturne, semblent aussi les moins avancées dans ce qu'on pourrait appeler leur *vie cosmique ;* car la densité moyenne de ces planètes est cinq fois moindre que celle de la terre, et l'on a cru remarquer qu'elles sont entourées de nuages, comme le fut, sans doute, notre globe pendant les premiers jours ou périodes de son existence.

Ce ne fut donc point du soleil proprement dit que la terre reçut la lumière du premier jour, mais de quelque astre voisin, peut-être de la lune, qui, en raison de sa faible masse, dut, de bonne heure, éprouver l'action des lois chimiques d'où résultèrent la chaleur et la lumière. Il se peut que, pendant les trois premiers jours, c'est-à-dire jusqu'au commencement de l'époque secondaire, la terre n'ait pas été éclairée autrement et que le soleil ne soit devenu lumineux que le quatrième jour. Il est plus probable cependant que cet astre éclairait déjà la terre depuis longtemps à travers les nuées épaisses qui l'enveloppaient, et que le quatrième jour, ces nuées se dissipèrent assez pour que l'observateur qui eût été placé à la surface du globe eût aperçu le disque solaire. Une considération confirme cette hypothèse : c'est que la lune et les étoiles n'apparurent elles-mêmes que le quatrième jour ; or, il est difficile de prétendre qu'aucun astre n'ait été lumineux avant cette époque et que tous le soient devenus à la fois. L'Écriture ne dit point, du reste, que le soleil fut *créé* le quatrième jour ; il suffit pour l'exactitude du texte sacré qu'il ait fait ce jour-là sa première apparition. Quant à l'existence, à cette époque, d'épais nuages qui eussent masqué les astres et obscurci la lumière solaire, elle résulte naturellement de la haute température qui régnait encore en raison de la faible épaisseur de l'écorce terrestre. Cette chaleur intense, qu'accusent aussi les découvertes paléontologiques, devait nécessairement maintenir à l'état gazeux beaucoup de matières aujourd'hui condensées.

Le *second* jour mosaïque ne correspond pas plus que le premier aux périodes géologiques. Il est également antérieur à l'apparition de la vie sur le globe et marque, selon nous, la continuation de l'œuvre du premier jour, c'est-à-dire l'achèvement de la solidification de la surface. Il est caractérisé dans la Bible par la formation du firmament et par la séparation des eaux inférieures d'avec les eaux supérieures, c'est-à-dire, sans doute, des eaux condensées d'avec les eaux non condensées qui occupaient avec d'autres matières gazeuses les hautes régions de l'atmosphère.

Tel est bien, en effet, l'ordre dans lequel les choses durent se passer. Lorsque la terre était encore à l'état gazeux, il n'y avait pas d'enveloppe atmosphérique distincte de la masse fluide. Tous les éléments étaient confondus. Mais au bout d'un certain temps, lorsque la masse fut devenue pâteuse, les corps plus subtils durent se dégager et envelopper d'épais nuages le globe incandescent, de sorte que, pour l'observateur qui se fût trouvé à sa surface, il y eût eu formation du firmament, c'est-à-dire de cette sorte de dôme que nous appelons la voûte des cieux, et que Dieu lui aussi appela *ciel*. Ajoutons que le mot hébreu רָקִיעַ (*rakia*), que nous traduisons par *firmament*, n'a pas précisément ce sens. Il signifie proprement *expansio*, et ici il s'applique sans doute, non à la voûte étoilée du ciel, puisque les étoiles n'avaient pas encore paru, mais à cette autre voûte qui est composée de nuages *étendus*, autour du globe. C'est bien aussi un firmament.

D'autres y voient l'*étendue*, l'*espace libre* qui sépare la terre des couches nuageuses qui l'enveloppent. Nous ne nous prononçons pas entre ces deux opinions qui diffèrent, du reste, assez peu. L'une et l'autre supposent l'existence de nuées épaisses qui occupent les hautes régions de l'atmosphère. Ces nuées ont dû jouer réellement un grand rôle dans la cosmogonie terrestre. Ce n'est pas seulement la science qui y a recours; la Bible en fait mention en divers endroits. Job surtout y fait de fréquentes allusions. Décrivant, au chapitre XXVI, la grandeur de Dieu, il dit : « C'est lui qui retient les eaux dans ses nuages, en sorte qu'elles ne se précipitent pas en bas toutes à la fois. C'est lui qui empêche que son trône ne paraisse à découvert en répandant au-devant le rideau de ses nuées. » *Qui ligat aquas in nubibus suis ut non erumpant pariter deorsum. Qui tenet vultum solii sui et expandit super illud nebulam suam.* Il passe ensuite à l'œuvre du troisième et du quatrième jour, c'est-à-dire à la réunion des eaux en un même lieu et à l'apparition des astres. Au chapitre XXXVIII, nous lisons ce qui suit : « Où étiez-vous, dit le Seigneur, quand je jetais les fondements de la terre ?... lorsque pour vêtement je la recouvrais d'une nuée et que je l'enveloppais dans l'obscurité comme dans les langes de l'enfance ? » *Ubi eras quando ponebam fundamenta terræ?... cum ponerem nubem vestimentum ejus et caligine illud quasi pannis infantiæ obvolverem?* L'auteur du livre de l'Ecclésiastique met dans la bouche de la Sagesse des paroles non moins remarquables : « J'ai recouvert toute la terre (à son origine) comme d'une nuée », *Sicut nebula cooperui omnem terram* (Ecclésiastique, XXIV, 6). — C'est assez dire que ce n'est point arbitrairement et pour le besoin de notre cause que nous attribuons aux nuages un rôle important dans les premiers jours de la création. Mais revenons à l'œuvre du second jour.

La masse terrestre ne dut pas rester longtemps à l'état liquide ou pâteux. Bientôt une couche solide se forma à la surface. La température baissa de plus en plus, et les eaux auparavant à l'état de vapeurs purent se condenser et se précipiter sur le sol devenu compacte. Mais la terre n'avait pas alors son relief actuel. Les plissements de sa mince écorce ne pouvaient former que des rides à peine sensibles. Les eaux récemment condensées recouvrirent donc la surface entière du sol. Tel était l'état de notre globe à la fin du second jour.

Cet état ne pouvait durer. La croûte terrestre s'épaississant de plus en plus, ses plissements devinrent plus saillants et formèrent successivement des collines et des montagnes qui apparurent au-dessus des eaux. Cette première émersion marqua le *troisième* jour. Ce fut vraiment l'apparition de *l'aride.*

Mais ici nous entrons dans la période géologique de l'histoire du globe; car ce jour n'est autre que l'époque connue sous le nom d'époque *primaire* ou de *transition;* c'est celle de la végétation, la première de la vie organique.

L'histoire de la terre se partage donc en deux grands âges, dont l'un précède et l'autre suit l'apparition de la vie à la surface du globe. Le premier correspond, selon nous, aux deux premiers jours, et le second aux quatre derniers jours de la Genèse. Quelle a pu être la durée de chacune de ces périodes? On ne peut faire, à ce sujet, que des conjectures. On n'a pas désespéré tout à fait, cependant, de résoudre ce problème. Des calculs ont été effectués. M. Poisson, supposant que la température du globe était de 3000° au moment où la croûte solide commença à se former, a trouvé qu'il se serait écoulé depuis ce temps environ 108 millions d'années, en nombre rond un million de siècles. Mais si l'on admet que la température originelle n'était que de 1500°, température plus que suffisante pour liquéfier toutes les roches connues, le temps écoulé depuis le commencement de la solidification jusqu'à nous ne sera plus que de 27 millions d'années, c'est-à-dire quatre fois moindre. Il y a là, sans doute, encore de quoi effrayer l'imagination. Mais ce ne sont après tout, il ne faut pas l'oublier, que des calculs approximatifs reposant eux-mêmes sur une hypothèse, celle de l'incandescence originelle du globe. Tout çe que l'on *peut affirmer,* c'est que la terre est extrêmement ancienne, et, lorsque l'on songe à la multitude des phénomènes dont elle a été le théâtre seulement depuis que la vie y est apparue pour la première fois jusqu'à nos jours, on est à peine surpris de voir accumuler les millions d'années pour mesurer son âge. L'astronomie nous avait révélé que les œuvres de Dieu avaient l'immensité dans l'espace; la géologie nous a appris qu'elles ont l'immensité dans le temps : c'est ainsi que les sciences contribuent toutes à la gloire de l'Être éternel dont elles font éclater l'infinie puissance et la souveraine sagesse.

APPENDICE.

EXTRAITS DES PÈRES ET DES THÉOLOGIENS

Auxquels nous avons renvoyé dans ce volume.

I. — Saint Augustin. — p. 338.

« Et in rebus obscuris atque a nostris oculis remotissimis, si qua inde scripta etiam divina legerimus, quæ possunt salva fide qua imbuimur, alias atque alias parere sententias; in nullam earum nos præcipiti affirmatione ita projiciamus, ut si forte diligentius discussa veritas eam recte labefactaverit, corruamus : non pro sententia divinarum Scripturarum, sed pro nostra ita dimicantes, ut eam velimus Scripturarum esse, quæ nostra est; cum potius eam quæ Scripturarum est, nostram esse velle debeamus. » — De Genesi ad litteram, lib. I, cap. xviii, n. 37.

II. — Idem. — p. 338.

« Plerumque enim accidit ut aliquid de terra, de cœlo, de cæteris hujus mundi elementis, de motu et conversione vel etiam de magnitudine et intervallis siderum, de certis defectibus solis ac lunæ, de circuitibus annorum et temporum, de naturis animalium, fruticum, lapidum atque hujusmodi cæteris, etiam non christianus ita noverit, ut certissima ratione vel experientia teneat. Turpe est autem nimis et perniciosum ac maxime cavendum, ut christianum de his rebus quasi secundum christianas Litteras loquentem, ita delirare quilibet infidelis audiat, ut, quemadmodum dicitur, toto cœlo errare conspiciens, risum tenere vix possit. Et non tam molestum est, quod errans homo deridetur, sed quod auctores nostri ab eis qui foris sunt, talia sensisse creduntur, et cum magno eorum exitio de quorum salute satagimus, tanquam indocti reprehenduntur atque respuuntur. Cum enim quemquam de numero christianorum in ea re quam optime norunt, errare deprehenderint, et vanam sententiam suam de nostris Libris asserere; quo pacto illis Libris credituri sunt, de resurrectione mortuorum, et de spe vitæ æternæ, regnoque cœlorum, quando de his rebus quas jam experiri, vel indubitatis numeris percipere potuerunt, fallaciter putaverint esse conscriptos? Quid enim molestiæ tristitiæque ingerant prudentibus fratribus temerarii præsumptores, satis dici non potest, cum si quando de prava et falsa opinione sua reprehendi, et convinci cœperint ab eis qui nostrorum Librorum auctoritate non tenentur, ad defendendum id quod levissima temeritate et apertissima falsitate dixerunt, eosdem Libros sanctos, unde id probent, proferre conantur, vel etiam memoriter, quæ ad testimonium valere arbitrantur, multa inde verba pronun-

tiant, « non intelligentes neque quæ loquuntur, neque de quibus affirmant. » (I Tim.,
I, 7). » — **De Genesi** ad litteram, lib. I, cap. XIX, n. 39.

III. — SAINT THOMAS. — P. 340.

« Dicendum quod, sicut Augustinus docet, in hujusmodi quæstionibus duo sunt observanda. Primo quidem, ut veritas Scripturæ inconcusse teneatur. Secundo, cum Scriptura
divina multipliciter exponi possit, quod nulli expositioni aliquis ita præcise inhæreat, ut
si certa ratione constiterit hoc esse falsum quod aliquis sensum Scripturæ esse credebat
id nihilominus asserere præsumat; ne Scriptura ex hoc ab infidelibus derideatur, et ne
eis via credendi præcludatur. » — Summa Theologica, pars prima, quæst. LXVIII, art.
primus.

IV. — PERERIUS. — P. 345.

« Quod autem in XX et XXXI cap. Exod. dictum est, Deum sex diebus fecisse cœlum et
terram, et omnia quæ in eis sunt, non est huic opinioni contrarium : illud enim spatium
temporis ante primum diem annumeratur sex diebus, quia fuit quam brevissimum, et
fuit continuata Dei operatio : nec sane plures dies naturales consumpti sunt quam sex :
ac licet ante primum diem, cœlum et elementa facta sint secundum substantiam, tamen
non fuerunt perfecta et omnino consummata, nisi spatio illorum sex dierum; tunc enim
datus est illis ornatus, complementum, et perfectio. » — Comment. in Genes., cap. I,
v. 4, n. 80.

V. — TOSTATUS. — P. 345.

« *Sex diebus fecit Dominus cœlum et terram*. Recte dicitur hic *facere*, quia cœlum et
terra, quæ hic nominantur, et omnia alia, quæ nomine eorum subintelliguntur, ista quidem
omnia de materia prima facta sunt : materia autem non *facta*, sed *creata* est. » — Comment. in Exod., cap. XX, quæst. XV.

VI. — PETAU. — P. 345.

Écrivant sur le texte : *In die quo fecit Dominus Deus cœlum et terram*, il dit : « Hoc est,
perpolitum et elaboratum esse sex continuis diebus, id enim *faciendi* vox Hebræis ipsis
interpretibus significare videtur. » — De Opificio sex dierum, lib. I, cap. XIV, sect. I.

VII. — SAINT BASILE. — P. 346.

« *Et facta est vespera, et factum est mane, dies unus*. Vespera igitur diei ac noctis est
communis terminus : et similiter mane, est noctis cum die vicinitas. Itaque ut *prioris
generationis prærogativam diei tribueret*, prius commemoravit finem diei, deinde noctis,
velut insequente diem nocte. Nam qui status in mundo fuit ante lucis generationem, is
non erat nox, sed tenebræ : quod autem a die distinguebatur, eique opponebatur, id nox
appellatum est. » — Homilia II, in Hexæmeron; edit. Bened., p. 20; edit. Migne, Patr.
Græc. Cursus completus, tom. XXIX, p. 47.

VIII. — Saint Chrysostome. — p. 347.

« Ostendimus enim heri, ut meministis, quomodo beatus Moses enarrans nobis horum visibilium elementorum creationem et opificium, dixerit : *In principio fecit Deus cœlum et terram : terra autem erat invisibilis et incomposita :* et vos causam docuimus, quare Deus terram informem et nullis figuris expolitam creaverit; quæ, opinor, omnia mente tenetis; necessarium est igitur nos ad ea quæ sequuntur hodie progredi. Nam postquam dixit : *Terra autem erat invisibilis et incomposita,* nos accurate docet, unde invisibilis erat et inculta, dicens : *Et tenebræ erant super abyssum, et Spiritus Dei superferebatur super aquam* ... Quando quidem igitur diffusa erat magna universi visibilis informitas, præcepto suo Deus, optimus ille artifex, deformitatem illam depulit, et immensa lucis visibilis pulchritudo producta tenebras fugavit sensibiles, illustravitque omnia. » — In Cap. I Genes. Homil. iii; edit. Migne, Patr. Græc. Cursus completus, tom. LIII, p. 33. Ici saint Jean Chrysostome enseigne clairement que le monde existait avant la création de la lumière. Dans sa cinquième Homélie, il suppose également que le premier jour du récit mosaïque commença par une période de lumière et non par une période de ténèbres : « Vide quomodo de singulis diebus sic dicat : *In factum est vespere, et factum est mane, dies tertius :* non simpliciter nec absque causa : sed ne ordinem confundamus neque putemus vespera ingruente finem accepisse diem; sed sciamus vesperam finem esse lucis, et principium noctis : mane autem finem noctis, et complementum diei. Hoc enim nos docere vult beatus Moses, dicens : *Et factum est vespere, et factum est mane, dies tertius.* » — Edit. Migne, p. 51.

IX. — Saint Ambroise. p. 347.

« *Terra autem erat invisibilis et incomposita.* Bonus artifex prius fundamentum ponit : postea, fundamento posito, ædificationis membra distinguit, et adjungit ornatum. Posito igitur fundamento terræ, et confirmata cœli substantia, duo enim ista sunt velut cardines rerum, subtexuit : *Terra autem erat inanis et incomposita.* » — Hexæmeron, lib. I, cap. vii; edit. Bened., p. 13; edit. Migne, Patr. Lat. Cursus completus, tom. XIV, p. 135.

« Principium ergo diei, vox Dei est : *Fiat lux, et facta est lux.* » Lib. I, cap. x; edit. Bened., p. 21; Edit. Migne, p. 144.

« In principio itaque temporis cœlum et terram Deus fecit. Tempus enim ab hoc mundo non ante mundum; dies autem temporis portio est, non principium. » — Lib. I, cap, vi; edit. Bened., p. 10; edit. Migne, p. 132.

X. — Le vénérable Bède. — p. 348.

« Scriptura ait : *Qui fecisti mundum de materia informi.* Sed materia facta est de nihilo, mundi vero species de informi materia. Proinde duas res ante omnem diem et ante omne tempus condidit Deus, angelicam videlicet creaturam et informem materiam. » — In Pentateuch. Comment. sub cap. i; Edit. Migne, Patr. Lat. Cursus completus, tom. XCI, p. 191. Dans un autre endroit, citant les paroles de l'Ecclésiastique : *Qui vivit in æterum creavit omnia simul,* il dit : « Hoc utique ante omnem diem hujus sæculi fecit, cum in principio cœlum creavit et terram. » — Hexæmeron, lib. I, in Genes. II, 4; Edit. Migne, tom. XCI, p. 39.

« *Discipulus*. Da ordinem per sex dies factarum rerum? — *Magister*. In ipso quidem principio conditionis facta sunt cœlum, terra, aer et aqua...... — *Discipulus*. Sequere ordinem generationis? — *Magister*. In principio diei primæ lux facta est; secunda vero factum firmamentum, etc. » — *Quæstiones super Genesim*; edit. Migne, Patr. Lat., tom. XCIII, p. 236. Cet ouvrage est classé par Migne parmi les œuvres apocryphes de Bède. Les critiques s'accordent cependant à le faire remonter au moins au dixième siècle. Si donc il n'est pas de Bède lui-même, ce qui est considéré comme plus probable, il en résulte que nous avons, outre Bède, une autre autorité fort ancienne à l'appui de notre opinion.

XI. — Pierre Lombard. — p. 348.

« Cum Deus in sapientia sua angelicos condidit spiritus, alia etiam creavit, sicut ostendit supradicta Scriptura, quæ dicit *in principio Deum creasse cœlum*, id est, angelos, *et terram*, scilicet materiam quatuor elementorum adhuc confusam et informem, quæ a Græcis dicta est chaos, *et hoc fuit ante omnem diem. Deinde* elementa distinguit Deus, et species proprias atque distinctas singulis rebus secundum genus suum dedit; quæ non simul, ut quibusdam sanctorum Patrum placuit, sed per intervalla temporum ac sex volumina dierum, ut aliis visum est, formavit. » — Sentent., lib. II. distinct. XII; edit. Migne, Patr. Latin. Cursus completus, tom. CXCII, p. 675.

XII. — Hugues de Saint-Victor. — p. 348.

« Principium ergo divinorum operum fuit creatio lucis, quando ipsa lux non materialiter de nihilo creata est; sed de præjacenti illa universitatis materia formaliter facta est ut lux esset, et vim ac proprietatem lucendi haberet. Hoc opus prima die factum est; sed hujus operis materia ante primam diem creata. Moxque cum ipsa luce dies cœpit; quia ante lucem nec nox fuit nec dies, *etiamsi tempus fuit*. » — De Sacram., lib. I, pars I, cap. IX; edit. Migne, Patr. Lat., tom. CLXXVI, p. 193.

XIII. — Saint Thomas. — p. 348.

« Sed melius videtur dicendum quod *creatio fuerit ante omnem diem*. » In II. Sentent., distinct. XIII, art. 3, *ad tertium* : voir aussi, ibidem, *ad primum* et *ad secundum*. Et ailleurs dans la Somme, nous trouvons : « Cœlum et terram fecit in prima die, *potius ante omnem diem*. » — Pars I, quæst. LXXXIV, art. 2.

XIV. — Pererius. — p. 349.

« Licet *ante primum diem*, cœlum et elementa facta sint *secundum substantiam*, tamen non fuerint perfecta et omnino consummata, nisi spatio illorum sex dierum : tunc enim datus est illis ornatus, complementum et perfectio. Quanto autem tempore status ille mundi tenebrosus duraverit, hoc est, utrum plus an minus quam unus dies continere solet, nec mihi compertum est, nec opinor cuiquam mortalium nisi cui divinitus id esset patefactum. » — Comment. in Genesim, cap. I, v. 4, n. 80.

XV. — Pétau. — p. 349.

« Nostra itaque sententia hæc est; prima illa Geneseos verba : *In principio creavit Deus cœlum et terram;* non peculiare opus aliquod continere, quod initio, et ante dies sex molitus sit Deus : quasi ante lucem, ac reliquas deinceps opificii partes, qualecumque cœlum ac terram creaverit. Sed esse generale quoddam effatum, quo omnia, quæ sunt a Deo facta, complexus est. Etenim Moses, ut initio dicebam, Judæos statim edocere voluit; totam illam aspectabilem rerum universitatem a Deo conditore profectam esse. Quare ita pronuntiavit, tanquam diceret : Quidquid videtis et quodcumque cœli ac terræ comprehendit ambitus, una cum cœlo ipso terraque, id omne fabricatus est initio Deus. Postea vero per partes, ac singillatim, ut quæque est elaborata, descripsit. » — De Opificio sex dierum, lib. I, cap. II, sect. 10.

« Imprimis *ante dierum sex initium* solam cum aqua terram extitisse credimus :...... Habet hæc opinio fidem ex Mosis narratione; qui ante cœlum, id est, *firmamentum*, terram, et aquarum abyssum extitisse refert.... Nam illud Severiani valde probatur, prima die Deum omnia creasse : reliquis autem diebus, ex jam extantibus : Ubi primam diem non lucis tantum creatione circumscribit : sed quod ante illam factum est, id eidem tribuit. Quod intervallum quantum fuerit, nulla divinatio posset assequi. Neque vero mundi corpora illa, quæ *prima omnium extitisse* docui, aquam et terram, arbitror *eodem, in quem lucis ortus incidit, fabricata esse die;* ut quibusdam placet, haud satis firma ratione. » — Ibid., cap. X, sect. 6.

XVI. — Cornelius a Lapide. — p. 350.

« S. Basilius et Beda putant cœlum et terram non primo die, sed paulo ante primum diem, utpote ante lucem, creata esse. Verum hæc non ante, sed ipso primo die, puta initio primæ diei, antequam lux produceretur, creata esse, patet Exodi XX, v. 11. » — Comment. in Genes., cap. I, v. 1.

XVII. — Saint Augustin. — p. 350.

« Fecisti ante omnem diem in principio cœlum et terram. » — Confess., lib. XII, cap. XII : voir aussi lib. XII, cap. VIII. Et ailleurs, De Genesi ad litteram, lib. I, cap. IX, nous lisons : — « Atque illud ante omnem diem fecisse intelligitur, quod dictum est, *In principio fecit Deus cœlum et terram;...* Terræ autem nomine invisibilis et incompositæ, ac tenebrosa abysso, imperfectio corporalis substantiæ significata est, unde temporalia illa fierent, quorum prima esset lux. »

XVIII. — Petau. — p. 354.

« Quod intervallum quantum fuerit, nulla divinatio posset assequi. » — De Opific. sex dierum, lib. I, cap. X, sect. 6.

XIX. — PERERIUS. — P. 354.

« Quanto autem tempore status ille mundi tenebrosus duraverit, hoc est, utrum plus an minus quam unus dies continere solet, nec mihi compertum est, nec opinor cuiquam mortalium, nisi cui divinitus id esset patefactum. » — Comment. in Genes., cap. I, v. 4.

XX. — HUGUES DE SAINT-VICTOR. — P. 354.

« Fortassis jam satis est de his hactenus disputasse, si hoc solum adjecerimus *quanto tempore* mundus in hac confusione, prius quam ejus dispositio inchoaretur, perstiterit. Nam quod illa prima rerum omnium materia, in principio temporis, vel potius cum ipso tempore exorta sit, constat ex eo quod dictum est : in principio creavit Deus cœlum et terram. *Quamdiu* autem in hac informitate sive confusione permanserit, *Scriptura manifeste non ostendit.* » — De Sacram., lib. I, pars I, cap. VI.

XXI. — SAINT AUGUSTIN. — P. 363.

« Qui dies cujusmodi sint, aut perdifficile nobis, aut etiam impossibile est cogitare; quanto magis dicere. » — De Civitate Dei, lib. XI, cap. VI.

Et ailleurs : « Arduum quidem et difficillimum est viribus intentionis nostræ, voluntatem Scriptoris in istis sex diebus mentis vivacitate penetrare. » — De Genesi ad litteram, lib. IV, cap. I.

XXII. — IDEM. — P. 363.

« Ac si per *omnes illos dies unus est dies, non istorum dierum consuetudine intelligendus quos videmus solis circuitu determinari atque numerari;* sed alio quodam modo, a quo et illi tres dies, qui ante conditionem istorum luminarium commemorati sunt, alieni esse non possunt. Is enim modus non usque ad diem quartum, ut inde jam istos usitatos cogitaremus, sed usque ad sextum septimumque perductus est; ut longe aliter accipiendus sit dies et nox, inter quæ duo divisit Deus, et aliter iste dies et nox, inter quæ dixit ut dividant luminaria quæ creavit, cum ait : « Et dividant inter diem et noctem. » Tunc enim hunc diem condidit, cum condidit solem, cujus præsentia eumdem exhibit diem : ille autem dies primitus conditus jam triduum peregerat cum hæc luminaria illius diei quarta repetitione creata sunt. » — De Genesi ad litteram, lib. IV, cap. XXVI. « De quo enim Creatore Scriptura ista narravit, *quod sex diebus consummaverit omnia opera sua, de illo alibi non utique dissonanter scriptum est, quod creaverit omnia simul* (Eccli., XVIII, 1). At per hoc et *istos dies sex vel septem vel potius unum sexies septiesve repetitum simul fecit* qui fecit omnia simul. Quid ergo opus erat sex dies tam distincte dispositeque narrari? Quia scilicet ii qui non possunt videre quod dictum est : « Creavit omnia simul; » nisi cum eis sermo tardius incedat, ad id quo eos ducit, pervenire non possunt. » — Ibid., cap. XXXIII.

XXIII. — Le Juif Philon. — p. 363.

« Tum igitur omnia *simul* sunt condita. In quo quidem universali opificio necesse erat servari ordinem. » — De Mundi Opificio ; Edit. Francofurti, p. 14. Ce passage peut à première vue paraître quelque peu obscur, mais il devient très-clair quand on en rapproche les lignes suivantes du même écrivain : « *Rusticanæ simplicitatis est putare , sed diebus, aut utique certo tempore mundum conditum.....* Ergo cum audis : « Complevit sexto die opera, » intelligere non debes de diebus aliquot, sed de senario perfecto numero. » — De Legis allegor. ; edit. Francofurti, p. 41.

XXIV. — Clément d'Alexandrie. — p. 363.

Stromatum, lib. VI ; Edit. Bened., p. 291 ; edit. Migne, Patrum Græc. Cursus Completus, vol. X, p. 370-375. Voir aussi : Dissertatio de Libris Stromatum, par le savant bénédictin Nicolas le Nourry, cap. VII, art. 1.

XXV. — Origène. — p. 363.

« Quod autem prima die lucem, secunda firmamentum creaverit, tertia aquæ quæ sub cœlo erant, in suis fuerint collectæ receptaculis, atque ita terra solius naturæ administratione suos fructus protulerit ; quod quarta creata fuerint luminaria et stellæ, quinta vero natatilia, sexta demum terrestria et homo, hæc omnia, prout facultas tulit, in nostris in Genesim commentariis explicavimus. Quin et supra, *contra eos qui obvio sensu Scripturam interpretantes asserunt sex dies ad creationem mundi insumptos fuisse*, adduximus hunc locum : « Iste est liber generationis cœli et terræ quando creata sunt, in die quo fecit Deus cœlum et terram. » — Contra Celsum, lib. VI ; edit. Bened., p. 678-679 ; edit. Migne, Patr. Græcor. Cursus completus, vol. XI, p. 1390 : pour le passage rapporté à la fin de l'extrait, voir p. 1378. Le commentaire sur la Genèse dont parle ici Origène n'existe plus, mais le passage suivant a été conservé : « Aliqui jam absurdum existimantes Deum, architecti more, non aliter quam plurium dierum labore, fabricam valentis absolvere, intra multos dies mundum perfecisse, *uno cuncta momento* ac simul extitisse aiunt, et hinc illud adstruunt ; ordinis autem causa, et ut series constet dierum et rerum quæ in illis factæ sunt, numerum dictum putant. Hi probabiliter sententiam stabiliunt ea auctoritate qua dictum est : « Ipse dixit et facta sunt ; ipse mandavit, et creata sunt. » — Selecta in Genesim, edit. Bened., p. 27 ; edit. Migne, Patr. Græc. Cursus completus, vol. XII, p. 98. Ailleurs, dans son traité De Principiis, lib. IV, il dit : « Quis igitur sanæ mentis existimaverit primam et secundam et tertiam diem, et vesperam, et mane, sine sole, luna, et stellis, et eam que veluti prima erat, diem sine cœlo fuisse ? » edit. Bened., p. 175 ; edit. Migne, vol. XI, p. 378. Voir aussi P. Danielis Heutii Origeniana, lib. II, cap. II, quæst. 8, sect. 6 ; edit. Migne, vol. XVII, p. 979.

XXVI. — Saint Athanase. — p. 363.

« Cum ex supra dictis constet, *nullam e rebus creatis prius altera factam esse*, sed res omnes factas uno eodemque mandato *simul* extitisse. » — Oratio II contra Arianos, n. 63 ;

edit. Bened., p. 418 ; nouvelle édition, p. 528 ; edit. Migne, Patr. Græcor. Cursus completus, p. 275.

XXVII. — Saint Eucher. — p. 363.

A proprement parler, nous devrions plutôt dire l'auteur d'un commentaire sur la Genèse, appartenant à une époque très-ancienne de l'Église, attribué par quelques-uns à saint Eucher et ordinairement publié avec ses œuvres. L'auteur dit, sans doute, que Dieu créa d'abord au commencement la substance de toutes choses, et qu'il développa ensuite les diverses formes dans les jours successifs (Gen., II, 4) ; mais il nous dit aussi expressément que la substance ne précéda pas la forme d'une priorité de temps, mais seulement d'une priorité d'origine. Son sentiment s'accorde donc assez bien avec celui de saint Augustin, dont il semble même emprunter les expressions : « Terra autem erat inanis et vacua. » Id est, adhuc informis erat ipsa materia : quia necdum ex ea cœlum et terra, necdum omnia formata erant, quæ formari restabant: hæc enim materia, ex nihilo facta, præcessit tamen res ex se factas, *non quidem æternitate vel tempore, sicut præcedit lignum arcam*, sed sola origine, *sicut præcedit vox verbum, vel sonus cantum :* nam « qui vivit in æternum creavit omnia simul ». — Edit. Migne, Patr. Latin. Cursus completus, vol. I, p. 894.

XXVIII. — Procope de Gaza. — p. 364.

Nous citons cet écrivain sur l'autorité de Pererius, duquel le passage suivant est extrait : « Idem censet hoc loco Procopius Gazæus : Mosen enim, inquit, in describendo mundi opificium, sex dierum distinctione usum esse docendi gratia ob tarditatem, videlicet, ruditatemque Judæorum, quibus hæc scribebat : qui quæ Deus *simul* fecerat, ob tantam eorum multitudinem atque varietatem simul et indiscrete capere et comprehendere, ut erant angustissimis ingeniis, nequaquam potuissent. » — In Genes., cap. II, v. 4. 5, 6, n. 179.

XXIX. — Albert le Grand. — p. 364.

« Videtur mihi Augustino consentiendum. » — Summa, p. I, quæst. 12, art. 6. Voir Pianciani, Cosmogonia Naturale, p. 23.

XXX. — Saint Thomas. — p. 364.

Summa, pars I, quæst. 74, art. 2 ; et aussi dans un ouvrage plus ancien : Super Libros Sententiarum Petri Lombardi Commentarius, distinct. XII, art. 2 et 3. Après avoir exposé l'opinion de saint Augustin, qu'il n'y a pas de succession réelle dans l'ordre du temps entre les différentes œuvres de la création, et aussi l'opinion des autres Pères qui croyaient à une succession réelle, il ajoute : « Prima ergo opinio (sancti Augustini) *magis convenit rationi, nec est contra Scripturam ;* quia ea quæ in Scriptura ordinem temporis importare videntur, ad ordinem naturæ Augustinus refert : secunda vero magis convenit Scripturæ secundum suam superficiem. Quia ergo utraque a Sanctis patrocinium habet, utramque sustinendo, objectionibus hinc inde factis respondendum est. » — Loco citato, art. I, Solutio.

XXXI. — LE CARDINAL CAJETAN. — P. 364.

C'est encore à Pererius que nous empruntons le passage suivant du cardinal Cajetan :
« Accedit huic sententiæ Cajet. in Comment. super I cap. Genes., et distinctionem sex dierum putat in id positam a Mose, quo facilius declararet naturalem rerum ordinem, conse-
quentiam et dependentiam. Sic enim res suapte natura inter se aptæ et connexæ sunt, ut
si mundum successive voluisset Deus facere, non alio ordine vel successione, quam ut hic
narratur, facturus eum fuisset. » — In Genes., cap. II, v. 4, 5, 6, n. 179.

XXXII. — LE VÉNÉRABLE BÈDE. — P. 366.

« Aperte intelligi quia *diem* hoc loco Scriptura *pro omni illo tempore ponit* quo primor-
dialis natura formata est. Neque enim in unoquolibet sex dierum cœlum factum est et side-
ribus illustratum, et terra est separata ab aquis, atque arboribus et herbis consita; sed
more sibi solito Scriptura diem pro tempore ponit; quomodo Apostolus, cum ait : « Ecce
nunc dies salutis, » non unum specialiter diem, sed totum significat tempus hoc quo in
præsenti vita pro æterna salute laboramus. » — Hexæmeron, lib. I, in Gen. II, 4; edit.
Migne, Patr. Lat. Cursus completus, vol. XCI, p. 39.

XXXIII. — SAINT AUGUSTIN. — P. 367.

« Superius septem dies numerantur, nunc unus dicitur dies, quo die fecit Deus cœlum et
terram, et omne viride agri, et omne pabulum, *cujus diei nomine omne tempus significari
bene intelligitur.* Fecit enim Deus omne tempus simul cum omnibus creaturis temporalibus,
quæ creaturæ visibiles cœli et terræ nomine significantur. » — De Genesi contra Manichæos, lib.II , cap. III, n. 4.

XXXIV. — MOLINA. — P. 367.

« Dicunt Doctores communiter, Moysem eo loco sumpsisse *diem* pro *tempore* juxta illud
Deuteronomii XXXII, juxta est dies perditionis..... et alibi sæpe, in Scriptura sumitur
dies pro tempore. » — In primam partem, De Opere sex dierum, D. I. Voir Pianciani,
Cosmogonia Naturale, p. 27.

XXXV. — BANNEZ. — P. 367.

« Dies potest accipi pro quacumque duratione et mensura. » — In Summa, pars I,
quæst. 73.

XXXVI. — PERERIUS. — P. 367.

« Nec officit huic sententiæ, quod paulo superius ex cap. II Geneseos prolatum est :
« In die quo fecit Dominus Deus cœlum et terram. » Ibi enim *dies pro tempore, sicut
crebro fit in Scriptura, positus est.* » — In Gen., cap. I, ver. 4, n. 80; voir aussi cap. II,
n. 186.

XXXVII. — PÉTAU. — P. 367.

« Postquam Moses sex dierum opificium toto primo capite descripsit, mox in sequenti summatim universeque colligens. » Istæ sunt, » inquit, » generationes cœli et terræ, quando creata sunt, in die quo fecit Dominus Deus cœlum et terram. » Quæ verba non unius diei mentionem faciunt, ut quibusdam videtur; qui primum diem designari putant, in quo factum illud est, præter lucem, quod initio libri Moses explicat : « In principio creavit Deus cœlum et terram. » Sed eam nos opinionem minime probamus, ac supra docuimus, *diei* nomen istic usurpari pro *tempore* : quod apud Græcos Latinosque, non minus quam Hebræos, usitatum est. Exemplo sit Ciceronis illud ex libro secundo in Verrem : « Itaque cum ego diem in Siciliam inquirendi perexiguam postulavissem, invenit iste, qui sibi in Achaiam *biduo breviorem diem* postularet. » Igitur cum dixisset, *in die*, id est tempore illo, factum esse cœlum et terram, hoc est perpolitum et elaboratum esse sex continuis diebus, etc. » — De Opificio sex dierum, lib. I, cap. **xiv**, sect. 1.

XXXVIII. — SAINT AUGUSTIN. — P. 380.

« Tres enim dies superiores quomodo esse sine sole potuerunt, cum videamus nunc solis ortu et occasu diem transigi, noctem vero fieri solis absentia, cum ab alia parte mundi ad orientem redit? Quibus respondemus, potuisse fieri ut tres superiores dies singuli per tantam moram temporis computarentur, per quantam moram circumit sol, ex quo procedit ab oriente quousque rursus ad orientem revertitur. Hanc enim moram et longitudinem temporis possent sentire homines etiamsi in speluncis habitarent, ubi orientem et occidentem solem videre non possent. Atque ita sentitur potuisse istam moram fieri etiam sine sole antequam sol factus esset, atque ipsam moram in illo triduo per dies singulos computatam. Hoc ergo responderemus, nisi nos revocaret, quod ibi dicitur : « Et facta est vespera et factum est mane, » quod nunc sine solis cursu videmus fieri non posse. Restat ergo ut intelligamus, in ipsa quidem mora temporis *ipsas distinctiones operum sic appellatas, vesperam propter transactionem consummati operis, et mane propter inchoationem futuri operis*; de similitudine scilicet humanorum operum, quia plerumque a mane incipiunt, et ad vesperam desinunt. Habent enim consuetudinem divinæ Scripturæ de rebus humanis ad divinas res verba transferre. — De Genesi contra Manichæos, lib. I, cap. **xiv**; n. 20.

XXXIX. — SAINT EUCHER. — P. 380.

Il est douteux, comme nous l'avons déjà observé, que ce commentaire soit l'œuvre de saint Eucher; quoi qu'il en soit, c'est l'œuvre de quelque écrivain savant et catholique du cinquième ou du sixième siècle. On y lit ces mots : « *Vespere conditæ creaturæ terminus, mane initium condendæ creaturæ alterius.* » — Comment. in Genes., cap. **i**, vers. 4; edit. Migne, Patr. Latin. Cursus completus, vol. I, p. 897. — Sur les vers. 10 et suivants, nous lisons : « Si quarto die facta sunt luminaria, quomodo tres dies jam ante fuerunt? Nisi ut intelligamus, in ipsa hora temporis ipsas operum distinctiones ita appellatas: *vesperam propter transactionem consummati operis; mane propter inchoationem* futuri diei, in similitudinem humanorum operum quod plerique mane incipiunt et in vesperam desinunt. » — Comment. in Genes., p. 899.

XL. — Le vénérable Bède. — p. 380.

« Quid est *vespere*, nisi *ipsa perfectio singulorum operum?* et *mane*, id est inchoatio sequentium? » — De sex dierum Creatione, De prima die; edit. Migne, Patrum Lat. Cursus completus, vol. XCIII, p. 210.

Dans un autre endroit, il dit : « Vespere autem in toto illo triduo, antequam luminaria essent, *consummati operis terminus* non absurde fortasse intelligitur; mane autem *futuræ operationis significatio.* » — In Pentateuchum Comment. Gen., cap. I; edit. Migne, vol. XCI, p. 194.

XLI. — Sainte Hildegarde. — p. 380.

« Sex enim dies, sex opera sunt; quia incœptio et completio singuli cujusque operis dies dicitur. » — Epist. ad Colossenses. Voir Pianciani, Cosmogonia, p. 34.

XLII. — Saint Jérôme. — p. 382.

« Quam de Paulo Apostolo manifestissima prophetia sit, omnibus patet, quod in *adolescentia* persecutus Ecclesiam in *senectute* prædicator Evangelii fuerit. » — Commentarius in Genesim XLIX, 27; edit. Migne, vol. XXIII, p. 1009.

XLIII. — Tertullien. — p. 382.

« Mihi Paulum etiam Genesis olim repromisit. Inter illas enim figuras et propheticas super filios suos benedictiones, Jacob, cum ad Benjamin direxisset : « Benjamin, inquit, lupus rapax, ad matutinum comedet adhuc, et ad vesperam dabit escam. » Ex tribu enim Benjamin oriturum Paulum prævidebat, lupum rapacem, ad matutinum comedentem, id est, *prima ætate* vastaturum pecora Domini, ut persecutorem Ecclesiarum; dehinc ad vesperam escam daturum, id est, *divergente jam ætate* oves Christi educaturum, ut doctorem nationum. » — Adversus Marcionem, lib. V, cap. I; edit. Migne, vol. III, p. 469.

XLIV. — Saint Augustin. — p. 382.

« Cum autem Jacob benedicens filios suos venisset ad Benjamin benedicendum, ait de illo, Benjamin lupus rapax. Quid ergo? Si lupus rapax, semper rapax? Absit. Sed quid? Mane rapiet, ad vesperam dividet escas. Hoc in Apostolo Paulo completum est, quia et de illo prædictum erat. Jam, si placet, inspiciamus illum mane rapientem, ad vesperum escas dividentem. *Mane* et *vesperum* posita sunt pro eo ac si diceretur *prius* et *postea.* Sic ergo accipiamus, *prius* rapiet, *postea* dividet escas. » — Sermo 279, edit. Migne, vol. XXXVIII, p. 1275.

XLV. — Saint Augustin. — p. 389.

« Dies autem septimus sine vespere est nec habet occasum. » — Confess., lib. XIII, cap. XXXVI.]

{XLVI. — Le vénérable Bède. —: p. 389.

« Quia finem non habet, neque ullo termino clauditur. » — De sex dierum Creatione., De die septima ; edit. Migne, Patr. Lat. Cursus completus, vol. XCIII, p. 218. — Et ailleurs il dit : « Septimus dies cœpit a mane et in nullo vespere terminatur. » — In Pentateuch. Comment., Gen. II; edit. Migne, vol. XCI, p. 203.

XLVII. — Saint Augustin. — p. 389.

« Eligat quis quod potest : tantum ne aliquid temere atque incognitum pro cognito asserat ; memineritque se hominem de divinis operibus quantum permittitur] quærere. » — De Genesi, liber imperfectus, cap. IX, in 80.

TABLE

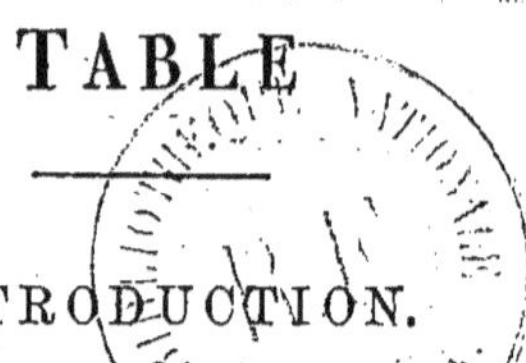

INTRODUCTION.

But de l'ouvrage. — La géologie considérée avec défiance par les chrétiens, — acclamée par les incrédules. — Pas de contradiction possible entre les œuvres de la nature et la parole de Dieu. — L'auteur ne redoute pas les découvertes géologiques. — Points de contact entre la géologie et la révélation. — Exposé de la question. — La réponse. — Division de l'ouvrage.................... 1

PREMIÈRE PARTIE.

THÉORIE GÉOLOGIQUE ET FONDEMENT SUR LEQUEL ELLE S'APPUIE.

CHAPITRE I.

THÉORIE DES GÉOLOGUES.

Définition de la géologie. — Faits et théories. — Progrès récent de la géologie. — Stratification des roches. — *Roches aqueuses :* d'origine mécanique, — d'origine chimique, — d'origine organique. — *Roches ignées* : plutoniques et volcaniques. — Roches métamorphiques. — Exposé sommaire des roches ou terrains qui composent l'écorce terrestre. — Ordre relatif de position. — Condition interne du globe. — Mouvements de l'écorce terrestre. — Force souterraine. — Soulèvement et plissement des couches. — Dénudation et ses causes. — Fossiles. — Leur valeur dans la théorie géologique.................... 7

CHAPITRE II.

THÉORIE DE LA DÉNUDATION DÉMONTRÉE PAR LES FAITS.

Principe de raisonnement commun à toutes les sciences physiques. — Application de ce principe à la géologie. — L'acide carbonique considéré comme agent de dénudation. — Énorme quantité de limon dissoute par les eaux du Rhin et transportée dans l'océan Germanique. — Désagrégation des roches par la gelée. — Le professeur Tyndall sur le Matterhorn. — L'eau courante. — Son action érosive. — Agent actif et incessant de dénudation. — Sédiment minéral transporté à la mer par le Gange et d'autres grandes rivières. — Désagrégation et transport des roches solides. — Chute de la Clyde à Lanark. — Le Simeto en Sicile. — Chutes du Niagara. — Transport par les eaux courantes. — Inondations en Écosse. — Inondation dans la vallée de Bagnes, en Suisse..   28

CHAPITRE III.

THÉORIE DE LA DÉNUDATION. — NOUVELLES PREUVES.

Les brisants de l'Océan. — Cavernes et ponts de fées de Kilkee. — L'Italie et la Sicile. — Les îles Shetland. — La côte sud et est de la Grande-Bretagne. — Terrains envahis par la mer. — L'île de Héligoland. — Nordstrand. — Irruption de la mer sur la côte de Hollande. — Formation du Zuyderzée. — Marées et courants. — Courant du sud de l'Atlantique. — Courant équatorial. — Le Gulf-Stream. — Description de son cours. — Sa puissance comme agent de transport...   52

CHAPITRE IV.

THÉORIE DE LA DÉNUDATION. — CONCLUSIONS.

Glaciers. — Leur nature et leur composition. — Leur mouvement incessant. — Leur puissance comme agents de dénudation. — Bancs de glaces. — Leur nombre et leur volume. — Blocs erratiques et graviers disséminés sur les montagnes, dans les plaines, dans les vallées, au fond des mers. — Marques caractéristiques du mouvement des glaces. — Preuve de l'ancienne action des glaces. — Les Alpes. — Les montagnes du Jura. — Application de la théorie au nord de l'Europe. — L'Écosse, le pays de Galles, l'Irlande. — Le fait de la dénudation établi. — Application de l'argument suggéré par ce fait. — Le creusement des vallées témoigne de l'ancienne dénudation. — Premier pas dans la théorie géologique.....................................   65

CHAPITRE V.

ROCHES STRATIFIÉES D'ORIGINE MÉCANIQUE. — DÉVELOPPEMENT DE LA THÉORIE.

La formation des roches stratifiées est attribuée à l'action de causes naturelles. — Cette théorie se trouve confirmée par les faits. — Exposé de l'argument. — Exemples de roches mécaniques. — Éléments qui les composent. — Origine et histoire de ces éléments. — Leur dépôt et leur consolidation. — Exemples de consolidation par pression. — Consolidation achevée par des ciments naturels. — Curieux exemples. — Consolidation du grès en Cornouailles. — La disposition des couches expliquée par l'action intermittente des agents de dénudation.. 85

CHAPITRE VI.

ROCHES STRATIFIÉES D'ORIGINE MÉCANIQUE. — CONTINUATION.

Impossibilité d'observer la formation des terrains stratifiés dans les profondeurs de l'Océan. — Les rivières et les lacs nous en fournissent des exemples sur une petite échelle. — Plaines d'alluvion. — Leur fertilité extraordinaire. — Grand bassin du Nil. — Expériences de la Société royale. — Le Mississipi et l'Orénoque. — Quelques rivières comblent leurs propres lits. — Le Pô est dans ce cas. — Digues artificielles. — Étendue considérable des terrains d'alluvion déposés par le Rhône dans le lac de Genève. — Deltas. — Le delta du Gange et du Brahmapoutre. — Le delta du Nil. — Formation de terres fermes en Hollande. — Delta du Mississipi. — Iles flottantes sur les fleuves d'Amérique............... 99

CHAPITRE VII.

ROCHES STRATIFIÉES D'ORIGINE CHIMIQUE.

Action chimique dans la formation des terrains mécaniques. — Quelques roches seulement sont produites exclusivement par l'action des lois chimiques. — Différence entre un mélange et une solution. — Une solution saturée. — Stalactites et stalagmites. —

Colonnes fantastiques des cavernes calcaires. — La grotte d'Antiparos dans l'archipel grec. — Caverne de Wyer dans les Montagnes
Bleues d'Amérique. — Le travertin en Italie. — Formation du cal-
cäire dans le lac de la Solfatare, près de Tivoli. — Incrustations
de l'Anio. — Formation du travertin aux bains de San-Filippo et
de San-Vignone. — Les sources minérales de Carlsbad....... 111

CHAPITRE VIII.

ROCHES STRATIFIÉES D'ORIGINE ORGANIQUE. — EXEMPLES TIRÉS DE LA VIE ANIMALE.

Nature des roches organiques. — Carbonate de chaux extrait de la
mer par l'intervention de petits animalcules. — La craie. — Sa
vaste extension. — On la suppose d'origine organique. — Une
couche semblable se forme actuellement au sein de l'océan
Atlantique. — Récifs et îles de corail. — Leur aspect général. —
Leur distribution géographique. — Leur origine organique. —
Structure des zoophytes. — Divers exemples. — Action des zoophytes dans la construction du corail. — Comment le récif sous-
marin se convertit en île et se peuple de plantes et d'animaux. —
Une difficulté. — Hypothèse de M. Darwin. — Calcaire corallin
dans l'écorce solide du globe............................ 122

CHAPITRE IX.

ROCHES STRATIFIÉES D'ORIGINE ORGANIQUE. — EXÉMPLES TIRÉS DE LA VIE VÉGÉTALE.

Origine de la houille. — Vestiges manifestes de plantes et d'arbres
dans les mines de houille. — La houille composée des mêmes
éléments que le bois. — Lits de houille reposant sur de l'argile
dans laquelle sont conservées les racines des arbres. — Transition
insensible du bois à la houille. — Marais couverts de forêts. —
Accumulation de bois flottant dans les lacs et les estuaires. —
Tourbières. — Lits de lignites. — Mélange de houille pure et
d'arbres à moitié carbonisés, tantôt couchés, tantôt debout. —
Résumé de notre argumentation. — Objection tirée de la toute-
puissance de Dieu. — Réponse............................ 147

CHAPITRE X.

FOSSILES. — LE MUSÉUM.

Récapitulation. — But de notre argumentation. — La théorie des terrains stratifiés est comme la charpente de la science géologique. — Cette théorie met la géologie en contact avec la révélation. — La chaîne de raisonnement que nous avons suivie se trouve confirmée par le témoignage des fossiles.—Signification du mot *fossile.* — Abondance inépuisable des fossiles.— Divers états de conservation. — Pétrification. — Expérience du professeur Gœppert. — Les terrains organiques répandent quelque jour sur le monde fossile. — La réalité et la signification des fossiles doivent s'apprendre par l'observation.— Le British Muséum. — Squelettes gigantesques. — Os et coquilles d'animaux. — Plantes herbacées et arbres fossiles...................................... 164

CHAPITRE XI.

FOSSILES. — L'EXPLOITATION.

Du Muséum à la carrière. — Poissons fossiles dans le calcaire de Monte-Bolca, — dans les carrières d'Aix, — dans la craie de Sussex. — L'ichthyosaure ou poisson-lézard. — Proportions gigantesques de cet ancien monstre. — Ses habitudes de rapine. — Le plésiosaure. — Le cétiosaure et son histoire. — Le mégatherium. — Histoire de sa découverte. — Le mylodon. — Profusion de coquilles fossiles.— Arbres pétrifiés debout dans le calcaire portlandien. — Plantes fossiles de l'étage houiller. — Sigillaria.— Fougère.— Calamite.— Lepidodendron.—Mine de houille de Treuil. — Les fossiles sont la preuve incontestable d'une ancienne population animale et végétale. — Leur existence ne peut s'expliquer par la force plastique de la nature. — On ne peut non plus raisonnablement l'attribuer à un acte créateur spécial...................................... 186

CHAPITRE XII.

CHRONOLOGIE GÉOLOGIQUE. — EXPOSÉ ET DÉVELOPPEMENT DES PRINCIPES DU SYSTÈME.

Signification des fossiles. — Paléontologie.— Classification des animaux actuellement existants. — Cette classification convient également aux fossiles. — Succession de la vie organique.— Le temps, en géologie, ne se mesure ni par années, ni par siècles. — Périodes successives marquées par des formes successives de la vie.— Le but du géologue est de placer ces périodes en ordre chronologique. — La position des divers groupes de couches ne suffit pas pour atteindre ce but. — On y arrive principalement à l'aide des fossiles. — Manière de procéder pratiquement. — Tableau chronologique   218

CHAPITRE XIII.

CHRONOLOGIE GÉOLOGIQUE. — REMARQUES SUR LA SUCCESSION DE LA VIE ORGANIQUE.

Exposé sommaire de l'histoire des terrains stratifiés. — Caractères frappants de certaines formations.— Restes humains trouvés seulement dans les dépôts superficiels.—Transition graduelle de la vie organique d'une période à celle de la suivante. — Preuve à l'appui de cette opinion. — Marche ascendante des types inférieurs aux types les plus élevés de la vie organique à mesure que l'on s'élève des formations les plus anciennes aux plus récentes. — Importance de la chronologie géologique au point de vue économique. — Recherche de la houille. — Le praticien en défaut. — Le géologue vient à son aide et lui épargne des dépenses inutiles   240

CHAPITRE XIV.

CHALEUR SOUTERRAINE. — SON EXISTENCE DÉMONTRÉE PAR LES FAITS.

La théorie des terrains stratifiés suppose des révolutions dans l'écorce terrestre. — Ces révolutions sont attribuées par les géologues à l'action de la chaleur souterraine. — Preuve directe de la chaleur souterraine et du pouvoir qu'elle a d'ébranler l'écorce du globe. — Hypothèse de l'origine ignée de notre globe. — Accroissement remarquable de température à mesure que l'on pénètre dans l'écorce terrestre. — Sources d'eau chaude.— Puits artésiens. — Vapeurs s'échappant des crevasses de la terre. — Les geysers d'Islande.— Un reflet des feux souterrains.—Le mont Vésuve en 1779.—Éruption de 1872.—Vaste extension de l'action volcanique. — L'existence de la chaleur souterraine est un fait établi..   259

CHAPITRE XV.

CHALEUR SOUTERRAINE. — SA PUISSANCE DÉMONTRÉE PAR LES VOLCANS.

Effets de la chaleur souterraine à l'âge actuel du monde. — Vaste accumulation de matières solides résultant des éruptions volcaniques. — Les villes d'Herculanum et de Pompéi ensevelies. — Curieux vestiges de la vie romaine. — Monte-Nuovo. — Éruption du Jorullo, au Mexique. — Sumbawa dans l'archipel indien. — Volcans en Islande. — La masse montagneuse de l'Etna est le produit d'éruptions volcaniques. — Les îles volcaniques dans l'Atlantique, dans la Méditerranée. — L'île de Santorin dans l'archipel grec.. 274

CHAPITRE XVI.

CHALEUR SOUTERRAINE. — SA PUISSANCE DÉMONTRÉE PAR LES TREMBLEMENTS DE TERRE.

Les tremblements de terre et les volcans ont une cause commune. — Tremblements de terre récents à la Nouvelle-Zélande. — Vaste étendue de pays perpétuellement soulevés. — Tremblements de terre au Chili, au siècle actuel. — Soulèvement de l'écorce terrestre. — Tremblement de terre de Katch, dans l'Inde, 1819. — Exemple remarquable d'affaissement et de soulèvement. — Tremblement de terre de Calabre, 1783. — Tremblement de terre de Lisbonne, 1755. — Tremblement de terre du Pérou, août 1868. — Scène générale de ruine et de dévastation. — Énormes vagues. — Vaisseau transporté avec tout son équipage à un quart de mille. — Tremblement de terre d'Antioche, avril 1872. — Fréquence des tremblements de terre.............. 291

CHAPITRE XVII.

CHALEUR SOUTERRAINE. — SA PUISSANCE DÉMONTRÉE PAR LES ONDULATIONS DE L'ÉCORCE TERRESTRE.

Mouvements lents de l'écorce terrestre dans les temps historiques. — Voies et temples romains submergés dans la baie de Baïes. —

Temple de Jupiter Serapis. — Singulier état de ses colonnes. — Preuves d'affaissement et d'exhaussement subséquent. — Marques d'un second affaissement qui s'effectue actuellement. — Exhaussement graduel de la côte de Suède. — Exposé sommaire des preuves de ce fait. — Affaissement de l'écorce terrestre sur la côte occidentale du Groënland. — Récapitulation.......... 306

DEUXIÈME PARTIE.

L'ANCIENNETÉ DE LA TERRE CONSIDÉRÉE DANS SES RAPPORTS
AVEC L'HISTOIRE DE LA GENÈSE.

CHAPITRE XVIII.

ÉTAT DE LA QUESTION ET EXPOSÉ DES VUES DE L'AUTEUR.

Principes généraux de la théorie géologique acceptés par l'auteur. — Ces principes impliquent manifestement l'extrême ancienneté de la terre. — Démonstration tirée de la houille, de la craie et des argiles à blocs. — Cette conclusion n'est point en désaccord avec l'histoire inspirée de la création. — Chronologie de la Bible. — Généalogies de la Genèse. — Date de la création non fixée par Moïse. — Progrès de l'opinion sur ce point. — Le cardinal Wiseman, le Père Perrone, le Père Pianciani, le docteur Buckland, le docteur Chalmers, le docteur Pye Smith, Hugues Miller. — Exposé des vues de l'auteur. — Réponse à l'accusation de témérité et d'imprudence. — Sentiments de saint Augustin et de saint Thomas. 317

CHAPITRE XIX.

PREMIÈRE HYPOTHÈSE. — INTERVALLE D'UNE DURÉE INDÉTERMINÉE
ENTRE LA CRÉATION DU MONDE ET LE PREMIER JOUR MOSAÏQUE.

Le ciel et la terre furent créés avant le premier jour mosaïque. — Objection tirée de l'Exode, XX, 9-11. — Réponse. — Opinion de l'auteur appuyée sur les saints Pères : saint Basile, saint Chrysostome, saint Ambroise, le vénérable Bède. — Les docteurs les plus éminents ont partagé cette opinion : Pierre Lombard, Hugues de Saint-Victor, saint Thomas. — Commentateurs et théologiens qui l'ont soutenue : Pererius, Pétau. — Noms distingués du parti opposé : Cornélius a Lapide, Tostat, saint Augustin. — Cette opinion n'est pas en désaccord avec la voix de la tradition. — Durée indéterminée de la période en question. — La terre a pu alors comme maintenant porter des tribus sans nombre de plantes et d'animaux. — Exposé et réfutation des objections à cette hypothèse...................................... 342

CHAPITRE XX.

SECONDE HYPOTHÈSE. — LES JOURS DE LA CRÉATION CONSIDÉRÉS COMME DE LONGUES PÉRIODES.

Diversité des opinions parmi les anciens Pères touchant les jours de la création. — On n'est pas obligé d'adhérer à l'interprétation littérale. — C'est à ceux qui soutiennent cette interprétation qu'il appartient d'apporter des preuves. — Réponse aux arguments qu'ils nous opposent. — Premier argument en faveur de l'interprétation populaire : un jour dans le sens littéral signifie une période de vingt-quatre heures. — Second argument : les jours de la création ont un soir et un matin. — Troisième argument : raison apportée pour l'institution du sabbat................. 362

CHAPITRE XXI.

APPLICATION DE LA SECONDE HYPOTHÈSE A L'HISTOIRE MOSAÏQUE DE LA CRÉATION. — CONCLUSION.

Sommaire de l'argumentation. — Comparaison entre l'ordre de la création, tel qu'il est exposé par Moïse, et les données de la géologie. — Plan d'adaptation des périodes géologiques aux jours de la Genèse. — Examen des objections. — Ce plan n'est pas une théorie établie, mais une hypothèse admissible. — Chacune des deux hypothèses exposées plus haut suffit pour satisfaire aux exigences de la géologie en ce qui concerne l'ancienneté du globe. — Le récit mosaïque de la création n'a ni rivaux ni compétiteurs. 391

NOTES DU TRADUCTEUR.

A. Objections contre l'hypothèse du feu central. — B. Cause de la période glaciaire. — C. La lumière des trois premiers *jours*.

— D. Réfutation de la *théorie des causes actuelles*. — E. Théorie des phénomènes volcaniques. — F. Cause des tremblements de terre. — G. Travaux d'Élie de Beaumont : soulèvement successif des montagnes et *réseau pentagonal; tableau général des terrains de sédiment.*— H. Observations relatives à la chronologie biblique. — I. Réfutation de l'hypothèse *antigénésiaque* du docteur Buckland. — J. Preuves à l'appui de l'hypothèse des *jours-périodes*. — K. Les reptiles de l'époque secondaire ou du cinquième *jour*. — L. Les deux premiers *jours* de la Genèse considérés comme antérieurs aux époques géologiques 411

APPENDICE.. 471

LISTE DES GRAVURES.

1. Colonnes basaltiques, Nouvelle-Galles du Sud............. 14

2, 3, 4. Coupes idéales représentant les roches ignées, aqueuses et métamorphiques..................................... 21

5. Strates plissées et contournées, cap Old, près Kinsale (Irlande). 22

6. Arête méridionale du Grand-Cornier, Suisse............... 37

7. Coupe transversale de la vallée du Simeto, Sicile.......... 48

8. Roches granitiques aux îles Shetland.................... 55

9. Banc de glace au milieu de l'Océan, à 2,200 kilomètres de tout rivage connu...................................... 70

10. Bloc calcaire poli, strié et sillonné par les glaces.......... 74

11. Blocs perchés de pierres anguleuses (comté de Kerry)..... 79

12. Coupe naturelle montrant l'action de la dénudation dans le creusement des vallées (comté de Donégal)........... 83

13. Ile à lagune dans l'Océan Pacifique..................... 132

14. Ile de corail avec *récif formant enceinte*................. 134

15, 16, 17, 18. Exemples de zoophytes vivants :
     Campanularia gelatinosa; Gorgonia patula.............. 138
     Madrepora plantaginea; Coralium rubrum............. 139

19, 20. Fougères fossiles de l'étage houiller................. 148

21. Tronc et racines d'arbre fossile, trouvés dans une mine de houille, près de Liverpool............................ 159

22. Daim irlandais fossile................................ 172

23. Empreintes de pas sur une plaque de grès............... 183

24. Bois fossile avec les anneaux qui marquent la croissance
    annuelle... 184

25, 26. Poissons fossiles du calcaire de Monte-Bolca :
    Platax Papilio,
    Semiophorus Velicans. } 187 188

27. Groupe de poissons fossiles sur un bloc de calcaire........ 190
28. Poisson fossile de la craie de Sussex..................... 191
29, 30. Deux squelettes d'ichthyosaure...................... 193
31. Squelette du plésiosaure................................ 196
32, 33. Humérus et fémur du cétiosaure.................... 200
34. Le megatherium 203
35. Le mylodon robustus.................................. 205
36. Coupe d'une carrière dans l'île de Portland montrant les troncs
    d'arbres d'une ancienne forêt debout dans la roche compacte. 207
37. Calamite de l'étage houiller de Newcastle................ 211
38. Lepidodendron Sternbergii, arbre fossile debout dans une mine
    de houille.. 212
39. Lepidodendron elegans, branches et portion de la tige...... 213
40. Arbres fossiles debout dans un grès...................... 214
41. Vue à vol d'oiseau de Santorin pendant l'éruption volcanique
    de 1866.. 288

LISTE DES TABLEAUX.

Tableau des roches stratifiées, disposées par ordre chronologique. 233
Tableau des formations géologiques montrant la première appari-
    tion sur la terre des diverses formes de la vie animale... 251
Tableau présentant les généalogies de la Genèse, d'après les di-
    verses leçons des trois plus anciens textes : hébreu, sama-
    ritain et grec....................................... 330
Tableau offrant un plan d'adaptation des jours mosaïques aux pé-
    riodes de la géologie................................. 400
Tableau général des terrains de sédiment................... 438